Final Cut Pro X 10.4

非线性编辑高级教程

Final Cut Pro X 10.4
Professional Post-Production

[美]布兰登·博伊金（Brendan Boykin） 著
黄 亮 郭彦君 译

電子工業出版社
Publishing House of Electronics Industry
北京·BEIJING

图书在版编目（CIP）数据

Final Cut Pro X 10.4非线性编辑高级教程 /（美）布兰登·博伊金（Brendan Boykin）著；黄亮，郭彦君译. —北京：电子工业出版社，2023.9

书名原文: Apple Pro Training Series: Final Cut Pro X 10.4: Professional Post-Production

苹果专业培训系列教材

ISBN 978-7-121-43840-0

Ⅰ. ①F… Ⅱ. ①布… ②黄… ③郭… Ⅲ. ①视频编辑软件－教材 Ⅳ. ①TN94

中国版本图书馆CIP数据核字（2022）第114036号

责任编辑：于庆芸
印　　刷：河北迅捷佳彩印刷有限公司
装　　订：河北迅捷佳彩印刷有限公司
出版发行：电子工业出版社
　　　　　北京市海淀区万寿路173信箱　　邮编：100036
开　　本：787×1092 1/16　印张：23　字数：662.4千字
版　　次：2023年9月第1版
印　　次：2023年9月第1次印刷
定　　价：168.00元

凡所购买电子工业出版社图书有缺损问题，请向购买书店调换。若书店售缺，请与本社发行部联系，联系及邮购电话：（010）88254888，88258888。

质量投诉请发邮件至 zlts@phei.com.cn，盗版侵权举报请发邮件至dbqq@phei.com.cn。

本书咨询联系方式：（010）88254161～88254167转1897。

内容导览

目　　录

第1课
开始

> **学习目标**
> - 下载和准备源媒体文件
> - 理解Final Cut Pro基本的工作流程

剪辑是讲述故事的工作。这个工作通常需要从大量的视频和音频片段中选取需要的内容，将它们组合为一个情节连贯的故事，并通过这个故事教育、激发、鼓励和感动观众。Final Cut Pro X具备完善的工作流程，您将借此成为一名讲述故事的人，而不是一名设备操作人员。本书旨在引导您通过创造性的工作流程，从开始到结束，对一个完整的、有故事性的项目进行构建和完善。在这个学习过程中，您会掌握使用Final Cut Pro实现高质量剪辑效果的多种功能和技巧。

对于新入行的剪辑师，Final Cut Pro可以帮助他在缺少相关剪辑软件的技术知识的情况下讲述故事。对于经验丰富的剪辑师，Final Cut Pro可以通过其独特的功能激发创意思维，例如，可以通过创新的磁性时间线功能自由地尝试各种大胆的剪辑方式，而无须担心单个片段的完整性和多个片段之间的相对关系。

欢迎使用Final Cut Pro X。

师承久远

正如离线数字剪辑技术彻底改变了传统的拼接磁带技术，Final Cut Pro力图将数字剪辑推进到一个全新的水平。作为一个优秀的软件，Final Cut Pro利用64位架构、CPU的时钟周期和多GPU实现了强大的性能。当与Mac Pro结合使用时，Final Cut Pro大幅提升了专业剪辑工作的效率。

作为一个剪辑软件，Final Cut Pro的操作符合剪辑师在进行创造性工作时的习惯，而不会令其陷入完成技术任务的困境中。除具备高性能之外，Final Cut Pro灵活的元数据工具可以用于管理不断增加的媒体内容，以应对当今数字世界的发展。在剪辑完成后，剪辑师可以通过多种格式、多种渠道发布作品，方便客户或者观众欣赏。Final Cut Pro可以让剪辑师通过高质量的软件和硬件创建并共享他们的影片。

所有片段都与主要故事情节上的片段同步，在磁性时间线2中，它们之间不会出现冲突。

参考1.1 本书的使用方法

本书附录包含键盘快捷键、编辑原生格式、检查点等内容，可以为您的学习提供有效的帮助。

1.1–A 进行练习

本书中从第1课到第8课的练习都是相互关联的。因此，建议您按顺序完成每一个练习。在学习下一课之前，一定要完成上一课的练习。

1.1–B 通过检查点来验证您的学习进程

在多个练习和课程的结尾有供您参考的检查点。这些检查点是作者完成对应练习后的版本，您可以将自己做完练习后的版本与之进行比较。下载和使用检查点的更多信息，请参考附录C。

练习1.1.1 下载源媒体文件

本书使用的源媒体文件可通过公众号下载（详细下载方式见本书“读者服务”）。下载后的源媒体文件是一个zip压缩文件，您可以根据浏览器的设置，在下载后将该文件解压缩。

1. 打开文件所在的网页。
2. 输入文件的提取码，提取文件。
3. 单击课程文件的下载链接，将文件下载到您的电脑中。
   在完成下载后，您就可以进行下面的练习了。

练习1.1.2 准备源媒体文件

在下载zip压缩文件后，将它放在任何一个您可以访问的文件夹中。对于这个文件夹，您需要有读和写的权限，比如“桌面”“影片”这样的文件夹。如果您使用的是外置硬盘，那么请确认该硬盘为macOS扩展（HFS+）格式，并确保您具有读和写的权限。此外，硬盘运行速度要足够快，如果使用传统硬盘，则至少应该具有7200RPM的速度；如果使用固态硬盘（Solid State Disk/Drive，SSD），则可用存储空间至少应该为10 GB。

1 在程序坞中，单击“访达”按钮，打开一个“访达”窗口。

“访达”是一个用来浏览苹果电脑文件系统的软件。

2 选择某个文件夹，用于存放媒体文件。

制作每一个视频的最初工作都是获取源媒体文件。本书的第一个练习：下载源媒体文件就属于类似的工作。您应该将这些源媒体文件存放在一个固定的文件夹中，方便之后的多次读取，以完成本书的所有练习。

如果您不知道使用哪个文件夹更合适，那么推荐您使用“桌面”文件夹。如果您当前的“桌面”和“文稿”文件夹是存放在iCloud Drive上的，那么您必须选择一个本地文件夹，比如“影片”文件夹，用来存储本书的课程文件，以及您将创建的Final Cut Pro资源库文件。

3 在“访达”窗口中找到存放文件的位置，比如桌面。

4 选择“文件”>“新建文件夹”命令。

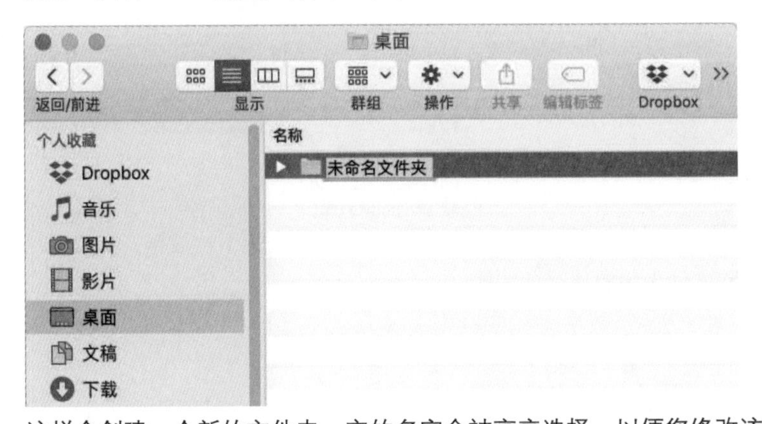

这样会创建一个新的文件夹，它的名字会被高亮选择，以便您修改该文件夹的名称。

5 输入“FCP X Media”，按Enter键。

刚刚创建好的“FCP X Media”文件夹用于存储下载的文件。打开另一个“访达”窗口，就可以将源媒体文件拖到最新创建的这个“FCP X Media”文件夹中了。

6 选择“文件” > “创新新的访答窗口”命令，创建第二个“访达”窗口 。

7 选择“前往” > “下载”命令。

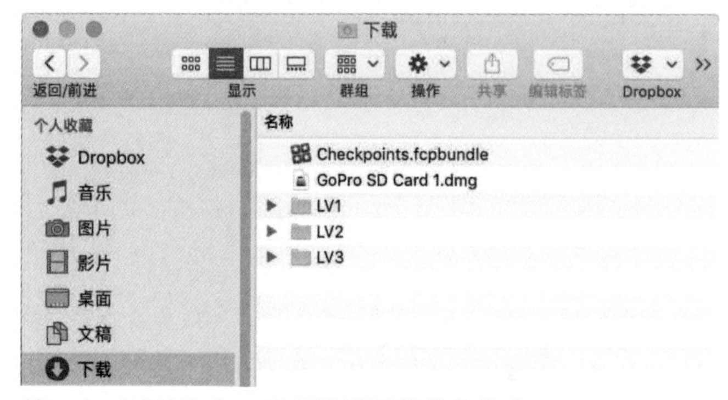

第二个“访达”窗口显示的是下载的文件夹。

8 为了方便操作，可以将这两个“访达”窗口并排摆放。

9 将“Checkpoints.fcpbundle” “GoPro SD Card 1.dmg”文件和“LV1” “LV2” “LV3”文件夹从“下载”文件夹中拖到“FCP X Media”文件夹中。

在将文件移动到“FCP X Media”文件夹中后，单击该文件夹左边的下拉按钮，检查文件夹中的内容，确认之前移动文件和文件夹的操作是成功的。

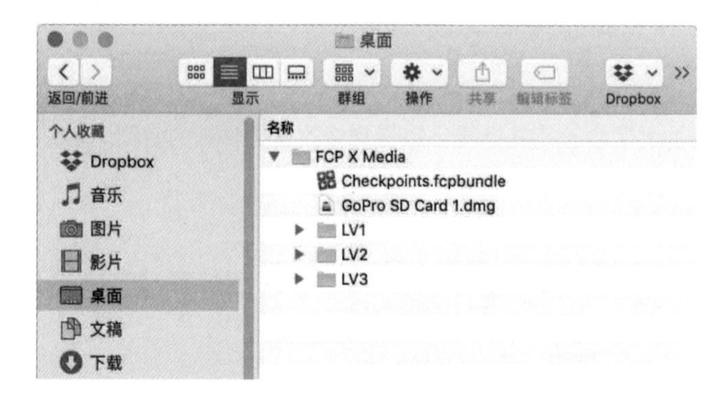

注意 ▶ 如果文件的扩展名是.zip，那么双击将其解压缩。

10 关闭“访达”窗口。

本书中所有的练习文件都存储在“FCP X Media”文件夹中。您需要记住这个文件夹的位置。

参考1.2
工作任务和工作流程的简介

本书的素材是由 H5 Productions和Ripple Training两个公司共同提供的，包括画外音的录制和一段航拍素材。剪辑师的工作目标是剪辑一段1'30"～2'的影片，介绍H5直升机的拥有者和飞行员Mitch Kelldorf，并讲述他对飞行的热爱。

在前4课中，您将编辑第一个粗剪的版本，其工作流程与很多Final Cut Pro剪辑师在实际工作中使用的完全一样。在第4课的结尾，您将输出这个粗剪版本，并展示给客户。

第4课结尾的粗剪效果。

从第5课开始，您将根据客户的意见来改进剪辑的影片，并添加更多的内容，比如字幕、特效和变速效果等。最后，您将着重处理音频，并通过不同的共享选项导出这个项目。

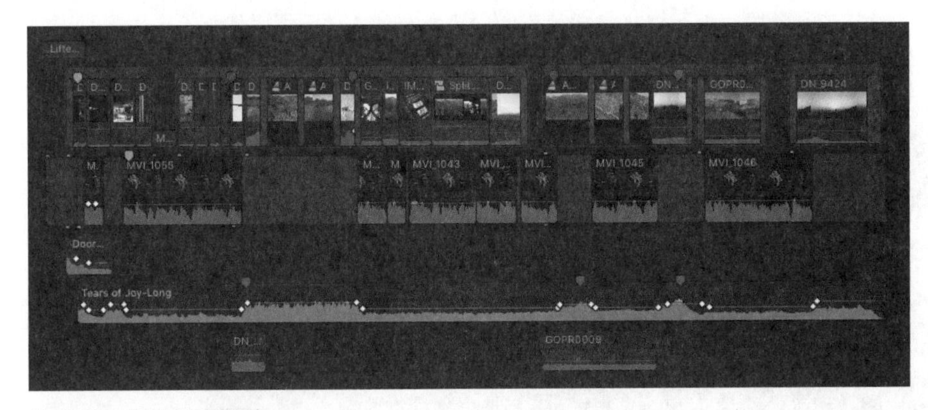

第8课结尾的最终剪辑版本。

在第10课中，您将学习附加工作流程，您可以将它们替换为现有的工作流程，或者作为一种有益的补充，包括如何同步双系统录制的片段、常用的高清数码单反设置、多机位流程等。

1.2–A 工作流程的学习

如果从宏观的角度来看Final Cut Pro的工作流程，那么会发现它有3个阶段：导入、剪辑和共享。

导入阶段：也被称为输入或者转换。在这个阶段，您需要将源媒体文件变成片段并进行存储，为方便后续剪辑进行必要的整理。

整理一个事件中的片段。

剪辑阶段：这是在Final Cut Pro中最花费时间的工作，也是剪辑工作的开始，包含一些小的工作流程，如修剪片段、添加图形和混音等。

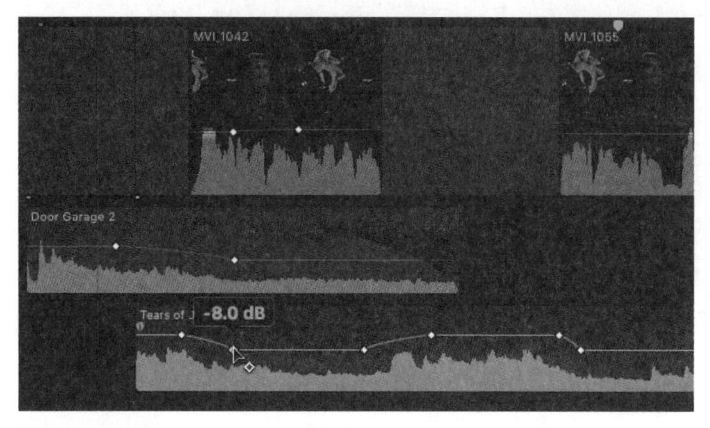

调整音频关键帧。

共享阶段：在这个阶段，您可以将完成剪辑的项目发布到各种网络媒体上，通过多种设备进行观看，并最终存档。

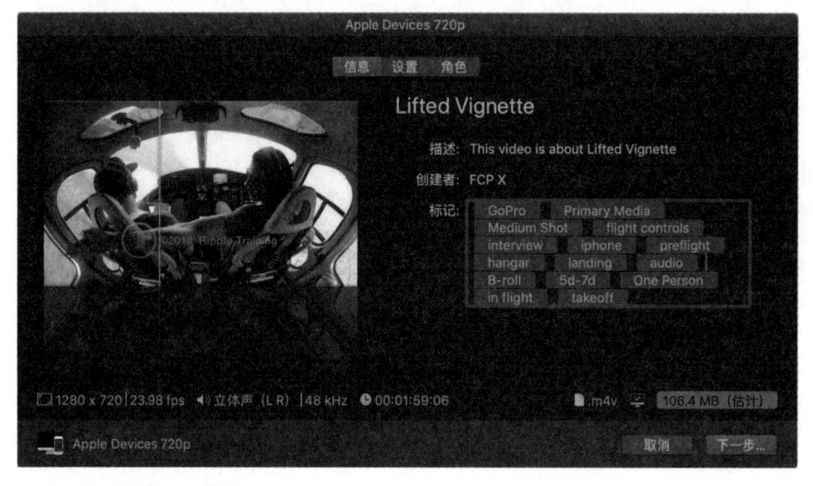

在导出的时候输入元数据信息。

以上3个阶段是创建和讲述故事的工作流程。随着对本书的学习，您将熟悉很多工具、技巧、按钮和键盘快捷键。在剪辑工作中，您会反复地使用它们。在学习的最初阶段，您只需要牢记一个键盘快捷键：Command+Z。这样，在尝试各种剪辑的时候，就没有后顾之忧了。Final Cut Pro本身的软件设计是鼓励您尽量尝试和挖掘各种剪辑的可能性，尽量发挥您的创造力。

课程回顾

1. 请描述Final Cut Pro工作流程的3个阶段。
2. 请简述对存储源媒体文件设备的建议。
3. 请描述对媒体存储设备所推荐的宗卷格式。

答案

1. 导入阶段：在这个阶段，您将导入讲述故事需要的源媒体文件，并整理这些片段。剪辑阶段：

这是一个极具创造性的过程，您需要将不同的片段编排在一起并修剪镜头变换，以讲述一个故事。共享阶段：在这个阶段，您需将剪辑好的故事发布到不同的平台上，或者导出为不同格式的文件。

2. 源媒体文件需要存储在高速的存储设备上，比如至少7200RPM的传统机械硬盘，或者固态硬盘（SSD）。
3. 媒体存储宗卷的格式应该是HFS+，您需要具有读和写权限。

第2课
导入媒体

工作流程中的导入阶段，相当于Final Cut Pro后期制作的准备阶段。在开始剪辑之前，花费一定的时间和精力进行源媒体文件整理和片段整理，会为后面的工作节省大量的时间。作为本课要讲解的导入工作的一部分，源媒体文件将被作为片段导入软件，并用于项目中。在开始导入工作之前，您需要先熟悉Final Cut Pro对片段实现组织管理的结构。

学习目标

- 片段、事件和资源库的含义
- 被管理的文件与外置媒体文件的区别
- 创建摄像机归档
- 使用媒体导入并访达文件

参考2.1
片段、事件和资源库的含义

苹果电脑的操作系统macOS在存储宗卷时，比如在一个硬盘上使用多个嵌套的文件夹，类似于一个容器，您可以在这个容器中可以存放、操作、整理或者分享媒体内容。

多个文件先被存放在一个文件夹中，再被存放在一个宗卷中。

与之类似，Final Cut Pro使用特定的片段、时间和资源库作为容器，以便存放和整理源媒体文件。

片段被存放在一个事件中，该事件被存放在一个资源库中。

2.1–A 片段

在获得源媒体文件后，就是您在第1课中下载的文件，您需要将它们导入Final Cut Pro并进行剪辑。导入的操作会在Final Cut Pro中创建一个片段，用来代表对应的源媒体文件。每个片段的内容也不尽相同，比如某些片段的内容同时包含音频数据和视频数据，某些片段的内容却只包含音频数据或者视频数据。因此，片段可以被视为一种容纳音频数据和视频数据的容器。为了剪辑一个视频文件，您必须先将其导入Final Cut Pro，Final Cut Pro会将文件所包含的数据存放在一个片段（容器）中。

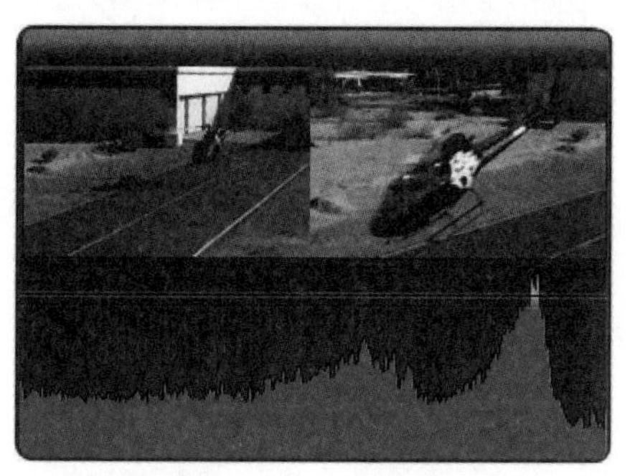

片段容器引用的是一个源媒体文件。

2.1–B 事件

Final Cut Pro中的片段实际上被存放在一个更大一些的、被称为事件的容器中。事件可以包含各种片段。您可以按照片段的类型将它们放在不同的事件中，比如采访、场景镜头、视频库的文件等。您也可以将各种类型的片段存放在一个事件中。使用哪种方法取决于您对片段分类的习惯。

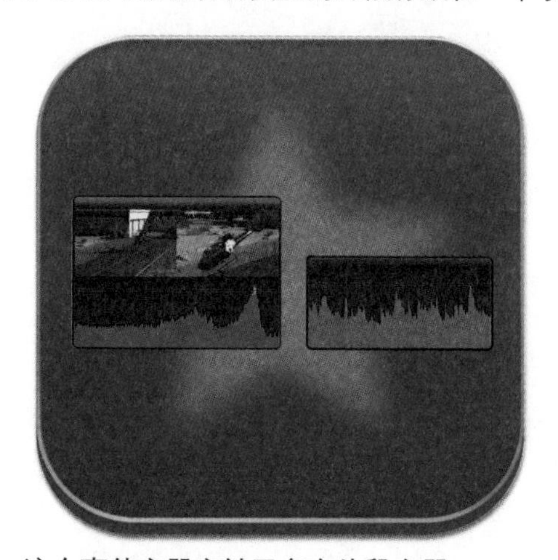

这个事件容器容纳了多个片段容器。

▶ **哪些内容应该被存放在事件中？**

事件可以容纳任何您希望容纳的片段。一些剪辑师喜欢先创建一个事件，再将所有可用的片段都存放进去并进行筛选。而另外一些剪辑师则喜欢创建多个事件，按照时间、存储卡、影片的场景，或者某些规则分类存储。您也可以根据自己的喜好，混合不同的规则，将对应的片段存放在对应的事件中。

在您决定将哪些内容存放到事件中之前，请注意，Final Cut Pro中的事件是一种虚拟的存储容器。您可以在这些事件中移动和重新整理片段，以便能够快速地找到需要剪辑的内容。在您将文件导入这些事件，或者在事件中整理片段的时候，Final Cut Pro会在后台运行强大的媒体管理工具，这些工作并不会显示在软件界面上。这些事件与其所属的更大的资源库容器一起决定了容器中源媒体文件的虚拟位置和物理位置。

2.1–C 资源库

资源库是Final Cut Pro中最大的容器。您可以将事件和片段都存放在资源库中。在剪辑工作中创建的项目文件，无论是某个剪辑师创建的项目文件，还是团队协作中多个剪辑师操作的项目文件，都会被存放在资源库中。项目文件至少需要一个对应的资源库。您可以同时打开多个资源库。

将多个事件存放在同一个资源库容器中。

在第9课中将深入讲解片段、事件和资源库的媒体管理设置与工具。这些工具可以移动、复制和整理Final Cut Pro中的原始文件。接下来导入片段，并使用Final Cut Pro默认的媒体管理工具设置和处理媒体文件。

练习2.1.1
创建资源库

视频需要的片段是存放在一个事件中的，而事件是存放在一个资源库中的，所以在导入媒体之前，需要创建一个资源库。资源库可以存放在任何一个可以访问的、本地的或者网络的磁盘宗卷中。

1 在“程序坞”中，单击“Final Cut Pro”图标，或者在“应用程序”文件夹中双击软件图标，启动Final Cut Pro。

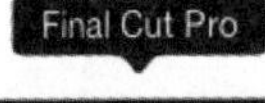

如果这是您第一次启动Final Cut Pro，那么会弹出有关Final Cut Pro X新功能的窗口。

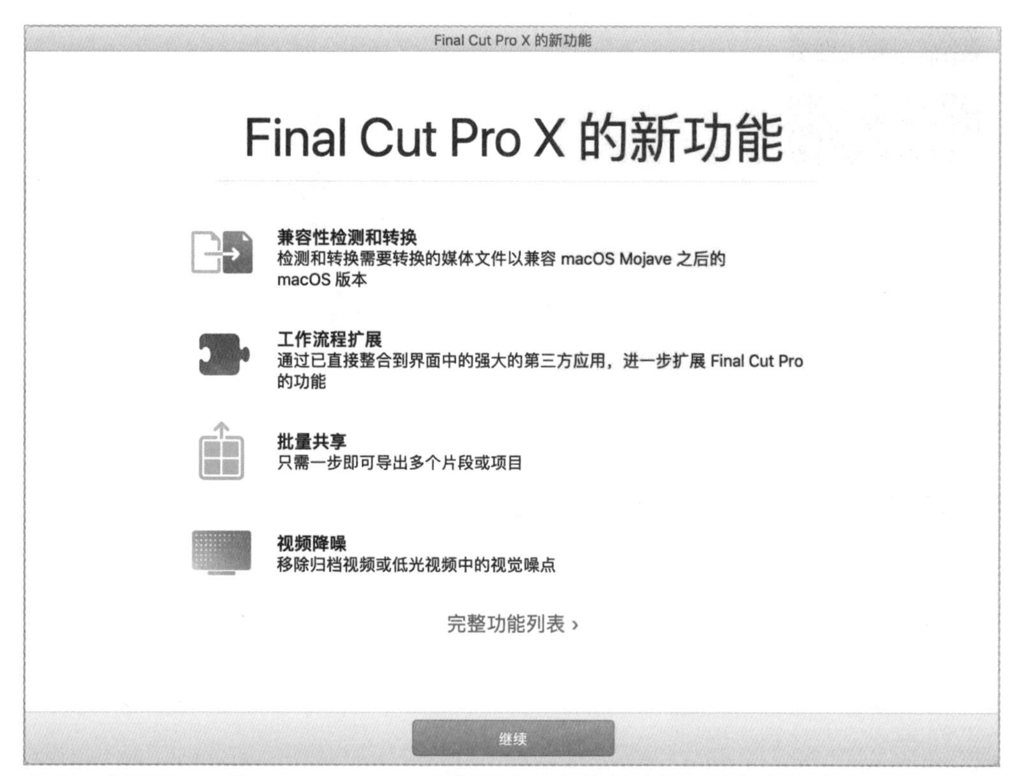

在窗口中罗列了一些Final Cut Pro X最新版本具有的新功能。本书会探讨几个新功能，以及很多实用的功能。您也可以通过Final Cut Pro X帮助页面学习关于Final Cut Pro功能的更多信息。

2 单击“继续”按钮。

Final Cut Pro的主窗口会充满当前电脑屏幕，您随时可以开始剪辑工作。

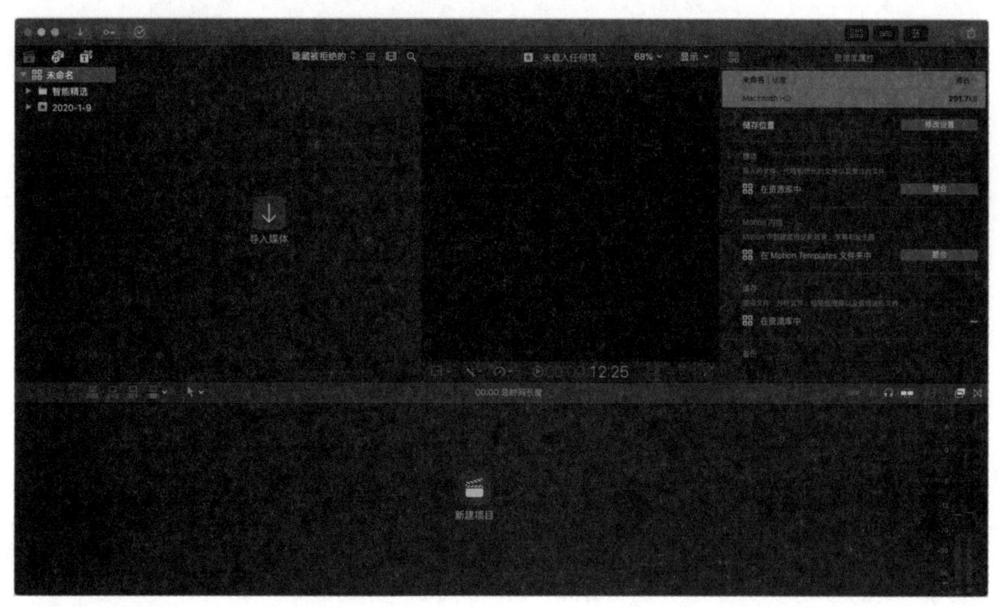

资源库窗格中罗列了Final Cut Pro打开的资源库。如果这是您第一次启动Final Cut Pro，那么会显示一个叫作“未命名”的资源库。

如果之前您已经启动过Final Cut Pro，那么这里会显示其他资源库的名字。此时，您应该创建一个新的资源库，之后要使用这个新的资源库来容纳本书的媒体文件。

注意▶ 如果资源库是在旧版本的Final Cut Pro X中创建并编辑的，那么在启动新版本的Final Cut Pro X后，软件会要求您更新现有的资源库。此时，您可以选择更新或者不更新，不更新版本不会影响您完成本书的练习。

3 选择“文件”>“新建”>“资源库”命令。

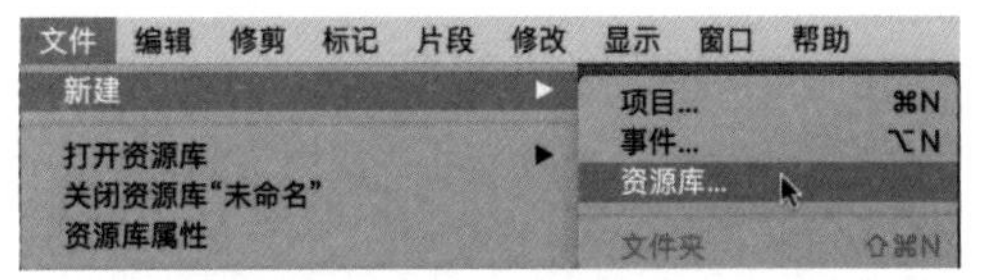

在“存储”对话框中，您需要确认该资源库存放的位置。当然，最理想的是将它存放在一个高速的、本地的或者网络的磁盘宗卷中。

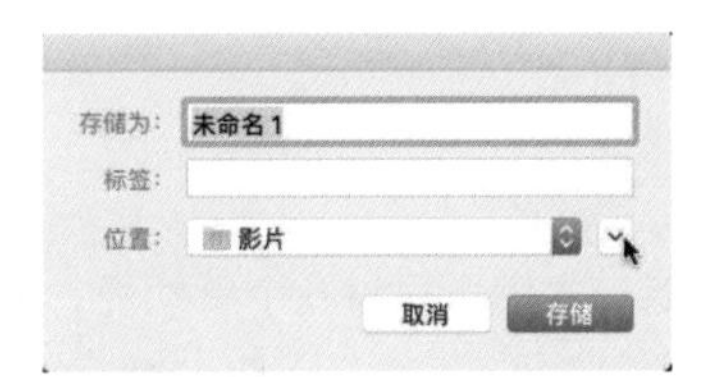

4 单击“位置”文本框最右侧的下拉按钮，展开更多的位置选项，找到您存放了“FCP X Media”文件夹的位置。

注意▶ 在第1课中，您下载了媒体文件，并将它们移动到了一个新建的名字为“FCP X Media”的文件夹中。我们推荐您将该文件夹存放在外置硬盘或者“文稿”“桌面”文件夹中。

5 在“存储为”文本框中输入“Lifted”，单击“存储”按钮。

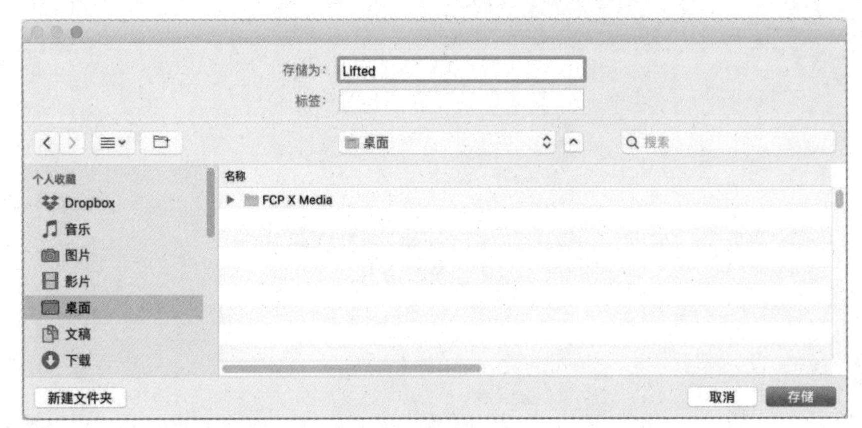

在Final Cut Pro界面左侧的资源库窗格中，您会看到一个新的资源库。它会自动包含一个按照创建当天日期命名的事件。在这里还有另外一个资源库，它是您在第一次打开Final Cut Pro的时候创建的。关闭不希望使用的资源库，以保护资源库中的数据。

6 按住Control键，单击（或者右击）不希望使用的资源库，在弹出的快捷菜单中选择“关闭资源库‘未命名’”命令。

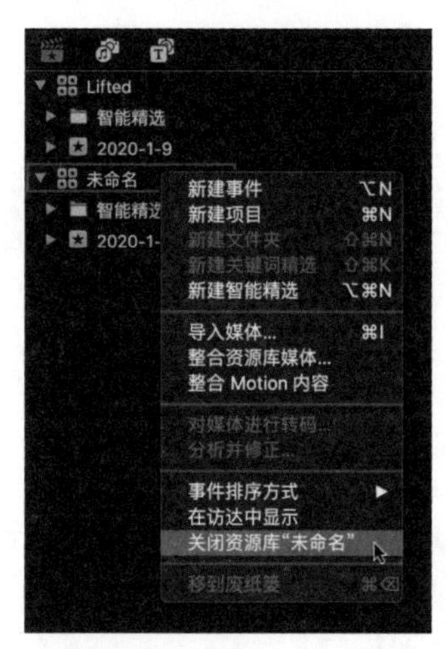

7 使用同样的方法，关闭其他不希望出现在资源库窗格中的资源库。

在关闭这些资源库后，当您在使用本书素材的时候，就不会无意中操作这些资源库了，这样就达到了保护数据的目的。在后面的章节中，您将学习如何打开那些已经存在的资源库。

在资源库窗格中查看资源库Lifted中的默认内容，包括一个文件夹和一个单独的事件，事件名称是当前的日期。在第3课中，您将学习使用智能精选命令高效地整理素材，本课您将学习如何将源媒体文件导入到资源库Lifted的事件中。接下来修改这个事件的名称，并把GoPro摄像机拍摄的一些媒体素材导入这个事件。

8 在资源库Lifted中，单击事件名称，在切换为文本输入状态后，输入“GoPro”，按Enter键。

这样，事件的名称就改好了。此时，您已经创建了一个资源库，并准备好了一个事件，该事件会容纳源媒体文件。

练习2.1.2
导入摄像机源文件的准备工作

在这个练习中，您将加载一个预先复制好的存储卡。这个存储卡的文件是在第1课中下载过的。

1 按快捷键Command+H，隐藏Final Cut Pro软件，回到桌面。

2 找到在第1课中创建的“FCP X Media”文件夹。

3 在“FCP X Media”文件夹中，双击文件“GoPro SD Card 1.dmg”。

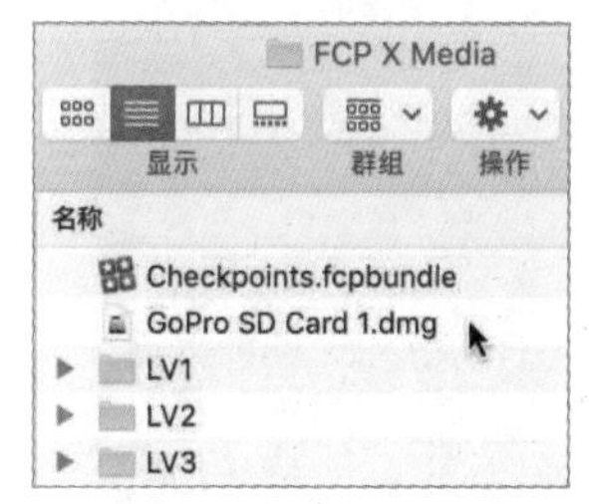

接着，在桌面上会出现一个可移除宗卷的图标。这个宗卷是通过使用软件模拟一个摄像机存储卡并将其连接到电脑上实现的。

注意▶ 在插入该存储卡的时候，如果启动了其他软件，那么按快捷键Command+Q关闭那些软件。

4 在程序坞中，单击“Final Cut Pro”图标，返回Final Cut Pro窗口。

虽然Final Cut Pro一直在后台运行，但是由于不同的系统配置，在您返回Final Cut Pro窗口的时候，“媒体导入”窗口可能已经打开了。

5 如果“媒体导入”窗口没有启动，那么单击“媒体导入”按钮。

在导入任何数据之前，让我们先了解一下“媒体导入”窗口。

参考2.2
使用“媒体导入”窗口

“媒体导入”窗口是Final Cut Pro中将源媒体文件导入软件的操作界面。在这个窗口中，可以指定源媒体的来源，以及将其转换为片段之后会被存放在哪个资源库的哪个事件中。这些片段会在后期制作流程中被剪辑到一个项目中。

开发Final Cut Pro的一个重要目标就是实现快速剪辑，以及最大程度地弱化高科技所表现出来的复杂性。在“媒体导入”窗口中有4个分区：边栏、浏览器、检视器和导入选项。

▶ 边栏：边栏在窗口的最左侧，它会罗列出所有可用的设备（摄像机、宗卷和个人收藏）。

通过这些设备可以导入源媒体文件。

- 检视器：在窗口下方的浏览器中选择某个源媒体文件后，在检视器中会显示它的预览画面。
- 浏览器：在边栏中选择导入设备后，在浏览器中会显示所有可用的源媒体文件。
- 导入选项：在导入片段和源媒体文件的时候，指定其虚拟存放和物理存放的位置，以及转码和分析的选项。

在“媒体导入”窗口中，边栏是您首先会关注到的。它会罗列出一个Final Cut Pro识别出来的设备列表。

在边栏中选择某个设备后，该设备的源媒体文件会出现在浏览器中。浏览器有两种显示模式：列表模式和连续画面模式。

将浏览器的显示模式切换为列表模式。

将浏览器的显示模式切换为连续画面模式。

注意▶ 由于所选设备的类型不同，因此浏览器可能会有不同的显示模式。

此时，您可以预览某个文件，或者选择某些文件进行导入，而无须考虑更进一步的配置工作。因为，只要Final Cut Pro可以访问并显示这个文件，您就可以导入这个文件。

在选择好导入的源媒体文件后，就要设置导入选项。在Final Cut Pro的媒体管理工具中，您可以决定这些被导入的片段的存放位置，只需在设置界面中选择选项，即可获得强大且易于使用的功能。

选择这个资源库的事件，用于片段整理和媒体管理，选择文件存储的物理位置。

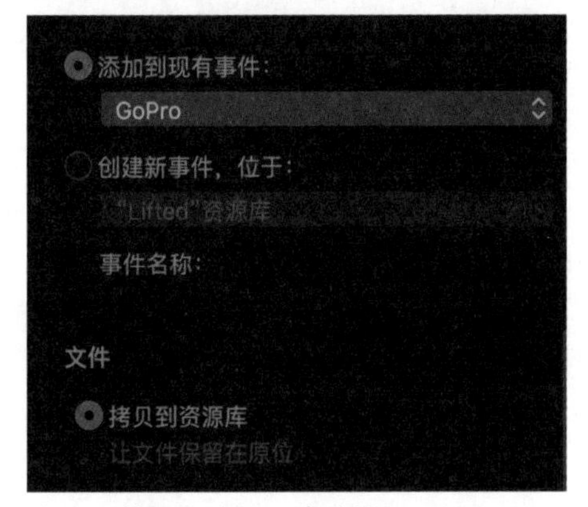

注：“拷贝”应为“复制”，下同。

选择在导入的时候允许操控的元数据和转码的选项。

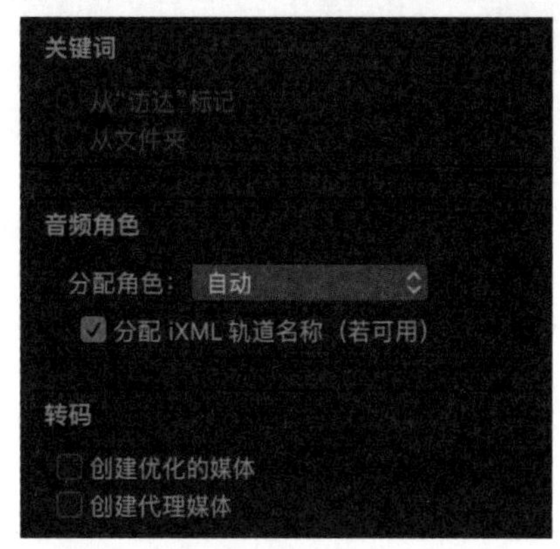

选择分析并修正选项。

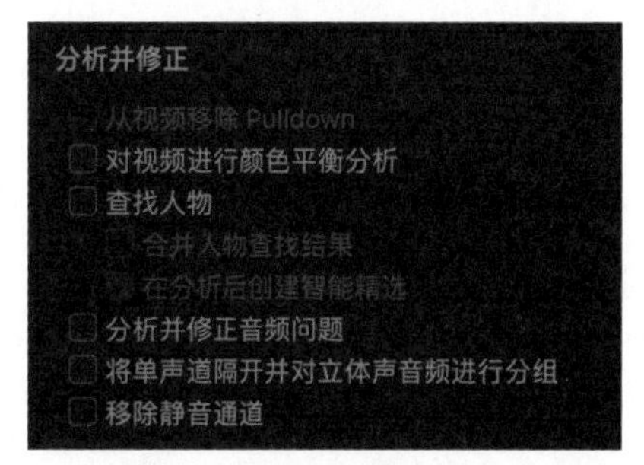

在完成导入选项的设置后，Final Cut Pro会导入源媒体文件，并将它们视为独立的片段，以便进行后续的剪辑工作。在将Final Cut Pro的64位架构与具有最新的macOS的苹果硬件结合后，即使导入正在进行，或者分辨率只有4K，您也可以立即对片段进行剪辑。在此之前，剪辑师崇尚的是当日进行剪辑，而如今Final Cut Pro提供了即刻进行剪辑的功能。

▶ **编码、帧速率、高宽比是什么？**

这些都是描述源媒体文件规格的术语。比如，A4是描述纸张规格为210mm × 297mm的术语。这3个术语分别是压缩算法与尺寸、每秒记录的帧数，以及视频图像的像素尺寸（正方形像素或者矩形像素）。

练习2.2.1
创建摄像机归档

在开始导入文件之前，您需要先进行另外一个很重要的步骤：备份源媒体文件。使用“创建归档”命令，可以复制一个Final Cut Pro识别的设备，以便日后进行管理。您也可以用其他方法来备份源媒体文件，而在Final Cut Pro中直接备份是一种以防万一的策略，如果您无意中删除了某个需要的文件，则仍然能够通过备份恢复该文件。

1 在“摄像机”选项中选择“GOPRO1”摄像机存储卡。

这张存储卡的内容会显示在浏览器中。在预览这些媒体文件之前，您应该先进行备份操作。

2 在边栏下方，单击“创建归档”按钮。

创建归档...

在弹出的对话框中指定归档的名称和存放位置。请确保为这个文件设置一个能够描述其特征的文件名，比如客户、场景或项目的名称、编号，以及任何能够帮助您快速区分不同归档的关键词。

3 在本练习中，在“创建为”文本框中输入“Heli Shots–GoPro”作为归档文件的名称，表示该文件包含直升机与GoPro拍摄的视频。

4 单击存储位置右侧的下拉按钮，展开显示“访达”选项中被隐藏的部分。

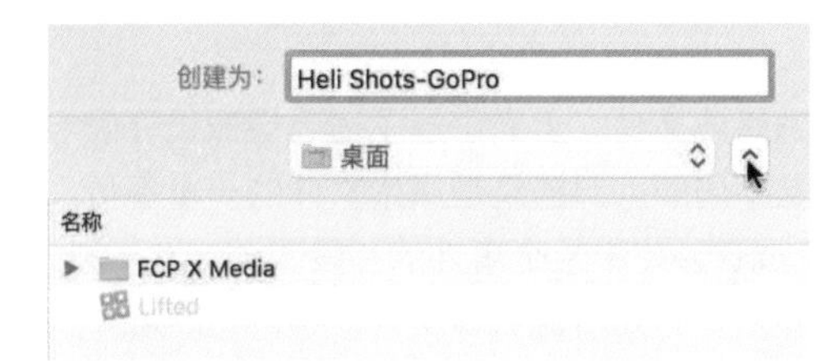

您可以将摄像机归档添加到左侧的个人收藏栏中，以便日后的读取。在本练习中，先不要选择这个选项。

5 找到“FCP X Media”文件夹，单击“新建文件夹”按钮。

6 在“‘FCP X Media’内新文件夹的名称”文本框中输入“Lifted Archives”，单击“创建”按钮。接着在上一个对话框中单击“创建”按钮。

此时，边栏中GOPRO1存储卡的旁边会出现一个计时器图标。在归档创建完毕之前，您就可以开始导入的操作了。

▶ 为什么要创建摄像机归档？

Final Cut Pro支持多种摄像机格式的源媒体文件。为了获得最高的导入效率，“媒体导入”窗口会使用源媒体文件的元数据。这些元数据会被存储在摄像机存储卡的多个位置上，或者嵌入源媒体文件。有些文件是隐藏的，所以，当我们通过访达观看源媒体文件的时候不会发现它们。如果仅仅将源媒体文件从存储卡上拖到电脑上，则那些相关的元数据有可能不会被复制。这样会导致“媒体导入”窗口在某些时候不能识别经过复制而得到的源媒体文件。如果创建归档，则所有相关文件都会被存放在一起，保留了元数据及文件夹的层级结构。这样，Final Cut Pro就总是能够识别出这些源媒体文件了。

▶ **摄像机归档应该存放在什么位置？**

理论上，包含了片段的资源库应该被存放在与电脑启动的硬盘不同的另外一个存储介质上。在理想条件下，存放媒体的宗卷应该是一个硬盘阵列（RAID）。硬盘阵列可以将多个硬盘绑定在一起，并被识别为单一的宗卷。硬盘阵列可以用软件控制，也可以用硬件控制。硬盘阵列有数据冗余和高带宽读/写这两种类型，以及混合两者的类型。硬盘阵列应该尽可能地被存放在不同的硬盘上。存放归档的硬盘最好是一个具有自保护机制的硬盘，比如一个镜像的硬盘阵列，这样可以最大程度地保证数据的安全。

参考2.3
从摄像机中导入文件

在“媒体导入”窗口中可以访问一个摄像机的源媒体文件。上文讲解了创建摄像机存储卡备份的过程。但是，创建一个归档与将文件导入资源库是不同的。归档只是原始文件的一个备份。接下来把源媒体文件导入Final Cut Pro中，这些文件会变成资源库中某个事件的片段。

在下面的练习中，您将学习如何通过连续画面模式浏览所有源媒体文件。在Final Cut Pro中，您可以使用鼠标、触控板，甚至更快速的操作。在软件应用和剪辑工作中，这些操作会令Final Cut Pro的使用变得更加高效。

▶ **命令编辑器**

选择“Final Cut Pro”>“命令”>“自定”命令，在“命令编辑器”对话框中，您可以指定超过300个自定义的键盘快捷键。

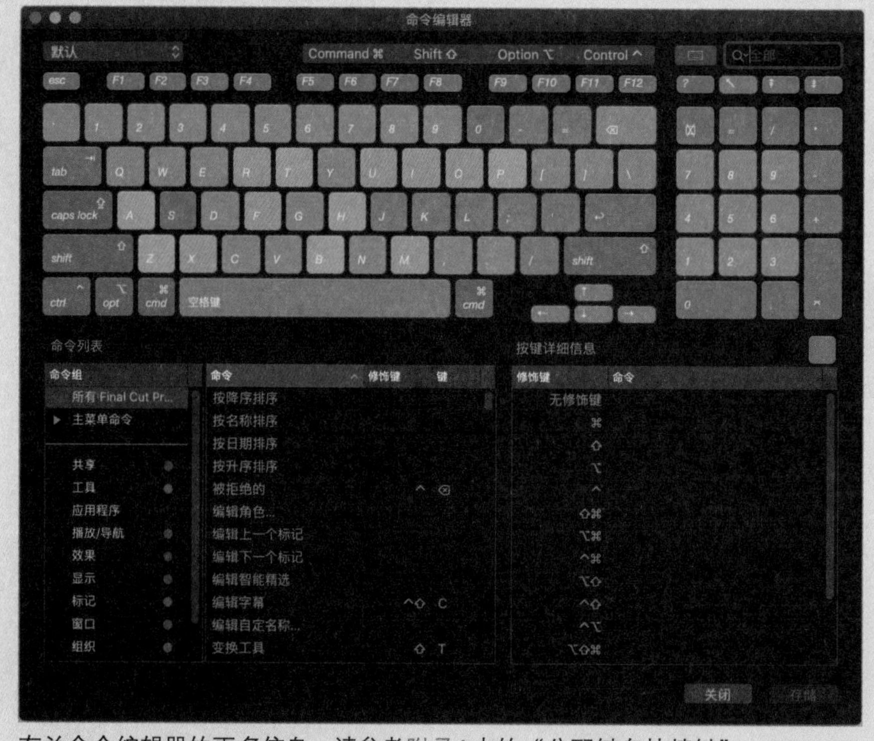

有关命令编辑器的更多信息，请参考附录A中的“分配键盘快捷键”。

练习2.3.1
以连续画面模式预览文件

如果您是独立剪辑师，则需要花费大量的时间来观看源媒体文件。虽然使用键盘快捷键观看这些素材会节省一些时间，但远远比不上剪辑一个复杂项目所需的时间。

1 确认模拟的存储卡仍然处于加载状态，在边栏上部的“摄像机”选项中选择“GOPRO1”存储卡。

通过浏览器左下角的“连续画面模式”“列表模式”按钮，可以切换源媒体文件的显示方法。接下来先通过连续画面模式来体验扫视的功能。

2 单击“连续画面模式”按钮。

这时，存储卡上的源媒体文件会以缩略图的方式显示在浏览器中。您可以通过扫视的方法快速查看视频内容。

3 将光标放在一个文件的缩略图上来回移动，扫视其视频内容。

该文件视频内容的预览画面会同时显示在缩略图和检视器中。如果文件包含音频内容，那么预览时也会播放音频。如果电脑性能足够好，则会实时地播放这个文件。

4 将光标放在某个缩略图上，单击该缩略图，按空格键。
空格键会请求软件进行实时的文件预览。再按一下空格键，暂停预览。

5 按空格键，恢复预览。继续在缩略图上移动光标。

在缩略图上会有两种光标：随着光标移动的扫视播放头和播放停止位置上的播放头。后面会讲解这两种光标在预览片段和剪辑片段中的使用方法。

您已经学习了如何扫视一个源媒体文件，并快速预览它的内容。对于时间比较长的文件，实时播放显示会比较慢，而扫视可能又太快了。此时使用键盘快捷键可以精确地进行播放控制。对应播放的键盘快捷键分别是J、K、L这3个按键。

6 扫视GOPR0005的开始部分，按L键开始播放。

这时，片段会按照正常速度进行播放。

7 按K键暂停播放文件，按J键反向播放文件。

8 再按J键，文件会两倍速反向播放。

您可以按J键6次，每次都将反向播放速度提高一倍。同理，也可以通过按L键的次数提高播放速度。

9 按L键两次，文件会正向播放，每按一次，播放速度就会提高一倍。按K键暂停播放文件。

稍后，您将学习更多预览片段的控制方法。现在，您已经了解了如何通过缩略图进行预览，下面您将了解连续画面模式的特性。

2.3.1-A 展开连续画面

尽管连续画面模式在默认状态下只显示一张单幅画面的缩略图，但是您仍然可以将其展开，以便同时预览更多的信息。针对时间比较长的文件，通过连续画面模式可以更方便地浏览其中的内容。

1 在“媒体导入”窗口中，单击“片段外观”按钮。

“计时器”中的滑块用于改变显示时间的范围。最右侧的时间数值表示连续画面中每个缩略图所代表的时间长度。滑块在最左侧时，数值为全部，这表示每个源媒体文件只显示一帧画面，即每个源媒体文件中包含的所有帧画面都只在缩略图上显示其中一帧。

2 将滑块拖到显示1秒的位置。

这时，连续画面中的每帧都代表实际源媒体文件中的1s。

注意▶ 如果一个文件的连续画面在一行的最右侧出现了锯齿状的边缘，则说明连续画面没有显示完整，在下一行中会继续显示同一文件后续的内容。

3 将滑块向左拖动，直到右边显示出全部的字样，这样，浏览器中的每个文件就都以单独一帧画面进行显示了。

练习2.3.2
从摄像机存储卡中导入文件

在后面的练习中，您将了解Final Cut Pro中若干不同的导出方法。可以先从一个GoPro摄像机中导入有关直升机花絮的媒体文件，然后批量化地导入采访飞行员花絮的文件。

1 确认边栏中的“GOPRO1”存储卡仍然是被选择的，在浏览器中，单击文件缩略图之外的灰色区域。这时还没有选择任何文件，就会看到“全部导入”按钮。

如果您希望将所有的源媒体文件都导入同一个事件中，则单击“全部导入”按钮。您也可以只选择某几个源媒体文件进行导入，那些拍得不好的镜头就不用导入了。

2 单击GOPR0003缩略图。

此时，该缩略图周围会高亮显示黄色边框，这表示该缩略图是处在被选中的状态下。如果单击“导入所选项”按钮，那么可以立即导入这个文件。但是，我们还需要多选几个片段，之后一起导入。

3 单击GOPR0006缩略图。
此时，GOPR0006缩略图被选中，但是GOPR0003缩略图被取消了选中。在macOS 中，您需要按住Shift键或者Command键，依次单击所需的对象，这样就可以同时选择多个对象了。

4 按住Command键，单击GOPR0003缩略图。这样就同时选择了GOPR0003和GOPR0006两个缩略图。

先按住Command键，再单击文件，这样可以选择不连续的多个文件；而先按住Shift键，再单

击GOPR0003缩略图，可以将GOPR0003和GOPR0006之间的GOPR0005缩略图也选中。针对将要剪辑的Lifted项目，您需要导入6个GoPro文件。

5 在“媒体导入”窗口的浏览器中，单击空白的灰色区域，取消对任何缩略图的选择。

您已经告诉Final Cut Pro希望导入GOPRO1存储卡中的所有文件。现在，再看看窗口中最后一个分区的选项内容。

▶ 从一个摄像机文件中导入多个范围的内容

当您只希望导入某个源媒体文件中的部分内容时，这部分内容被称为范围选择或者范围。在连续画面模式中，有多种方法可以选择媒体中的部分内容。

- ▶ 将扫视播放头或者播放头放在希望被选择内容的开始位置上，按I键，设定一个开始点；将播放头放在结束的位置上，按O键，设定一个结束点。
- ▶ 将光标放在希望被选择内容的开始位置上，单击并拖动光标到结束位置。在拖动的同时会显示被选择部分的时间长度。

一个源媒体文件可能在不同范围中都有可用的内容。通过范围选择的方法可以标定并同时导入同一文件中的多个选定范围。

- ▶ 将扫视播放头或者播放头放在下一个可用范围的开始位置上，按快捷键Command+Shift+I，标定一个新的开始点，移动播放头到该范围的最后一帧画面，按快捷键Command+Shift+O，标定一个与前面的开始点所对应的结束点，这样就选择了一个新增加的范围。
- ▶ 将光标放在可用内容的开始位置上，按住Command键并拖动光标到可用内容的结束位置上。被拖动的范围就被增加到了选择范围中。

注意 ▶ 对于某些摄像机/视频文件的格式，可能无法实现对片段部分内容的范围选择。

在标定范围的时候，您还需要查看源媒体文件的原始时间码。在扫视播放头的上方会看到一个小的窗口，窗口中会实时显示时间码信息。关闭或者打开这个窗口的菜单命令是“显示”>“浏览器”>“浏览条信息”，或者按快捷键Control+Y。

如果已经在一个文件中标定了一个或者多个范围，并想要改变选择范围（如希望只导入一个范围，或者导入整个文件），那么可以清除当前已经选定的一个或者多个范围，方法如下。

- 清除某个选择的范围，按快捷键Option+X。
- 清除所有选择的范围，选择整个文件，按X键。

参考2.4
选择“媒体导入”选项

“媒体导入”选项涉及3个重要的Final Cut Pro媒体管理区域。

- 在软件界面上可以看到片段的虚拟存储位置。
- 在可访问的磁盘宗卷上可以看到片段源媒体文件的物理存储位置。
- 可用的转码和自动分析的项目。

2.4-A 选择虚拟存储位置

“媒体导入”选项最上方的一部分用于确定在Final Cut Pro中如何管理片段。一个源媒体文件必须在被作为一个事件中的片段后，才能被剪辑。通过这里的选项，您可以将片段添加到现有的事件或者新创建的事件中。接下来讲解将片段添加到现有事件中的方法。

在您选中“添加到现有事件”单选按钮后，您会在下拉菜单中看到当前被打开的资源库中所有事件的名称。您可以将片段放置在任何资源库的任何事件中。

如果选中“创建新事件，位于”单选按钮，则需要在“事件名称”文本框中输入新事件的名称，并在下拉菜单中选择用于存储这个新事件的资源库。命名的方法完全由您自己决定，可以是客户的名称，或者这些素材的编号。

分区中选项的功能是确定资源库中被用于容纳导入片段的事件。

在虚拟存储的环境下，您可以在Final Cut Pro内部为后面的剪辑工作整理所有的片段。接下来选择这些片段所对应的源媒体文件的物理存储位置。

2.4-B 选择物理存储位置

简单来说，Final Cut Pro资源库有两个基本信息。

- 资源库可以在物理上存放源媒体文件。
- 资源库也可以作为虚拟容器，引用存放在资源库外的源媒体文件。

在Final Cut Pro中的片段既可以代表一个物理上存放在资源库中的源媒体文件，又可以代表一个指向物理上存储在资源库外的某个源媒体文件的链接。当您选择使用管理媒体或外部媒体时，源媒体文件的位置会被确定下来。

对于独立剪辑师或移动工作的剪辑师，以及正在进行视频归档的操作人员，媒体管理是最简单的解决方案。您可以通过设定Final Cut Pro，将导入的源媒体文件在物理上存放到某个资源库中。由于这个资源库是事先创建好的，因此，该资源库在文件系统中的位置是已知的，源媒体文件一旦被存放在这个资源库中，该文件也就处在被管理状态了。

媒体管理易于使用，但是，在工作流程中更常见的是外接媒体，也就是将源媒体文件存放在资源库外。如果有多个用户或者应用程序需要访问同样的源媒体文件，那么推荐使用外接媒体管理的方式，使不同的剪辑师能够在不打扰其他人工作的情况下访问某些源媒体文件。使用外接媒体也会使资源库文件相对较小，更容易在不同用户之间交换和共享，因为并不需要移动或复制与资源库相关的源媒体文件。

如果从一个磁盘宗卷而非摄像机存储卡中导入源媒体文件，那么会出现“让文件保留在原位”的选项。如果选中这个选项对应的单选按钮，那么在导入过程中，源媒体文件不会被移动或者复制，而是作为外接媒体存放在资源库外。

注意 ▶ *在第9课“管理资源库”中会讲解有关被管理的媒体和外部参考媒体的信息。*

2.4-C 生成关键词和分配音频角色

根据剪辑前整理工作的策略，您可能会花费大量的时间整理访达中的源媒体文件。“媒体导入”选项包括两种提高整理工作效率的方法。此外，识别并使用音频数据中的iXML信息也是一种节省时间的途径。

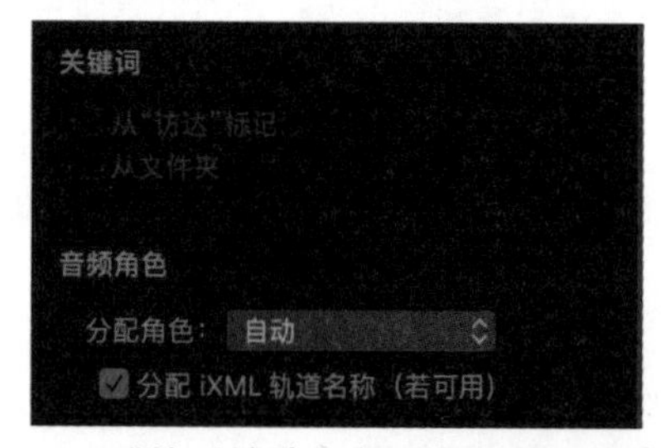

- “从‘访达’标记”选项：根据macOS的标记来创建关键词，并将片段分配到关键词精选中。
- “从文件夹”选项：将媒体文件在访达中所处的文件夹名称用作关键词。
- “分配iXML轨道名称（若可用）”选项：根据轨道元数据为音频轨道分配角色。

2.4–D 选择转码和分析选项

在“转码”选区中，如果选择了某个选项，那么会为该片段创建附加的源媒体文件。

- “创建优化的媒体”选项：为源媒体文件生成一个新的Apple ProRes 422版本的文件。这种格式的文件适用于合成特效的工作，可以大幅减少处理运算所需要的时间。
- “创建代理媒体”选项：为源媒体文件生成一个新的Apple ProRes 422（Proxy）版本的文件。这种格式的文件的内存很小，能够在磁盘中存储时间更长的素材。

在“分析并修正”选区中，有几个便于将来执行自动化的选项，可以分析画面拍摄的场景类型，针对音频的错误执行一些非破坏性的修复工作。

注意▶ *在后续的剪辑工作中，您可以对一个片段或者多个片段进行转码和分析。*

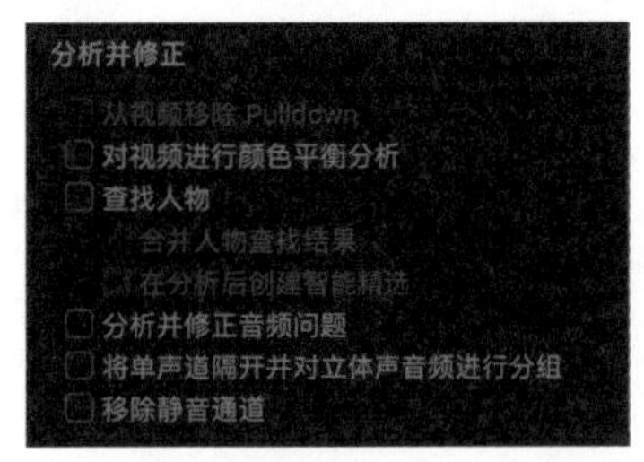

- “从视频移除Pulldown”选项：针对使用特殊帧记录格式的视频文件。
- “对视频进行颜色平衡分析”选项：在得到分析结果后，根据分析数据对视频画面进行颜色修正。
- “查找人物”选项：分析视频拍摄的场景特征，若有人脸画面，则自动归类。
    - “合并人物查找结果”选项：每个片段按照2分钟的时间计算查找人物。
    - “在分析后创建智能精选”选项：利用查找人物的分析结果创建智能精选。
- “分析并修正音频问题”选项：非破坏性地修复严重的音频问题，比如电频的嗡嗡声和背景中隆隆的噪声。
- “将单声道隔开并对立体声音频进行分组”选项：确定源媒体文件的音频通道是复合的还是分离的。
- “移除静音通道”选项：视频片段中的音频通道如果是静音的，则将该通道从视频片段中移除。

将现有的元数据或者新建的元数据（比如关键词）作为片段排序的依据。在第3课“整理片段”中会讲解更多关于元数据的信息。

练习2.4.1
应用“媒体导入”选项

至此，您已经了解了“媒体导入”中各个选项的含义。下面讲解如何从摄像机中导入片段。在练习2.1.1中已经为这个项目创建了资源库和事件。接下来添加媒体文件。

1 在“添加到现有事件”下拉菜单中选择资源库Lifted中的事件“GoPro”。

至此，您已经指定导入一些片段，将其存放在事件GoPro中，并令这些片段代表相应的源媒体文件。接着在Final Cut Pro的某个位置上存放这些源媒体文件。

2 在“文件”选区中，选中“复制到资源库”单选按钮。

源媒体文件会被存放在Lifted资源库中，即处于管理状态。存储卡中的源媒体文件会被复制到资源库Lifted 的事件GoPro中。由于源媒体文件处于管理模式，因此，您唯一需要注意的就是存放该事件的磁盘宗卷中是否有足够的空间来容纳这些源媒体文件。

3 取消对其他转码、关键词或者分析选项的选择。单击“全部导入”按钮。

注意▶ *在这部分练习中使用的源媒体文件不需要进行自动分析。之前也讲过，您可以在任何需要的时候进行分析和转码。*

在开始导入的时候，请注意以下几点。

- ▶ 在导入过程中，“媒体导入”窗口会自动关闭。
- ▶ 在浏览器中的片段上会显示一个小的秒表的图标。在导入完成后，秒表的图标就会消失。
- ▶ 针对新导入的片段，可以进行扫视或者剪辑。在导入完成后，屏幕上会出现一个通知。

4 单击“推出”按钮，消除通知，并弹出本练习使用的存储卡。

导入完成
点按“推出”以推出“GOPRO1”。
关闭
推出

参考2.5
从磁盘宗卷中导入文件

在一个项目中，如果您与其他人一起工作，那么您很可能会得到一个包含源媒体文件的硬盘，或者通过电子邮件/FTP共享文件夹来获得这些文件（而不是从原始的摄像机存储卡上），或者通过网盘来获得一段最新新闻的视频文件。任何格式的导入文件都必须是Final Cut Pro所能识别和播放的。

注意▶ *在本书的附录B中列出了一部分文件格式的信息，更多信息参考苹果Final Cut Pro的支持网页。*

从磁盘宗卷中导入源媒体文件的方法与从存储卡中导入源媒体文件的方法相似，操作步骤如下。

（1）加载磁盘宗卷。

（2）在Final Cut Pro中，单击“媒体导入”按钮。

（3）在“媒体导入”窗口的边栏中选择需要的设备。

（4）在浏览器中找到需要导入的文件。

（5）选择导入文件。

在“媒体导入”选项中，磁盘宗卷与存储卡的区别是前者允许将文件保留在原位。另一个区别体现在浏览器中，如果浏览的是磁盘宗卷，那么按照默认的列表方式显示文件。

2.5-A 将文件保留在原位

在通过存储卡导入源媒体文件时，复制文件是唯一的选择。Final Cut Pro要求您必须将存储卡上的源媒体文件复制到某个连接的磁盘宗卷中。这个强制方法的目的很明确，就是避免出现离线片段的问题——在您将存储卡从电脑上弹出后，如果片段引用自存储卡上的源媒体文件，那么这些片段就会变为离线片段。

Final Cut Pro中离线媒体文件的图标。

如果您从某个磁盘宗卷上导入源媒体文件，那么Final Cut Pro会允许您复制这个文件，您也可以选择不进行复制。假设这个磁盘是别人的，建议您进行复制，而不是将文件保留在原位，因为在导入完成后，您需要将磁盘还给别人。如果源媒体文件位于一个共享文件夹中，在需要将它们存放在一个移动硬盘上的时候，则必须进行复制。

如果选择“让文件保留在原位”，则不对源媒体文件进行复制，而创建一个对应于当前文件的引用。这种被称为外接媒体的模式很适合剪辑师与多人共享一个存储环境的情况。这样，在不需要重复创建相同文件的前提下，多个剪辑师可以在一个工作组中同时使用相同的源媒体文件。

除文件管理方法不同之外，从磁盘宗卷中导入源媒体文件的方法与从摄像机存储卡中导入源媒体文件的方法基本上是一样的。

▶ **使用引用文件**

在使用外接媒体的管理模式的时候，源媒体文件是不会被复制到资源库中的。实际上，在事件中会创建一系列对应于源媒体文件的引用文件（替身、快捷方式）。源媒体文件本身可以存放在任何一个可以访问的磁盘宗卷上。这种外接媒体的模式不仅适合多个剪辑师协同工作的环境，还适合单独工作的剪辑师。

练习2.5.1
从磁盘宗卷中导入现有的文件

在本练习中，您将导入文件并将其保留在原位，以及进行适当的管理。下面导入一些B-roll文件和音频文件。这些文件是从它们的原始摄像机存储卡中复制过来的，并手动地进行了一些整理。这是一种非常典型的场景，在某些工作流程中需要导入曾经被别人归档的影片，或者通过共享得到的媒体资源。

1 单击“媒体导入”按钮，或者按快捷键Command+I。

这时会打开“媒体导入”窗口。下一步要导入这些已经下载好的文件。

2 在边栏中找到在第1课中创建的“FCP X Media”文件夹。

文件夹的位置可能在某个外置磁盘宗卷或者“文稿”文件夹中，或者在您的桌面上。在“FCP X Media”文件夹中包含了需要的源媒体文件。

3 打开“FCP X Media”→“LV1”→“LV Import”文件夹，并查看文件夹中的内容。

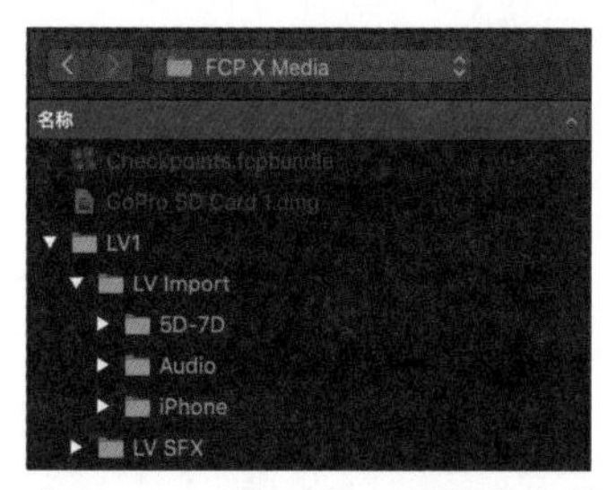

在Final Cut Pro中，源媒体文件会被按照层级的文件夹进行整理，这样的组织结构有很多优势。

4 选择“LV Import”文件夹，单击“导入所选项”按钮。

现在需要设置一些导入选项。

5 在弹出的对话框的上方选中“创建新事件，位于”单选按钮，选择“‘Lifted’资源库”选项。输入“Primary Media”作为事件名称。

您可以选择任何一个事件和资源库用于管理这些源媒体文件。与上一次的导入练习不同，本练习要从一个硬盘中导入，而且不会把源媒体文件复制到资源库中，只要对该硬盘能够随时访问即可。

6 在“文件”选区中选中“让文件保留在原位”单选按钮。

另一个不同点是，这次导入的是一个源媒体文件的文件夹。Final Cut Pro可以将文件夹之间的层次关系映射为关键词和关键词的层次关系。关键词是一种应用在片段上的元数据。通过关键词可以对相关的片段进行快速的排序和查找。当您的资源库中包含了几百个，甚至上千个片段的时候，关键词就具有了一种超级强大的功能。

注意▶ 在第5课中会讲解通过macOS标记创建关键词的方法。

7 在“关键词”选区中，选中“从文件夹”单选按钮。

注意▶ “从文件夹”选项只适合选择一个文件夹进行导入的情况。在选择某个文件夹中的若干文件进行导入的时候，是不会创建关键词的。

8 不要选择任何一个转码和分析并修正的选项，单击“导入所选项”按钮。

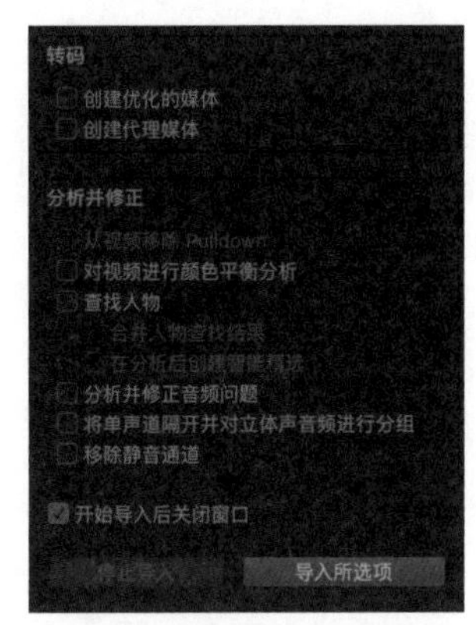

这时，“媒体导入”窗口会自动关闭，接着在资源库Lifted中会出现一个新的事件。

注意 ▶ *如果需要，则可取消有关成功完成导入的通知。*

9 单击事件Primary Media前的三角图标，展开其中所包含的内容。

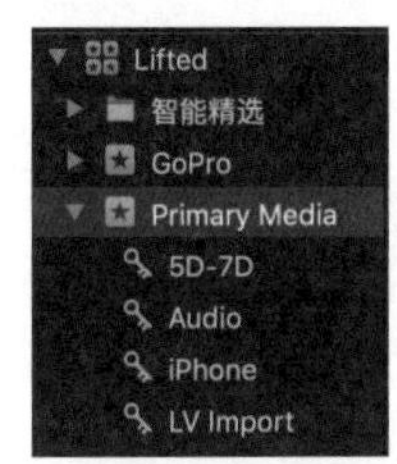

您选择的文件夹带有子文件夹，文件夹名称已经转化为关键词。在导入的时候，选中“从文件夹”单选按钮，会将访达的文件夹结构引入到事件中。

注意 ▶ *在第3课中会讲解如何使用关键词，以及更多元数据的技术。*

▶ 从访达或者其他软件中拖动文件

您可以从访达或者其他软件中将Final Cut Pro能够识别的文件直接拖到Final Cut Pro中。但是您需要了解Final Cut Pro是如何应用导入偏好设置的，包括管理模式（被管理的或者外接媒体）、转码和分析。

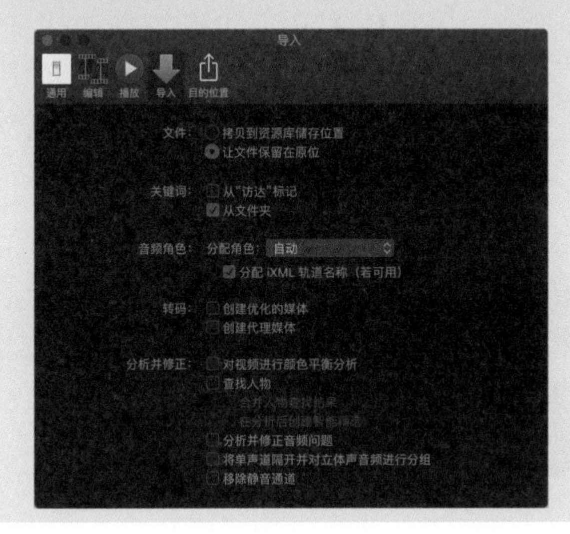

选择“Final Cut Pro” > “偏好设置”命令，进行导入的偏好设置。

您一定觉得这个界面有些熟悉了！由于将一个对象拖到一个事件中的操作会被视为一次导入操作，所以，导入选项更适合这次操作。请注意，在导入选项中，最上面的内容并没有出现在当前的窗口中。事件和资源库的指定是依靠您的拖动操作来完成的。

通过操作时光标的变化，您可以识别正在使用哪种导入方法。

- 在将一个对象拖到一个事件上（某个事件的关键词精选或者浏览器中）的时候，如果光标带有一个加号，那么表示使用了“复制到资源库”的被管理的媒体模式。

- 在将一个对象拖到一个事件、关键词精选或者浏览器上的时候，如果光标带有一个拐弯的箭头，那么表示使用了“让文件保留在原位”的外接媒体模式。

- 如果光标显示带加号，但是您希望按照“让文件保留在原位”的方法导入，那么可以先按快捷键Command+Option，再松开鼠标键。
- 如果光标是带拐弯的箭头，但是您希望将文件按照“复制到资源库”的方法导入，那么可以按住Option键，松开鼠标键。

现在，您已经将一些源媒体文件导入Final Cut Pro了。在熟悉了创建资源库和事件并导入文件的方法后，您就可以进行初期的剪辑工作了。在第3课中，会先讲解一些管理片段的技术，以便在剪辑中快速地找到需要使用的片段。

课程回顾

1. 在片段、事件、资源库中，最大的媒体容器是哪个?
2. 在事件中管理组织片段和项目的主要分类策略是什么?
3. 内置的备份摄像机媒体文件的命令是什么？如何进行操作?
4. 摄像机归档应该被存放在什么地方?
5. “媒体导入”窗口中有哪两个显示模式？在什么情况下可以使用这两个显示模式?
6. 在连续画面视图中，如何设定缩放滑块才能将每个片段显示为单一的缩略图?
7. 在一个片段中标记多个选择范围的快捷键是什么?
8. 在导入选项中，哪两部分可用于设置按照被管理或者外接媒体的方法处理片段?

A

B

9. 如果选择了创建优化的媒体，那么Final Cut Pro会把导入的源媒体文件转换为哪种编码格式的文件?
10. 当您从访达中将一个文件拖到一个事件上的时候，如何将该文件复制（或者不复制）到Final Cut Pro的事件中?
11. 您需要导入一些存放在文件夹中的源媒体文件，通过哪个选项的设置可以允许在导入的时候将文件夹的层次结构作为事件的关键词?

答案

1. 资源库是最大的媒体容器。
2. 您可以自行决定策略，比如一个影片的某个场景、一段新闻节目、网络视频短片、视频库、存储卡上的原视频、项目的各个版本等。事件可以很灵活，它可以容纳所有需要的媒体和项目，也可以通过分类容纳不同的媒体和项目。
3. 使用“创建归档”命令会为当前源媒体设备创建一个完全一样的备份，包括文件夹结构和与源媒体文件有关的元数据。
4. 摄像机归档可以存放在任何地方。但是为了安全性，它应该被存放在与当前剪辑所使用的源媒体文件完全不同的磁盘上。否则，一旦这个磁盘损坏，归档与剪辑用的源媒体文件会同时无法使用。
5. 连续画面和列表。当通过摄像机存储卡导入文件的时候，可以使用这两种显示模式。在其他情况下，只能使用列表模式。
6. 将缩放滑块拖到“全部”。滑块的时间数值是指片段中每个缩略图所代表的时间长度。
7. 快捷键Command+Shift+I和Command+Shift+O。在扫视的时候按住Command键也可以标记一个新的选择范围。
8. 选中“复制到资源库”单选按钮会创建被管理的媒体，选中“让文件保留在原位”单选按钮会创建引用媒体。
9. Apple ProRes 422。
10. 选择“Final Cut Pro”>“偏好设置”命令。
11. “从文件夹”选项。

第3课
整理片段

> **学习目标**
> - 为片段和片段范围分配关键词
> - 利用关键词搜索和筛选片段
> - 为片段添加注释和评价
> - 创建智能精选
> - 侦测片段中的人物和场景
> - 理解和分配角色

在64位的macOS和Final Cut Pro中，您可以在导入源媒体文件完成之前就开始剪辑工作。无论您选择被管理的媒体模式，还是外接媒体模式，Final Cut Pro都会从源媒体文件当前所在的位置读取该文件的数据。实际上，在导入开始的瞬间，Final Cut Pro的资源库边栏就会出现一些片段。如果选择复制文件，那么在文件复制完成后，Final Cut Pro会自动切换到重新复制好的源媒体文件中并读取数据。多数剪辑师会在进行剪辑操作之前，对片段进行一些必要的整理工作。对于长期进行剪辑工作的剪辑师来说，必须找到一种高效地整理成百上千条片段的方法。若您花费大量的时间查找一个片段，那么剪辑的节奏感与故事讲述都会被迫中断。

针对这样的工作，元数据是Final Cut Pro高效率与创造性剪辑的关键因素。在本课中会讲解整理片段的各种方法，这些剪辑前的工作将帮助您更好地讲述故事。

参考3.1
熟悉资源库边栏 、浏览器和检视器

在第2课中，您已经将源媒体文件导入到了一个资源库的事件中。事件中的片段所代表的源媒体文件既可以被存放在事件内部（媒体管理），又可以被存放在资源库的外部（媒体引用）。

无论使用哪种媒体管理模式，您都可以只关注在Final Cut Pro的窗口中如何使用这些片段，而无须考虑在访达中它们是如何存放的。Final Cut Pro内置了一些工具，这些工具可以帮助您直接在软件内部管理片段，甚至是它们的存放位置，这样就可以全神贯注地进行手头的剪辑工作了。在高效的剪辑工作流程中，剪辑师应该能在必要的时候迅速找到对应的片段。接下来讲解Final Cut Pro窗口上半部分的3个区域：资源库边栏、浏览器和检视器。

在资源库边栏中可以看到被打开的资源库，以及与它们关联的事件。在导入片段和进行分析操作的时候，Final Cut Pro会收集每个片段的元数据，也可以为具有相同元数据的片段创建精选内容。您可以结合自己的剪辑工作流程，利用这些元数据来分析片段内容，并为片段分组。

在浏览器中显示了这些片段的内容。您可以扫视片段内容，选择并标记剪辑的范围。浏览器具有排序和整理片段的强大功能。此外，您还可以创建复杂的精选内容，并将其存储，以便日后重复使用。

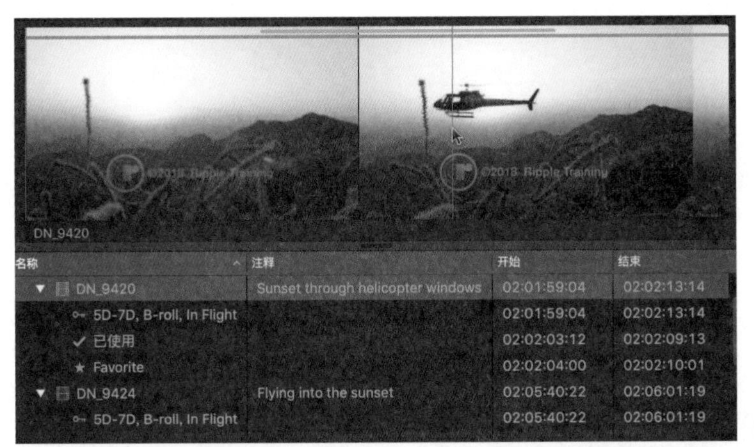

在检视器中可以观看视频的画面内容。当您在浏览器中扫视一个片段的时候，片段的图像和声音都能在检视器中看到和听到。在按下J、K、L键后，片段内容也能在检视器中进行播放、暂停、反向播放。Final Cut Pro可以将检视器移动到电脑外接的另一个显示器上。如果借助macOS和Apple TV，您还可以通过无线的方式将检视器镜像移动到更大的显示设备上进行观看。

接下来您将利用这3个区域来处理片段的元数据。尽管这些管理工作不能满足实际的剪辑要求，但是与传统的片段管理方式（比如特殊的文件名，以及一些附加的注释信息）相比，基于元数据的片段管理会最大程度地提高您的工作效率。

参考3.2 关键词的使用

关键词可以被应用到片段上，通过关键词可以减少您搜索该片段的时间。选择合适的关键词可以帮助您定位所有与之相关的素材内容。如果一个关键词过于单一，只能反映单独某一个素材片段的部分内容，那么此时关键词的作用就不大了，直接修改片段的名称，效率反而会更高。

您可以为整个片段分配关键词，也可以只为片段中部分内容分配关键词。通过光标或者快捷键就可以在一个片段中选择一个范围。比如，一个片段包含了一架直升机从起飞到降落的全过程，那么您就可以为它分配3个关键词。

- 直升机：应用到整个片段上。
- 起飞：只应用到片段开始的部分。
- 降落：只应用到片段结束的部分。

为一个片段分配关键词的数量是没有限制的。在分配关键词的时候，不同关键词所覆盖的片段内容也是可以叠加的，这样就为片段的排序和筛选等管理工作带来了极大的便利。一个关键词既不是一个传统的子片段，也不是一个嵌套的片段，它不会造成在其他软件中出现的重复片段问题。对于一个片段，Final Cut Pro只会将关键词链接到一个源媒体文件上。无论一个片段多么复杂，以及您为该片段分配了多少关键词，Final Cut Pro都只会访问该片段的源媒体文件。

当手动为片段分配关键词时，在片段的连续画面上会出现一段蓝色的横条。

如果使用列表模式观看事件中的片段，单击片段名称左侧的三角图标，就会看到该片段所包含的关键词。

单击列表中任何一个关键词，都可以快速地选择该关键词对应片段中的一个范围。单击连续画面中蓝色的横条，也可以达到相同的目的。

分析关键词与手动分配关键词不同，它是通过“媒体导入”选项中的“分析”生成的。在设置导入选项和导入偏好时，您可以确定在导入操作中是否使用这些分析工具，也可以在剪辑过程中，随时要求对某些片段进行分析。

自动生成和手动分配的关键词都会在资源库边栏中以关键词精选的方式组织片段。关键词精选类似一个文件夹，显示带有这个关键词的片段或者片段的一部分。在下面几个练习中，您会发现利用关键词的无损的管理方式可以很好地提高剪辑效率！

练习3.2.1
为片段分配关键词

在第2课中，您从磁盘宗卷中导入了一个文件夹中的源媒体文件。在进行导入时，定义了该文件夹和子文件夹都将作为片段的关键词。因此，在导入完成后，资源库Lifted中就出现了一些新的对象，它们就是Final Cut Pro分配给这些片段的关键词。接下来检查这些关键词，并创建自定义的关键词。

1 在资源库边栏中，选择资源库Lifted中的事件“Primary Media”。

在选择这个事件后，Final Cut Pro会显示该事件包含的片段。

2 在浏览器中单击“连续画面模式”按钮。

3 为了确保软件显示的片段顺序与本书一致，单击“片段外观”按钮，设置片段“分组方式”为“无”，“排序方式”为“名称”。

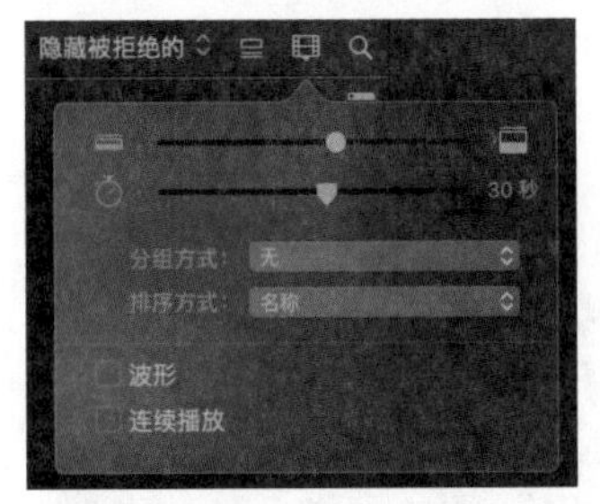

设置“分组方式”可以将事件中的片段放在一起全部显示出来，而不再单独分组。设置“排序方式”可以使片段按照字母顺序进行显示。

4 将缩放滑块拖到“全部”。

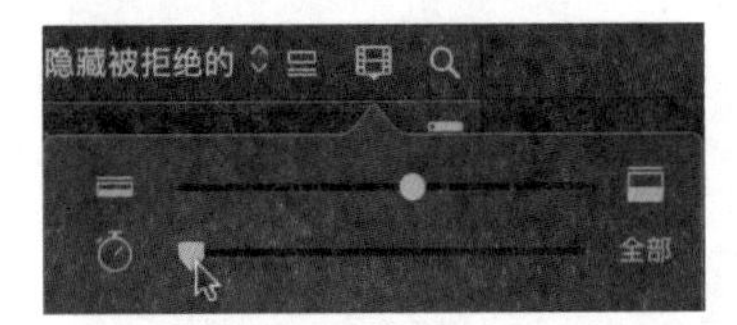

在调整缩放滑块后，每个缩略图都代表一个单独的片段。

5 请注意浏览器下方的提示文字，有两种不同的情况。

已选定 1 项（共 28 项），1 分 57.87 秒

如果选择了片段，那么提示文字会显示出当前选定了多少个片段、在事件中一共有多少个片段，以及被选择片段的时间长度。

28 项

如果没有选择片段，那么提示文字会显示出当前事件中片段的总数。

提示文字显示了当前资源库中被选择对象的基本情况。目前，一共有28个片段，选定了1个，被选定的片段的时间长度为1分多钟。为了同时看到尽可能多的片段，需要调整浏览器的显示选项。

6 单击“片段外观”按钮，根据需要，在弹出的对话框中，取消勾选“波形”复选框。

7 将“片段高度”滑块向左拖动，降低缩略图的高度。尽量让缩略图变得小一些，但能够显示片段的名称，并能够通过缩略图分辨片段的内容。

8 为了看到更多的片段，可以将浏览器和检视器之间的分隔栏向右拖动，也可以隐藏资源库边栏，腾出更多空间，以便看到更多的片段。

9 在资源库边栏中，单击“显示或隐藏资源库边栏”按钮。

现在，窗口中有了更多的空间来显示片段。但是，在本练习中，您必须打开资源库边栏。

10 单击“显示或隐藏资源库边栏”按钮，打开资源库边栏。

▶ 工作区

在调整好浏览器和检视器的显示面积，并保持资源库边栏可见之后，选择“窗口”>“工作区”>“将工作区存储为”命令，将当前定制的界面存储为一个工作区。定制的工作区可以被复制到不同的台式电脑和笔记本电脑中使用，也可以供不同的用户使用。

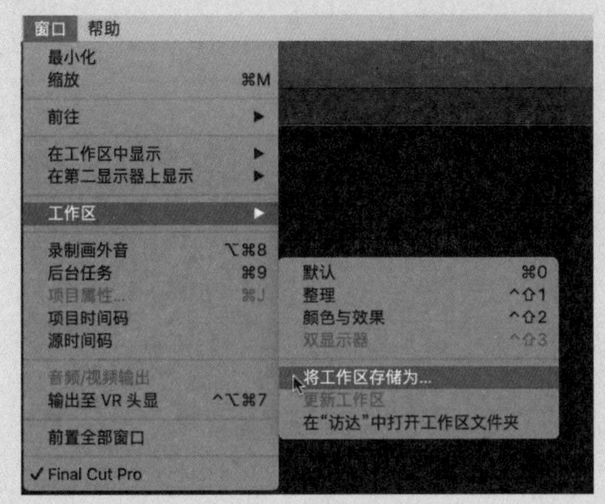

Final Cut Pro包含了一些预置的工作区，您可以根据特定的工作内容来选择相应的工作区。比如，利用整理工作区的隐藏时间线，可以增大浏览器和检视器的显示面积。如果想在浏览器和时间线视图之间进行快速的切换，但不想更换不同的工作区，那么可以单击工具栏右边的“显示或隐藏浏览器”按钮和“显示或隐藏时间线”按钮。

3.2.1-A 为片段分配关键词

事件Primary Media包含28个片段，在关键词精选中罗列了分类后的一些片段。Final Cut Pro根据第2课中的导入操作创建了这些关键词精选，它们来源于源媒体文件最初存放位置上的文件夹结构。这些关键词精选有助于我们对片段进行组织和管理工作。在此基础上，再多创建几个关键词精选。

1 在资源库边栏中，选择关键词精选“5D-7D”，观看其中的内容。

这时，浏览器中的内容会自动更新，显示出具有5D-7D关键词的23个片段。这里有一些B-roll和采访的片段。为采访片段创建关键词，以便在第4课中快速地找到它们。

2 在关键词精选5D-7D中，单击选择第一个采访Mitch的镜头，他是H5 Productions公司的老板，也是该公司的驾驶员。

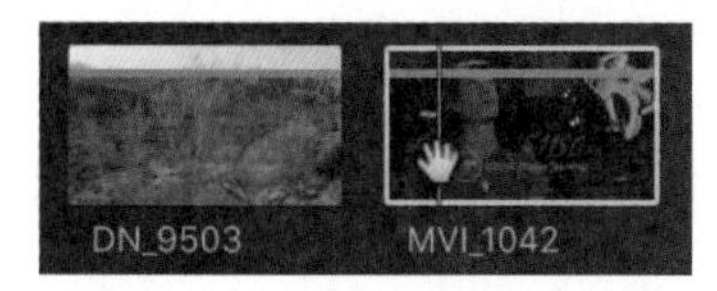

3 按Shift或者Command键，将Mitch的所有采访镜头都选中。

此时，浏览器底部显示您已经选择了浏览器中的6个片段，总的时间长度为2:47:17。

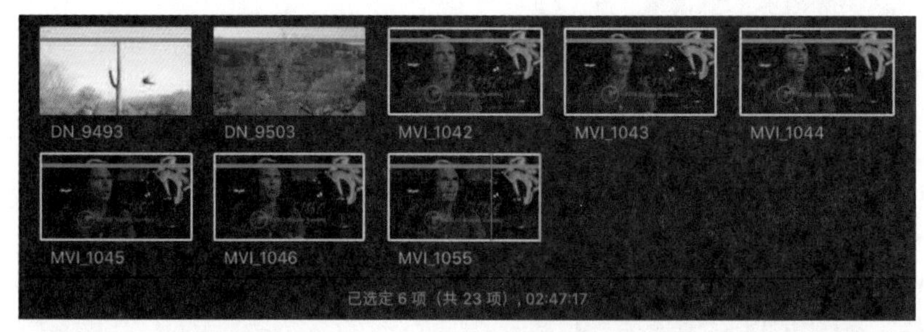

下面，通过关键词编辑器创建一个新的关键词，并将这些片段分配到新的关键词精选中。

4 在工具栏中，单击“关键词编辑器”按钮。

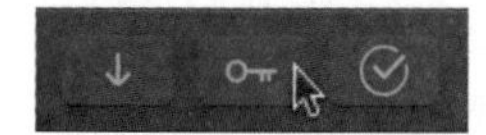

这样，就打开了关键词编辑器HUD（平视显示器）。

在关键词编辑器中有两个关键词：5D-7D和LV Import。关键词是片段的一种元数据信息，在Final Cut Pro中，一个片段可以被分配多个关键词。其结果是，一个片段会出现在多个关键词精选中。但实际上，在磁盘宗卷中，该片段并没有被复制为多个片段。下面为这些音频片段添加几个新的关键词。

5 在关键词编辑器中，输入“Interview”，按Enter键。

现在，关键词编辑器中多了一个关键词Interview。在事件Primary Media中也增加了新的关键词精选Interview。

6 在资源库边栏中，选择最新创建的关键词精选Interview。浏览器会显示关键词Interview对应的6个片段。

在第4课中进行片段剪辑的时候，您将会通过这个关键词精选找到这些片段。

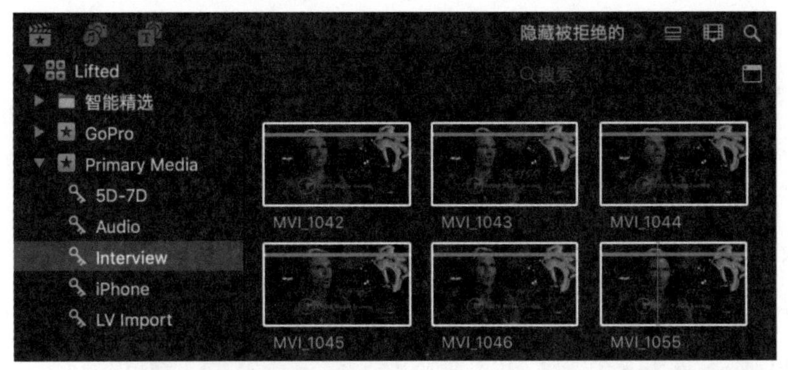

7 下面，花一点儿时间浏览事件Primary Media中的其他关键词精选，同时注意以下问题。

- 每个关键词精选中的片段数量。
- 每个关键词精选包含了哪些片段。

3.2.1–B 移除关键词

您可能注意到了，关键词精选LV Import包含28个片段，这说明该关键词精选的作用与事件的作用完全一样。因此，这个关键词就没有存在的意义了，可以将其从28个片段中删除。您无须逐个片段地删除关键词，简便的操作步骤如下。

1 在事件Primary Media中，按住Control键并单击关键词精选“LV Import”。

2 在弹出的快捷菜单中选择“删除关键词精选”命令，或者按快捷键Command+Delete。

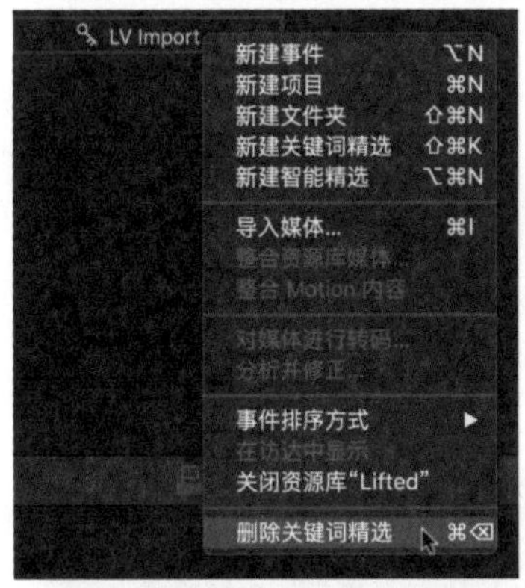

这样，该关键词精选就被删除了。与其相关的片段仍然保留在事件和其他对应的关键词精选中。综上所述，您可以为片段添加关键词，也可以随时删除片段中的关键词。

3.2.1–C 将片段添加到关键词精选中

本练习的效果与上文为音频片段添加关键词Interview的效果相同。但本练习会先创建关键词精选，再将片段拖到关键词精选中，以达到分配关键词的目的。

1 在资源库边栏中，按住Control键并单击事件“Primary Media”，在弹出的快捷菜单中选择“新建关键词精选”命令。

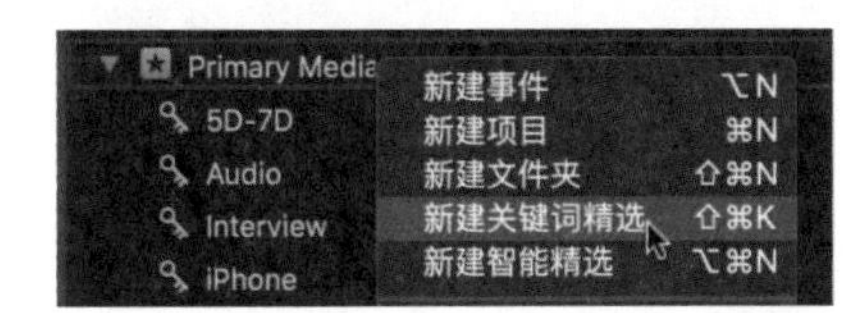

这样，就创建了一个未命名的关键词精选。

注意▶ 如果快捷菜单中显示了不同的命令，比如剪切、复制，那么按Control键并单击事件名称左侧的星星图标，而不要单击事件的名称。

2 输入“B-roll”作为关键词精选的名称，按Enter键。

当前关键词精选中没有任何片段。下面将一些片段拖到这个关键词精选中。

3 在事件中，选择关键词精选“5D-7D”。

4 选择关键词精选5D-7D中的第一个B-roll片段，按住Shift键并单击最后一个B-roll片段。

这样，在这个关键词精选中，您就选择了除Mitch的采访外的所有片段。

5 按住鼠标键，将选择好的片段拖到资源库边栏的关键词精选B-roll中。当关键词精选B-roll高亮显示的时候，松开鼠标键。

6 单击关键词精选“B-roll”，确认其中已经包含了相应的片段。

现在，这17个片段同时存在于两个不同的关键词精选中，但是其源媒体文件并没有进行过任何新的复制。您可以通过搜索关键词B-roll、Interview或者5D-7D找到这些片段。接下来讲解如何通过多个条件创建一种复杂的搜索方法。

3.2.1-D 使用快捷键添加关键词

在Final Cut Pro中，完成某个任务的方法通常不止一个。在本练习中，您将学习如何在关键词编辑器中通过快捷键为片段分配关键词。

1 在关键词编辑器中，单击“关键词快捷键”选项左边的三角图标。

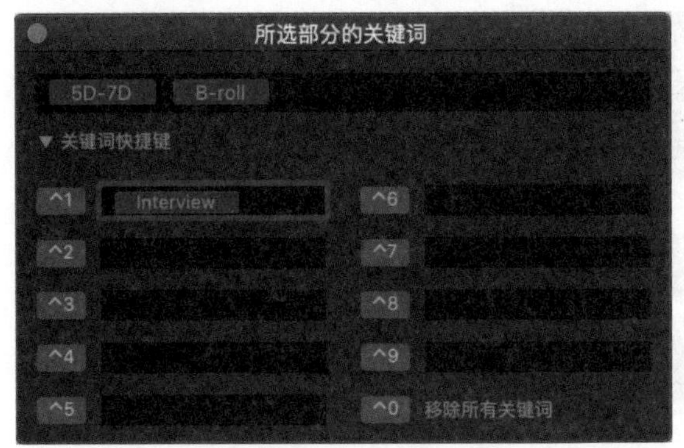

这里已经显示了快捷键所对应的关键词的信息。先清除这些原有的信息，再进行后续的操作。清除快捷键所对应的关键词的信息不会影响任何原有的关键词或者关键词精选。但是在对关键词编辑器上方的关键词精选进行修改后，会影响对片段分配的关键词。

2 在“关键词快捷键”列表中，单击某个关键词，按Delete键，删除所选关键词的快捷键信息。

例如，在步骤1的窗口中，单击“^1”按钮右边的“Interview”选项，在确定选择“Interview”选项后，按Delete键。

注意 ▶ *在删除关键词的快捷键信息之前，不要单击“^0”按钮右边的选项或者使用快捷键Control+0。否则，当前片段具有的所有关键词信息都会被删除。*

3 按照以下信息，为每个关键词指定对应的快捷键信息。

- ▶ Control+1：B-roll。
- ▶ Control+2：Hangar。
- ▶ Control+3：Preflight。
- ▶ Control+4：Takeoff。
- ▶ Control+5：In Flight。
- ▶ Control+6：Landing。
- ▶ Control+7：Flight Controls。

在关键词编辑器中创建的键盘快捷键如下所示。

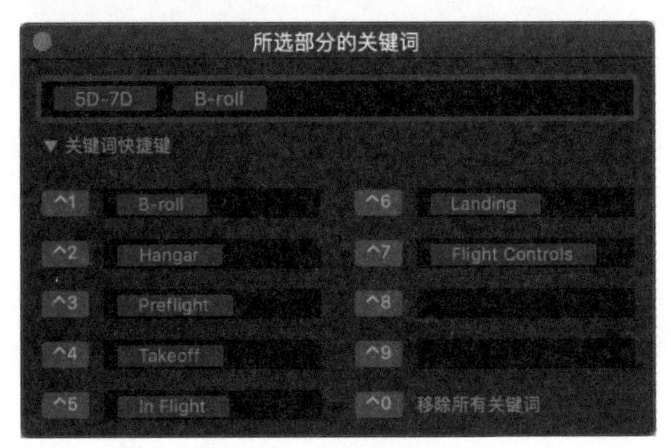

通过使用新的快捷键，您可以迅速地为一个或者多个片段分配关键词。

4 在资源库边栏的关键词精选5D-7D中，扫视并选择以下几个片段：“DN_9390”“DN_9446”“DN_9452”。

这些片段是B-roll片段，包含直升机起飞前的场景。通过快捷键可以快速地为它们分配关键词Preflight。

5 按快捷键Control+3，或者单击关键词编辑器中的“^3”按钮，为这些B-roll片段分配关键词Preflight。

这样，片段所具有的关键词就包括了Preflight。由于您是第一次分配这个关键词，因此在资源库边栏的事件Primary Media中会新出现一个关键词精选Preflight。

6 使用同样的方法，为下表中的片段分配关键词。

注意▶ 如果希望从一个片段中移除某个不希望分配给它或者无意中分配给它的关键词，则只需在关键词编辑器HUD的关键词精选中选择该关键词，并按Delete键即可。

关键词精选：5D-7D

片段	Hangar	Preflight	In Flight	Flight Controls
DN_9287		X		
DN_9390	X	X		
DN_9415			X	
DN_9420			X	
DN_9424			X	
DN_9446		X		
DN_9452		X		
DN_9453				X
DN_9454		X		X
DN_9455		X		
DN_9457		X		
DN_9463		X		
DN_9465	X	X		
DN_9470	X	X		
DN_9488	X	X		
DN_9493			X	
DN_9503			X	

至此，您已经为关键词精选5D-7D中的片段分配了关键词，剩下的3个来自iPhone的片段也需要分配关键词。

7 在事件Primary Media中，选择关键词精选“iPhone”，根据下表为3个iPhone片段分配关键词。

关键词精选：iPhone

片段	Hangar	Preflight	In Flight	Flight Controls
IMG_6476			X	X
IMG_6486			X	
IMG_6493			X	X

至此，资源库Lifted的事件Primary Media中的片段都处理完毕。请注意，您在之前的练习中将一些GoPro片段导入了事件GoPro中。对于这些片段，您需要使用关键词编辑器创建关键词快捷键，并手动地为它们分配关键词。

8 在资源库边栏中，选择事件“GoPro”。为下表中的片段分配关键词。

事件：GoPro

片段	Runup	Hover	Takeoff	In Flight	Landing
GOPR0005		X	X		
GOPR0006	X	X	X		
GOPR0009					X
GOPR1857				X	
GOPR3310			X	X	

为一个片段分配多个关键词的操作是非常容易的，而且关键词的数量没有限制。但从目前分配关键词的操作来看，这并没有为您节省大量时间。因为每个剪辑工作的具体情况不同，所以对关键词设定的要求也会不同。在Final Cut Pro中，您可以精确地控制所需要的关键词的数量。

练习3.2.2
为片段范围分配关键词

在练习3.2.1中，您已经为一些片段分配了关键词。关键词不仅可以分配给完整的片段，而且可以分配给片段中的某个范围。在这个范围内，您可以根据需要分配多个关键词，数量上也没有任何限制。

1 在资源库边栏中，选择关键词精选“B-roll”。

2 选择片段DN_9287，扫视该片段并观看其内容。

注意 ▶ *在后面的课程中，您需要对这个片段进行颜色调整。*

该片段可以被分为两个范围：直升机在起降台上和直升机起飞。您可以通过两个关键词来区分这两个范围，先从直升机起飞这部分开始。

3 再次扫视片段DN_9287，找到在直升机起飞前一瞬间的时间点，您会发现画面有点晃动。

4 将扫视播放头放在起飞前瞬间的时间点上，按I键。

设定一个范围的开始点，也称入点。在设定入点后，Final Cut Pro会自动将片段的最后一帧作为这个范围的结束点。在当前片段的画面中，直升机起飞的镜头一直持续到了片段的末尾，因此，范围结束点的位置很合适。接下来为该范围分配关键词Takeoff。之前，您已经为一些关键词创建了快捷键，包括对应于关键词Takeoff的快捷键Control+4。

5 按快捷键Control+4，为片段的这个范围分配关键词Takeoff。

6 在资源库边栏中选择关键词精选“Takeoff”，扫视片段DN_9287。

这样，该关键词就被分配到了当前选择的范围中。同时，在事件Primary Media中也新增了一个关键词精选Takeoff。请注意，这个片段不包括直升机停止的镜头。在浏览器中只能看到该片段中大约12s的起飞画面。您也可以将这部分带有关键词的片段称为子片段。

注意▶ 在浏览器中，某个片段中内容的可见范围取决于多个设置参数，第一个设置参数是被选择的关键词精选，它可能显示整个片段，也可能显示片段的一部分，或者不显示该片段。之后，您会了解到更多设置可见范围的方法。

7 在关键词精选B-roll中观看片段DN_9287的全部内容。

现在，您将为这个片段标记一个范围，并为这个范围分配关键词。先清除当前片段被选择的范围。

8 在片段DN_9287中选择直升机起飞的范围，按X键，标记整个片段。

此时标记整个片段其实是重置了选择范围，片段的开头和结尾分别被标记为开始点和结束点。下面调整结束点的位置。

9 在片段DN_9287上，扫视直升机起飞前一瞬间的画面，按O键，设定结束点。

在浏览器的底部可以看到，这个范围的时间长度大概是18s。接下来为其分配关键词。

10 在关键词编辑器中输入“Ramp”，按Enter键。

您注意到了吗？在之前的练习中，您为整个片段分配了关键词5D–7D、B–roll和Preflight。但在关键词编辑器中并没有看到这些关键词。当您为片段的某个范围设置关键词的时候，分配到其他范围上的关键词，或者整个片段上的关键词并不会显示在关键词编辑器中。但是，这里有另一个方法可以同时显示某个片段上的所有关键词。

3.2.2–A 在列表模式中查看关键词

在列表模式中，分配到某个片段上的所有关键词都是可见的，而不会受到选择的片段范围的限制。

1 在资源库边栏中，选择事件“Primary Media”，可以看到事件中的所有片段，以及分配给它们的关键词。

2 在浏览器中，单击“列表显示”按钮。如果需要，单击片段DN_9287名称左边的三角图标。

名称	开始	结束	时间长度
▼ DN_9287	00:00:00:00	00:00:31:01	00:00:31:01
Ramp	00:00:00:00	00:00:18:02	00:00:18:02
5D-7D, B-roll, Preflight	00:00:00:00	00:00:31:01	00:00:31:01
Takeoff	00:00:21:08	00:00:31:01	00:00:09:17

请注意，当某些关键词显示在同一行时，表示它们被分配到了片段中相同的内容上。通过右边的开始时间与结束时间可以更好地做出判断。

仔细观察关键词开始点和结束点的时间数值。在列表中，您可以同时看到某个片段的所有关键词，而无须查看某个片段的所有内容。

3 选择关键词精选“Ramp”，选择片段下方的关键词“5D–7D”“B–roll”“Preflight”。在片段的连续画面上扫视，确认这里没有直升机起飞的画面。

4 检查带有这些关键词的片段范围的开始时间和结束时间。对比片段DN_9287的开始时间和结束时间，可以看到时间长度是不同的。

名称	开始	结束	时间长度
▼ DN_9287	00:00:00:00	00:00:18:02	00:00:18:02
Ramp	00:00:00:00	00:00:18:02	00:00:18:02
5D-7D, B-roll, Preflight	00:00:00:00	00:00:31:01	00:00:31:01

此刻，您要观看由关键词精选定义的片段范围，比如，带有关键词Ramp的片段的开始时间、结束时间与其时间长度是一致的。

5 在资源库边栏中选择关键词精选“B–roll”，在浏览器中再次扫视并观看片段DN_9287。

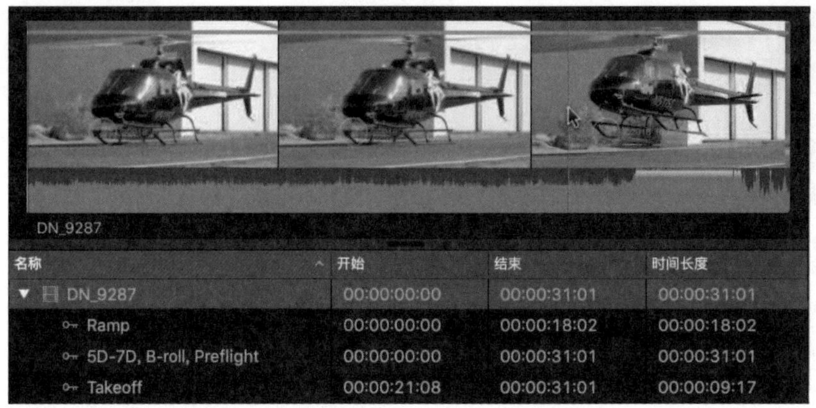

这时，您可以看到该片段的全部内容。注意观察片段的开始时间与结束时间，它们与关键词B-roll的开始时间与结束时间是一样的。

尽管在表面上看，这些练习使用的是Final Cut Pro的一些琐碎功能，但是它在实际上表达了一个重要的概念：在您开始剪辑工作后，Final Cut Pro并没有子片段的限制；如果通过关键词精选等元数据信息来查找和观看浏览器中的片段，您可以直接看到与关键词相关的片段内容，而无须再次分辨哪些是需要观看的，哪些是与当前剪辑对象无关的。

接下来为另外一个片段DN_9463分配关键词Ramp和Takeoff。

6 在片段DN_9463内创建两个选择范围，分别为其分配关键词Ramp和Takeoff。

> **▶ 是否需要极度精确地设定开始点和结束点？**
>
> 在Final Cut Pro中创建这些被称为子片段的对象时，您并不需要精确地设定开始点和结束点。在剪辑这些子片段的时候，实际上访问的是它所引用的源媒体文件。这时候，由于您可以使用原始片段的全部内容，所以这里根本没有任何所谓的“子片段的限制”。

练习3.2.3
为片段添加注释

关键词具有非常强大的功能，但之前也讲过，关键词适用于标注具有相同属性的多个片段。关键词精选通常也包含多个片段。如果某个片段具有其他片段所没有的特殊属性，那么可以通过注释来进行定义。在浏览器的注释栏和信息检查器中可以查看和添加注释。

1 如果需要，在资源库边栏中，选择关键词精选“B-roll”，就会显示所有B-roll片段。

如果某些B-roll片段具有描述它本身内容的一些文字信息，那就再好不过了！这些文字可以被搜索，从而在成百上千的片段中迅速找到与文本信息相关的片段。

2 将浏览器设定为列表模式，找到片段DN_9390。

3 扫视该片段，观看其内容。

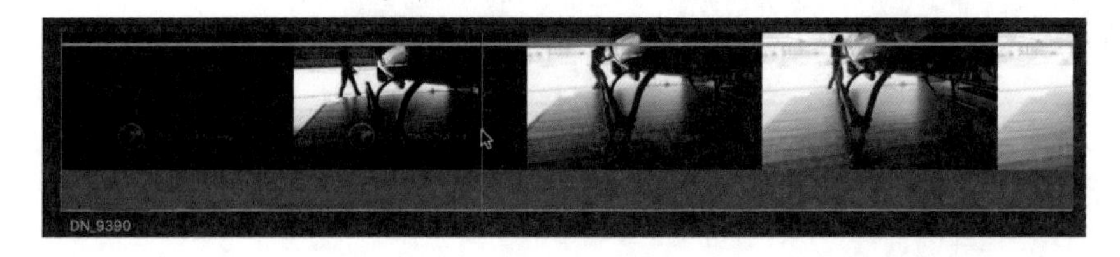

在该片段中，开始时是黑色的，机库的门是关着的。接着是门被飞行员Mitch打开，他走到直升机前稍做检查的镜头。Final Cut Pro允许您为片段添加很多信息，接下来用简短精炼的文字为该片段添加注释内容。

4 在列表视图中，向右展开窗口，找到“注释”栏。
由于您会频繁地使用“注释”栏，因此可以将它向左边移动，令其更靠近“名称”栏。

5 拖动“注释”栏的顶部，将它移动到“名称”栏的右边。

现在，您可以针对片段中特定的范围为其添加注释。您不仅可以为整个片段添加注释，还可以为关键词限定的片段范围添加注释。

6 单击片段DN_9390的“注释”栏，显示文本框。

7 在文本框中输入“Hangar door opens; Mitch enters L crossing R to preflight camera”，按Enter键。

如果您不能同时看到所有的文字内容，可以将注释栏的边缘向右拖动，令注释栏变得宽一些。或者，在浏览器中选择某个片段，打开信息检查器，检查或者修改该片段的信息。

3.2.3-A 在信息检查器中查看注释

与苹果的其他应用程序一样，信息检查器或者信息窗格可以显示片段的详情。这些信息可能远远超过您所希望了解的范围，其中包括很多在剪辑过程中并不需要关注的信息。在本练习中，信息检查器中有一个便于输入和检查注释内容的文本框。

1 在浏览器中，选择片段“DN_9390”。

2 单击“检查器”按钮。

在检查器的上方有4个标签按钮。

3 单击“信息”按钮，打开信息检查器。

在这里可以看到片段的基本信息及详情，如片段的名称、格式。“名称”文本框中的下面是“注释”文本框，您可以检查之前输入的注释内容，也可以直接输入或者修改注释内容。

4 将“注释”文本框中的内容修改为“Hangar door opens; Mitch L–R; camera preflight”。按Tab键，光标会跳转到下一个选项，同时，这个操作也确认了对“注释”文本框中元数据进行的修改。

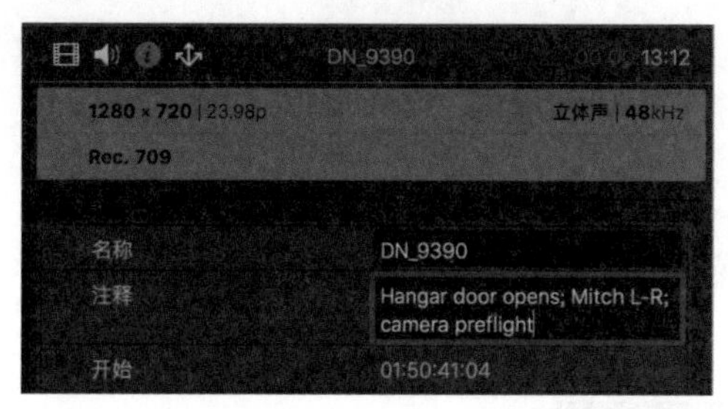

5 现在您已经学习了两种输入注释的方法，请使用这些方法，为以下片段添加注释。

- DN_9420: Sunset through helicopter windows
- DN_9424: Flying into the sunset
- DN_9446: Getting in; tilt-up to engine start
- DN_9452: CU engine start
- DN_9453: Pan/tilt Mitch and instrument panel
- DN_9454: Flipping switches; pushing buttons
- DN_9455: High angle (HA) Mitch getting in helicopter
- DN_9457: HA helicopter starting; great start up SFX

如您所见，注释内容是可以根据需求修改的。

▶ 为片段范围添加注释

上面的练习是为片段的整体添加注释。此外，您也可以为片段的某个范围添加注释。例如，您可以为采访片段的各个部分添加不同的注释，甚至是采访的脚本内容。

参考3.3 评价片段

您可能会觉得关键词和注释已经能够满足日常使用了。但是Final Cut Pro依然有许多其他的元数据工具便于您组织和管理片段，其中之一就是评价系统。

绿色的横条表示这是个人收藏的片段范围。

评价系统包含3种可用的评价：个人收藏、无评价和拒绝。它既可以与现有的其他元数据一起使用，也可以单独使用。评价系统的原理很简单，所有片段在初始的状态下都是无评价的。当您在浏览器中检查这些片段的时候，可以将其评价为个人收藏或者拒绝的，或者保留其无评价的状态。另外，与分配关键词的操作类似，您也可以针对片段中的一个范围进行评价。与关键词相比，有些剪辑师更喜欢使用评价；也有一些剪辑师偏爱混合使用这两种元数据工具，这样可以利用更复杂的搜索条件更准确地找到需要的片段。

评价比较适用于剪辑纪录片的剪辑师，因为他们经常需要从上百个小时的采访片段中筛选、排序那些能够融入当前故事的片段。一个筛选采访片段的好方法是通过音频审查片段内容，标记出可用的音频内容，实现叙事效果。剪辑师一般会找到一段合适的素材，并立即将其添加到时间线上进行剪辑。在Final Cut Pro中，您也可以进行同样的操作。但是，这里有一种更高效的方法，通过扫视、选择开始点和结束点进行评价，可以使本来费时费力的操作变得简单、快捷。

练习3.3.1
应用评价

在练习2.5.1中，您导入了一些采访的片段。与所有导入的媒体一样，它们包含了一些可以使用的内容，还有一些无用的内容。在本练习中，您将使用评价系统整理采访片段，创建一个可供搜索的sound bites组。

1 在资源库Lifted中，选择事件Primary Media中的关键词精选“Interview”。

浏览器中会显示这些采访片段。请注意，为了制作适合本书的相对较小的文件，这些片段是预先从一个更长的片段中节选出来的。尽管如此，片段中仍然会有一些您不希望出现在最终影片中的内容。

> ▶ **切分采访片段**
>
> 虽然传统的胶片摄影师和磁带摄影师仍然需要考虑如何“迅速”地开始拍摄，但数字摄影师已经不需要考虑这些了，因为基于文件的摄像机录制技术支持随时启动和停止视频的录制。您还可以使用预录制的设定，在需要拍摄的场景开始前录制几秒的画面。针对采访，快速启动和停止录制可以将提问与回答直接以片段的形式分开，大大提高了后期整理片段的效率。

注意 ▶ 如果您希望调整工作流程，那么请务必先进行全面的测试，再用于实际的工作中。

2 将浏览器设定为列表模式。

在下面的练习中，您需要将片段元数据作为操作的参考。

3 单击“名称”栏，直到片段按照其名称的字母顺序升序排列。

4 在浏览器中选择片段“MVI_1042”。

这时，片段的连续画面显示在上方，您可以扫视检查其内容，并评价这个片段。

5 播放头目前就停在片段的开头，直接按空格键或者L键，从当前位置播放这个片段。
在开始部分，Mitch坐在一个漂亮的背景前接受采访，他说："Flying is something I've had a passion for since I was a little kid."

6 将光标放在Mitch说"Flying is"的前面一点儿。

当播放头扫视到这个时间点上时，单击定位光标（播放头的位置），或者通过J、K、L键将播放头移动到这个时间点上。但是，一旦播放头到达该位置，您就需要一帧一帧地移动播放头，以便精确地对准该时间点。

7 按←键或者→键，逐帧地移动播放头。
按←键会令播放头向后（向左）移动一帧。按→键会令播放头向前（向右）移动一帧。如果按住←键或者→键，那么可以分别向左或者向右按照1/3的速度进行播放。
现在设定好了开始点，您无须要求这个时间点位置的准确度。但是，如果可能的话，尽量找到合适的时间点，这会令后续的剪辑工作变得更容易。找到Mitch的眼睛是睁开的，但是嘴是闭上的时间点。

8 当播放头的位置合适时，按I键。开始点的时间码应该是01:31:15:20。

▶ **借助时间码进行剪辑**

时间码是一种媒体地址系统，或称为坐标系统，导演和制作人员可以借助这个系统准确地说明片段剪辑的具体时间点。在前面的步骤中，01:31:15:20这个时间码就是片段MVI_1042开始点的准确位置。您会发现，当扫视或者播放一个片段的时候，片段上会显示扫视播放头和播放头的位置。

01:31:15:20

在这里，时间码显示当前帧的位置是1小时31分15秒20帧。 这一串数字是由摄像机记录下来，并与当前帧锁定在一起的。 开始点和结束点的时间码则被包含在文本中，以供参考。当浏览器扫视片段到显示范围开始的时间码时，按I键，设定一个开始点。继续扫视片段，直到显示范围结束的时间码，按O键，设定一个结束点。在许多实际的剪辑项目中，您可能会发现自己同时担任着导演、制片人和剪辑师的角色。某个片段开始的时间点和结束的时间点完全取决于您自己。

下面找结束点的位置，在Mitch说完“a little kid”且要说下一句话的时候。尽量准确地找到这个结束点，在后面剪辑的时候也可以重新调整它的位置。

9 按空格键，开始播放，再次按空格键，停止播放。将播放头放在Mitch刚刚说完“kid”，但是还没有说出下一个词的位置。

在这里有一帧的暂停，为了避免剪辑到意外的音频，您可以将播放头停放在“静音”的帧画面之前的位置，将播放头后面的帧画面直接剪切掉。

10 准确地放好播放头的位置，按O键，设定结束点。结束点的时间码应该是01:31:18:19。

您可能需要花一点儿时间查看已经标定的范围。 按L键或空格键可以播放所选范围之内或者之外的画面。 如果只希望播放标定范围之内的画面，那么需要使用不同的快捷键。

11 按/键可以在标定范围内播放画面。

如果希望调整范围，那么可以先扫视觉得合适的某个帧画面，按I键或者O键，设定新的开始点或者结束点。此外，您也可以将当前范围的边缘拖到新的位置上。

在标定好新的范围后，就可以选用该范围了。例如，只需按一个键即可为该范围添加个人收藏的评价，这是效率最高的方法之一。

12 按F键，将被选用的片段范围评价为个人收藏。

这样，在片段的连续画面上就会出现一段绿色的横条，表明该横条涉及的范围的评价是个人收藏。在列表视图中也会根据这个变化新增一个元数据信息。

13 在列表视图中，单击片段MVI_1042左边的三角图标，展开显示片段的标签。

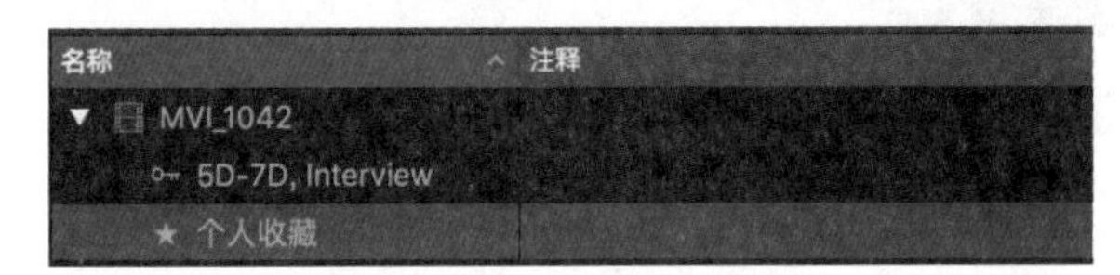

在这里出现了一个新的标签——个人收藏。它上面的关键词是Final Cut Pro自动分配给片段的。接着在“注释”栏中添加一些信息，方便后续的搜索工作。

14 在“个人收藏”后的“注释”栏中输入“passion when kid”，按Enter键。

现在已经对这个片段范围完成了标定的工作。接着对片段MVI_1043进行操作。

注意▶ 可以拖动“注释”栏与右边“开始”栏之间的分割线，以便给“注释”留出更多的空间。

15 在列表视图中，选择片段“MVI_1043”，将播放头放在Mitch说完“One thing that is interesting”的位置。

此时，Mitch还嘟囔了一下，在后面的课程中会处理这个问题。按J、K、L键或者结合→、←键，将扫视播放头放置在设定的开始点上。

16 将播放头放在Mitch说“Uhhh. One thing”的前面，也就是01:34:23:18的位置，按I键，为选用范围设定一个开始点。

17 在Mitch说完“Frame of what we're shooting. So...”的位置上设定一个结束点。
这里有一个小技巧，因为Mitch很快会说下一句话，所以先将说“So”的部分包含在当前选用的范围内。

18 在01:34:41:21的位置上，按O键，设定一个结束点，按/键，播放选用范围内的画面。
按F键，将这个范围评价为个人收藏。

19 在“注释”栏中，为个人收藏添加注释内容“imagery technical pilot framing”。

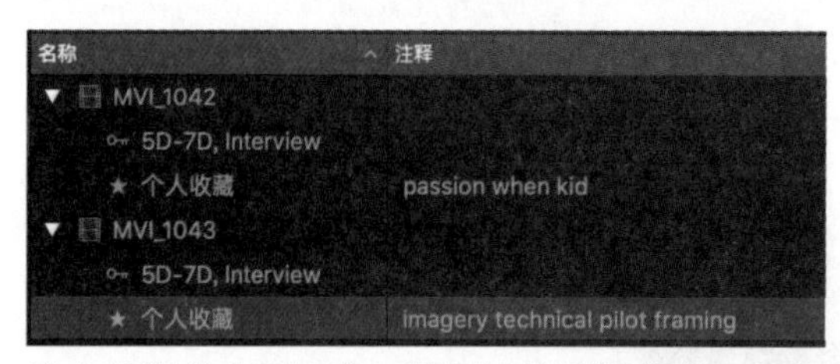

这个片段的末尾还有一段可以使用的内容，把它也评价为个人收藏。

20 找到Mitch开始说“As I'm technically”的位置，也就是01:34:49:17 的位置，设定开始点。

21 找到Mitch说完“experiencing. So...”的位置，也就是01:34:57:00的位置，设定结束点。

22 按F键，将这个范围评价为个人收藏。

在为个人收藏添加注释后，您需要先了解一下更多有关评价的信息，再进行后面的工作。例如，如何清除一个评价。

▶ **个人收藏并不总是您最喜欢的内容**

某些剪辑师发现，有些评价为个人收藏的片段，到最后并没有被应用到实际的影片中。因此，他们认为将片段加入个人收藏是不妥的。还有一些剪辑师则认为，很多片段都可以具有个人收藏的评价，但是它们之间缺少优劣上的区别。而通过实际工作中的一些流程可以发现，个人收藏片段的数量几乎相当于在传统剪辑流程中被挑选出来放在时间线上的片段的数量。在传统的挑选片段的流程中，被删除的片段会被视为无用的片段。与之相比，放在时间线上的被评价为个人收藏的片段同样很容易被删除，但是，它们仍然保留着个人收藏的属性，这样就很方便再次被挑选出来。

3.3.1–A清除个人收藏的评价

那么，如何清除个人收藏的评价呢？将其修改为未评价即可，操作步骤如下。请注意，每个片段在导入后默认的评价就是未评价。

1 在资源库边栏中选择事件“GoPro”。

2 在浏览器中选择片段“GOPR1857”，按F键，将其评价为个人收藏。在片段的连续画面中会出现一段绿色的横条。按U键，即可清除个人收藏的评价，并将其恢复为未评价。

在当前片段中，后半部分乘客拿着iPhone和iPad的视频是没用的，所以可以把这部分视频从个人收藏中清除。

3 按I键和O键，将画面中有iPhone和iPad的部分标定为被选用的范围。范围的开始点应该是37:21，结束点是片段的末尾。

4 按U键，将评价恢复为未评价。

注意，在这个范围内，绿色的横条消失了。

3.3.1–B 拒绝片段

如果您确定某个片段不能够用于影片剪辑，那么可以使用拒绝来评价完全不可用的片段。按Delete键就可以将其评价为拒绝的，这个操作并不会删除该片段及其对应的源媒体文件，而是为它们添加拒绝的评价，并将其隐藏起来。

注意 ▶ 这里提到的Delete键是主键盘上的Delete键，而不是全尺寸键盘或者附加键盘上的Delete键。

1 在标定好片段GOPR1857的范围后，按Delete键。

此时，被拒绝的范围从当前视图中消失了。

2 从头到尾地扫视片段GOPR1857 中的内容，可以发现，看不到iPhone和iPad了。

在默认情况下，浏览器会隐藏被拒绝的片段或者片段中的范围。接下来调整浏览器的设置，令其显示所有的片段。

在浏览器的“过滤器”下拉菜单中可以看到，当前的设置是“隐藏被拒绝的”。

隐藏被拒绝的

3 在“过滤器”下拉菜单中选择“所有片段”命令。

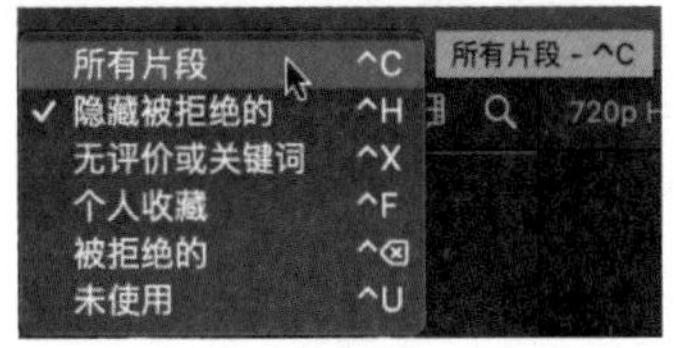

这样，刚才拒绝的片段就都显示出来了。每个被拒绝的片段上都会有一段红色的横条。在列表视图中，可以看到片段GOPR1857中有一个“被拒绝的”范围。

4 在浏览器的列表视图中，选择片段“GOPR1857”。

如何取消对拒绝的片段的评价呢？首先，您需要选择之前选用的范围。如果使用列表视图，操作就会简单许多。

5 在列表视图的片段GOPR1857中，选择“已拒绝的”选项。

▼ GOPR1857	00:00:00;00	00:01:55;20	00:01:55;20
In Flight	00:00:00;00	00:01:55;20	00:01:55;20
★ 个人收藏	00:00:00;00	00:00:37;21	00:00:37;21
× 已拒绝的	00:00:37;21	00:01:55;20	00:01:17;29

在连续画面中，被拒绝的范围会高亮显示，表示您已经选择了它。另外，单击红色的横条也可以选择被拒绝的范围。

6 按U键，将这个选择范围评价为未评价。

这样，已拒绝的项目就从列表视图中消失了。

正如您在练习的最后3步中所看到的，“被拒绝的”片段或者片段范围并不会被删除，您还是可以将它们恢复为默认状态。按Delete键的作用只是为片段添加一种评价的元数据。如果将浏览器设定为隐藏被拒绝的片段，那么浏览器只会显示对您的剪辑有用的片段，更有助于您将注意力集中在讲述故事上。

练习3.3.2
自定义个人收藏

除了在“注释”栏中添加文本内容，您也可以将个人收藏这个标签的文本内容修改为您需要的内容。这种修改不会影响片段的名称，它只是在Final Cut Pro内部修改了片段的元数据。

1 在关键词精选Interview的列表中，找到片段MVI_1043的个人收藏。

MVI_1043 01:34:14:13
5D-7D, Interview 01:34:14:13
个人收藏 imagery technical pilot framing 01:34:23:18
个人收藏 01:34:49:17

在前面的练习中，您已经标定了两段个人收藏的范围。在本练习中，您将调整它们的元数据。

2 单击第一个个人收藏的文本内容。

注意▶ 单击文本内容中的第一个文字，进入编辑状态。

3 在文本框中输入“image in the frame”，按Enter键。

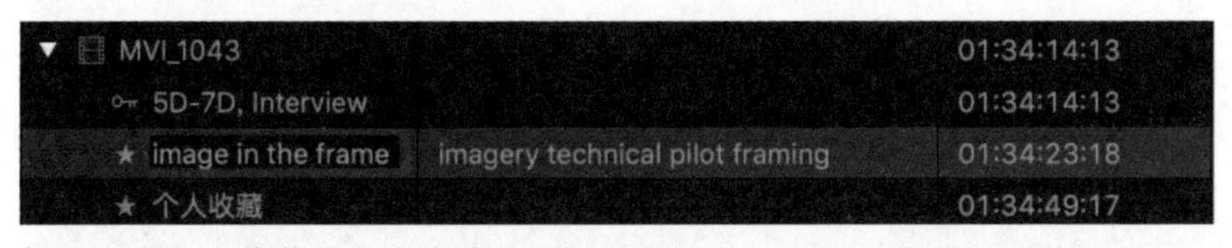

4 把另一个个人收藏的文本修改为“technically flying in awe”。

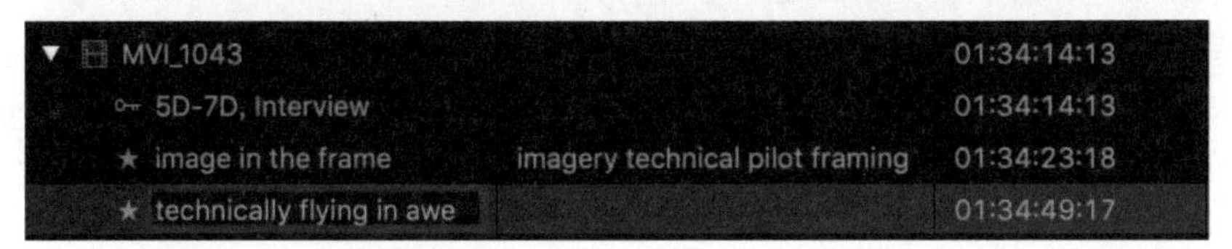

至此就调整好了片段的元数据信息，这些工作会对后面的剪辑工作有很大的帮助。

3.3.2–A 添加更多的元数据

现在，您需要对其他采访片段的元数据都进行一番整理。片段范围的开始点和结束点的音频信息如下表所示，每个片段范围都需要输入注释文字。您还可以自定义所有个人收藏的文本内容。您可以使用连续画面视图或者列表视图，并结合检视器来完成练习。

1 在事件Primary Media中选择关键词精选“Interview”。

2 按照下表为片段标定个人收藏的范围。

关键词精选：Interview

片段	开始点	结束点	注释	结果
MVI_1044	片段开始的位置	opener for me 01:35:48:00	new discovery	MVI_1044
MVI_1045	Every time we maybe 01:36:33:16	see or capture 01:36:43:06	crest reveal don't know capture	MVI_1045
MVI_1046	At the end of the day 01:37:51:00	adventure I went on 01:38:06:21	wow look what I saw	MVI_1046
MVI_1055	The love of flight 01:42:49:03	uh, so (片段结束的位置)	really the passion is	MVI_1055

▶ **粘贴时间码**

在协作环境中，您可能需要与制片人、记者、客户，以及为影片项目记录各种信息并制作表格的助理剪辑师一起工作。这个表格会根据片段内容列出名称、时间码，以及对应部分的一些描述。对于采访片段，这些记录也可能包括措辞说明，甚至包括全部音频的文字版本。如果您根据这些记录来编选音频片段，那么也许会新添加一些备忘信息，甚至会创建一份单独的记录表格来描述每一段音频片段。音频记录表格应该包含文件名、提示信息、每段片段对应的时间码。在提示信息中，通常会有这段音频最开始出现的几个词语及其时间码和所选片段最后出现的几个词语及其时间码。

Final Cut Pro可以复制/粘贴时间码数据，确保高效而准确地重新利用场记中的元数据。在源文本文档中，使用快捷键Command+C，复制时间码，在Final Cut Pro的浏览器中选择片段，单击检查器下方的时间码栏，按快捷键Command+V。这样，在浏览器中，播放头就跳转到了指定时间码的位置上。按I键或者O键，设定开始点或者结束点。

如果您希望尝试复制/粘贴时间码的操作，则可以使用第1课的素材文件夹中的表格文件。其路径为“FCP X Media > LV3 > Exercise 3.3.2-A Table 1.pdf”。另外，每段个人收藏的注释内容也都可以被复制/粘贴。

参考3.4
搜索、排序和过滤

无论您使用了关键词、评价、注释，还是组合使用了这3个工具来为片段添加元数据，您都可以体会到Final Cut Pro中有关元数据的主要组织方法。多年来，剪辑师们都试图通过片段的名称来定义尽可能多的元数据，但效果并不理想。在现在的Final Cut Pro中，片段名称几乎变成完全不重要的因素了。

Final Cut Pro的搜索、排序和过滤功能可以令剪辑师快速地查找摄像机分配给片段的元数据、

Final Cut Pro元数据，以及用户添加的元数据。下表所示为一些元数据类型的说明。

摄像机	Final Cut Pro	用户
帧速率	人物侦测	评价
帧尺寸	场景侦测	注释
录制日期	分析关键词	关键词

3.4–A 对片段进行排序

“过滤器”下拉菜单中提供了一些快速进行片段排序的方法。

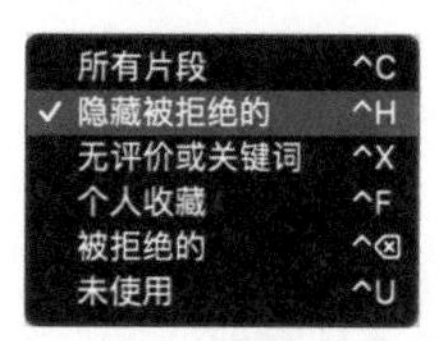

- 所有片段：显示当前资源库中的所有片段、时间和精选。
- 隐藏被拒绝的：仅显示评价为个人收藏和未评价的片段。
- 无评价或关键词：显示未评价的，或者不具备任何关键词的片段。
- 个人收藏：仅显示评价为个人收藏的片段。
- 被拒绝的：仅显示评价为拒绝的片段。
- 未使用： 显示当前项目中没有被用过的片段。

“过滤器”下拉菜单的默认设置是隐藏被拒绝的项目，这样可以隐藏那些不需要的片段，仅显示对剪辑工作有用的信息。每个剪辑项目都有不同的查找最佳B-roll和声音片段的方法。例如，剪辑师既可以移除用不到的片段内容，也可以先为采访片段分配关键词，然后将选出的音频范围评价为个人收藏。无论使用哪种方法，其结果都是得到需要应用到影片剪辑中的片段。

3.4–B 搜索元数据

在浏览器的搜索栏中输入文本信息，单击“放大镜”按钮，可以执行最基本的文本搜索。

这里输入的文本信息适用于以下元数据。

- 片段名称
- 注释
- 卷
- 场景
- 拍摄
- 标记

3.4–C 对片段进行过滤

除了文本搜索，浏览器的搜索栏还有很多的功能。单击“放大镜”按钮下面的“开关过滤器”按钮，可以打开“过滤器”窗口，在窗口中单击“加号”按钮可以添加和设定更多的搜索条件。以下是在“过滤器”窗口中可以进行的筛选操作。

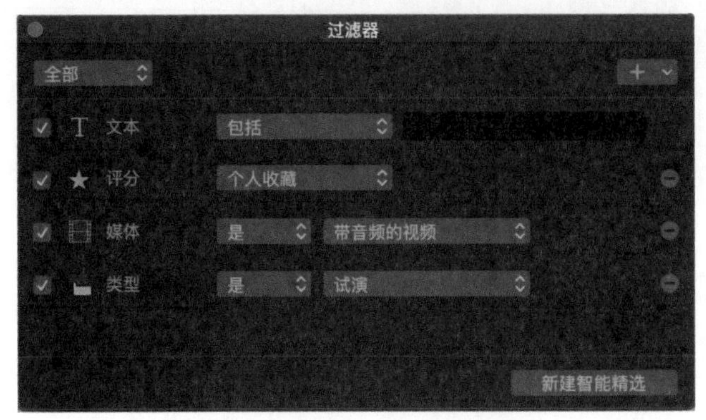

▶ 文本：请参考上文讲解的“搜索元数据”。
▶ 评分：显示个人收藏或者被拒绝的片段。
▶ 媒体：显示带音频的视频片段，仅视频、仅音频的片段，或者静态图像的片段。
▶ 类型：显示试演、同步、复合、多机位的片段，分层的图形，或者项目文件。

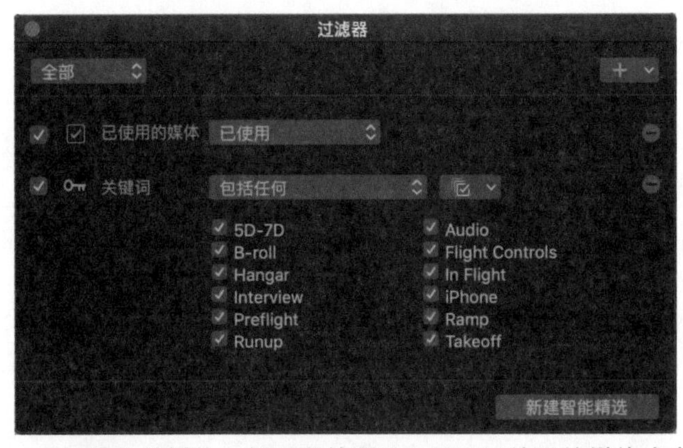

▶ 已使用的媒体：针对当前项目，显示已使用的媒体或者还没有使用的媒体。
▶ 关键词：显示包括任何、包括全部、不包括任何或者不包括全部被选择的关键词的片段。

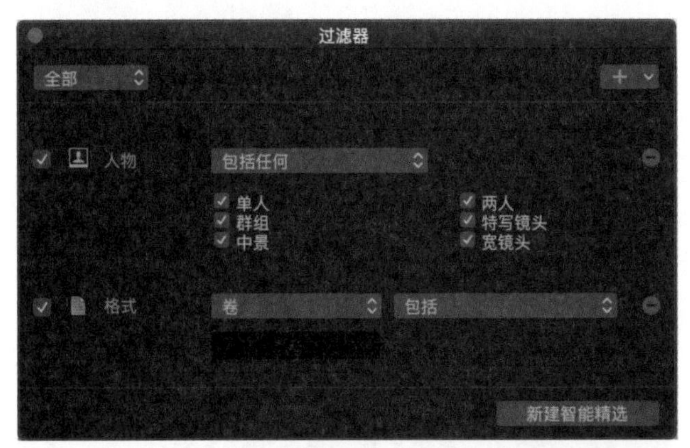

▶ 人物：显示包括任何或者包括全部被选择的关键词的片段。
▶ 格式：显示在卷、场景、拍摄、音频输入通道、帧尺寸、视频帧速率、音频采样率、摄像机名称或者摄像机角度中包括指定文本的片段。

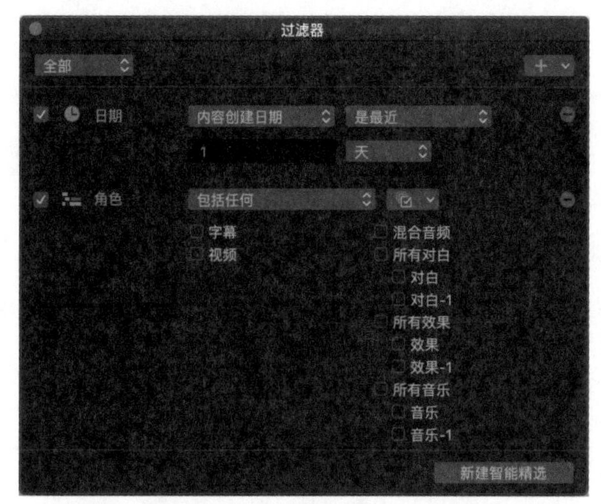

- ▶ 日期：显示指定日期或日期期间被拍摄或者导入的片段。
- ▶ 角色：显示被分配了特定角色的片段。

多数过滤器允许针对搜索条件执行是或者否的搜索，比如不是、不包括等。此外，在“过滤器”窗口中还有另外一个设置，在左上角的下拉菜单中可以选择“全部”或者“任一”。

- ▶ 全部：显示满足所有搜索条件的片段。
- ▶ 任一：只要满足任何一个搜索条件，该片段就会显示出来。

注意 ▶ 将这个菜单设置为“任一”通常会比设置为“全部”得到更多的搜索结果。

3.4–D 创建智能精选

与静态的关键词精选不同，智能精选是一种动态的精选。静态的关键词精选只包括那些手动添加了相应关键词的片段，而智能精选会按照其搜索条件的设定随时增减片段。

例如，在应用了分析关键词后，Final Cut Pro会根据对片段内容的分析为片段分配合适的关键词，并创建智能精选来管理这些分析结果。在默认情况下，这个功能是关闭的，您可以在工作中随时开启这个功能。

在事件或者资源库中，有些智能精选是为了自动整理片段而创建的。在将新的片段导入事件后，符合智能精选条件的片段就会自动出现在该事件的智能精选中。这种自动化的操作大大减少了整理片段的工作量。剪辑师可以先在空白的事件中创建一些智能精选，然后把它们当作模板反复使用。

通过“过滤器”窗口右下角的“新建智能精选”按钮，可以将该窗口中符合搜索条件的片段转化为一个智能精选。

单击“新建智能精选”按钮，创建一个智能精选，相当于把当前“过滤器”窗口中的搜索条件都保存下来。

您会发现智能精选出现在资源库边栏中，位于当前的事件内。在资源库边栏中双击“智能精选”图标，即可重新打开“过滤器”窗口，以便调整搜索条件。

每一个新建的资源库都会包含一个预设的“智能精选”文件夹。这个资源库的任何事件中的片段，只要符合搜索条件，就会出现在对应的智能精选中。

如果希望创建更多的智能精选，则只需单击“新建资源库智能精选”按钮即可。在资源库中搜索并打开“过滤器”窗口后，就会看到这个按钮。

新建资源库智能精选

练习3.4.1
在事件中过滤片段

现在，您已经为片段添加了评价、关键词和注释等元数据信息，可以准备开始具体的剪辑工作了。之所以说“准备”，是因为您仍然需要搜索、排序和过滤片段元数据，以便在大量的片段中迅速找到最需要的采访片段和B-roll片段。

1 在资源库边栏中选择事件“Primary Media”。
您可以通过“过滤器”窗口轻松地找到相应的片段，如iPhone拍摄的飞行控制（Flight Controls）画面。

2 在浏览器的“过滤器”下拉菜单中，选择“所有片段”命令。

所有片段

3 在浏览器中，单击“放大镜”按钮，打开搜索栏，单击“开关过滤器”按钮，打开“过滤器”窗口。

4 在“过滤器”窗口中，单击“加号”按钮，在下拉菜单中选择“关键词”命令，并同时观察浏览器的变化。

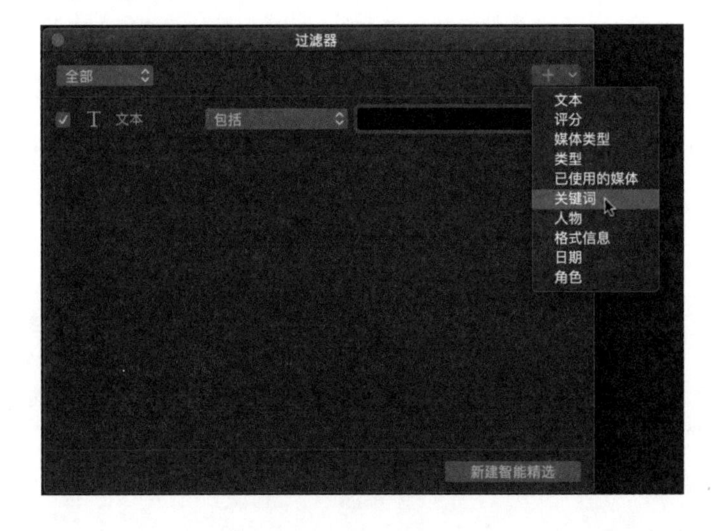

该操作的目的是显示所有包含下列任何一个关键词的片段。接着修改设置，缩小搜索范围。

5 在“过滤器”窗口中，在“关键词”下拉菜单中选择“包括全部”命令。

浏览器中所有的片段都消失了，因为没有任何一个片段满足被分配了所有关键词的条件。

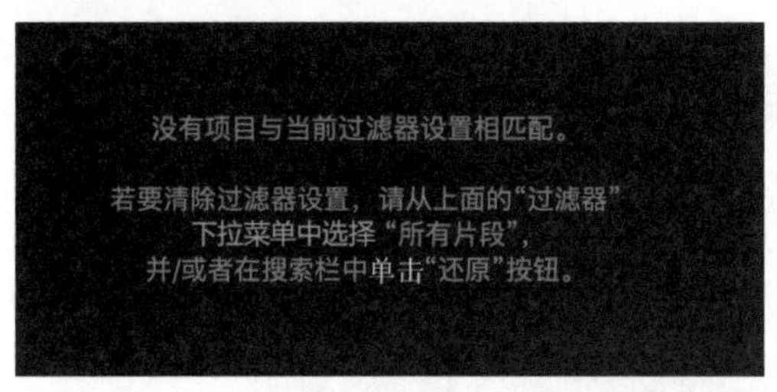

6 在“关键词”选区中，只保留对“Flight Controls”和“iPhone”的勾选，取消对其他关键词的勾选。

搜索结果中只显示两个片段，都是iPhone拍摄的，并且都是飞行控制的画面。当前的搜索是借助两个关键词精选来筛选片段的，如果您希望将其保留下来，那么单击“新建智能精选”按钮，给它起个名字，就能够把它保存在事件中了。稍后，您会创建并保留另外一个智能精选，因此可以先不存储当前的搜索结果。

在参考3.4中已经罗列了一些元数据类型、过滤器和规则。通过将这些项目组合在一起，可以创建出非常复杂的搜索条件，便于高效地在资源库或者事件中筛选特定的片段。另外，请注意利用与片段相关联的元数据来标记特定的片段，其与该片段本身的名字是无关的。

3.4.1–A 查找孤立片段

完善的关键词精选可以帮助您迅速找到特定的片段，但是会出现另一个问题——孤立片段，它是指那些没有被分配任何一个关键词的片段。因此，它们不会存在于任何一个关键词精选中。这样的片段仍然位于事件中，但是通过关键词精选是无法找到它们的。在“过滤器”下拉菜单中有特定的命令用于筛选这样的片段，您可以为其分配特殊的关键词或者评价，以便日后查找。

1 单击“清除”按钮，清除搜索栏中的搜索条件。

2 在资源库边栏中，选择资源库“Lifted”。

3 在“过滤器”下拉菜单中，选择“无评价或关键词”命令。

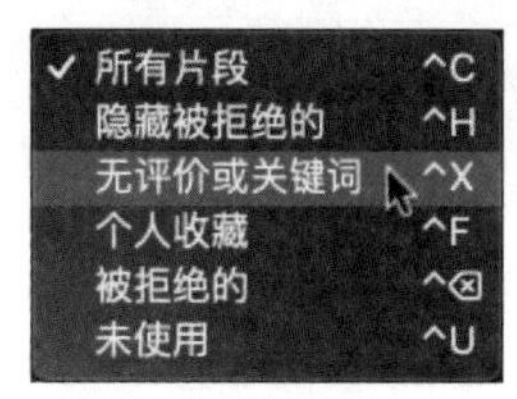

在浏览器中出现了一个片段 GOPR0003，这是之前导入的一个GoPro拍摄的片段。下面为其分配关键词Takeoff，这样它就不再是孤立片段了。

4 在片段中标定一个包含起飞画面的范围。

5 将标定的范围拖到关键词精选Takeoff上，这样就为这段范围分配了关键词Takeoff。

注意 ▶ 请将标定的范围拖到事件GoPro中的关键词精选Takeoff上。

此时，浏览器中的片段变成了两个。在此之前您为一个片段标定了一个范围，并为其分配了关键词，但是这个范围的开始点之前的画面，以及结束点之后的画面仍然没有关键词，也没有评价，而此时“过滤器”下拉菜单的设置仍为“无评价或关键词”，因此浏览器显示了两个片段。考虑到已经为这个片段中最有用的范围分配了关键词，所以，在浏览器中就不需要再看该片段剩下的内容了。

6 在“过滤器”下拉菜单中，选择“隐藏被拒绝的”命令。

▶ 资源库内部的复制

如您所见，如果在同一资源库中，在将片段从某个精选中拖到另外一个精选中，或者在不同的事件之间来回拖动时，源媒体文件是不会被复制的。但是，当您将片段从某个资源库的事件中拖到另一个资源库的事件中时，就会弹出下面这个有关媒体管理的对话框。

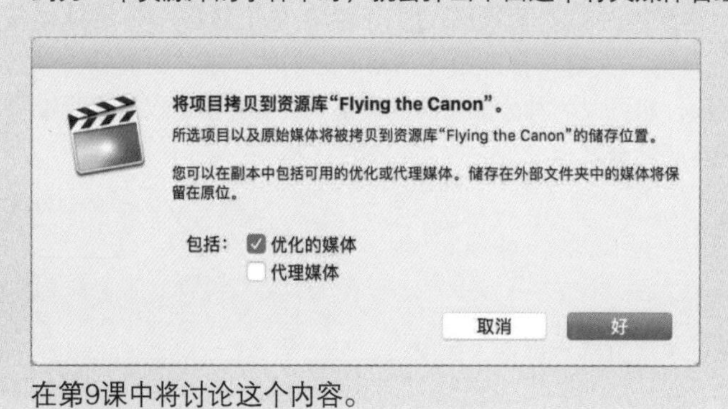

在第9课中将讨论这个内容。

练习3.4.2
使用智能精选

在Final Cut Pro中可以进行复杂的搜索、排序和过滤操作，并将结果作为智能精选保存下来。此外，智能精选会自动容纳事件或者资源库中任何符合搜索条件的片段。

为了体验该功能，让我们比较一下两个不同的关键词精选中的内容，一个是事件Primary Media中的关键词精选“Audio”，另一个是资源库Lifted中的智能精选“仅音频”。接下来导入一个音频文件，并比较这两个关键词精选的变化。

1 切换到连续画面视图，观察资源库Lifted的智能精选“仅音频”中的内容。

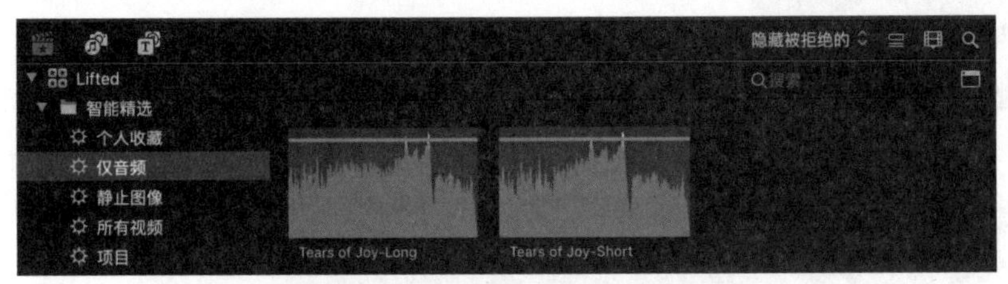

目前，在智能精选“仅音频”中有两个音乐片段。

2 在事件Primary Media中，观察关键词精选“Audio”中的内容。

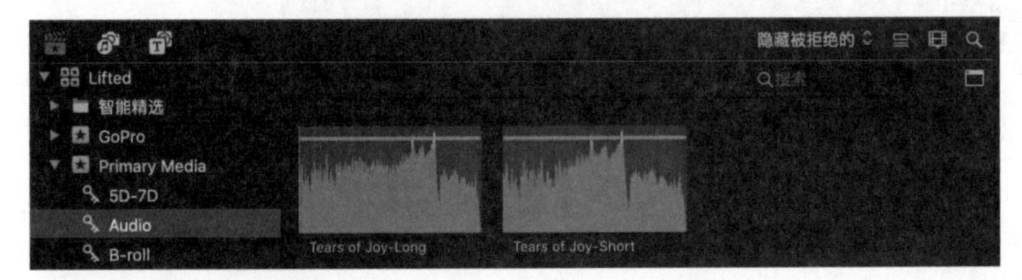

此时，两个关键词精选都展示了两个音乐片段。接下来导入另外一个音频文件。

3 在资源库边栏中选择事件“Primary Media”。

4 在工具栏的左边，单击“媒体导入”按钮。

5 在“媒体导入”窗口中，找到“FCP X Media”文件夹。

6 在“FCP X Media”文件夹中找到“LV SFX”文件夹，选择其中的音频文件“Helicopter Start Idle Takeoff.m4a”。

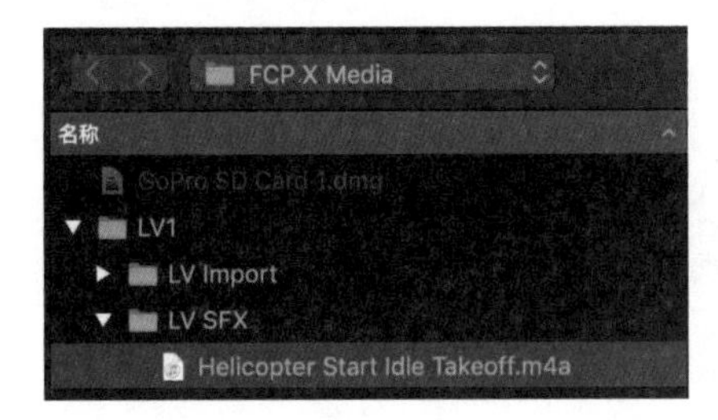

7 单击“导入所选项”按钮，根据下图所示设置导入选项，不需要设置任何有关关键词、转码和分析的内容。

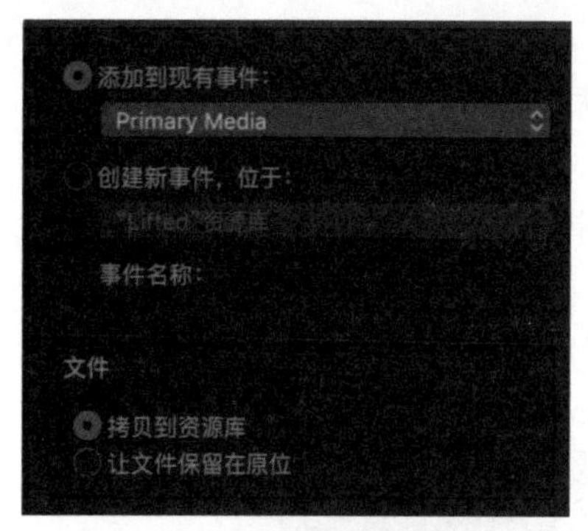

8 在浏览器中，选择关键词精选“Audio”和智能精选“仅音频”，注意观察它们之间的区别。

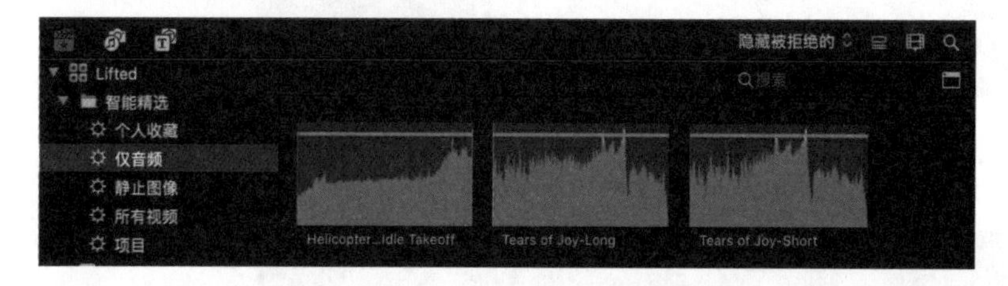

注意▶ 如果您忽略了第3步，并且在导入的时候选择的是关键词精选“Audio”，那么在完成第8步的操作后，两个关键词精选之间就不会有区别。

刚才导入的音频文件立刻出现在了智能精选“仅音频”中。综上所述，您可以有目的地预先设定一些智能精选，以便它们根据不同的元数据信息，自动地为您收集需要的片段。

练习3.4.3
创建资源库级别的智能精选

在本练习中，创建一个智能精选，这将会为后期的剪辑带来便利。剪辑师需要快速找到在当前项目中被用过的，但是没有被拒绝的片段。尽管完成这个操作的方法有好几种，但是创建一个资源库级别的智能精选是最高效的办法。

1 选择资源库“Lifted”，单击“放大镜”按钮，打开搜索栏，单击“开关过滤器”按钮，打开“过滤器”窗口。

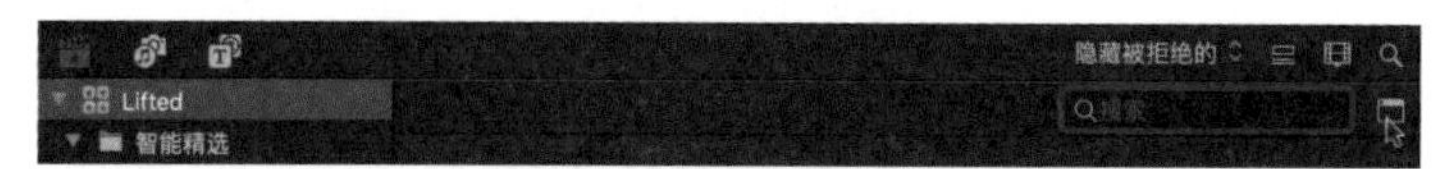

接着在“过滤器”窗口中创建一套筛选条件，找出还没有被用过的B-roll片段。

2 单击“加号”按钮，在下拉菜单中选择“已使用的媒体”命令。

3 在“已使用的媒体”下拉菜单中选择“未使用”命令。

此时智能精选的作用还不明显，稍后会添加更多的筛选条件以展现其效果。由于智能精选是资源库级别的，因此其筛选结果涵盖了GoPro和Primary Media这两个事件中的片段。它们包含的片段都没有在当前项目中使用过。

请注意，Mitch的采访片段被包含在筛选结果中，下面把这些片段从结果中移除。

4 在“过滤器”窗口中，添加一个关键词的筛选条件。

在默认情况下，关键词的筛选条件为“包括全部”。您需要减少关键词的数量，以便得到更精确的结果。

5 在“关键词”选区的“批量选择”下拉菜单中，选择“取消全选”命令。

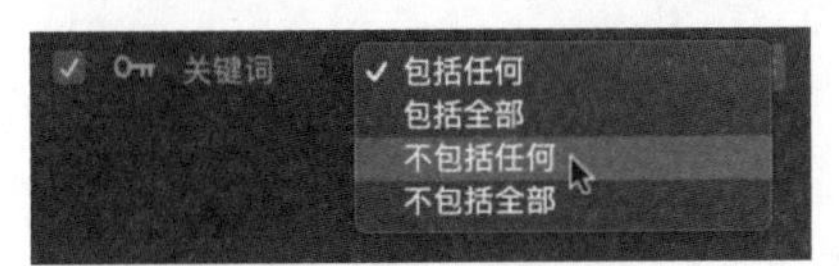

6 勾选“Interview”复选框。

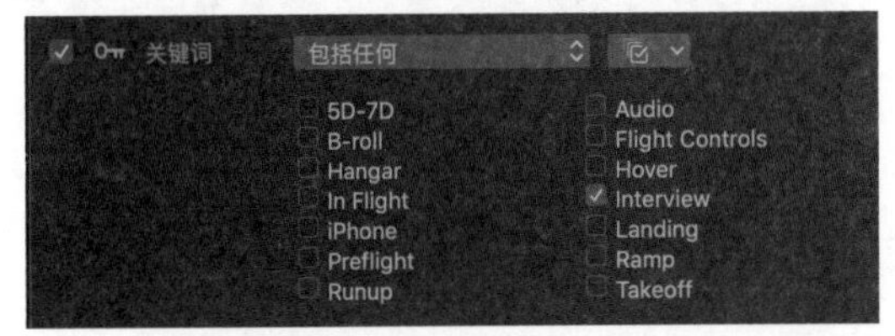

现在，在浏览器中只会看到Mitch的采访片段，而您需要相反的筛选效果。

7 在“过滤器”窗口中，在“关键词”下拉菜单中选择“不包括任何”命令。

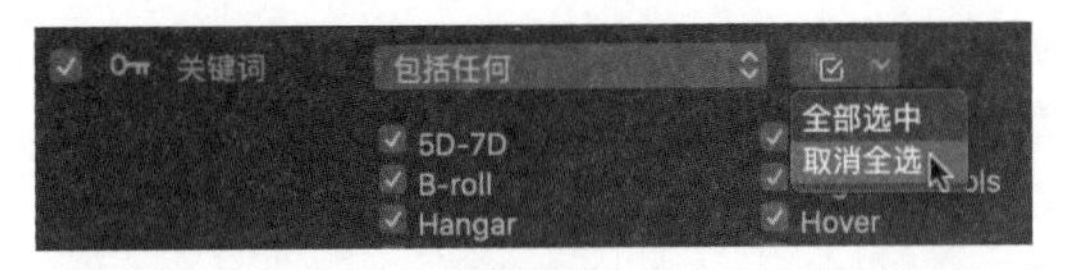

这样，Mitch的采访片段就被从结果中移除了。此时，筛选结果距离只包含B-roll片段仅差一步，因为这里还有3个“仅音频”片段。

8 勾选“Audio”复选框。

至此移除了两个音频片段，而其他没有被分配关键词Audio的音频片段仍然在筛选结果中，所以，筛选结果还不够精确。接下来添加一个不同的规则，以便将后来导入的音频片段和所有只包括音频的片段都移除。

9 在“过滤器”窗口中，添加一个“媒体”类型的规则，在其下拉菜单中设定规则为“不是”和“仅音频”。

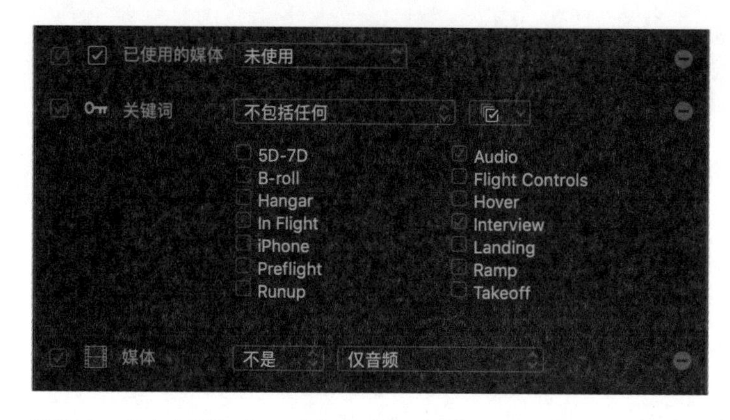

注意▶ “过滤器”窗口可能需要向下展开一些，以便看到有关媒体的规则。

现在的智能筛选是在资源库的所有事件中进行的，因此只要是B-roll片段，即使它们没有被分配B-roll的关键词，也都会被筛选出来。通过组合多个不同的筛选条件，可以将筛选结果进一步缩小，比如个人收藏中的B-roll片段，或者是被拒绝的、未使用的B-roll片段。在这些片段被剪辑到某个项目中后，筛选结果中的未使用片段的数量会自动减少。

10 单击“新建智能精选”按钮，将筛选条件保存下来。这个新建的智能精选会出现在资源库边栏中。

11 将新的智能精选命名为“Unused B-roll”，按Enter键。

利用现有的多种元数据信息，您可以创建非常复杂的、适用于资源库中所有媒体的筛选条件，而且不需要重命名片段，或者复制和移动这些片段。在导入新的片段后，一旦它们符合筛选条件，就会立刻自动出现在对应的智能精选中。

练习3.4.4
侦测人物和拍摄场景

Final Cut Pro中的某些分析工具可以自行创建智能精选。其中，查找人物工具可以提供两种分析功能，并在工作流程中的任何阶段执行。

在本练习中，自动分析工具会显示很清晰的结果，但是在实际应用中，其状况是很复杂的。本练习的目的是令您了解如何针对现有片段进行分析，以及常见的分析结果。

在本练习中，您需要使用查找人物工具的分析功能，并在分析后创建智能精选。否则，Final Cut Pro只会进行分析，不会显示分析结果。

1 在事件Primary Media中选择关键词精选“Interview”。如果需要，将浏览器切换为列表模式。

2 在浏览器中选择从片段MVI_1042到MVI_1055的所有片段。

3 按住Control键，单击任何一个被选择的片段，在弹出的快捷菜单中选择“分析并修正”命令。

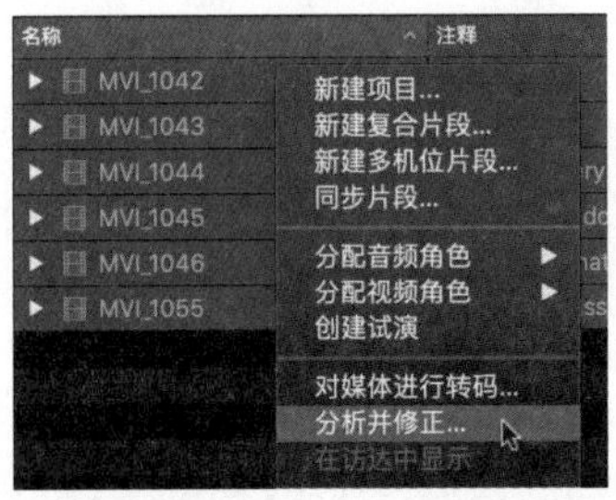

这时会弹出一个您很熟悉的对话框。

4 在“分析并修正”对话框中，勾选“查找人物”和“在分析后创建智能精选”复选框，单击“好”按钮。

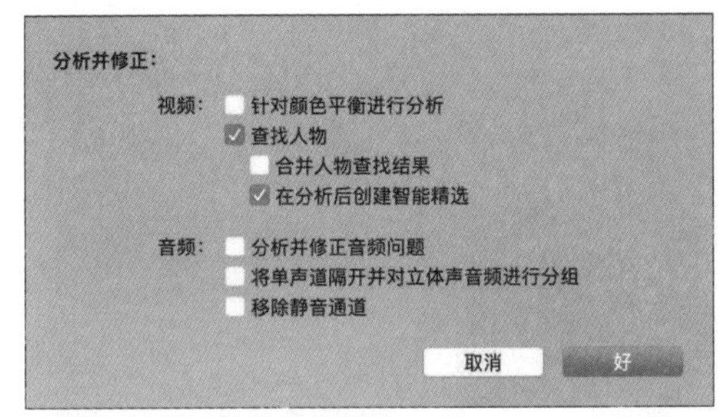

当后台正在处理任务的时候，比如正在进行分析，工具栏左边会显示一个处理进程的图标。

后台任务的处理进程图标实际上是一个按钮，在单击后会显示更多信息。

5 单击“后台任务”图标，打开“后台任务”窗口，它会显示当前Final Cut Pro后台进行的操作的详情。

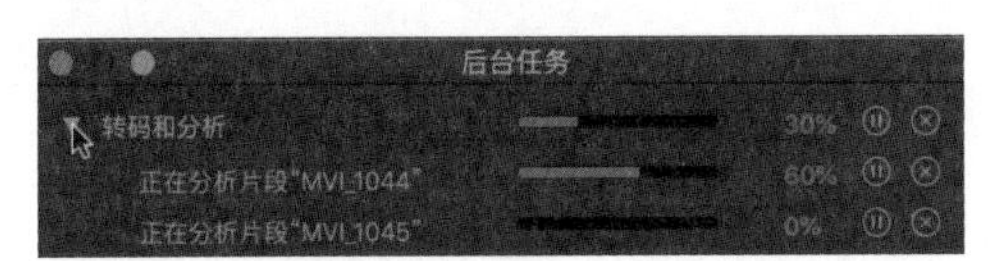

在本次分析完成后，事件Primary Media中会出现一个新的“人物”文件夹。

6 单击“人物”文件夹左边的三角图标。

在对被选择的片段进行分析后，Final Cut Pro会根据片段画面判断哪些是中景拍摄的，以及哪些片段包含了人物。下表为查找人物工具可能显示的分析结果。

幅面	人物
特写镜头	单人
中等镜头	两人
宽镜头	组

这些分析结果会节省您查找某个片段的时间。例如，您需要某个B-roll片段，该片段包含某个采访镜头、在机库中的直升机旁边拍摄的宽镜头、5D拍摄的镜头，那么通过Final Cut Pro的元数据

系统，您可以轻松地找到它。这就是使用Final Cut Pro最美妙的地方！现在，您可以专心思考如何讲述故事，而不是寻找片段了。

参考3.5
角色

角色是在浏览器中进行分配的，它将会有利于您的剪辑操作。

角色分为两种，第一种是媒体角色，它是由剪辑师或者剪辑协作人员为片段指定的，包括音频和视频角色；第二种是字幕角色，它是为观众观看影片而定义的片段的音频角色。在第10课中会讲解有关字幕角色的内容，现在只讨论媒体角色。

在当前项目中可以对媒体角色进行分组。角色可用于修改时间线的播放，在时间线内整理类似的片段，并在导出时创建若干个媒体。它们允许您将诸如主要语言音频等汇总到一个角色中，而将次要语言音频汇总到另一个角色中，通过两次简单的操作，您可以试听其中一个，同时禁用另外一个。

注意▶ 与关键词类似，在工作流程中可以预先添加媒体角色，从而大大提高工作效率。

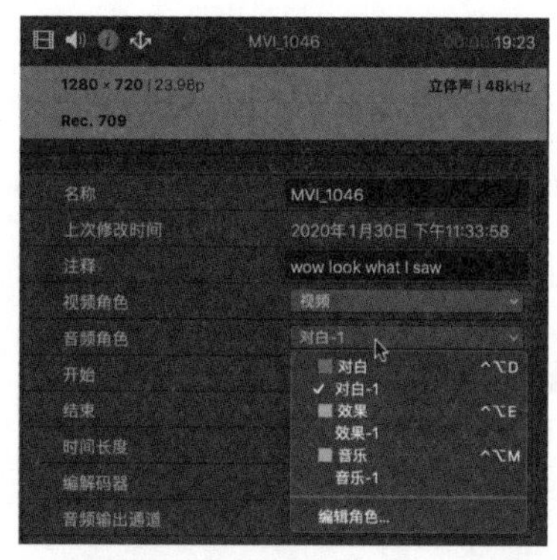

按照模式对角色进行分类，有视频角色和音频角色。在每个资源库中，都会出现这些默认的角色。您可以调整每个角色所对应的颜色，在列表中添加和创建这些角色及其子角色。

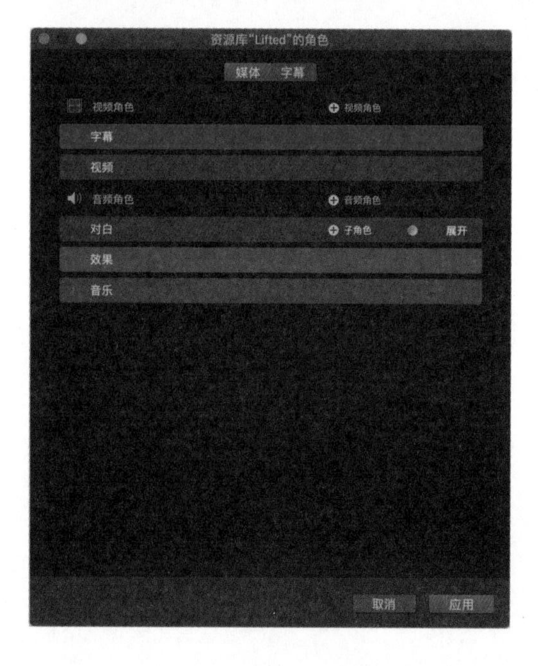

子角色是指某个角色下细分出来的子集。每一个角色都有一个默认的子角色。您可以直接使用这些默认的子角色，也可以添加新的子角色，并赋予它们特殊的名字。例如，可以在对白角色下创建一个主要分发语言的子角色，以及另外一个次要分发语言的子角色。

在完成剪辑并进行发布之前，您可以针对不同的观众，快速地将主要语言音频轨道切换到次要语言音频轨道上。

练习3.5.1
分配角色

在浏览器中，片段分配到的角色会随着剪辑操作被带到项目中。在剪辑过程中也可以分配角色。例如，当您希望只听到环境音的时候，可以停用所有对白的音频。您只需要取消勾选“对白角色”复选框即可。在剪辑过程中，角色可以被分配给一个或者多个片段的不同范围。在分配角色之前，先创建一个角色。

1 在快捷菜单中选择“修改”>“编辑角色”命令，打开角色编辑器。

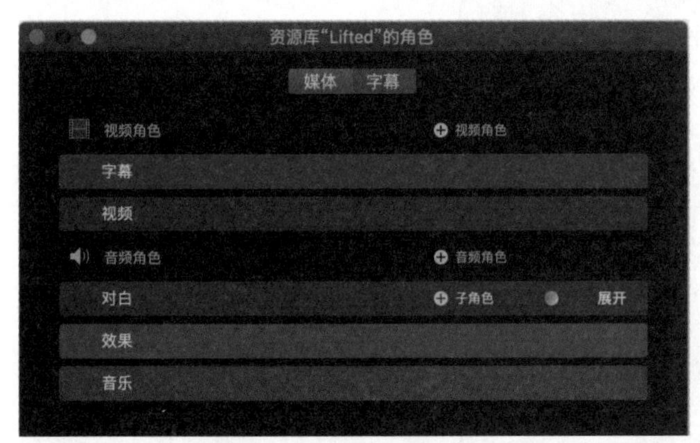

在当前项目中，已经有了视频、字幕、对白、音乐和效果角色。在剪辑过程中，您需要隔离自然声、环境音和摄像机话筒录制的音频，这些“nats”音频片段可以为影片增加真实感和现场感。作为音频效果，nats会在后面的操作中添加进来。

2 在角色编辑器中，单击“音频角色”按钮，添加角色。

这样就会出现新的角色，您可以对它进行命名。

3 输入“Natural Sound”作为角色的名称，按Enter键，单击“应用”按钮。

在设置好角色后，Natural Sound角色会自动生成一个子角色“Natural Sound-1” 。下面通过几种不同的方法将其分配给一些片段。

4 在资源库边栏中，选择资源库Lifted的“智能精选”中的“仅音频”选项。

5 在浏览器的列表视图中，选择音频效果“Helicopter”。因为它是一段音频，所以，要为其分配效果角色。

6 在快捷菜单中选择“修改”>“分配音频角色”>“效果”命令。

注意▶ 如果您只想扫视片段，而没有选择该片段，那么无法通过快捷菜单中的命令为其分配角色。

如果您想要查看片段是否具有了这个角色，那么需要在检查器中进行验证。

7 单击“检查器”按钮，或者按快捷键Command+4，打开检查器。

8 单击“信息”按钮，打开信息检查器。信息检查器中会显示有关被选择片段的基本元数据信息。

9 在“音频角色”下拉菜单中，验证设定是否为“效果-1”。

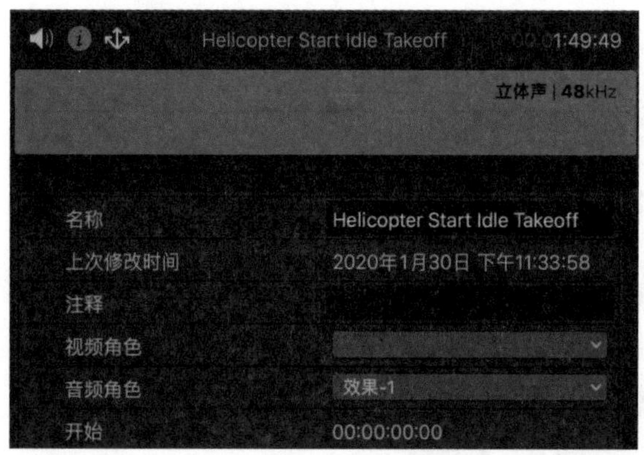

尽管您已经为该片段分配了效果角色，但Final Cut Pro 会默认自动为该片段分配名称为“效果-1”的子角色。

3.5.1-A 分配附加的角色

现在，您可以为片段分配附加的角色了。保持信息检查器为打开的状态，您可以一边分配角色，一边在这里验证其操作。

1 在“智能精选”的“仅音频”中，选择两个音乐片段“Tears of Joy-Long”和“Tears of Joy-Short”。在信息检查器的上方可以看到，这两个音乐片段当前的音频角色是“对白-1”。

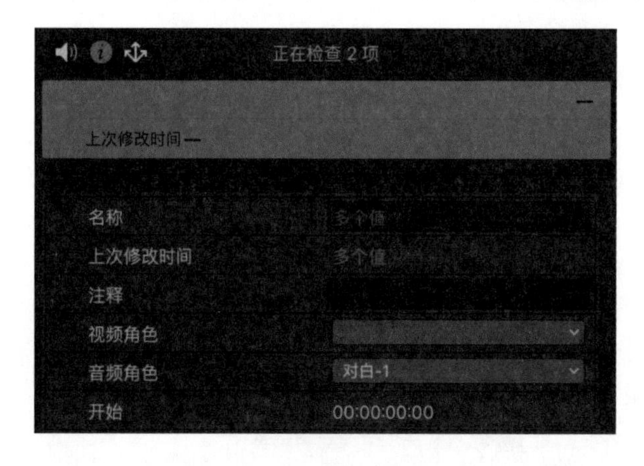

2 在检查器的“音频角色”下拉菜单中，选择“音乐-1”命令，将这两个片段的角色设置为“音乐-1”。

由于这两个片段是只包含音频的片段，所以只需要这一个角色。接下来为B-roll片段分配角色。

3 在资源库边栏中选择“智能精选”中的“Unused B-roll”，它包含来自两个事件的片段。

4 在浏览器中选择一个片段，按快捷键Command+A，选择所有B-roll片段。

检查器会判断您要修改的多个片段的参数，所有被选择的片段都会自动得到视频角色，而音频角色则是“对白-1”。

5 在信息检查器的“音频角色”下拉菜单中，选择“Natural Sound-1”子角色，将该子角色分配给被选择的片段。

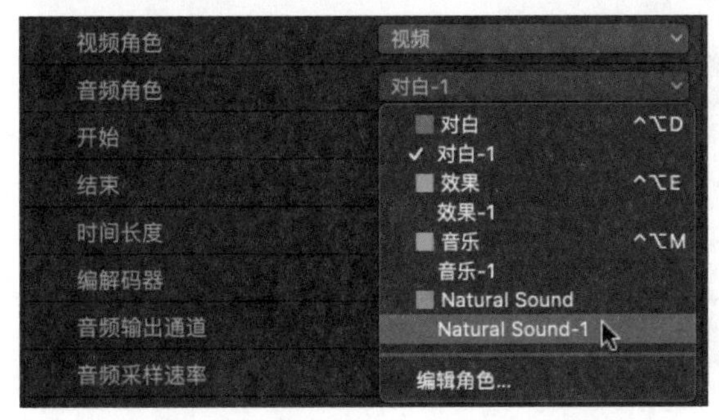

既然已经选择了所有的片段，就使用元数据为B-roll片段指定一个视频子角色。

6 在信息检查器的“视频角色”下拉菜单中，选择“编辑角色”命令，打开角色编辑器。

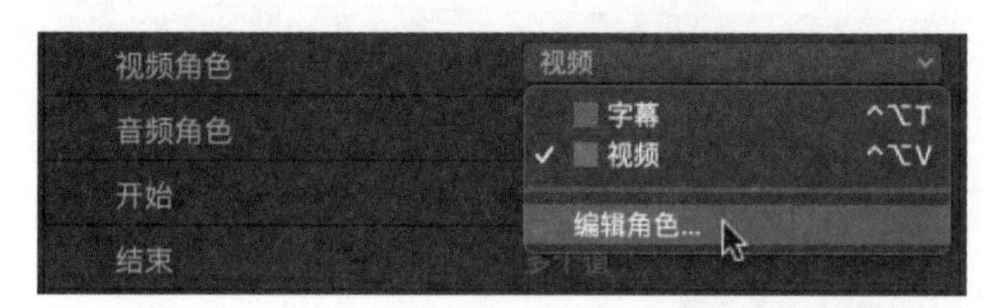

接下来创建一个相对于视频角色的子角色。

7 在“视频角色”选区中，单击“视频”中的“加号”按钮，创建一个子角色。

8 将子角色命名为“B-roll”，按Enter键。单击“应用”按钮，关闭角色编辑器。

9 在“视频”下拉菜单中，选择“B-roll”命令，将这个角色分配给所有被选择的片段。

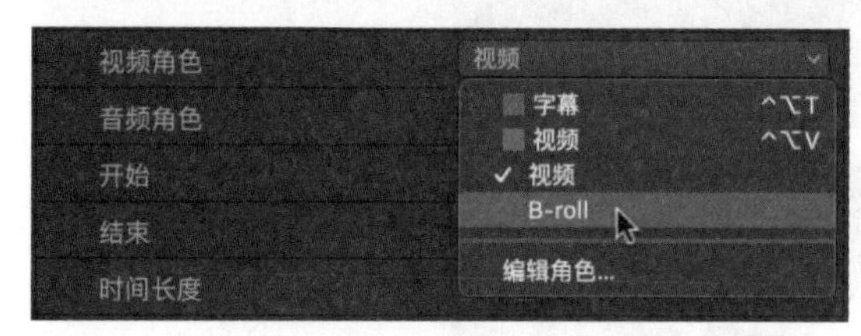

下面，对采访片段执行类似的批处理形式的操作。

10 在资源库边栏的事件Primary Media中，选择关键词精选“Interview”。

11 在浏览器中选择某个采访片段，按快捷键Command+A，选择这个精选中的所有片段。

12 在信息检查器中，确认“视频”和“对白-1”是当前分配的角色。

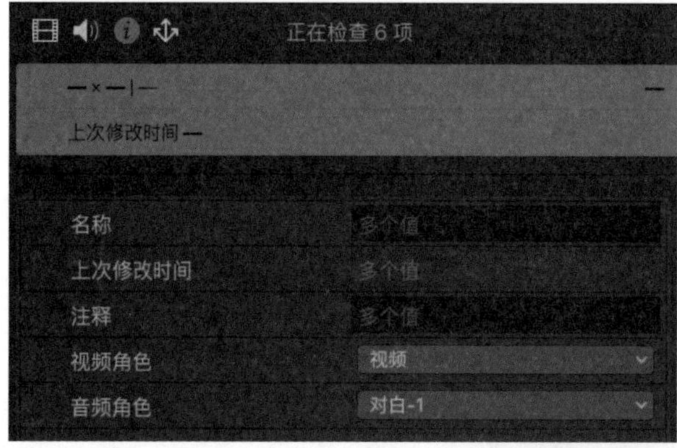

您已经完成了需要的操作，成功地为片段分配了各种元数据。在第4课中，您将使用这些元数据进行剪辑工作。

▶ 更多的元数据

在本课中讲解了元数据的使用，如关键词、评价和角色，这只是个开始。Final Cut Pro能够识别许多元数据，您可以利用它们完成更多的任务。如果您是一位经验丰富的剪辑师，那么肯定已经发现了，在创建智能精选的时候，格式信息中存在着卷、场景、镜头等元数据项目。那么，针对一个片段，如何找到它们的元数据信息呢？在软件中如何操作呢？具体来说，就是在检视器的信息窗格中如何操作呢？

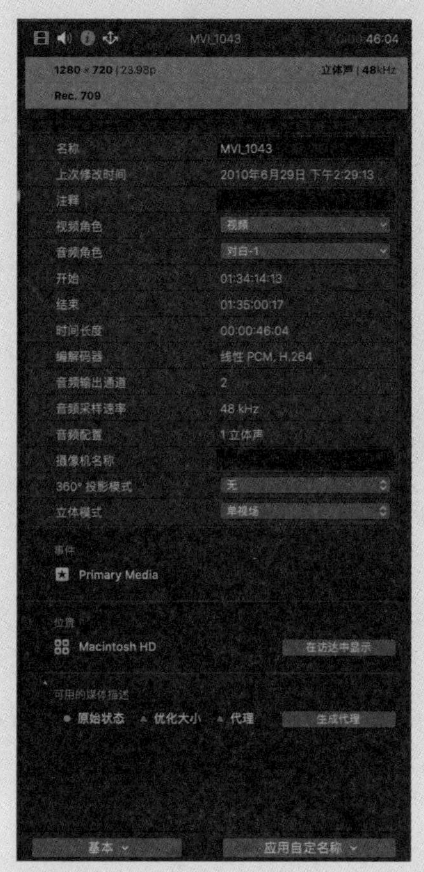

信息检查器会显示一个或者多个片段的定制化元数据列表。在元数据视图的菜单中有多个预置的视图，其中，“基本”视图会显示一个内容比较少的列表，而“扩展”视图会显示更多的内容，其他视图则会按照元数据类型进行展示。

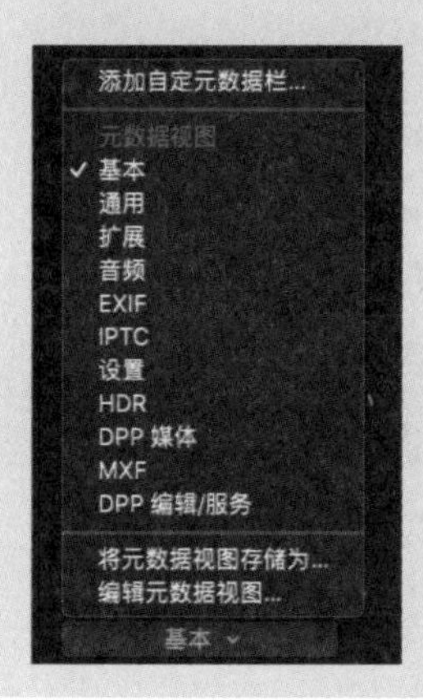

您还可以利用编辑元数据视图的菜单命令修改现有的视图，或者创建自己需要的、包含特殊元数据项目的视图。

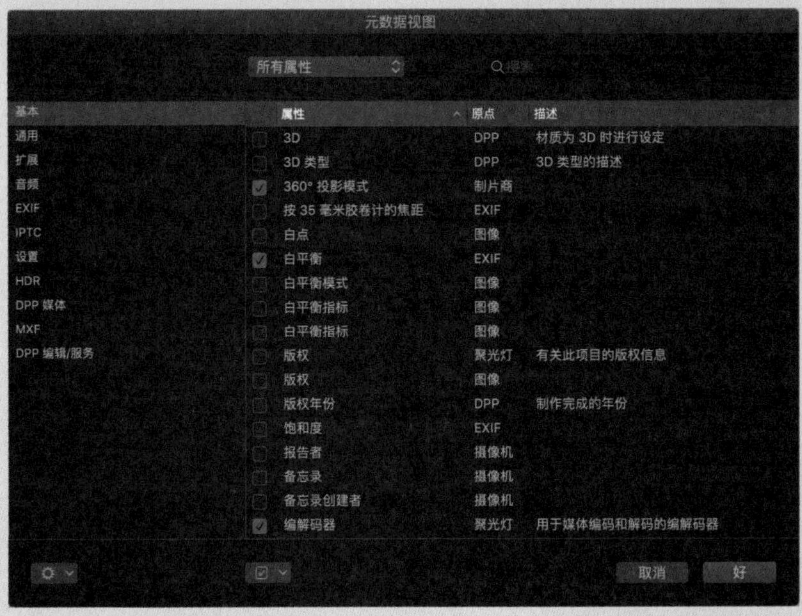

在“元数据视图”对话框的“设置”选项卡中，您可以查看片段解码的元数据，比如Alpha处理和颜色处理的信息。

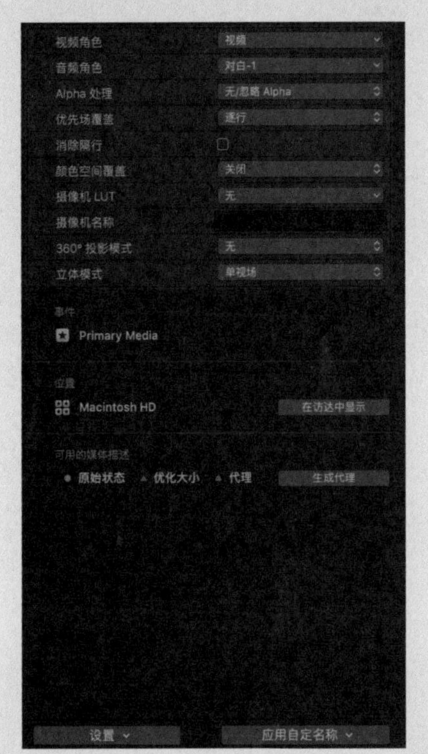

在剪辑过程中，信息检查器可以一直处于开启状态。当您在浏览器中选择另外一个片段，或者在时间线上将播放头放在某个片段上时，信息检查器会自动显示该片段的元数据。

课程回顾

1. 在为片段分配关键词的时候，关键词所覆盖的区域可以重叠吗?
2. 在哪个检查器中可以为片段添加注释?
3. 所有片段的初始评价是什么?
4. 在浏览器中不显示被拒绝的片段的默认设置是什么?
5. 如何查找一个已经导入资源库的片段?
6. 如何使用关键词组合搜索事件中的片段?
7. 如何编辑现有的智能精选的搜索条件?
8. 在工作流程的哪个阶段可以为片段分配角色?

答案

1. 可以。
2. 信息检查器。
3. 未评价。
4. 隐藏被拒绝的项目。
5. 在资源库边栏中选择资源库，在“过滤器”下拉菜单中选择“所有片段”命令，并清除浏览器搜索栏中的搜索条件。
6. 在搜索栏中单击“放大镜”按钮，打开“过滤器”窗口，选择关键词。
7. 在资源库边栏中双击“智能精选”图标。
8. 可以随时为片段分配角色。

第4课
前期剪辑

在完成导入与整理的工作后，故事的元素都被作为片段存放在资源库中，以供剪辑师使用。在后期的制作中，剪辑师的工作就是将资源库中的片段组装到时间线上。

前期的剪辑通常被称为粗剪，涉及绝大部分后期的制作环节。剪辑师会通过调整镜头变换的时机、节奏与一致性完成影片的剪辑，还会增加一些附加的元素，比如音乐。剪辑完成之后，剪辑师可以在Final Cut Pro中将影片共享给客户或者制作人进行审核。

现在，您已经可以开始剪辑项目Lifted了。在本课中，您将学习如何通过对采访片段和直升机的B-roll片段进行修剪、移除不必要的内容、添加一段音乐来讲述一个故事。最后，导出第一次剪辑完毕的影片，以便在电脑、智能手机或者平板电脑上播放。

学习目标

- 创建一个项目
- 了解时间线上的吸引和排斥
- 在故事情节上追加、插入和排列片段
- 批量剪辑一组片段的“故事板”
- 掌握波纹、卷动和滑动修剪
- 掌握切割、空隙替换、波纹删除和连通编辑
- 通过空隙片段控制节奏
- 连接片段
- 了解相连片段在水平和垂直方向上的关系
- 创建和编辑一个连接的故事情节
- 调整音频音量
- 在剪辑中使用淡入淡出控制手柄
- 将项目导出为媒体文件

参考4.1
项目的含义

剪辑阶段的工作是针对一个项目进行的，其表现形式是按照时间线的顺序排列多个片段，即项目就是一个容纳按照一定时间顺序排列的片段的容器。根据不同的故事内容，项目（时间线上的片段排列）可能很简单，也可能非常复杂。

第4课要完成的项目。

项目被存放在资源库的某个事件中，Final Cut Pro可以加载它或者将它写在资源库中，所有的片段也都被存放在资源库中。事件可以按照项目的用途对其进行分类，如表演节目、某个客户的名称或者某部影片的名称。

事件可以包含任意数量的项目，这取决于剪辑师的实际需求。比如，一个新闻节目剪辑师也许会制作3个项目，分别是对白、成片和预发布片；而纪录片剪辑师可能会制作10～30个项目，分别容纳不同段落的影片、用于新闻发布的片段、用于在线观看的预览影片，以及根据时间/内容进行剪辑的不同版本。

在资源库Lifted中已经有了两个事件，下面就让我们开始剪辑。

练习4.1.1
创建项目

剪辑的第一步是创建一个项目。

1 在资源库Lifted中，按住Control键单击（或用鼠标右击）事件Primary Media，在弹出的菜单中选择“新建项目”命令。

此时会弹出项目属性对话框，对话框中显示的是默认的设置。

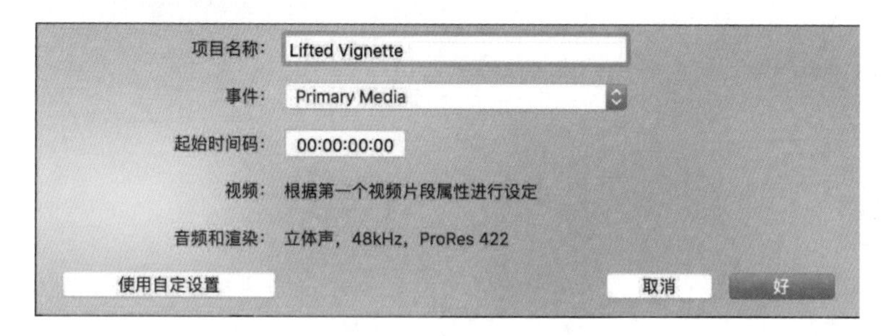

注意▶ 如果要显示自定设置，那么单击“使用自定设置”按钮。

2 将“Lifted Vignette”作为项目的名称。

3 单击“事件”右侧的下拉按钮。

“事件”下拉菜单用于指定新项目被存放在哪个事件中，显示了当前资源库中可用的事件。

4 在“事件”下拉菜单中选择“Primary Media”事件，单击“好”按钮。

至此，新项目就创建好了，它位于事件Primary Media中。

5 如果需要让新项目出现在浏览器的最上面，则在资源库Lifted中选择“Primary Media”事件，并切换到列表视图。

6 双击该项目，将其在时间线上打开。

在时间线上打开项目。

注意 ▶ 在第10课中会讨论手动设置项目和自定设置项目的区别。

▶ 更改工作区

时间线是用于编辑项目的区域，通常会显示在屏幕的下半部分。如果在当前屏幕上看不到时间线，那么请检查相关的几个设置项。

- 单击“显示或隐藏时间线”按钮，确认屏幕上显示了时间线。

- 如果之前选择了不同的工作区，那么在“窗口”菜单中选择“工作区”命令，通过子菜单命令将其恢复为默认的工作区。

参考4.2
处理主要故事情节

在Final Cut Pro中，每个项目都是从主要故事情节开始建立的。在时间线上，深灰色部分是主要故事情节的位置。主要故事情节用于容纳项目中最基本的一些片段。对于纪录片，带有采访对白的片段及带有画外音的音频片段是主要故事情节中最基本的元素。对于剧情片，可以考虑先铺垫一个音乐片段，再排列用摄像机拍摄的片段。主要故事情节中的内容可以根据需要灵活放置。

在默认情况下，主要故事情节中的片段是一个挨一个排列的。它们之间的相互作用类似于磁铁之间的吸引与排斥。

在将一个新片段从浏览器中拖到项目最右边（末尾）的时候，该项目会被“吸引”到主要故事情节的末尾，带有磁性似的被粘贴在最后一个片段的后面。

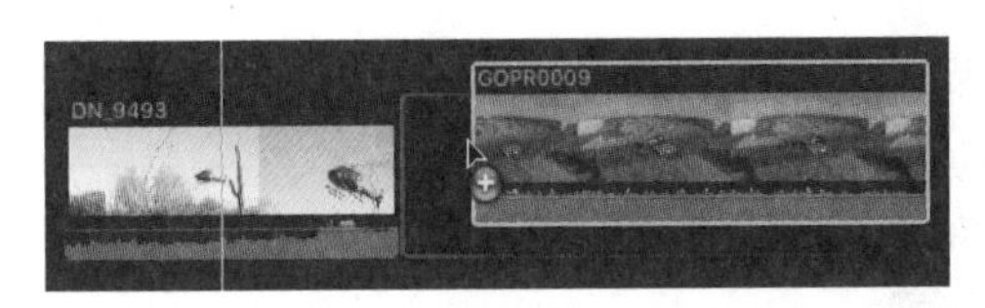

将一个片段拖到项目的末尾。

在故事线中，该片段被追加到项目中。

在将一个片段拖到项目的两个现有片段之间的时候，现有片段会被“排斥”到旁边，离前一个片段有一段足够的距离，以便容纳新片段。

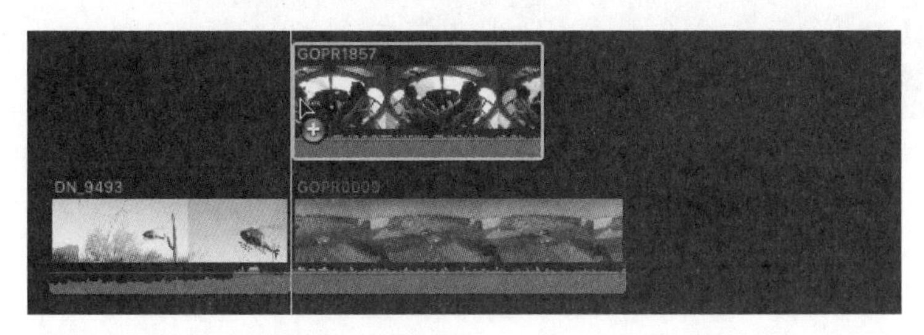

将一个片段拖到项目的两个现有片段之间。

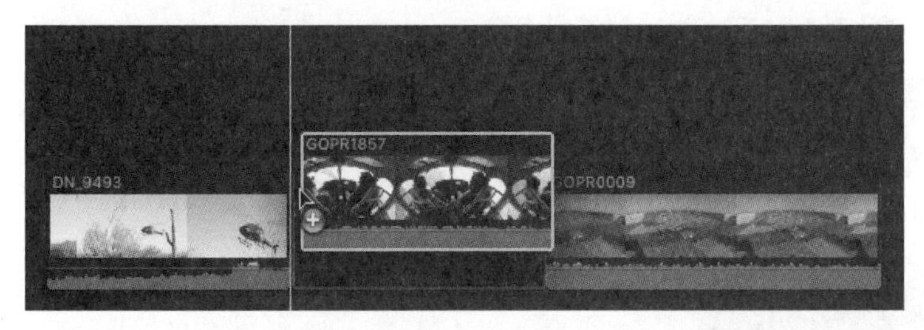

在将该片段加入现有片段之后，现有片段会被“排斥”到旁边，留出一个可以容纳新片段的空间。

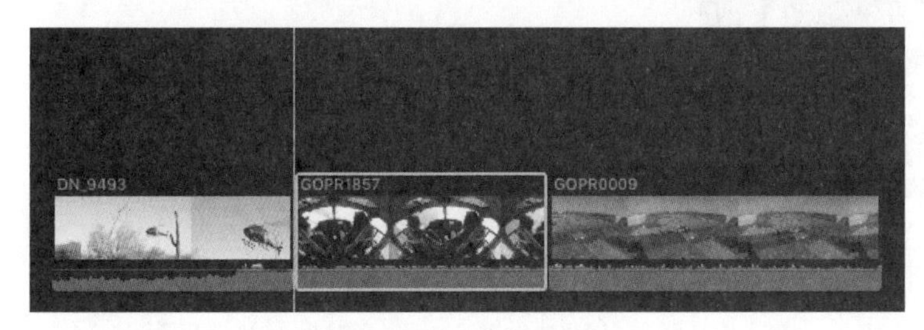

新片段放置好了，正好被原有的两个片段夹在中间。

综上所述，磁性时间线的关键概念是：在添加片段的时候，其他片段会改变位置以容纳新片段；在删除片段的时候，磁性时间线会保持所有片段紧挨在一起，确保片段是被连续播放的。

在了解了主要故事情节磁性时间线的特征之后，就可以开始组装片段了。

练习4.2.1
追加主要故事情节

接下来在项目Lifted Vignette中添加片段。由于这部影片是依靠采访中的对白来叙事的，因此，可以将拥有对白的片段剪辑到主要故事情节中。让我们先调整一下布局，以便在浏览器中能够看到尽可能多的片段和注释。

1 根据需要，将浏览器设置为列表视图。

2 在事件Primary Media中选择关键词精选“Interview”，单击“隐藏资源库边栏”按钮。

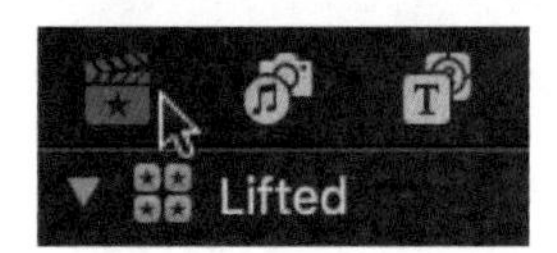

3 将区域之间的分隔线向下拖动，以便为浏览器留出更多垂直方向上的空间。

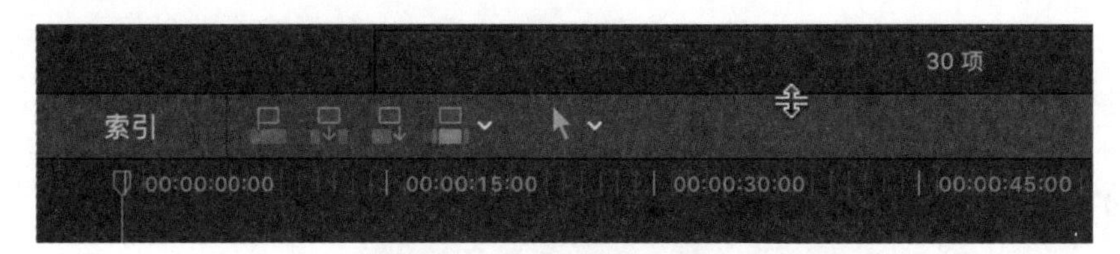

拖动区域之间的分隔线，缩小或者扩大分隔线上面或者下面区域的面积。

Mitch在谈飞行的时候特别有激情，有几段说得非常棒，很适合用于采访影片的开场白。您已经将这些片段评价为“个人收藏”，并在注释中添加了带有“passion”的描述。虽然在列表视图中可以分别打开每个片段，查看“注释”中包含“passion”并且其评价是“个人收藏”的片段，但是使用搜索栏的效率会更高。

4 在浏览器中单击“放大镜”按钮，在出现的搜索栏中输入“passion”。

在输入的同时，浏览器会立即更新其显示内容，以匹配搜索结果：MVI_1042和MVI_1055。

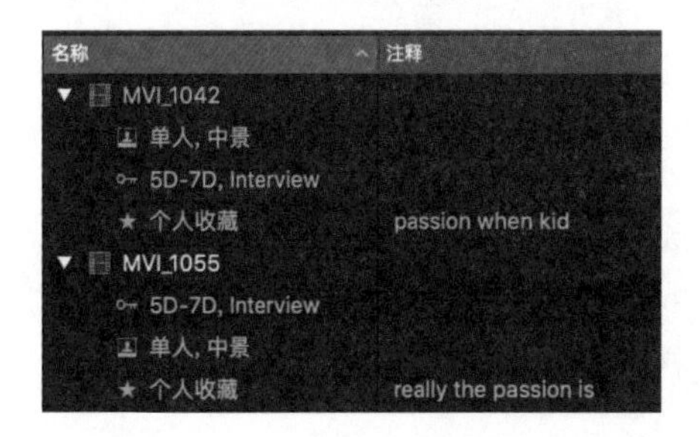

注意 ▶ *如果只看到片段的名称，那么单击片段名称旁边的下拉按钮，即可展开片段以显示更多的元数据。*

5 在浏览器中选择片段“MVI_1042”，将预览片段中的绿色部分标注为“个人收藏”。

在预览片段的时候，请注意音频的音调有没有改变，可以在迅速审查片段内容的同时保持对内容的准确判断。

注意 ▶ *您也可以按空格键、J键、K键、L键和/键来审查当前所选择的个人收藏中的画面。*

搜索结果中包含的第二个片段也和“passion”有关。

6 在浏览器中播放片段MVI_1055，审查其中的内容。

先将这两个片段并排放置在时间线中，再进行精细的微调。接下来先将它们作为前两个采访片段剪辑到项目中。

7 选择片段MVI_1042中包含“passion when kid”注释信息的个人收藏。

8 单击“追加”按钮，或者按E键，将片段中被选择的部分添加到项目中。

这样，该片段中被选择的部分就被添加到了主要故事情节中。E是英文单词End（结束）的首字母。无论扫视播放头或者播放头在该项目的什么位置，只要按E键，就可以直接将浏览器中被选择的部分添加到主要故事情节的末尾。

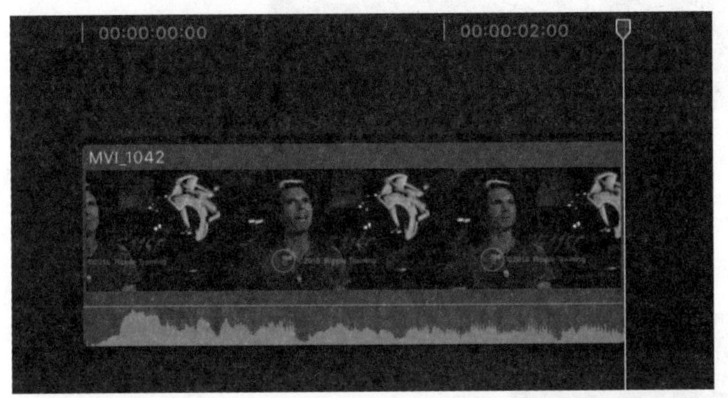

此时，播放头位于MVI_1042的末尾。在进行追加编辑后，播放头总是会跳转到项目的末尾。将播放头放置在当前位置上是因为Final Cut Pro默认您会继续进行编辑工作。在进行另外一个追加编辑的时候，如果播放头不总是位于项目的末尾，那么会发生什么呢？

9 单击片段MVI_1042中间靠上的灰色空白区域，将播放头放置在靠左边一些的位置。

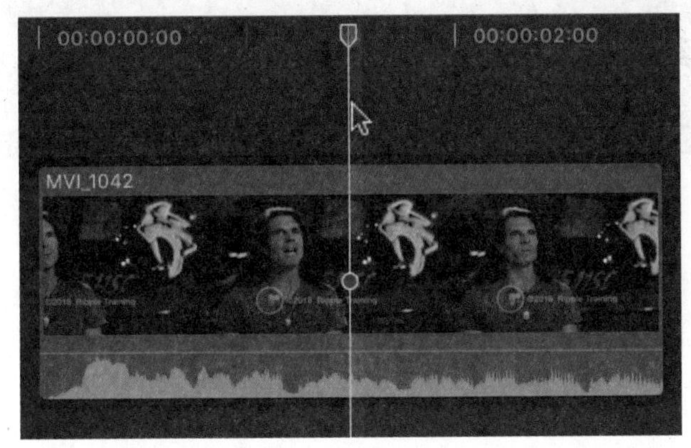

这时，播放头指向MVI_1042中的某一帧，可以在检视器中看到它的画面。继续剪辑下一个片段，当播放头指向MVI_1042中间位置的时候，执行一个追加编辑，观看其效果。

注意▶ 由于显示器的分辨率不尽相同，在屏幕上，片段可能会显得比较短，或者部分内容会隐藏于时间线之外，而不能显示全部内容。在上面的步骤中，在移动了播放头后，可以按快捷键Shift+Z，使项目的全部内容都能够显示在时间线上；或者在“片段外观”下拉菜单中拖动缩放控制滑块，调整时间线的缩放设置。

10 返回浏览器，注意MVI_1042下方的文字：已使用。

▼ MVI_1042		01:31:15:14	01:31:25:21
单人, 中景		01:31:15:14	01:31:25:21
5D-7D, Interview		01:31:15:14	01:31:25:21
★ 个人收藏	passion when kid	01:31:15:20	01:31:18:20
✓ 已使用		01:31:15:20	01:31:18:20

“已使用”表示该片段的这个选择范围已经在当前项目中被使用过了。下面继续查找下一个需要剪辑的片段。

11 在浏览器中，选择片段MVI_1055中含有“really the passion is”注释信息的个人收藏，按E键，将这个片段追加到主要故事情节的末尾。

在浏览器中选择片段。

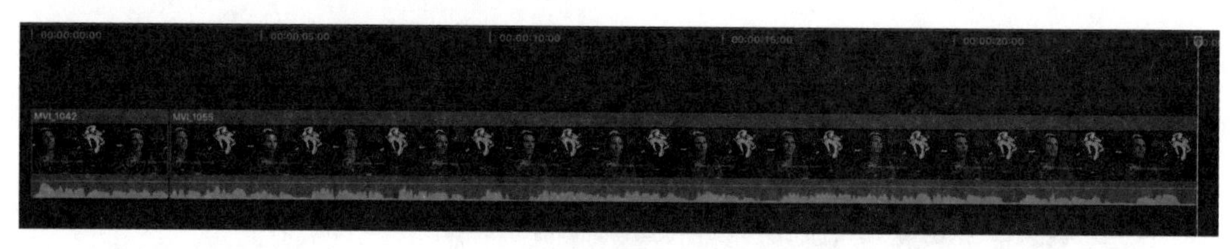

将片段追加到主要故事情节上。

这时，片段会被立刻排列到MVI_1042的后面，播放头的位置不会影响追加编辑。在添加了两段采访片段后，继续添加一些同样的片段。您可以继续这样一步一步地进行剪辑，但是Final Cut Pro还有一些更快速的添加方法。

注意 ▶ 在上一步的练习完成后，如果在时间线上看不到片段MVI_1042了，则需要调整时间线的缩放设置。单击时间线区域，按快捷键Shift+Z，或者调整“片段外观”下拉菜单中的缩放控制滑块。

4.2.1–A 将多个片段同时追加到主要故事情节上

在同一时间，您可以将多个片段追加到主要故事情节上。在完成第一次剪辑操作后，您将会在浏览器中找到下一个需要剪辑到时间线上的片段。通过追加的方法，您可以继续停留在浏览器和故事板上，关注需要剪辑的片段，并依靠简单的单击完成剪辑。

1 在浏览器中，切换到连续画面视图。

此时会看到之前搜索到的两个片段。您需要清除搜索栏，显示其他的采访片段。

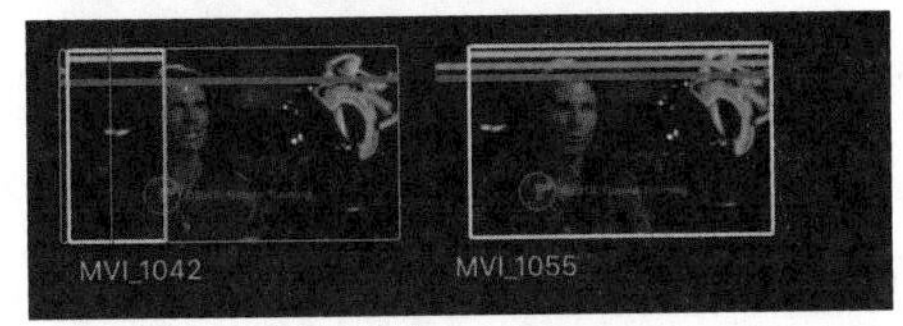

2 在浏览器中单击“还原”按钮，清除搜索栏中的搜索条件。

此时，在关键词精选Interview中的其他片段都显示出来了。您可以选择多个片段，同时将这些片段追加到主要故事情节上。这些片段被选择的顺序，就是它们在时间线上排列的顺序。

3 单击“片段外观”下拉按钮，拖动高度控制滑块，根据喜好改变连续画面的高度。

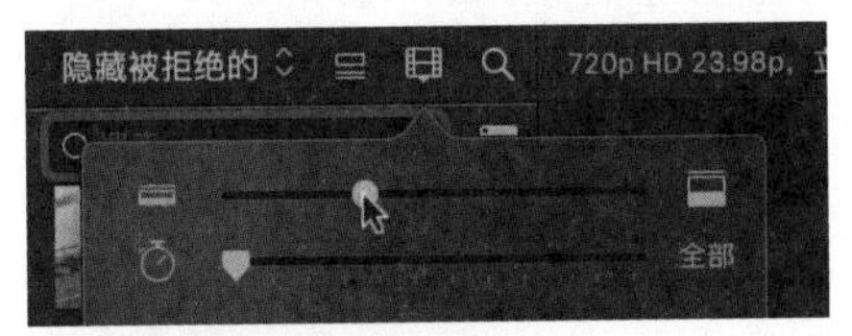

4 在浏览器的连续画面视图中，单击片段MVI_1043中第一个带绿色横条的范围。

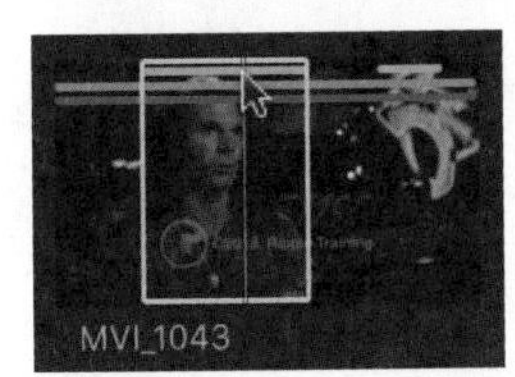

之前标注的个人收藏的范围此时会显示为一段绿色的横条，便于快速地重新选择这个片段范围。

5 选择片段MVI_1043中的第一段个人收藏，按住Command键，并按顺序单击之前评价为个人收藏的片段：“MVI_1046”“MVI_1045”“MVI_1044”。

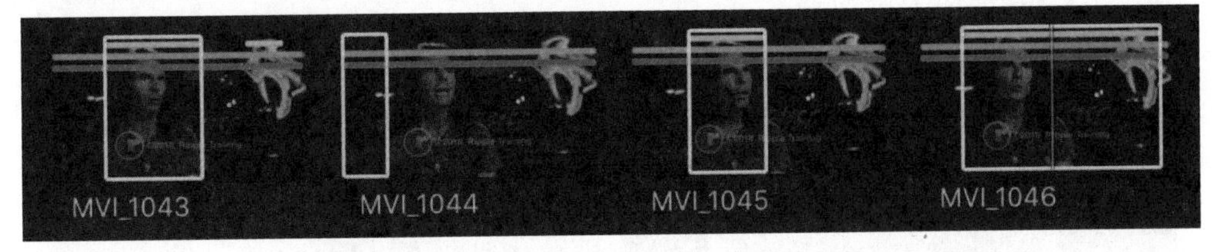

6 按E键，执行一次追加编辑。

这些片段会按照其在浏览器中被选择的顺序排列在主要故事情节中。

7 为了在时间线上看到项目的全部内容，单击时间线中灰色的区域，按快捷键Shift+Z。

▶ Final Cut Pro如何知道该将片段放在何处呢？

如果您进行了之前的练习，在有了一些经验后，可能会注意到，在软件的时间线上，并不需要指定轨道、播放头的位置，或者设定片段被剪辑的入点。追加编辑的方法直接将传统的覆盖编辑提高到了一个更高的水平上。

4.2.1–B 播放项目

在播放项目前，您可能习惯按Home键，使播放头位于时间线最开始的位置。但是，在苹果无线键盘和笔记本电脑上并没有设置Home键。

1 确认激活时间线，按Home键，或者按快捷键Fn+←（这个快捷键可模拟Home键）。

这样，播放头就位于时间线最开始的位置了。

2 按空格键，开始播放。

在播放头移动到时间线结尾的时候，项目会自动停止播放。

注意 ▶ *如果激活了循环播放（在菜单上选择“显示”>“回放”>“循环回放”命令），那么项目会反复播放，直到手动停止播放。*

练习4.2.2 在主要故事情节中重新排列片段

目前，采访片段的顺序还不合适，接下来调整一些片段的先后顺序，以便准确地讲述整个故事。在主要故事情节中进行这样的工作简直太简单了，只需要先按住鼠标键，将片段拖到希望它在的新位置上，停顿一下，等待屏幕显示操作提示，然后松开鼠标键即可。

1 在项目中选择第4个片段“MVI_1046”。

只有当播放头位于某个片段上的时候，才有可能预览该片段的内容。该片段此时位于项目的末尾，不需要移动播放头的位置。如果在开始播放的时候能够看到扫视播放头，那么扫视播放头会自动控制播放头的位置。

2 轻轻移动光标，确认扫视播放头是可用的。

扫视播放头与播放头类似，可以垂直地在时间线窗格中片段的连续画面上穿越，但是，扫视播放头顶部没有播放头顶部的标记。

左边是扫视播放头，右边是播放头。

3 移动光标，令扫视播放头移向片段MVI_1046的开头，按空格键，播放该片段。
播放头会自动跳转到扫视播放头的位置并开始播放。在片段MVI_1046的开头，Mitch说："At the end of the day."这句话听起来应该放在故事的末尾。

4 将片段MVI_1046拖到时间线的末尾，但是不要松开鼠标键。

5 在主要故事情节上，当片段MVI_1044的右边出现一个蓝色方框时，松开鼠标键。

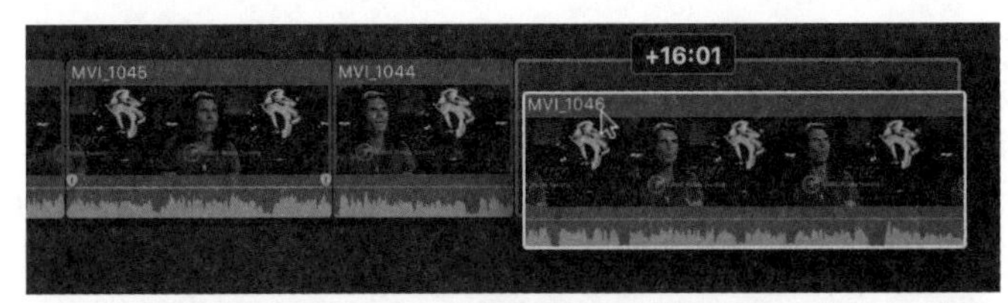

此时，片段MVI_1046成了主要故事情节中的最后一个片段。

该片段中还有一些需要微调的地方，我们会在本课后面的内容中介绍修剪这些问题帧画面的方法。现在，让我们继续在主要故事情节中移动另一个片段。

6 找到片段MVI_1044，它现在是项目的倒数第二个片段。将其拖到片段MVI_1043和片段MVI_1045之间。

在将片段MVI_1044拖到另外两个片段之间的时候，这两个片段之间会自动出现插入的方块，片段MVI_1045会自动滑到右边，为片段MVI_1044留出足够的空间。可以看到，磁性时间线快速地对该操作进行了反馈。

注意▶ 当拖动一个片段时，在时间线的片段上方会出现移动距离的提示条。在您进行这些练习的时候，由于所选剪辑范围的细微差异，实际移动增量的数值可能会与本书中显示的值不同。

▶ 检查点 4.2.2

有关检查点的更多信息，请参考附录C。

参考4.3
在主要故事情节中修改片段

在检查主要故事情节中的影片时，您可能会希望插入一两个新的片段。但是，片段前后的对白很有可能会干扰整个影片的流畅性。此时可以使用Final Cut Pro的新功能——磁性时间线，它会使这些调整工作变得非常简便。

在前面的练习中，您已经通过追加编辑的方法将浏览器中的片段剪辑到了主要故事情节中。当您需要在两个片段之间放置一个新片段时，如在练习4.2.2中，您在主要故事情节中调整了片段顺序，将片段MVI_1044放在了片段MVI_1043和片段MVI_1045之间，这被称为插入编辑。浏览器中的片段可以被插入主要故事情节上的两个片段之间，这样主要故事情节中就会出现补充进来的新内容。

在排列好主要故事情节上各个片段的顺序后，您可能会需要精细调整片段的内容，使叙事更加流畅。在Final Cut Pro中包含了若干修剪工具，通过修剪工具可以移除额外的呼吸声、不需要的声音和对白。在本课中您将学习其中的波纹修剪工具。

使用波纹修剪工具可以以帧为单位移除片段中不需要的内容，也可以在项目的片段中插入媒体内容。

在主要故事情节上，无论执行“插入编辑”还是“波纹修剪”命令，相邻的片段总是会挨在一起。在移除某个片段或者片段的一部分内容后，后续的片段会向前移动并紧靠前面的片段。在插入片段的时候，后续的片段会整体向后移动，为插入的片段留出空间。

练习4.3.1
执行插入编辑

在将片段MVI_1044拖到新位置上的时候，执行了一次插入编辑，该片段右边的片段会自动向右滑动一段距离，为片段MVI_1044留出空间，而左边的片段则不会移动。在前面的练习中，您已经标注了一个采访片段。在本练习中，您将插入这个片段，但不是通过拖动的方法。

1 在浏览器中，切换到缩略图视图，在关键词精选Interview中搜索“awe”。

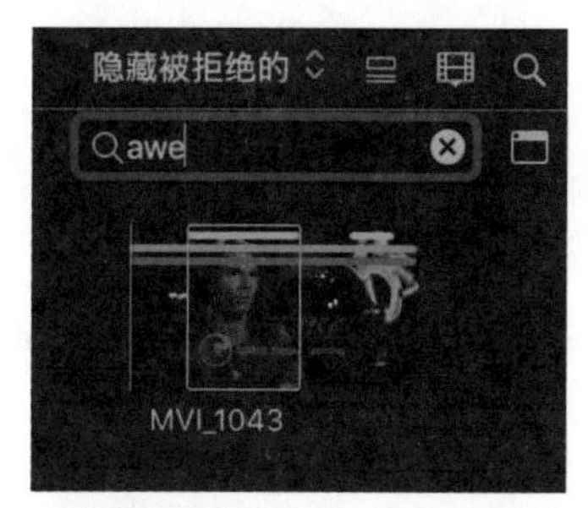

搜索结果只显示了一个片段：MVI_1043，它包括两个个人收藏的片段范围。

2 在浏览器中，选择（单击第二个绿色横条）片段MVI_1043的第二个个人收藏。

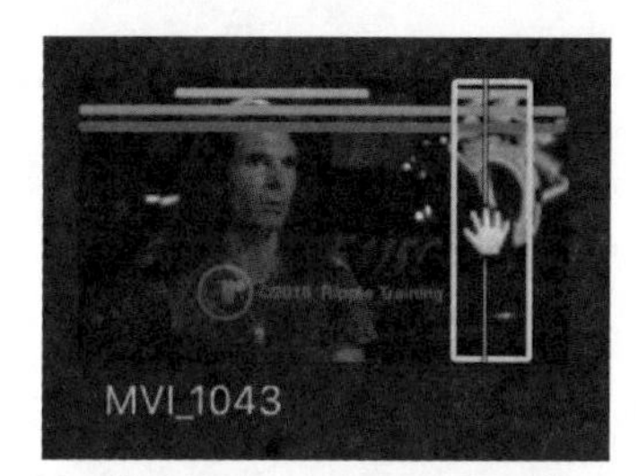

由于使用的显示器的分辨率可能不同，所以您在扫视的时候也许会听不清音频的内容。通过缩放控制滑块加长片段缩略图，可以得到更长的扫视距离，以便降低播放的速度。

3 在“片段外观”下拉菜单中，向右拖动缩放控制滑块，直到数值为5s。

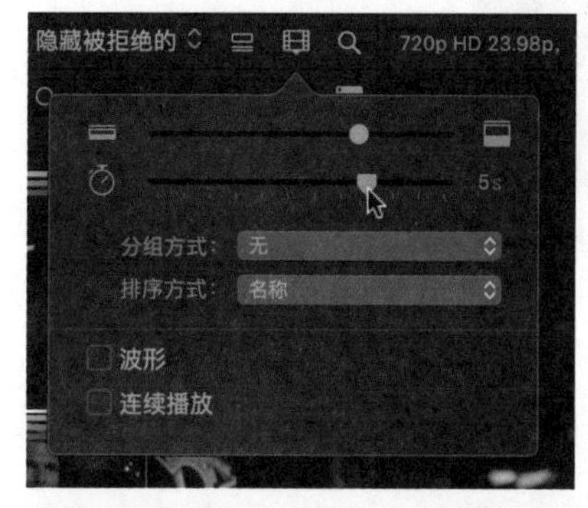

4 再次扫视片段MVI_1043中的第二个个人收藏。

在调整了缩放控制滑块后，每个缩略图都代表了源媒体5s的时间，这样在扫视的时候就可以用接近正常的音调监听音频内容了。请注意在每行缩略图最左边都有锯齿状的撕裂，它表示片段是从上一行缩略图延续下来的。在片段的开头和末尾，缩略图的边缘是平直的。

5 在片段的连续画面中，确认选择第二个个人收藏。

接着，在时间线上移动播放头，确定该片段被插入的位置。

6 在时间线中，扫视片段MVI_1043和片段MVI_1044。

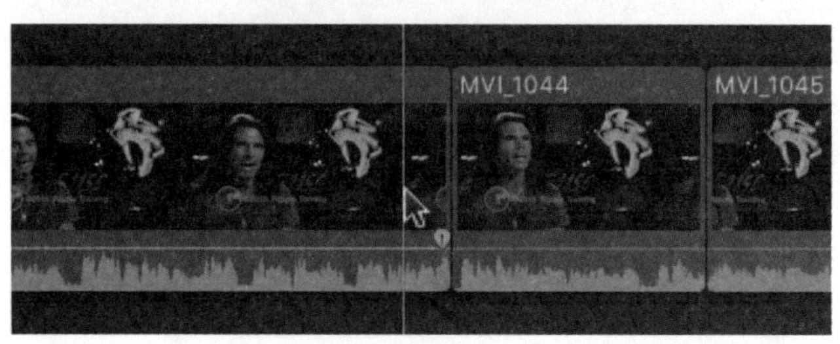

片段MVI_1043需要以精确到帧的方式被剪辑到两个片段之间。启用吸附功能以确保精确度，令播放头对准两个片段之间的位置。

在时间线窗格的右上角，可以看到有几个功能按钮：扫视、音频扫视、音频独奏和吸附等。

7 单击"吸附"按钮，启用吸附功能（按钮变为蓝色），或者按N键。

8 在项目中，扫视几个片段，让扫视播放头掠过片段的编辑点。

请注意，扫视播放头会自动跳转到片段的编辑点上。接下来把播放头放在准确的位置上，以便执行插入编辑。

9 将扫视播放头吸附在片段MVI_1043和片段MVI_1044之间，单击扫视播放头，确定它的位置。

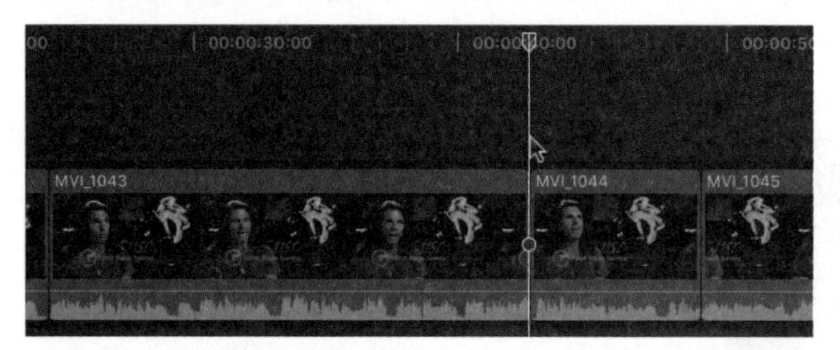

注意▶ 两个片段之间的编辑点在右边片段的第一帧上，而不在左边片段的最后一帧上。在片段画面的左下角有一个L形弯角的图标，表示这是片段的第一帧。

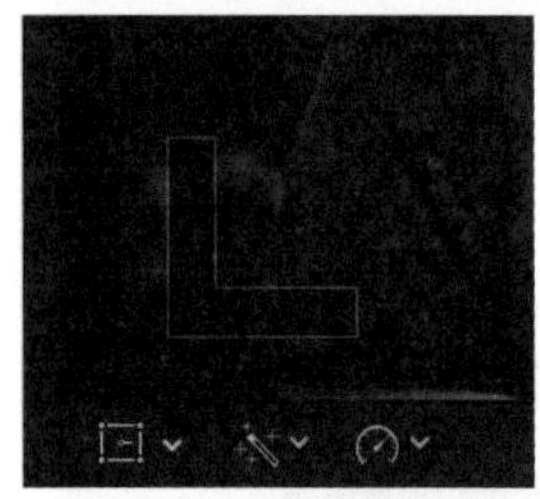

L形弯角表示该帧是片段的第一帧。

10 在浏览器中，确认选择片段MVI_1043 的第二个个人收藏。

11 在时间线窗格的工具栏中，单击"插入"按钮，或者按W键。

片段MVI_1043被放置在时间线上的两个片段之间，补足了采访片段缺失的那部分内容。

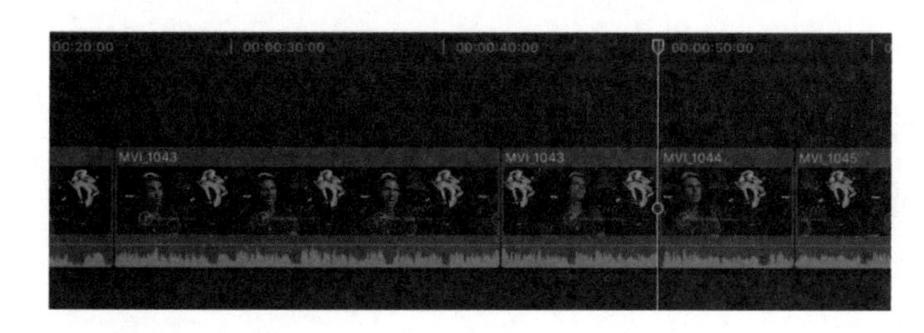

练习4.3.2
在主要故事情节中执行波纹修剪

在第3课中，您筛选了一些采访片段，片段中包含一些多余的内容。您可以将筛选操作的作用理解成为个人收藏的范围留出一点儿余量。剪辑师的工作主要是制作一个简洁明了的故事，同时补充必需的情节。在本练习中，您将学习波纹修剪工具的使用方法，以去除多余的内容，并补充其他片段，完善故事内容。

注意 ▶ Final Cut Pro是一个对上下文比较敏感的软件，您并不需要每次都预先激活修剪（选择）工具。在需要的时候，选择工具会自动切换为波纹修剪工具。

1 将扫视播放头放置在片段MVI_1055的结束点上。在该片段的末尾，检查Mitch的谈话内容。在Mitch说“uhh, so”的位置，有些多余的内容应该被修剪掉，令片段在Mitch说完“Whole new look”后立即结束。

在进行修剪片段的工作之前，可以把时间线的显示比例放大一些，令光标的移动更加准确。

2 当扫视播放头或者播放头位于片段MVI_1055末尾附近的时候，按快捷键Command+=（等号），放大显示时间线。

在放大显示时间线的时候，缩略图下方的音频波形也会逐渐清晰。“uhh, so”这段音频位于片段的末尾，可以通过波形判断它的位置。接下来，我们将这些模糊不清的、不流畅的语音都去掉。此外，Mitch在上一句话以“ look”一词结束后，深吸了一口气。检查音频波形，在他说“look”一词的末尾发音“k”之后，可以看到音频波形下降了。因此，将播放头放在“k”之后，使用波纹修剪功能消除这一段吸气的声音和“uhh, so”这个口头语。

3 将播放头移到片段MVI_1055末尾，即Mitch说“look”的k的后面，“uhh, so”的前面。

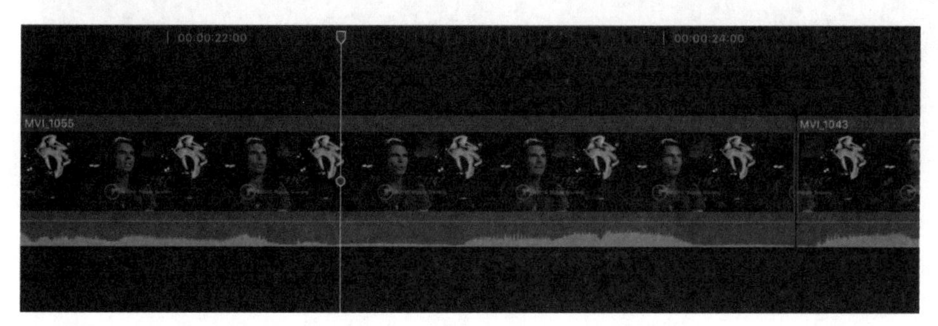

为了精确地放置播放头，您可以分别使用J键、K键、L键，以及→键、←键进行微调。在将播放头移到预定的位置后，就可以使用吸附功能执行一次准确的剪辑了。使用默认的选择工具执行这次波纹修剪，该工具会根据光标在时间线上的位置自动切换为可用的工具。

4 在时间线上，确认选择选择工具，或者按A键。

5 在时间线上，将光标放在该片段的末尾。

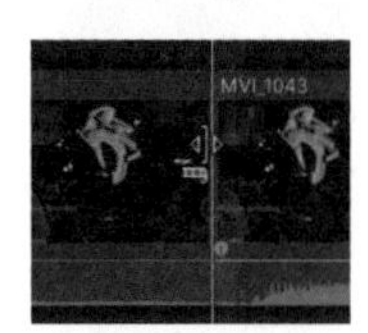

6 不要单击鼠标键，缓慢地将光标左右移动，令光标横跨两个片段之间的编辑点。

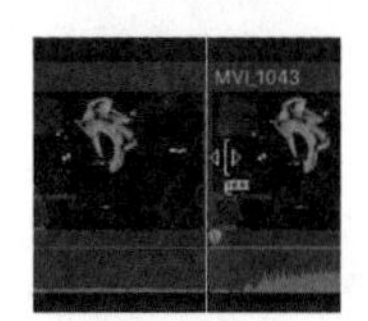

在左右移动光标的同时，请注意观察光标形状的变化。在光标的形状改变后，就表示当前工具自动切换为波纹修剪工具了。

波纹修剪工具的图标上有一个小小的胶卷图案。若这个小胶卷向左延展，则表示会修剪左边片段MVI_1055的结束点。

7 当小胶卷向左延展的时候，向左拖动片段的结束点，直到其吸附到播放头的位置上。

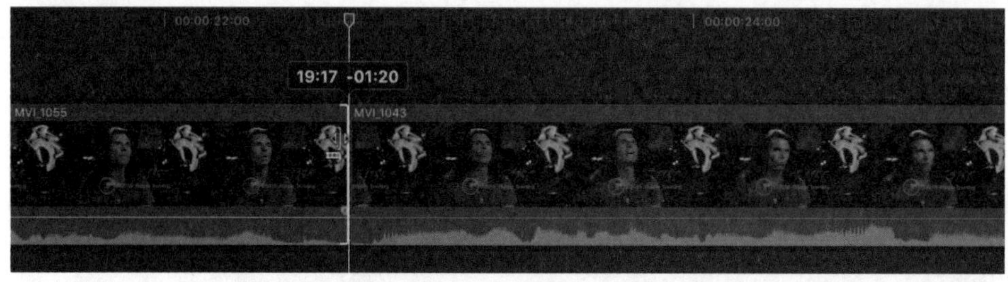

在将结束点向左拖动的时候，它会吸附到播放头的位置上。

8 在时间线上播放片段，检查修剪后的效果。

在修剪了片段的结束点后，片段中一部分多余的内容就被删除了。在进行波纹修剪时，所有后续的片段都会自动向左移动，以填补被删除内容之前占据的空间。下面，让我们修剪一下该片段的开头。

9 为了能快速看到项目左边的部分，并跳转到片段MVI_1055开始的部分，可以按一次↑键，如果有必要，按两次↑键。此外，如果希望在时间线上看到更多片段的内容，则可以按快捷键Command+ -（减号）。

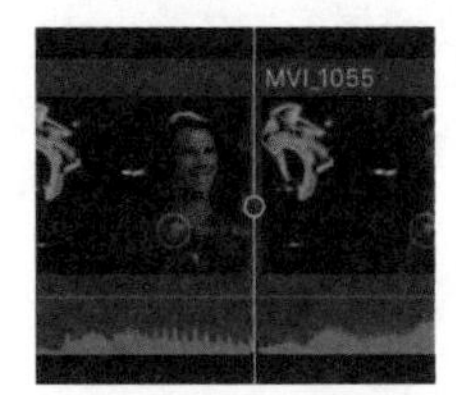

按↑键会将播放头移动到项目中的上一个剪辑点的位置。同理，按↓键会将播放头移动到项目中的下一个剪辑点的位置。

10 播放片段MVI_1055，在Mitch说“And really the passion”前停止播放。

您需要将播放头放在Mitch说的“of film”和“And really”之间。在采访中，对于理想的镜头切换画面，人物的眼睛应该是睁开的，嘴巴是合上的或者接近于合上的。在当前片段中，您可以在Mitch刚刚说完“film”的时候找到这样的帧画面。

11 将播放头放在新的开始点00:00:05:01后，将选择工具放在片段当前的开始点上。

此时，波纹修剪工具上的小胶卷会向右延展。

12 将片段MVI_1055的开始点向右拖动，直到其吸附在播放头的位置上。

在对开始点进行波纹修剪的时候，您会注意到片段左边的其他片段好像也移动了。但是实际上它们并没有移动，项目的开始点仍然为00:00。在修剪片段MVI_1055的开始点后，该片段的时间长度缩短了。该片段包括后续的片段会一起向左移动，但是这个移动是通过将时间线的时间码向右移动来完成的。

4.3.2–A 使用快捷键对结束点进行波纹修剪

在某些时候，鼠标或者触控板并不能提供足够精确的控制，以便您在指定的时间点上完成修剪编辑。此时，您可以使用键盘快捷键来进行更准确的操作。

1 按一次或者两次快捷键Command+ –（减号），在时间线窗格中能看到更多的内容。找到片段MVI_1043的第二个、稍微短一些的范围的结束点。将播放头放在00:00:45:16的位置，也就是在Mitch单独说出“so”这个词之前的位置。

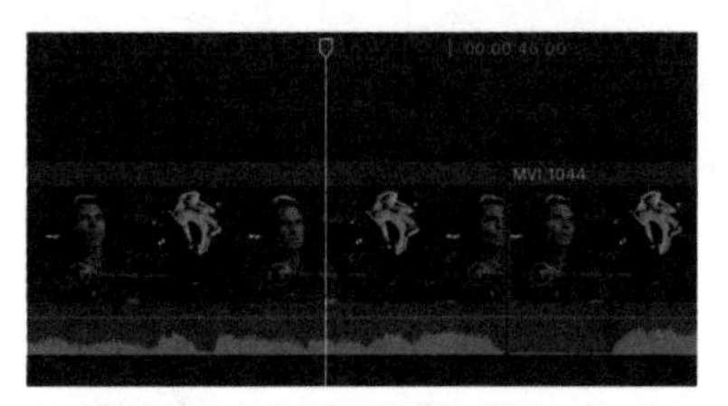

您已经听过采访片段的内容了，Mitch说的词句之间联系得非常紧密，这令剪辑工作变得有些困难。下面，我们使用键盘来辅助片段的剪辑工作。

2 在连续画面视图中，当图标为指向左侧的状态时，选择片段MVI_1043第二个的结束点。

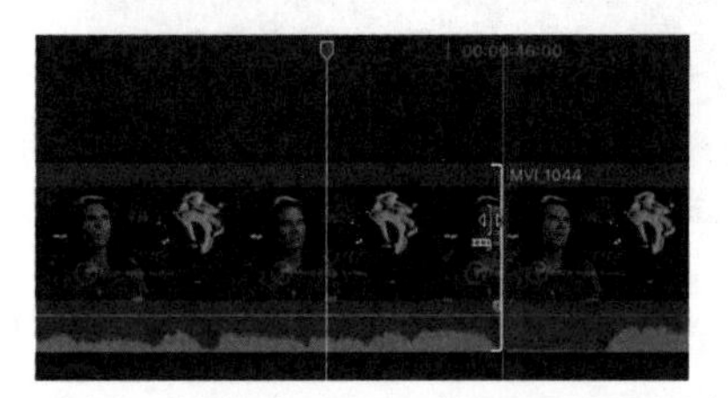

选择了结束点之后，您可以使用键盘一次性修剪一帧画面。在操作时要注意播放头上的时间码。当您在执行这一次修剪编辑的时候，播放头会跳转到修剪的编辑点上，而不会继续停留在拖动该编辑点的位置上。这样，当您使用键盘来进行修剪编辑的时候，就可以一边观察检视器下部的时间码，一边进行精确的操作了。

3 按几次,（逗号）键，每按一次即可删除一帧画面， 直到时间码显示为00:00:45:16。

4 如果有需要，可以按几次（句号）键，每按一次即可恢复一帧画面。

5 扫视到结束点左边一点儿的位置，播放项目，检查剪辑的效果。

至此，再检查一下是否已经删除了单词“so”及其后面的部分，Mitch的话刚好以“experiencing”结束 。依据之前对这段音频的选择，您需要删除大约10帧的内容。在经过反复调整后，这个剪辑就会更完美了。

> ▶ **更多键盘操作，减少鼠标操作**
>
> 以下键盘操作能够代替很多鼠标操作。
>
> - 按↑键或者↓键，令播放头跳转到将要修剪的编辑点上。
> - 按[（左方括号）键，选择当前编辑点的左边缘；按]（右方括号）键，选择当前编辑点的右边缘。
> - 按,（逗号）键，将选择的编辑点向左移动一帧；按.（句号）键，将选择的编辑点向右移动一帧。
> - 按快捷键Shift+?（问号），将播放头向左移动2s并开始播放，经过编辑点之后2s停止播放。

6 针对项目中所有的片段进行类似的剪辑，修剪掉不需要的部分。您需要删除片段开头或者结尾附近的呼吸声，以及所有的“so”和“uhh”这样的声音。在完成后，项目中的片段应该与下表吻合。

Lifted Vignette剪辑工作列表

片段	项目时间码	开始部分的对白	结束部分的对白
MVI_1042	00:00:00:00	Flying is	a little kid
MVI_1055	00:00:03:00	And really the	whole new look
MVI_1043	00:00:20:08	One thing that	what we're shooting
MVI_1043	00:00:37:15	As I'm technically	what we're experiencing
MVI_1044	00:00:44:13	You know it's	opener for me
MVI_1045	00:00:50:23	Every time we may be	see or capture
MVI_1046	00:01:00:14	At the end of the day	adventure I went on

注意▶ 在某些地方可能会听到敲击的声音，在本课后面的内容中会讲解解决这个问题的方法。

Lifted Vignette的剪辑排列。

▶ 检查点 4.3.2

有关检查点的更多信息，请参考附录C。

参考4.4
调整主要故事情节的时间

一个影片项目的剪辑需要符合主要故事情节的要求。至此，我们已经将主要的采访片段排列在了时间线上，形成了应有的故事结构。接着，工作的重点将转移到控制镜头切换的时机和节奏上。采访片段中的对白应该像日常对话一样从容自然，而不是忽快忽慢。

第一个可以调整声音节奏的技术是空隙片段。空隙片段是位于时间线上的一个空白片段，有时可以用作占位片段，以便未来替换为有内容的片段，比如B-roll片段或者补充的采访片段。空隙片段也可以作为调整时间间隔、控制影片节奏的工具。

第二个可以使用的技术是移除片段中的部分内容，甚至是整个片段。切割工具可以用于将时间线上的片段分离为多个部分，以便移除和调整其中的某个部分。每次切割一个片段都会创建一个接合编辑点。

接合编辑点会将片段标记为单个的片段，但是并不将其视为物理上分离的两个独立片段。在第二次使用切割工具切割片段时，会创建第二个接合编辑点。之后，您可以将两个片段重新接合在一起，恢复原始的状态。这种恢复的方法被称为接合直通编辑。

如果您决定删除某个片段的一部分，那么可以使用两种方法。一种方法是直接按Delete键，执行一次波纹删除。被选择的片段内容将被删除，后续的片段内容会向左滑动，填补被删除内容留下的空间。

切割片段。

选择希望删除的片段内容。

按Delete键，执行波纹删除。

另一种方法是将决定删除的片段内容替换为空隙片段，按快捷键Shift+Delete，将被选择的片段内容从时间线上删除，并在该片段位置上留下相同时间长度的空隙片段。此时，后续的片段内容会保持在原位不做任何移动。这种编辑方法通常被称为举出编辑。

切割片段。

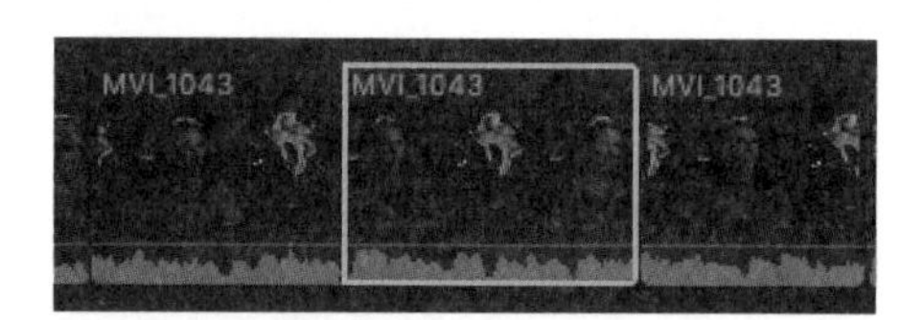

选择希望删除的片段内容。

按快捷键Shift+Delete，使用空隙片段替换该片段内容。

练习4.4.1
插入空隙片段

目前，项目片段中对白的间隙非常小，这种极快的语速不利于清晰地讲述故事。因此，接下来将其中一些片段分开一点儿，令对白的节奏变得轻松一些。

1 按↑键或者↓键，将播放头放在片段MVI_1042和片段MVI_1055之间。

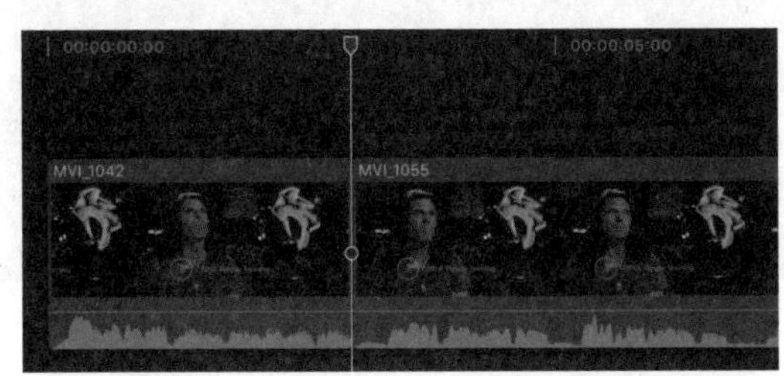

在这里放置一个空隙片段，令Mitch连续的话语稍做停顿。您不用担心空隙片段带来的黑屏问题，稍后会使用一个B-roll片段来遮挡这段黑屏。

2 在菜单栏中选择“编辑”>“插入发生器”>“空隙”命令，或者按快捷键Option+W。

这样，MVI_1042和MVI_1055两个片段之间就插入了一个长为3s的空隙片段。对当前这个案例来讲，3s的时间略长了一些。因此，接下来对其进行波纹修剪，调整其时间长度。

3 将光标放在空隙片段的结束点上。确认波纹修剪工具上的小胶卷是向左延展的，向左拖动结束点。

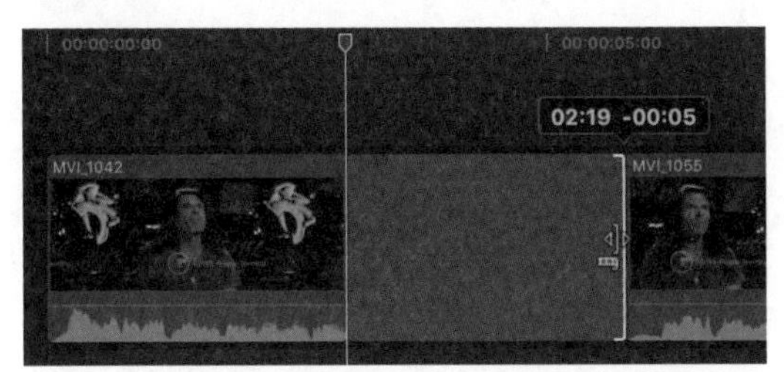

在拖动的时候，片段新的时间长度和调整产生的增量数值（拖动操作会增加或者减少时间的数值）会同时出现在光标的上方。

4 将空隙片段的时间长度缩短为1～2s，这样就从原始片段长度中减少了2s左右的内容。

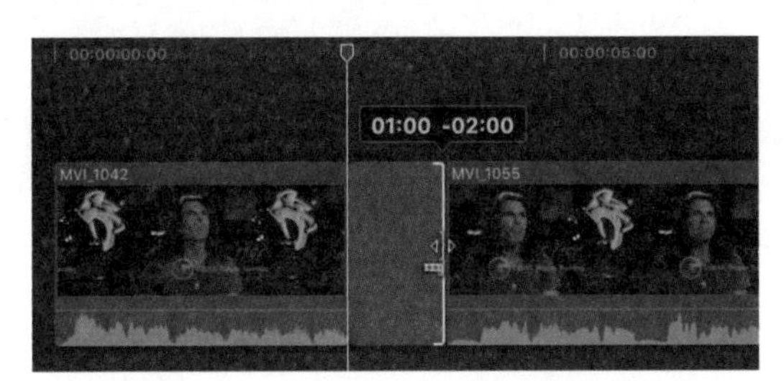

5 扫视到空隙片段的开头并播放，检查剪辑的效果。

这个间歇会令观众有时间来思考Mitch说的话。下面继续调整另外一个编辑点。

6 按↓键，跳转到下一个编辑点。

此时，播放头位于片段MVI_1055和片段MVI_1043之间。

Mitch在片段MVI_1043中谈论了许多内容。因此，需要在这个片段的后面增加一个更长的空隙片段，这会有助于观众对采访内容的理解。

7 确认播放头的位置，按快捷键Option+W，插入一个3s的空隙片段。

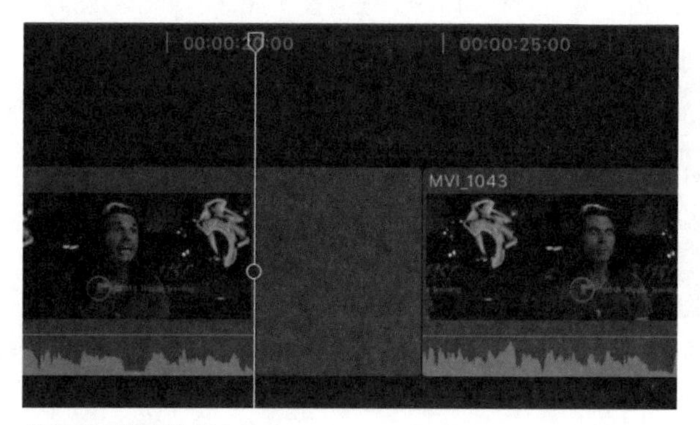

8 检查剪辑的效果。

这两个采访片段之间的间歇已经做好了。您可能会注意到，在片段MVI_1055的开头和末尾都有Mitch 的呼吸声，是否已经删除了它们呢?

9 根据需要调整空隙片段左右两边片段的结束点和开始点，令影片节奏更加流畅。

一边修剪，一边监听其效果，确认呼吸声已经被删除。您也需要检查是否修剪得过头了。例如，在Mitch说出“look”的时候，k的音节是否被修剪掉了一些? 根据需要，您可以将片段延长1～2帧，令“k”的音节相对完整一些。

空隙片段的时间长度也可以不按照本练习中的数值进行设定。请按照您自己的感觉，找到最合适的节奏。

练习4.4.2
切割和删除片段

切割工具可以将片段分割为不同的部分，您可以移动或者删除某部分。在片段MVI_1043的第一部分中，可以删除Mitch在被采访时的一些停顿，令影片更加紧凑。

1 播放项目，将光标放在片段MVI_1043中Mitch说“And film at the same time”和发出喘气声“uhhm”的地方。这大概在该片段第4秒的位置。

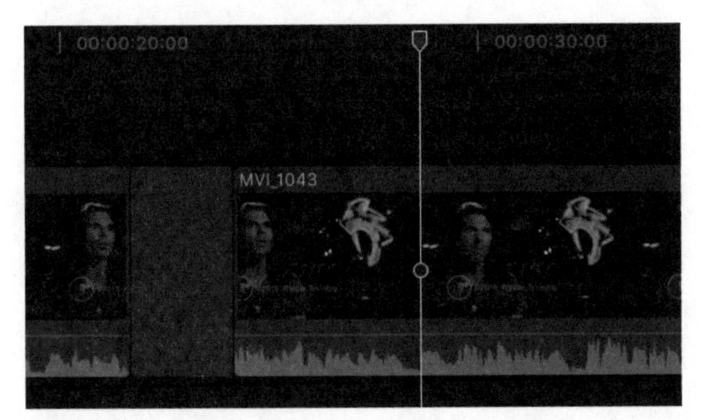

2 将播放头定位在00:00:28:16 喘气声的后面，“uhhm”的前面。在这里将片段切割为两部分。接着，切割该片段，将“uhhm”分离出来。

3 从“工具”下拉菜单中选择“切割”命令，或者按B键。

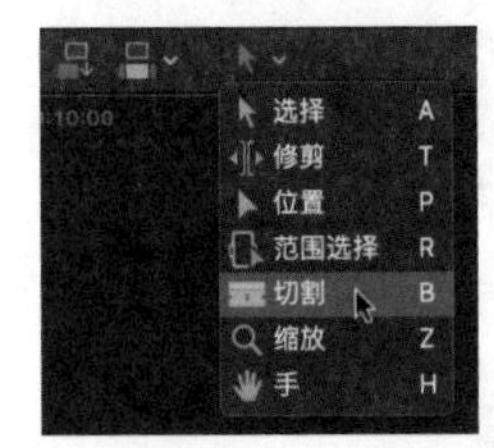

4 在启用了吸附功能的状态下，将切割工具的光标移到片段MVI_1043上，直到它被吸附到播放头上为止。

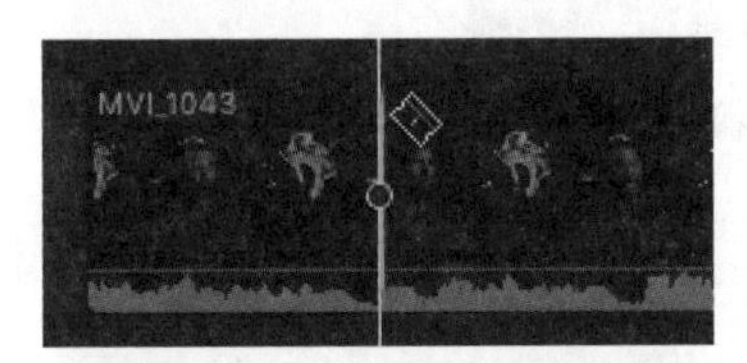

5 在切割工具的光标吸附到播放头上后，单击片段，在这一帧上切割片段。

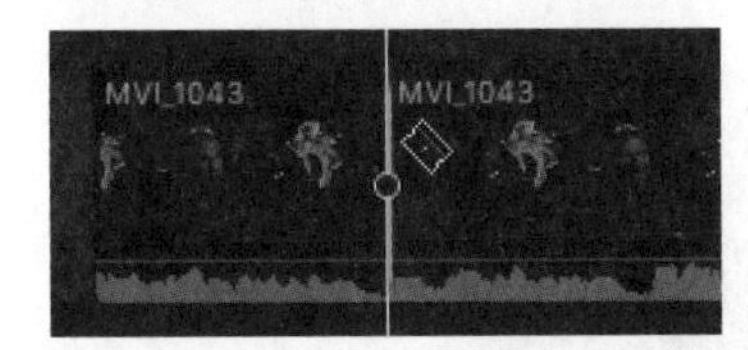

在使用选择工具的时候，可以随时切换到切割工具。

下面，我们先切换到选择工具，再切割“uhhm”的部分。

6 按A键，切换到选择工具。

在使用选择工具时，可以通过快捷键实现刀片切割的功能。刀片会在扫视播放头或者播放头的位置上进行切割。为了精确操作，先放置好播放头，再使用选择工具的刀片命令。

7 先按→键，再按←键。根据需要，将播放头放置在“uhhm”的后面，即00:00:29:13， Mitch开始说“you’re”的前面。

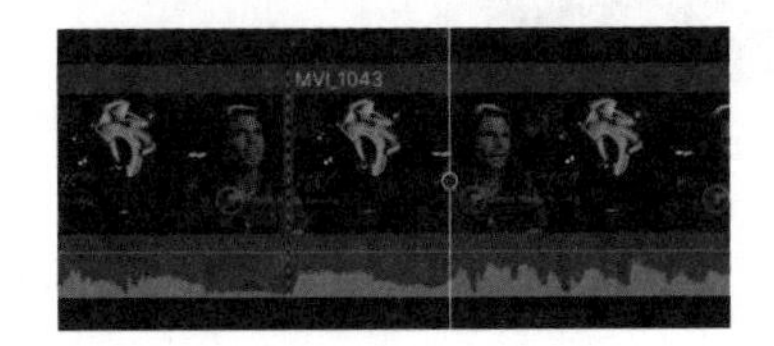

8 不要移动光标，按快捷键Command+B，在播放头的位置上切割片段。

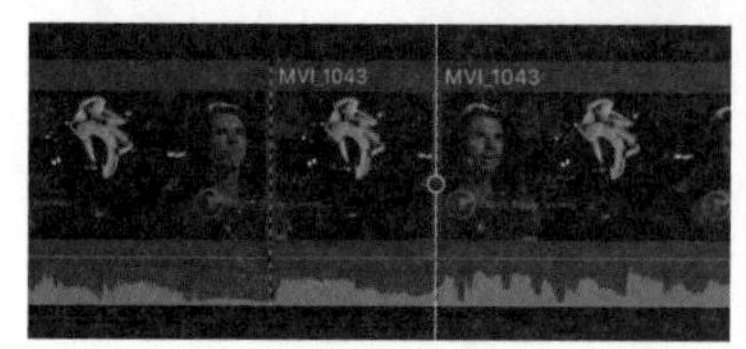

现在，这个片段被分成了三部分。接着删除中间的部分。

之前讲解了两种删除形式，接下来使用这两种方式并比较它们之间的差别。

9 选择片段中间的部分，按快捷键Shift+Delete。

被替换之前的片段内容。

被替换之后的片段内容。

片段中间的部分被一个空隙片段替换，空隙片段的长度正好令其右边的片段在主要故事情节上保持不动，因此，在时间线上没有任何片段偏离了之前的位置。

10 按快捷键Command+Z，撤销之前的操作。

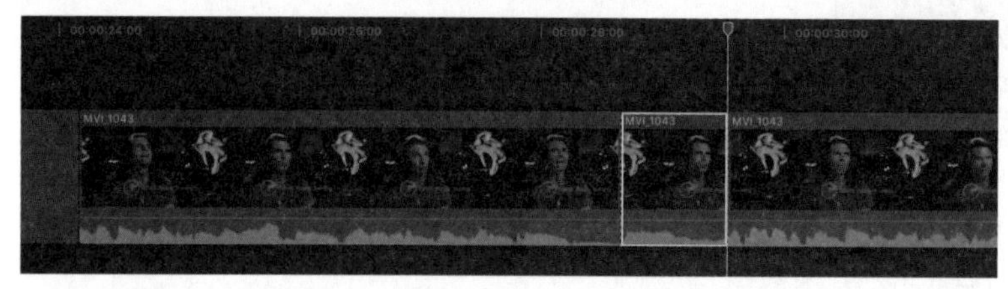

11 重新选择带有"uhhm"的部分，按Delete键。

该部分直接被删除了，后面的片段向左滑动，填补了空白。

12 播放项目，检查剪辑的效果。

当前，片段MVI_1043 第二部分的开头听起来很不完整，或者仍然有一点儿"uhhm"的音调，而第一部分末尾的呼吸声也格外引人注意。下面调整这两部分，使呼吸声自然过渡。

13 使用波纹修剪工具，令这两部分之间的对白过渡更加自然。

先移除第一部分末尾的呼吸声，然后在第二部分的开头插入几帧画面。有关操作可以参考前面练习中介绍的方法。

这样的剪辑在视觉上形成了跳剪。跳剪是指在固定的背景中，被拍摄主体的不连续变化。跳剪有时是有意实现的一种效果，但在这里，它是一个瑕疵。后面我们将通过B-roll片段来进行补救。

> ▶ **检查点** 4.4.2
> 有关检查点的更多信息，请参考附录C。

练习4.4.3
接合片段

在上一个练习中，您使用切割工具和选择工具将片段分离成了若干部分。如果觉得操作有误，那么可以轻松地将这些部分再接合起来，恢复其原来的样子。

1 在项目中找到片段MVI_1044，按快捷键Command+=（等号），放大显示片段。

2 在“工具”下拉菜单中选择“切割”命令，或者按B键。

3 扫视到片段的后半部分，在听到Mitch说“New”后停下来。

参考音频波形也可以找到Mitch停顿的地方。这里的波形呈现山谷谷底的形状。

4 在音频波形上单击，切断这个片段，创建一个接合编辑点。

接合编辑点用虚线表示。由于我们并不想切割这个片段，因此要把它们接合在一起。

5 按A键，切换到选择工具。

6 单击并选择接合编辑点（虚线）。

当使用选择工具的时候，只能选中编辑点的一边，但是这没有关系。

7 按Delete键。

接合编辑点被删除，片段的两个部分又被接合在一起，变成了一个片段。

练习4.4.4 精细地调整对白

在添加B–roll和音乐片段之前，让我们先进一步优化对白的节奏。

目前，片段MVI_1043的第二部分末尾是“shooting”，它与后续片段的衔接并不是很顺畅。在时间线上，这出现在约40s的位置上。

在此之前修剪过的“so”这个词语，您可以将它混合到下一个对白中。

1 将扫视播放头放在片段MVI_1043第二部分的末尾，令光标上的小胶卷向左延展。

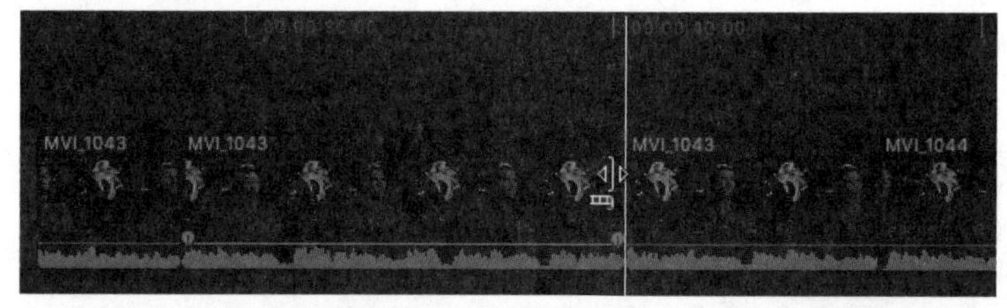

2 对该部分的末尾进行波纹修剪，令其向右展开大约11帧画面。

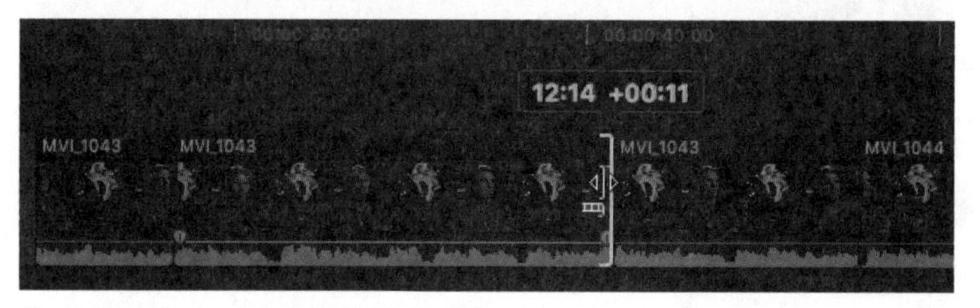

3 检查剪辑效果，对白衔接得自然多了。

在片段MVI_1043第三部分的末尾，话没有说完就被剪切掉了，“experiencing”的声音感觉不正常。让我们把结束点提前一点儿，看看效果如何。

4 将片段MVI_1043第三部分的结束点向左进行波纹修剪，大概缩短1s的时间。

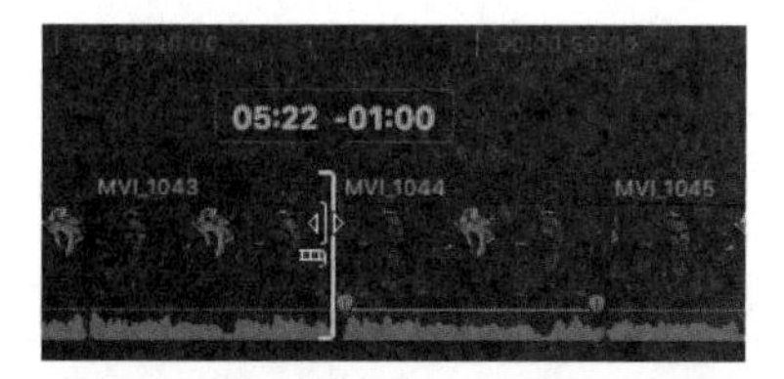

Mitch说完“filming”之后，可以听到，还有一两个其他的音节出现，也需要将它们删除。

5 确认仍然选择结束点，按,和.键，逐帧地修剪片段。

这一系列操作可能会花上一些时间，但能获得满意的效果。结束的帧画面应该正好在对白

“filming”中最后一个音节的位置上。在实际的剪辑工作中，经常会围绕编辑点进行多次修剪，为了删除一个单词或者几个音节而逐帧地操作。

注意▶ 按快捷键Shift+?（问号），检查剪辑效果。按快捷键Shift+,（逗号）或者快捷键Shift+.（句号），微调编辑点的位置。

现在对片段MVI_1044和MVI_1045进行操作。

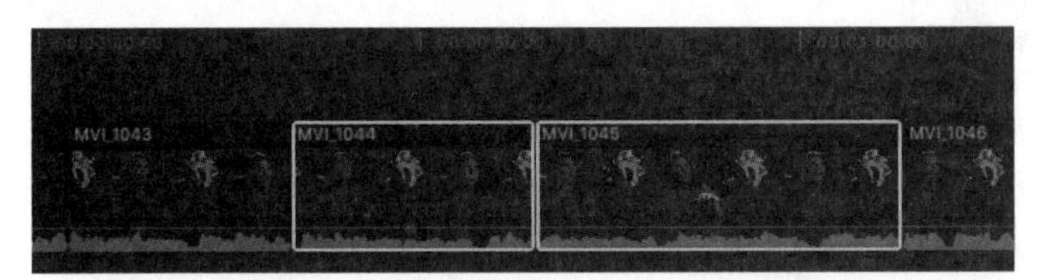

6 选择这两个片段，按快捷键Shift+Delete，删除这两个片段并用空隙片段代替。

7 将空隙片段的时间长度修剪为3s。

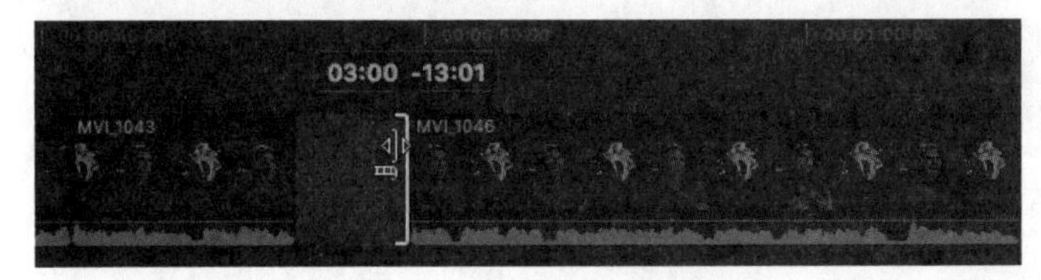

这次修剪为对白创造了一个比较自然的停顿，令Mitch的对白能顺畅地进入下一个阶段。在完成这些修剪工作后，项目中的片段就排列好了。此时可以花一点儿时间，从头到尾检查一遍影片。

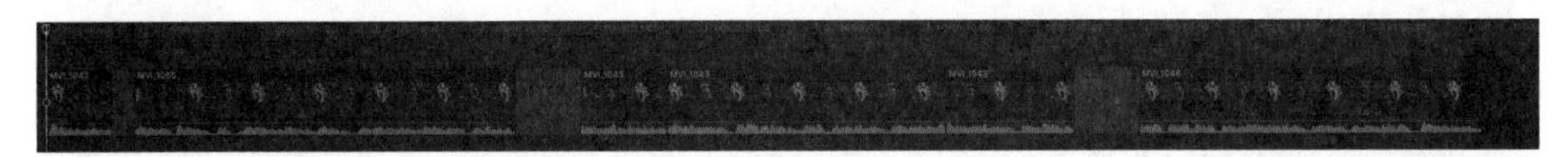

主要故事情节上的片段排列。

▶ 检查点 4.4.4

有关检查点的更多信息，请参考附录C。

参考4.5 在主要故事情节的上方进行剪辑

主要故事情节主要用于容纳反映影片主要内容的片段。在完成这些片段的组织排列工作后，可以添加一些B-roll片段来丰富画面的内容。这些B-roll片段是放置在主要故事情节上方的，与主要故事情节连接。

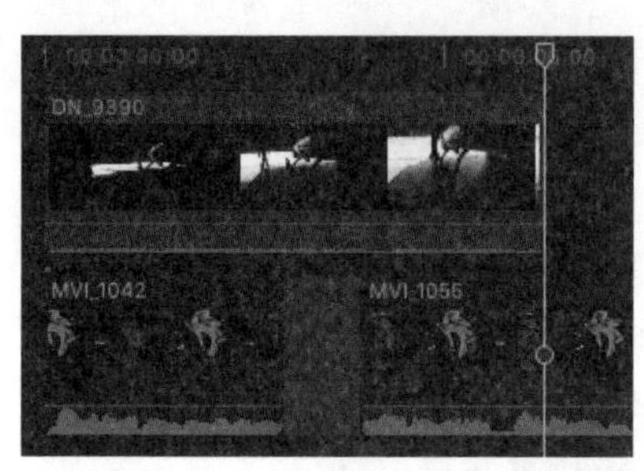

在剪辑B-roll片段的过程中，您会在主要故事情节的上方建立很多小的分支。在这些位于主要故事情节外的片段上，会有一根垂直的细线与主要故事情节的某个片段连接。它们会与连接的对象保持同步关系，因此，您在听到Mitch说“helicopter”的时候，在画面上会看到直升机。

即使在主要故事情节上进行了波纹修剪，这种连接关系也会一直保持不变。在项目中，如果对主要故事情节上的片段进行编辑导致其发生了移动，那么连接在它上面的B-roll片段也会进行完全一样的移动。这样就保证了它们之间的同步关系。在剪辑中，您只需要关注对主要片段的操作，而不用担心其他的问题。

在以下练习中，您将会把一些B-roll片段连接到主要故事情节中已经剪辑好的对白片段上，并修剪这些连接片段，学习新的修剪功能。

练习4.5.1
B-roll片段的添加与修剪

B-roll片段永远是剪辑师最好的朋友！B-roll片段有时候也被称为切出镜头，它可以帮助您很自然地中断主要故事情节上的画面，隐藏主要故事情节中片段上的跳剪，以及音频的过渡。一段质量不错的B-roll片段中也可以包含高质量的、自然的音频。剪辑师可以利用这段音频修饰整体的音频。

下面调整操作界面，通过关键词搜索之前机库门被打开的B-roll片段。

注意▶ 为便于学习，本练习会从项目的开头逐个添加B-roll片段。但是在实际工作中，您可以随时为项目添加需要的B-roll片段。

1 在菜单栏中选择“窗口”>“工作区”>“默认”命令，将窗口设定为默认的工作区，或者按快捷键Command+0。

2 在资源库Lifted的事件Primary Media 中，选择关键词精选“Hangar”。
检查浏览器的排序和过滤设置，确保您能够看到所有的机库片段。

3 在浏览器的下拉菜单中选择“隐藏被拒绝的”命令，并确认搜索栏中没有任何搜索条件。

4 在浏览器的“片段外观”下拉菜单中，将缩略图代表的片段长度设定为“全部”，“分组方式”设定为“无”，“排序方式”设定为“名称”。

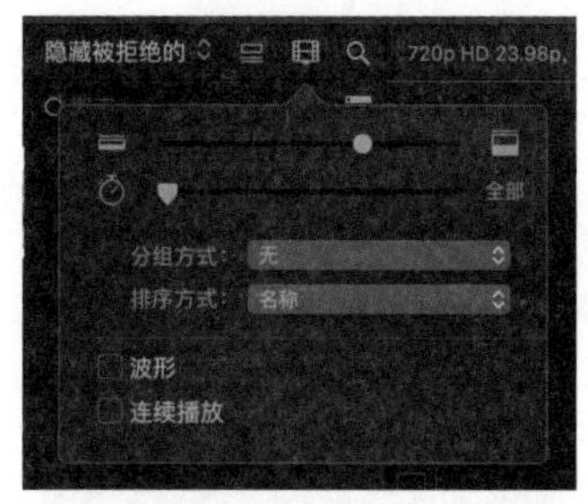

在设定好操作环境后，找到机库门被打开的片段。

5 在资源库Lifted中，确认选择了关键词精选“Hangar”中的4个片段。

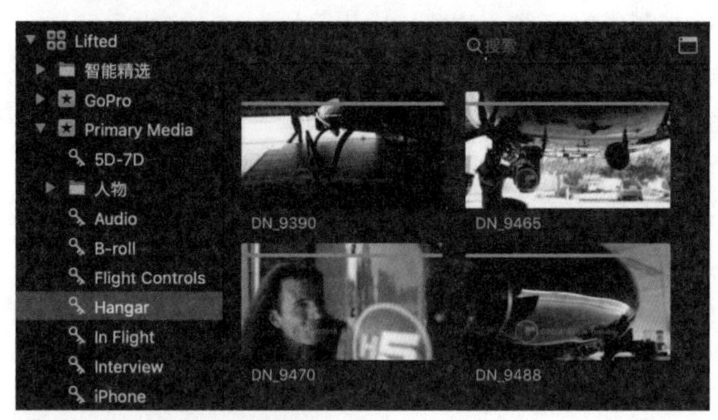

第一个片段是DN_9390。

6 扫视片段，熟悉片段中的内容。

在片段开始的时候，机库门没有打开。之后，Mitch从左边走进来，穿过画面中央，对直升机进行检查。这个片段长13s。让我们先将它修剪得短一些，然后将其连接到主要故事情节上。

7 在DN_9390中，在导演说“Action”之后，按I键，开始点的时间码应该是1:50:43:00。

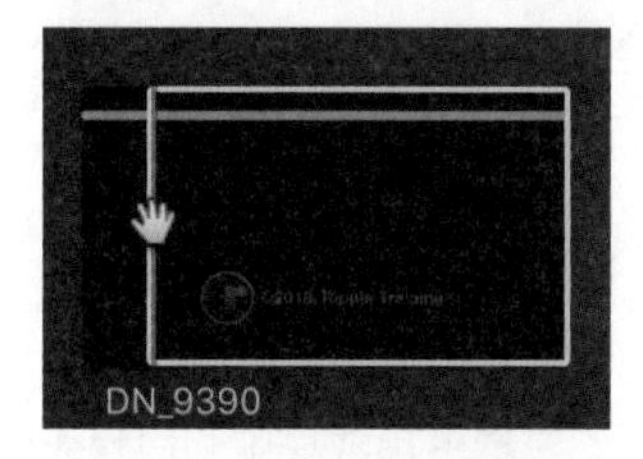

8 在Mitch蹲下来检查摄像机后的位置时，按O键，设定结束点，其时间码应该是1:50:49:06。

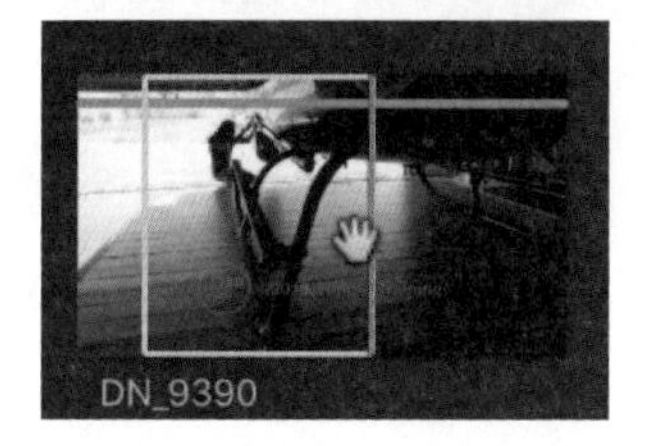

这样就选择好要剪辑到项目中的片段范围了。

9 在项目Lifted Vignette中，将播放头放在时间线的开头。

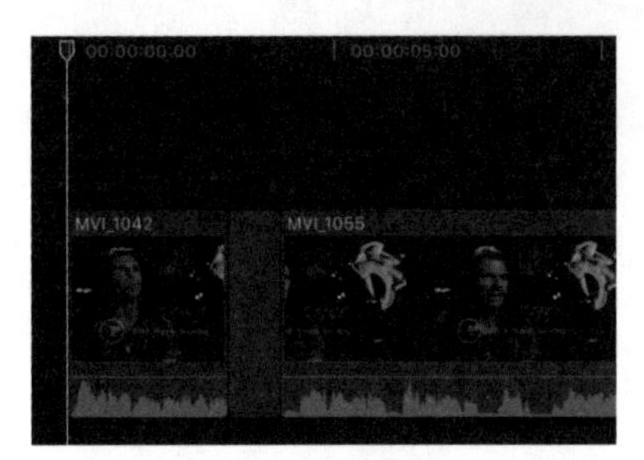

Final Cut Pro会根据播放头的位置来判断在时间线上放置机库片段的位置。在本项目中，确定位置的操作很简单，因为该片段将是项目的第一个镜头。

将这个片段剪辑到项目中，我们就能一边看这个机库的场面，一边听Mitch说话了。该片段需要放置在主要故事情节的上方。

10 在工具栏中单击“连接”按钮，或者按Q键。

注意▶ 如果“连接”按钮是虚的，则需要重新选择浏览器中的片段。

这时，机库片段被放置在第一个采访片段的上方。播放该项目，检查这次剪辑的效果。

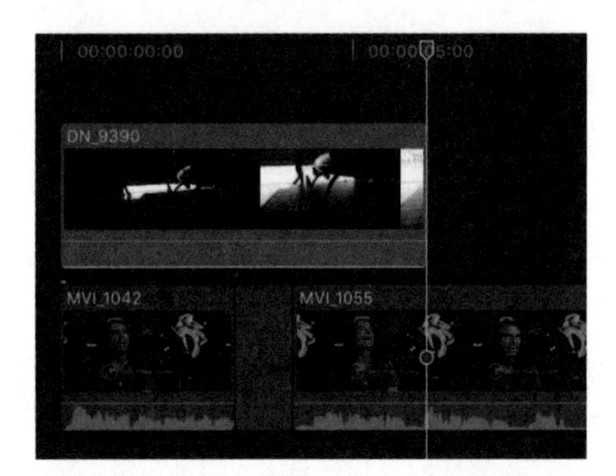

11 将播放头放在项目的开头，播放时间线。

您会在画面中看到机库，并在听到Mitch说话的同时，听到机库中引擎的声音。对于视频，您会看到放置在最上方的片段的画面。而对于音频，您会听到所有片段的音频都混合在了一起。

▶ 被着色的片段

在第3课末尾，您为浏览器中的片段分配了不同的角色。可以为每个角色和子角色分别指定颜色，便于在时间线上显示为不同颜色的片段。在您完成本书练习的过程中，项目中片段代表的角色，尤其是音频角色，在时间线上会特别醒目。对于附带音频的视频片段，根据音频的角色进行着色。在第7课中会讲解更多有关角色的功能。

4.5.1-A 连接第二个B-roll片段

您可以看到，片段DN_9390延展到了第二个采访片段的上方。我们可以继续剪辑下一个B-roll片段。

1 在浏览器中扫视片段DN_9465。

在这个片段中，Mitch先从右边进入机库，到达直升机的前面，然后蹲下来检查摄像机。尽管Mitch进入机库的方向与之前不同，但是您可以将开始点设定在他蹲下来的时候。这样，这个片段就可以与之前Mitch走近直升机的片段接上了。

2 在浏览器中，在Mitch开始下蹲去检查摄像机的位置——2:37:33:17 设定一个开始点。

在时间线上，您需要找到上一个片段对应这个动作的位置。

3 将播放头放在片段DN_9390上，可以找到Mitch要下蹲去检查摄像机的位置——00:00:05:07 。

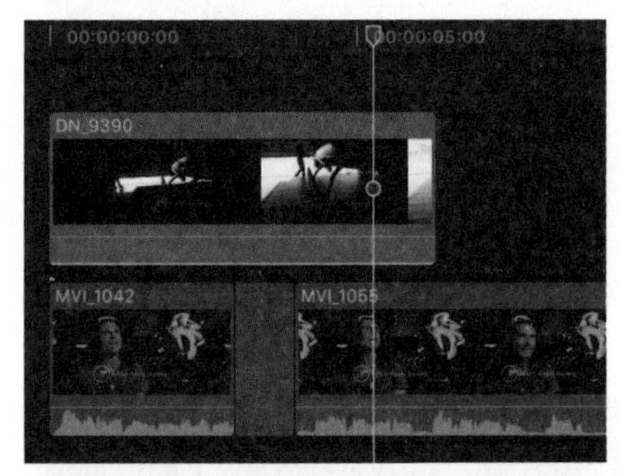

4 单击“连接”按钮，或者按Q键，执行一次连接编辑。

这样，第二个B-roll片段就连接到主要故事情节上了。它的位置比第一个连接片段还要靠上，这是因为如果这两个连接片段有重叠，则Final Cut Pro会自动地将其中一个抬高。

5 扫视片段DN_9390的中间部分，按L键，播放该部分，检查剪辑的效果。
现在，查看这两个连接片段中Mitch的动作是否流畅，如果不流畅，那么可以快速地调整一下。

6 在时间线上，选择片段“DN_9465”，按,（逗号）或.（句号）键，逐帧移动片段，直到Mitch下蹲的动作比较流畅。

注意 ▶ 除了按,（逗号）和.（句号）键轻轻移动片段，您也可以尝试以下方法：将播放头放在片段DN_9465的开头，轻推这个片段，按快捷键Shift+?（问号），相当于使用播放当前位置左右两边片段的命令检查编辑点左右两边的画面。

在调整好片段DN_9465的位置后，您可以对片段DN_9390进行波纹修剪，让它的位置降低，与片段DN_9465保持在同一水平线上。从目前的效果来看，视频画面还比较流畅，但叠加的音频效果还不太好。

7 确认吸附的功能仍然是启用的状态（在时间线上的“吸附”按钮是蓝色的）。

注意 ▶ 按N键，可以在启用或者禁用吸附功能之间进行切换。

8 向左边拖动片段DN_9390的结束点，直到片段DN_9465降到与它在同一水平线上。

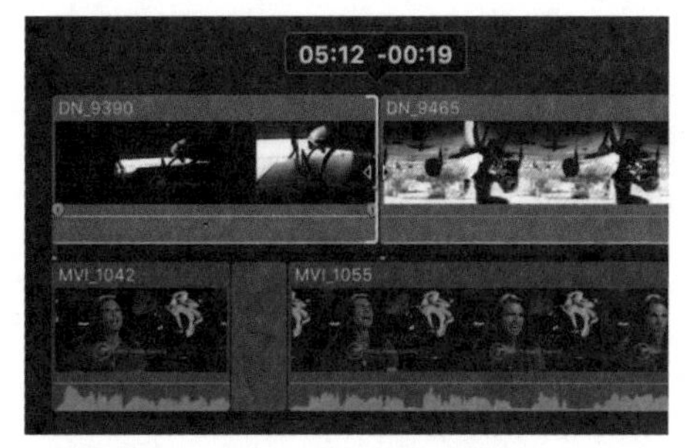

向右拖动片段DN_9390的结束点，让它吸附在片段DN_9465的开始点上。

请注意片段DN_9465与左边片段是位于同一水平线上的。在连接好第三个B-roll片段后，再修剪这个片段。

4.5.1-B 连接第三个B-roll片段

接下来先连接第三个B-roll片段，然后分析整个项目的情况。

1 在项目中，将播放头放在片段MVI_1055中Mitch说“nobody”（00:00:09:02）的位置上。

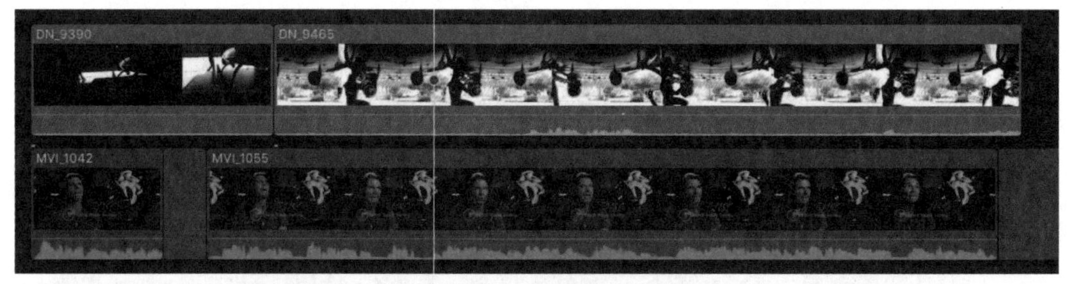

下面，您需要基于主要故事情节上的内容进行一次精确的剪辑。

2 在浏览器中找到片段DN_9470，这是一个Mitch检查摄像机的特写镜头。

3 在片段中间Mitch转动摄像机的位置（2:41:27:21）上设定开始点。

4 在Mitch一半的脸移动到摄像机后面的位置（2:41:30:06）上设定结束点。

5 按Q键，将这个片段按照播放头的位置连接到主要故事情节上。

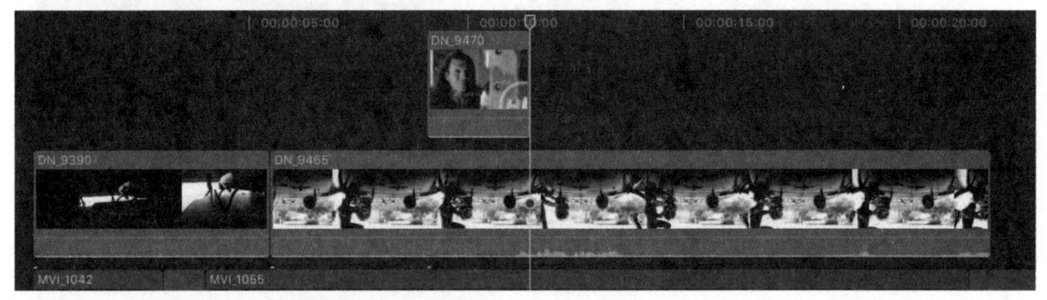

片段DN_9465在Mitch的特写镜头之后播放。

6 将片段DN_9465的结束点修剪到片段DN_9470的前面。

这样，片段DN_9465就不会重复出现在画面中了。

练习4.5.2
连接片段的同步与修剪

这3个连接片段上都有一条竖线，该竖线表示片段连接到了主要故事情节上，以保持与主要故事情节上其余片段的同步。下面我们来看看其中的奥秘。

在项目中，请注意B-roll片段与主要故事情节中采访片段的连接点。在您执行一次连接编辑后，片段之间就会创建这种连接点。

在时间线上，如果采访片段发生了移动，那么连接在该片段上的B-roll片段也会进行同样的移动。

1 向右拖动片段MVI_1042的中间部分，直到该片段被放置在片段MVI_1055的后面。

注意，这时片段DN_9390随着采访片段的移动也改变了位置，其他两个B-roll片段同样向左滑动，以便保持与连接的采访片段的同步。

2 按快捷键Command+Z，撤销刚才的操作。
连接片段是独立的片段，您可以对它进行移动，从而改变它与主要故事情节上的片段的相对位置。

3 向右拖动片段DN_9465的中间部分，直到它被放在片段DN_9470的右边。

这样，DN_9465与主要故事情节就有了新的连接点。

注意 ▶ 任何主要故事情节之外的片段，都必须连接到主要故事情节上。

4 按快捷键Command+Z，撤销刚才的操作。
只要您不改变片段连接的位置，或者要求Final Cut Pro忽略这种连接，Final Cut Pro就会维持连接片段与主要故事情节的同步。

4.5.2-A 覆盖连接片段

在连接好B-roll片段后，您需要移动主要故事情节上的采访片段，同时令B-roll片段维持现有位置不变。B-roll片段当前的位置和顺序都很不错，只是项目的整体时间有点长了。您需要在不破坏B-roll片段顺序的前提下，重新排列采访片段的先后顺序。为此，在调整主要故事情节之前，您可以临时设定一个用于连接片段的连接点。

1 在项目中，将光标放在片段MVI_1055 上。

2 按住 ` 键，将片段MVI_1055拖到第二个空隙片段的后面。

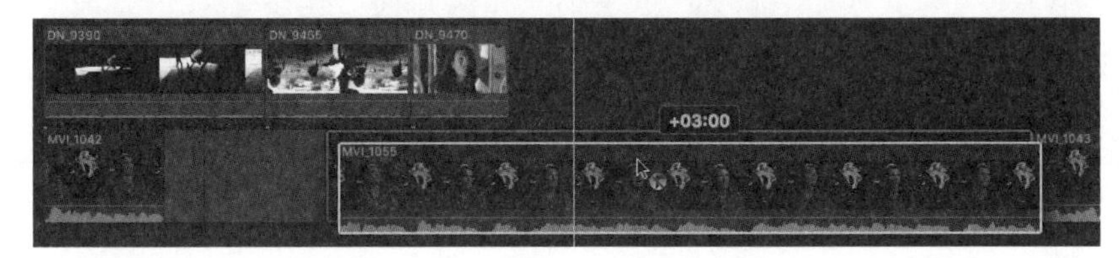

在按`键的时候，光标会变为一个斜杠。在按住`键的同时拖动片段，让Final Cut Pro忽略任何连接的片段。

B-roll片段DN_9465和DN_9470没有改变位置，但是之前所连接的采访片段已经改变了其在主要故事情节上的位置。在完成移动后，采访片段MVI_1055向右滑动，与之连接的就只有一个B-roll片段了。

3 按快捷键Command+Z，撤销刚才的操作。

连接片段可以确保您在重新排列片段的时候，保持不同镜头之间的同步关系。而Final Cut Pro可以根据您的要求保持其同步，或者令其同步到新的位置上。

4.5.2-B 修剪连接片段

与主要故事情节中的采访片段不同，连接片段之间是相互独立的，它们在水平方向上没有什么关联。因此，对连接片段的修剪操作与在主要故事情节上进行的修剪操作也是不同的。

1 将选择工具的光标放在片段DN_9390的结束点上。

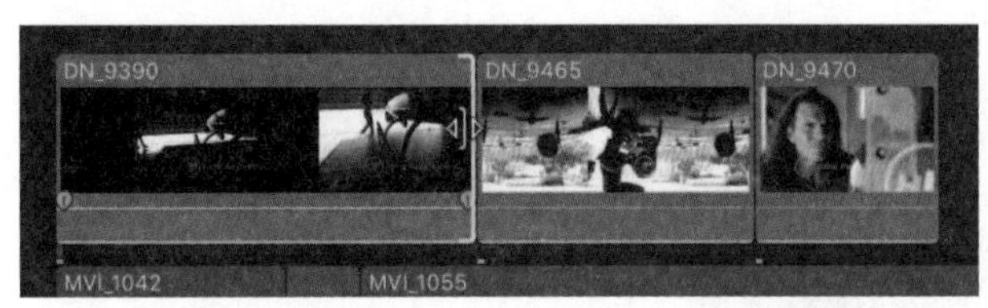

注意，在代表修剪的光标上没有出现一个小胶卷的形状，这与在主要故事情节中进行修剪是不一样的。由于连接片段在水平方向上没有关联，所以这里不会使用波纹修剪工具。

2 将该片段的结束点向右拖动。

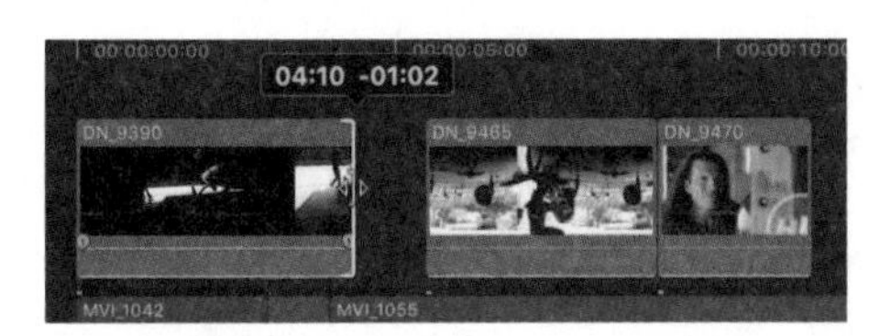

这次剪辑操作只涉及了片段DN_9390。

3 按快捷键Command+Z，撤销刚才的操作。

这是Final Cut Pro默认的操作行为，连接片段在水平方向上是相互独立的，即在修剪某个相邻的连接片段的时候并不会影响到相邻的另一个连接片段。当然，如果需要的话，可以消除连接片段水平独立的特性。

参考4.6
创建连接的故事情节

在B-roll片段被连接到主要故事情节上后，位于上方的B-roll片段会显示在画面中。当您检查影片的时候，可能需要调整B-roll片段之间的切换节奏，以便更好地与采访对白的内容相对应。由于每个连接片段都是独立的，因此在对一个B-roll片段进行修剪后，该操作不会像波纹修剪那样影响其他连接片段。连接片段在垂直方向的相对位置与它们的水平方向是完全没有关系的。

但是，剪辑师也可以将多个连接片段放在一个连接的故事情节中，令它们具有水平方向上的关联。其原理就是先建立一个新的故事情节，然后容纳多个不重叠的片段，将片段各自在垂直方向上的联系简化为连接的故事情节与主要故事情节的单一联系。在连接的故事情节中，就能对片段进行波纹修剪等多种修剪操作了。

连接的故事情节是一种容器，容纳了一组片段，带有灰色的框线。选择操作的操作对象就是这个框线所框住的内容，而不是主要故事情节。

在Final Cut Pro中可以选择多个连接片段，并将其放入一个新建的连接的故事情节中。只有在同一水平线上的连接片段才能被添加到这个组中，互相重叠的连接片段是不能被直接放入一个连接的故事情节中的。

练习4.6.1
将多个连接片段转换为一个连接的故事情节

将前3个连接片段直接转换为一个连接的故事情节的方法有两种。

1 选择项目开头的这3个B-roll片段。

2 按Control键，同时单击任何一个片段，在弹出的快捷菜单中选择“创建故事情节”命令，或者按快捷键Command+G。

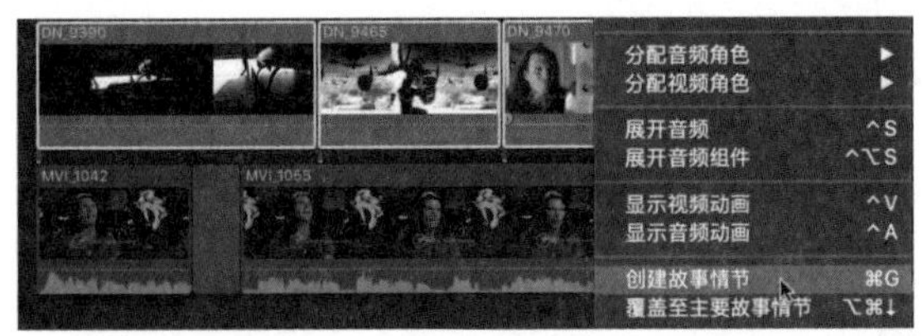

注意，在这3个片段上出现了一个灰色框线，把它们框在了一起，这表示3个片段都被放入了一个故事情节中。在同一个故事情节中，您可以对这3个片段进行波纹修剪。

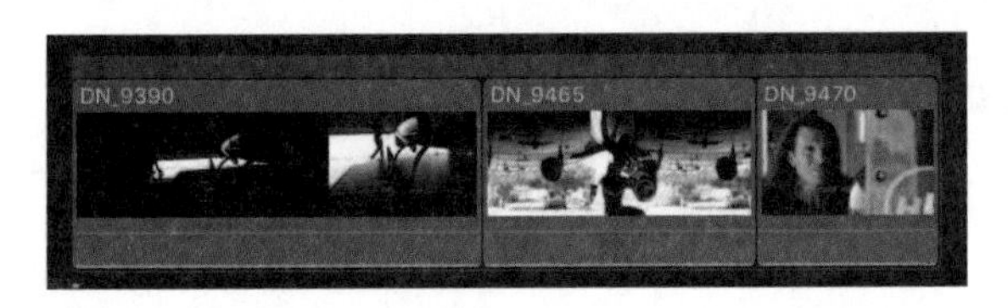

3 将选择工具的光标放在DN_9390的结束点上。

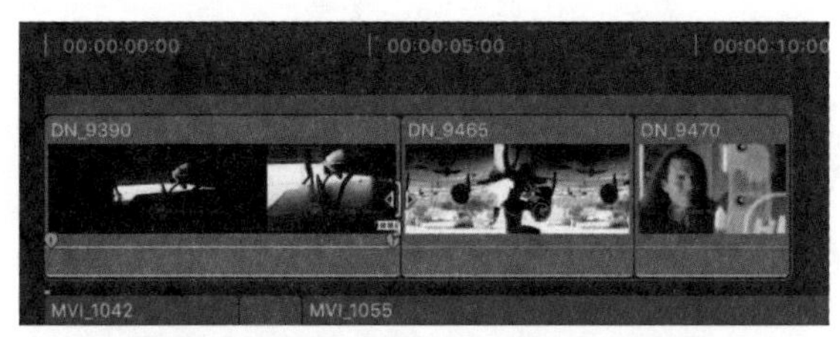

这时出现了波纹修剪工具才会有的小胶卷形状。

4 向左拖动结束点，缩短这个片段的时间长度，但是先不松开鼠标键。

这时注意观察以下几个要素。首先，后面的两个B-roll片段随着波纹修剪进行了波纹移动。在这个故事情节中，您可以发现与主要故事情节一模一样的磁性时间线的特性。

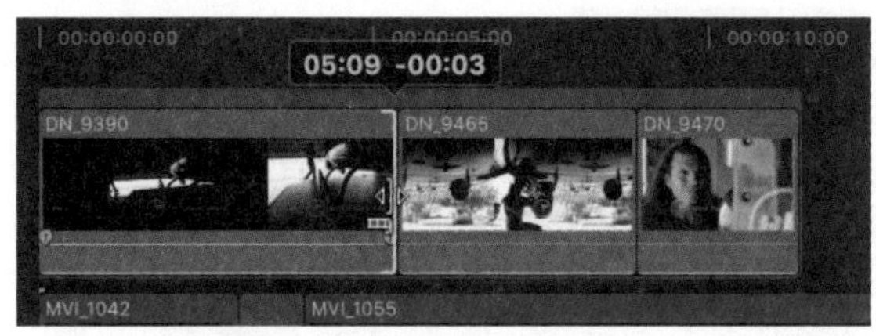

其次，在对编辑点进行波纹修剪的时候，在检视器中出现了两个画面。左边显示的是打开机库门片段的新的结束点，右边则是片段DN_9465现有的开始点。这种并排的两分显示视图可以帮助您在进行修剪的时候观察前后两个片段之间的关系。

5 参考两分显示视图，修剪片段DN_9390的结束点，令画面中的动作与后续片段衔接得更加自然。

至此，通过修剪操作，您可以感受到连接的故事情节中也具备了磁性时间线的特性。

与波纹修剪工具相似的另外一个工具是卷动修剪工具。波纹修剪工具用于调整一个片段的时间长度（可能会影响项目的时间长度），而卷动修剪工具用于调整两个片段之间的切换位置，这不会影响其他片段或者项目的时间长度。卷动修剪操作会令前面片段的结束点和后续片段的开始点同时向左或右移动。如果延展了某个片段中一定数量的帧画面，那么一定会缩短另一个片段的相同数量的帧画面。

针对刚刚修剪过的片段，可使用卷动修剪工具细致调整镜头切换的时机。在波纹修剪操作中，您会关注动作是否流畅。在片段前后顺序与连续性都安排好后，您需要考虑的是画面切换的时机。例如，镜头的切换是在Mitch接近直升机摄像机的时候进行的，还是在他下蹲的时候进行的，或者在他不动之后进行的。此时，卷动修剪工具可以方便地测试这些可能性。

6 在“工具”下拉菜单中选择“修剪”命令。

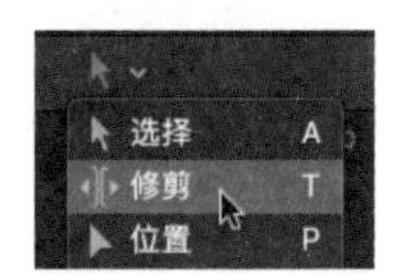

在使用卷动修剪工具的时候，需要先选择修剪工具。

7 将修剪工具的光标放在片段DN_9390和片段DN_9465之间的编辑点上。

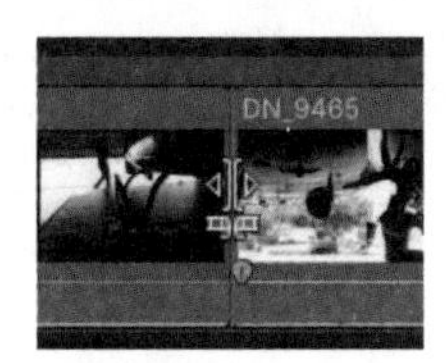

当修剪工具的光标位于编辑点上的时候，该工具会切换为卷动修剪工具。其图标上有两个小胶卷的形状，分别指向左边和右边，这表示片段DN_9390的结束点和片段DN_9465的开始点将会被调整。

8 向右拖动光标，直到Mitch完全蹲下。在检视器中可以看到两个画面。

9 再向左拖动光标，比较这两个画面，确定在什么地方切换这两个片段更加合适。

卷动修剪工具可以移动两个片段之间的编辑点的位置，以便找到一个最佳的切换点。卷动修剪与之前使用的波纹修剪都有一个前提，就是片段需要位于同一个故事情节中。如果需要，必须先将片段排列到同一个连接的故事情节中（或者只能在主要故事情节中），才能借助磁性时间线的特性来修剪片段。

练习4.6.2
将多个片段追加到新的连接的故事情节中

在本练习中，您将创建一个连接的故事情节，将一些新的B-roll片段追加到故事情节中。我们会用到一些在前面练习中针对主要故事情节所使用的快速批量处理和波纹修剪的技术。

1 按A键，切换到选择工具，在资源库的边栏中选择关键词精选“Preflight”。

2 在关键词精选Preflight中找到片段DN_9455。

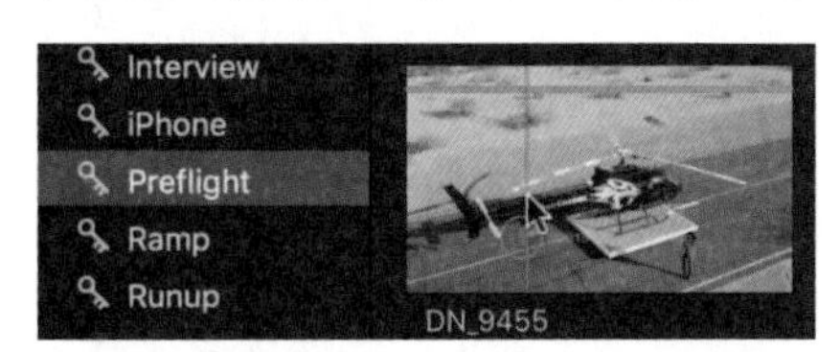

在这个片段中，Mitch走近他的直升机。这是起飞前的镜头的第一个片段。

3 在片段DN_9455中，当Mitch出现在画面中的前面一点儿时（02:27:27:11），设定开始点，在Mitch进入直升机后（02:27:35:20），设定结束点。

下面，我们将仔细调整这几个片段的切换位置。

4 在项目中，将播放头放在00:00:15:17——Mitch刚刚说完“has been shot on the ground”的位置上。

您需要将第一个B-roll片段连接到这个点上。

5 单击“连接”按钮，或者按Q键完成操作。

注意 ▶ *如果“连接”按钮是虚的，那么需要将光标移到浏览器中并单击，激活浏览器。*

为了便于编辑剩下的B-roll片段，您需要先将已经剪辑到时间线上的第一个片段转换为一个故事情节。

6 按住Control键，单击片段“DN_9455”，在弹出的快捷菜单中选择“创建故事情节”命令，或者按快捷键Command+G。

这样，该片段就被追加到了一个新的故事情节中。为了对这个故事情节进行后续的剪辑，您必须选择故事情节，而不是其中的某个片段。

7 单击故事情节上的框线，选择这个故事情节。

在您选择了故事情节后，它的四周会出现黄色的边框。下面快速地将其他B-roll片段添加到被选择的故事情节中。

8 在浏览器中找到片段DN_9446。

9 将开始点设定在02:19:23:06——Mitch的脚放在机舱内的踏板上，结束点设定在02:19:30:12——Mitch接触到仪表盘，片段的时间长度大约为6s。

10 按E键，将这个片段追加到被选择的故事情节的末尾。

您也可以一次将多个片段剪辑到故事情节中。

11 按照下表，标定多个片段的选择范围。

片段	开始点	结束点	选择范围
DN_9453	第三个拍摄Mitch的移动镜头的开始位置（2:26:30:00）	在镜头移向控制台的位置结束（2:26:34:19）	
DN_9454	打开开关的前2s，显示器出现变化的位置（2:27:06:18）	再次调整开关，手离开画面的位置（2:27:10:16）	
DN_9452	螺旋桨开始旋转之前的位置（2:24:21:00）	片段结束的位置	

在标定好这3个片段后，您可以同时选择它们，并将它们追加到片段DN_9455和片段DN_9446所在的故事情节中。这个故事情节是有关起飞前的一组镜头。

12 确认片段DN_9452仍然是被选择的，按住Command键，单击片段DN_9454和片段DN_9453的选择范围，选中这3个片段。

13 在项目中，确保起飞前的故事情节上的灰色框线仍然是被选中的。
确认您选中的是故事情节的灰色框线，而不是其中的片段DN_9455或片段DN_9446。

14 单击“追加”按钮，或者按E键，将选择的3个片段的范围追加到被选择的故事情节Preflight的末尾。

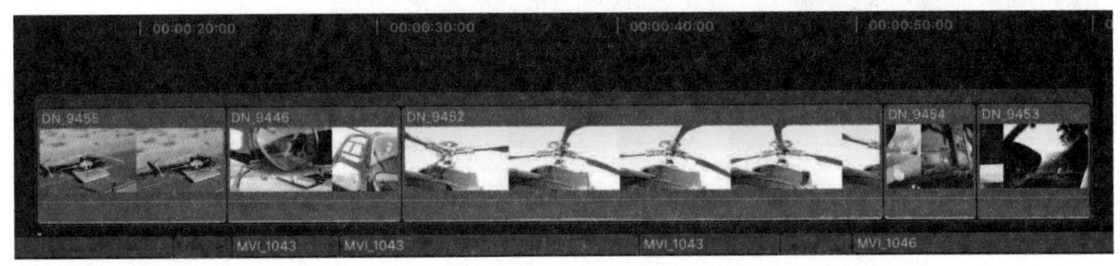

片段被放置在故事情节Preflight上的顺序是由它们被选择的顺序决定的。

注意 ▶ 在激活时间线窗格后，您可以按快捷键Command+ -（减号）缩小时间线。

4.6.2-A 在一个连接的故事情节中进行编辑

此时，片段已经被放入故事情节中，对其进行重新排列和修剪就变得十分简单了。

1 将片段DN_9452拖到故事情节Preflight的末尾，位于片段DN_9453之后。

注意 ▶ 确保片段DN_9452是位于故事情节Preflight中的。

下面对片段进行波纹修剪，缩短项目整体的时间长度。修剪位置在主要故事情节的片段MVI_1055的末尾，故事情节中的4个片段正好播放完毕。

当前被选择的片段DN_9453应该在片段MVI_1055结束之前结束。这是日常剪辑中常见的一种情况，也是需要将片段批量加入故事情节的原因之一。在浏览器中确定片段范围只是找到了需要的内容，而在故事情节中才会最终决定不同内容的位置与持续的时间。

剪辑师需要为观众呈现足够多的信息，以便观众通过画面、动作和声音来了解故事内容。在Mitch讲述航拍的全新感受的时候，观众会看到起飞前的一些镜头。然后螺旋桨开始旋转，直升机起飞。调整片段切换时机和节奏的工作不仅涉及这些起飞前准备工作的镜头，也涉及更早时候有关机库的一些镜头。

接下来修剪项目中的第一个故事情节，也就是有关机库的部分，来获得多几秒的画面。

2 在机库的故事情节中，对片段DN_9390的开始点进行波纹修剪，让画面从能够看到机库门露出一点儿光线的位置开始。

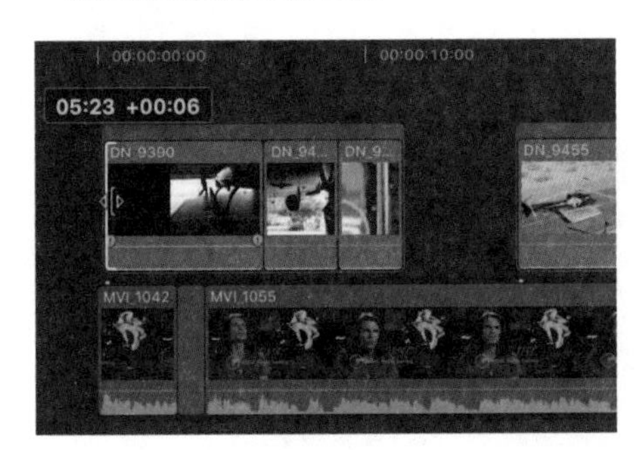

通过检视器上的两个画面确定片段DN_9390的开始点。

注意▶ 您可能需要禁用吸附功能，以便修剪某个特定帧。在完成本次修剪工作后，再恢复启用吸附功能。

在修剪好片段DN_9390的开始点后，就可以看到片段MVI_1042的画面了。您可以拖动故事情节的横栏，令其与项目开头对齐。

3 将机库故事情节拖到项目开头。

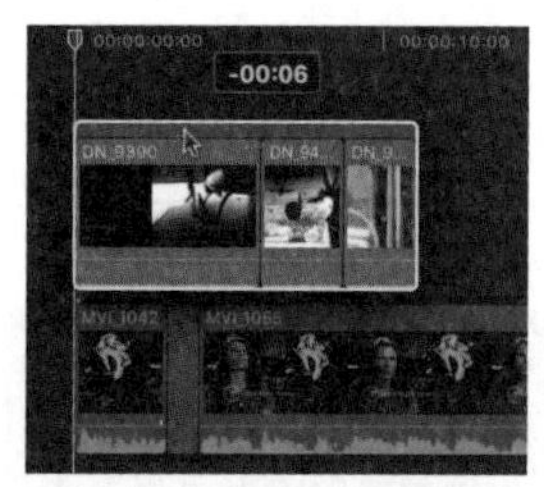

还记得之前在两段采访的主要故事情节中添加的空隙片段吗？您可以通过调整这个空隙片段来控制不同镜头出现的时间。要将该片段时间变长，可以拉大起飞故事情节与采访片段MVI_1055的间隔。

4 在主要故事情节中，将第一个空隙片段的结束点向右拖动，让它的时间长度变为2:15。

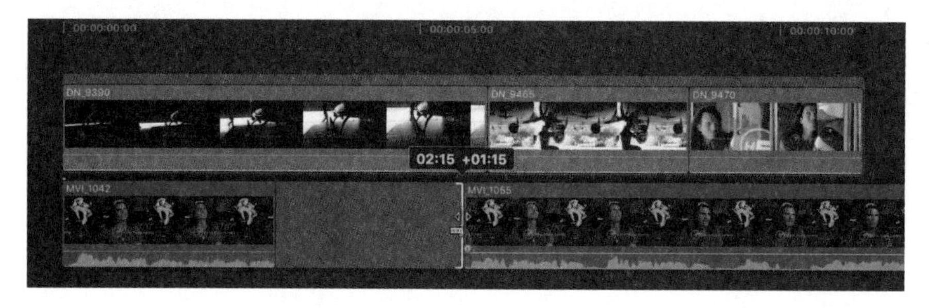

注意▶ 为了获得准确的时间长度的数值，需要禁用吸附功能，按N键，禁用吸附功能。

这时，在机库的镜头结束后，正好可以看到Mitch的采访镜头，Mitch在说“Nobody”。这个画面需要保持几秒，以便在后面课程中添加一个图形。接下来是起飞前的故事情节，可以让它靠前一点儿。

5 将起飞前的故事情节向左拖动，在00:00:14:16的位置上与对白中的“standpoint”对齐。

注意▶ 在启用吸附功能后，剪辑操作的效率会大大提高，只需要将播放头对准音频或者时间码上的某个点，拖动故事情节，将其对齐到播放头上即可。

这几步剪辑为您获得了2s左右的时间，但是您还需要修剪更多内容。

片段DN_9455的时间太长了。在查看整个片段内容的时候，您会发现，片段后面的部分才是Mitch走进直升机里。修剪该片段的时间长度，可以令镜头显得更吸引人，同时缩短时间。

在修剪片段DN_9390开头的时候，使用选择工具，将整个故事情节移到项目的开头。下面您将使用修剪工具直接进行一次波纹修剪。

6 在“工具”下拉菜单中选择“修剪”选项，或者按T键。

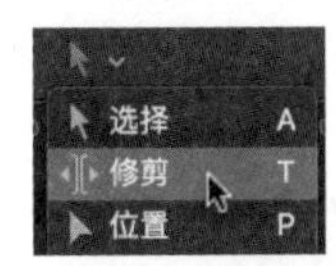

7 向右拖动片段DN_9455的开始点，但是先不要松开鼠标键。

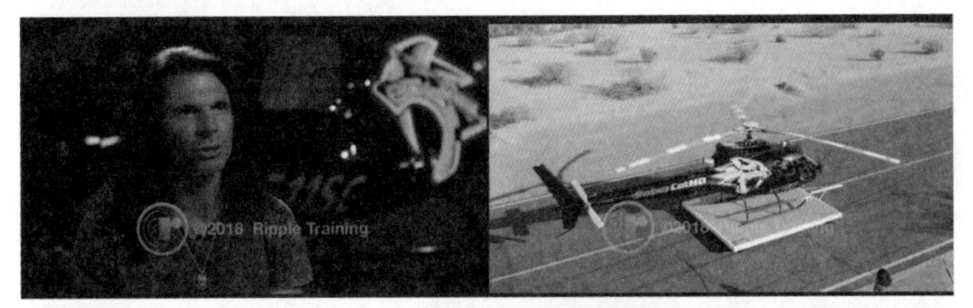

在使用修剪工具拖动的同时，检视器中会显示两个画面。右边显示的是DN_9455未来开始点的画面。

8 参考检视器右边的画面，将新的开始点设定在Mitch踩上直升机踏板的位置上。被修剪的时间长度数值大概为+5:10。接着，松开鼠标键。

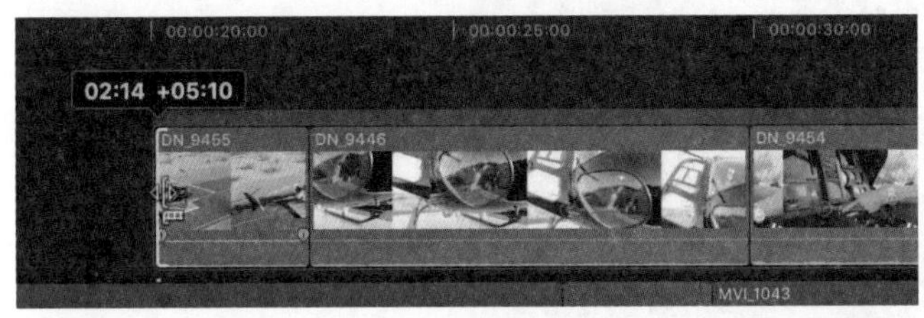

再修剪一下片段DN_9455的结束点，使这个镜头变得更短一些。

注意▶ 先确认光标显示为波纹修剪的图标（一个小胶卷），再执行这次剪辑。

9 向左拖动片段DN_9455的结束点，直到检视器中显示Mitch刚刚进入直升机并垂下他的右臂。

注意▶ 不要忘记在针对某个片段进行变长或变短的修剪操作时，要先确认修剪工具的光标是一个小胶卷，这样的修剪不会影响到其他片段的内容。

这样，该镜头的时间长度就变为2s左右，比较紧凑了。下面令片段DN_9446变短一些。

10 使用修剪工具向右拖动片段DN_9446的开始点，同时，参考检视器中的显示画面，直到门的下沿落在画面下方。

11 修剪片段DN_9446的结束点，令其时间长度为2s。

注意 ▶ 如果需要，可以禁用吸附功能。

下一个镜头应该是片段DN_9453，接着是片段DN_9454。由于它们在同一个故事情节中，所以重新排列它们的次序就非常简单了。

12 切换到选择工具，将片段DN_9453拖到片段DN_9454的前面。

13 继续修剪片段DN_9453，将开始点设定在Mitch在画面中央，即将向前走的位置上。

14 修剪该片段的结束点，令时间长度为1:18。结束的帧画面应该是Mitch的手在操作仪表盘。

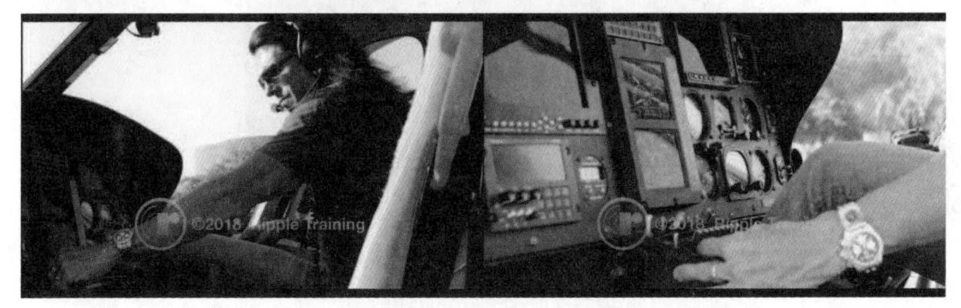

为了突出Mitch发动直升机引擎的动作，需要进行以下的剪辑。

15 在片段DN_9454中，将开始点设定在Mitch的手张开、手指碰到开关之前的位置上。

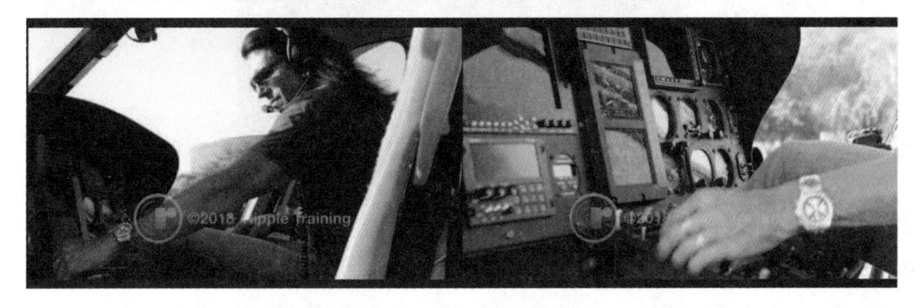

注意 ▶ 向左拖动该片段的开始点，增加几帧画面。

16 将结束点设定在Mitch手指触发开关的位置上，令片段时间长度为1:10。

接下来修剪直升机螺旋桨开始旋转的片段。

17 将片段DN_9452的开始点修剪到螺旋桨刚刚开始旋转的位置。修剪结束点，令该片段时间长度增加2s。

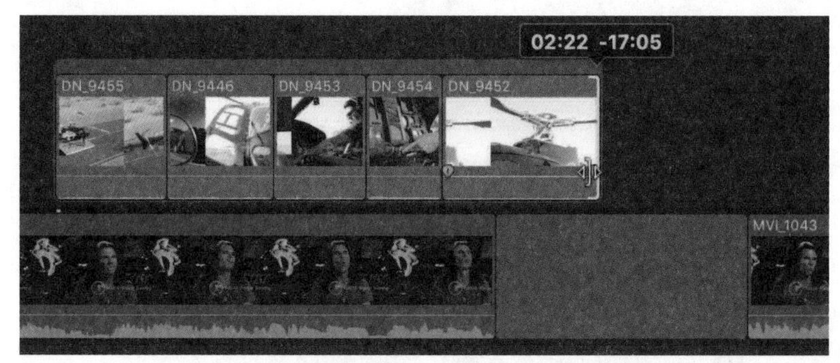

至此，您已经完成了起飞前故事情节的粗剪工作。接着做一些修补，确保所有镜头的时间长度都合理，并与对话内容是匹配的。以下是需要检查的几个细节。

- 片段DN_9454 的末尾应该与片段MVI_1055的末尾是对齐的。可能需要增加几帧画面，以便强调镜头切换的节奏。
- 在片段DN_9446和DN_9453之间，画面的连续性还有问题，Mitch的右臂伸到仪表盘上，接着是左臂。您可以将片段DN_9446的末尾去掉几帧，避免看到他的胳膊，或者增加几帧，以便看到Mitch放下右臂的画面。

18 如果需要，继续剪辑其他受到影响的片段。

至此还剩下一个B-roll片段的故事情节需要剪辑。

4.6.2-B 创建和编辑第三个连接的故事情节

使用下表选择和修剪第三个故事情节中的片段。您将使用评价功能把这些片段汇集在一起。

注意 ▶ *在资源库Lifted中有两个事件，都包含了可以用于当前项目的片段。*

1 按照下表标记每个需要的片段。

片段	关键词	开始	结束	效果
DN_9463	Takeoff	在开始向前移动的时候（02:36:05:16）	离开画面（02:36:08:11）	DN_9463
DN_9415	In Flight	直升机飞到山坡前面的几秒（01:58:30:17）	5s的时间长度	DN_9415
GOPR1857	In Flight	Mitch从座位后面伸出胳膊（24:05）（这是一个覆盖这个范围的个人收藏片段）	5s的时间长度	GOPR1857
IMG_6493	Flight Controls	在第一个长时间的眩光镜头的结尾（20:23）	在镜头跟随手向斜上方移动之前（25:14）	IMG_6493
GOPR3310	In Flight	在后三分之一处，在Mitch向前倾身到阳光中的前面（32:00）	5s的时间长度	GOPR3310
DN_9503	In Flight	直升机在树后（03:22:36:18）	直升机离开画面（03:22:42:07）	DN_9503
DN_9420	In Flight	直升机刚刚进入画面（02:02:04:00）	直升机离开画面（02:02:10:00）	DN_9420

现在已经标记完这些片段了，可以批量地将它们连接到项目上。但是，当前您位于事件Primary Media中，所以看不到事件GoPro中的片段。选择资源库“Lifted”，以便看到所有事

件中的所有片段。

2 在资源库边栏中选择资源库“Lifted”。

现在，您可以看到所有片段了。但是，界面中显示的片段数量太多了，如果您希望只显示那些标记为“个人收藏”的片段，那么可以通过资源库中预设好的智能精选来实现。

3 在资源库Lifted的智能精选中，选择“个人收藏”选项。

已经被标记为“个人收藏”的音频片段与需要的空隙片段都一起显示出来了。而且，每个片段显示的都是个人收藏的范围。因此，您会看到两个GOPR1857，一个是时间长的，一个是时间短的。这些不同的时间范围对应着之前对该片段指定的个人收藏范围，而且，这些范围是不会互相重叠的。如果延展或者缩小了某个现有个人收藏的范围，那么新标记的部分会自动合并到现有的个人收藏的范围中。

在显示个人收藏的片段后，您可以将它们批量剪辑到项目Lifted Vignette中。

4 选择片段“DN_9463”，这是步骤1的列表中的第一个片段。

5 按住Command键，选择其他的空隙片段，选择的顺序与步骤1的列表是相同的。

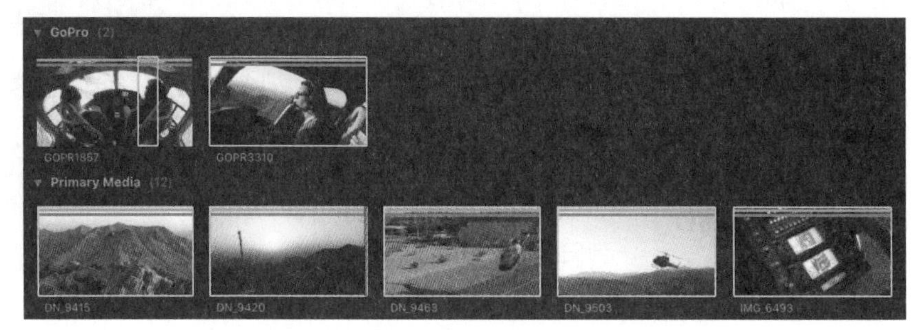

6 按↑键和↓键，将播放头放在DN_9452刚刚结束的位置上。

下面，您将先通过连接编辑把这些片段放置在项目中，然后将它们成组地放在一个连接的故事情节中。

7 单击“连接”按钮，或者按Q键，将被选择的片段连接到项目中。按快捷键Shift+Z，在时间线上显示项目的全部内容。

此时，这些片段已经在项目中了。您可以先将它们放在同一个组中，再连接到主要故事情

节中。

8 在项目中，选择刚刚添加的片段。按住Control键，右击其中任何一个片段，在弹出的快捷菜单中选择“创建故事情节”命令，或者按快捷键Command+G。

这样，这些片段就被包含在了一个连接的故事情节中。这是项目中第三个连接的故事情节，我们将其命名为“Takeoff”。

还有其他B-roll片段需要添加到项目中。不过，让我们暂停一下B-roll片段的处理工作，为项目添加一个音乐片段。

参考4.7
在主要故事情节的下方进行编辑

音频通常出现在视频的下方，在此可以对其进行编辑。但是在Final Cut Pro中，音频片段既可以位于主要故事情节的上方，也可以位于其下方。音频片段之间的上下叠放关系并不像视频片段那么重要，因为Final Cut Pro会把所有的音频片段都混合在一起同时播放，无论是音效还是音乐。

练习4.7.1
连接音乐片段

在粗剪过程中，您将会为影片添加一段背景音乐，先从头到尾进行播放，会发现这段音乐的后面有一段高潮，可以用一个特殊的片段来与之匹配。

1 在资源库Lifted的智能精选“仅音频”中，选择片段“Tears of Joy-Short”。

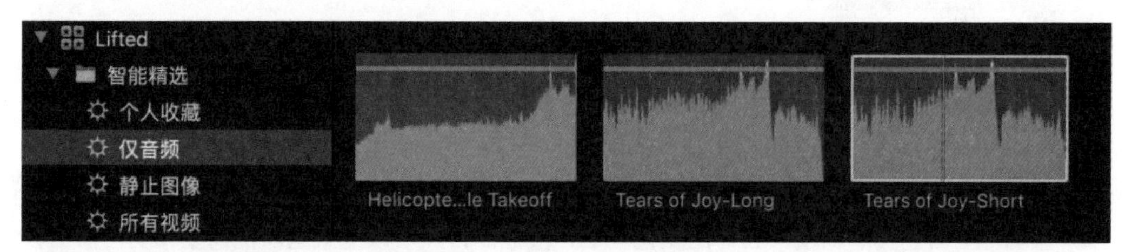

2 将播放头放在项目的开头，单击“连接”按钮，或者按Q键，将音乐片段添加到项目的开头。目前，音乐的音量有些高。在时间线上，您可以直接调整音量。在每个音频片段上都有一个音量控制——横贯在音频波形上的黑色横条。

3 将选择工具的光标放在音乐片段Tears of Joy-Short的音量控制滑块上。

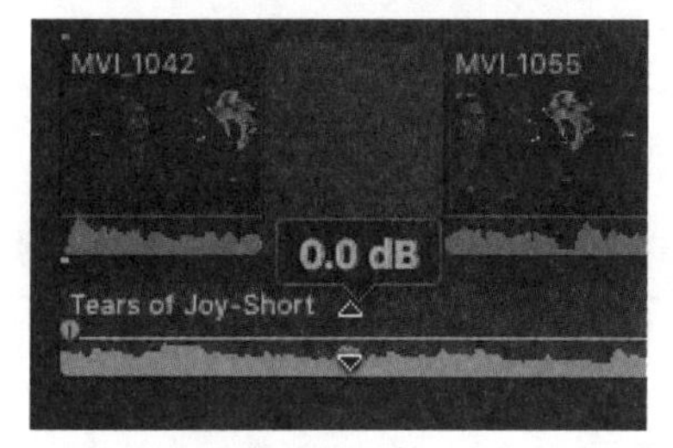

当前音量的数值为0.0 dB，这表示Final Cut Pro目前是按照该片段的原始音量来播放的。

4 将音量控制滑块向下拖到–15 dB左右，此时音乐片段将按照比原始状态低15 dB的音量进行播放。

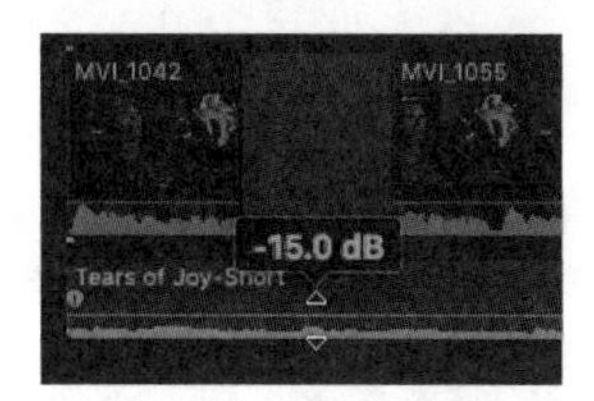

注意▶ *在拖动音量控制滑块的时候，按住Command键可以更加精确地进行调整。*

在此之后，我们还需要添加更多的音频片段。因此，当前对音乐片段音量的调整只是暂时的，目的是让其他音频片段可以被观众听到。

参考4.8
精细地调整粗剪

至此，您的项目已经接近完成的状态。在结束了主要部分的剪辑后，后续的工作会更加琐碎。虽然可能要进行一些大的改变，但是已经看到成功的曙光了！在这个阶段，通常需要进行一些音频的调整，以及细微的修剪工作。

接下来通过滑动修剪来进行一些细节的调整。

滑动修剪可以改变一个片段容器中的内容。它不会改变片段的时间长度或者其在项目中的位置，而会改变该片段引用的源媒体的开始点和结束点。您可以假设片段就是iPhone，而片段内容就是iPhone中的照片。当您希望看到时间更早的照片的时候，可以用手指从左向右滑动，令时间早的照片显示到屏幕上。如果向相反的方向滑动，则可以看到时间比较近的照片。

向右滑动可以看到时间更早的内容。

在执行滑动修剪的时候，在检视器上会显示新的开始点和结束点的帧画面。在拖动鼠标的时候，这两个画面会实时地反映当前的变化。松开鼠标键，则可以完成这次的滑动修剪。您可以创建音量的渐变效果，以弱化声音的突然变化。

针对只有音频的片段也可以使用滑动修剪。不过，在当前阶段，为了使音频剪辑更加平滑，通过音频渐变手柄可以更好地为音频片段增加淡入、淡出的效果。每个片段的音频都具有渐变手柄，专门用于添加音频的渐变效果。

项目目前已经具有基本的音乐片段、B-roll片段和安排好的采访片段，并在视觉画面和音频内容上都经过了相应的修剪和对齐。接下来继续调整某些片段的位置和节奏，以便与音乐片段的内容相呼应。

练习4.8.1
调整剪辑

在片段DN_9420中，透过直升机的窗户可以看到交错的日落光线，音乐也达到了高潮。在本练习中，将进一步强化这种感觉。

1 在项目中选择片段“DN_9420”，扫视到阳光穿过直升机窗户的第一个帧画面。

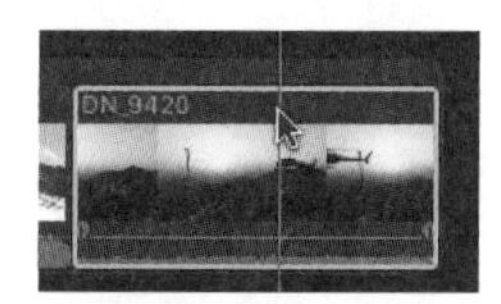

接着设定一个标记点，用于标记这是阳光透过窗户的镜头，该镜头需要对应音乐的节奏。

2 按M键，设定一个标记点。

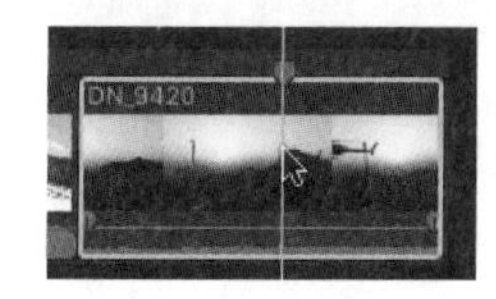

标记点会出现在片段缩略图的上方。

接着为音乐的高潮也设定一个标记点。注意，采访片段的音频干扰了对音乐片段的识别，因此需要先设置只播放音乐片段。

3 选择音乐片段，单击“单独播放”按钮，或者按快捷键Option+S。

这样，只有被选择的音乐片段才能被播放。在屏幕上，所有没有被选择的音乐片段都变成了虚的、黑白的。

此时，可以清晰地听到音乐片段的内容。继续为音乐高潮设定一个标记点。

4 使用选择工具，选择音乐片段，扫视到音乐高潮的位置（00:00:50:00），按M键，设定一个标记点。

5 在设定好标记点后，再次单击“单独播放”按钮，或者按快捷键Option+S，停止独奏。

接下来的任务是将两个标记点对齐。使用波纹修剪工具，将B-roll片段变短，并延长最后一个空隙片段，令音乐的高潮与日落的画面对齐。

6 在起飞的故事情节中，使用波纹修剪工具从每个片段上移除几帧画面，令日落的标记点与音乐高潮的标记点逐渐靠近。

以下是可用于参考的修剪的位置。

- DN_9463的开头：此时镜头中的直升机开始飞行，您需要在故事情节中重新调整片段的位置。
- DN_9415：对这个片段不要修剪得太多。对于这种风景的镜头，需要给观众一些时间来提高识别度，但不妨将时间稍微缩短。
- GOPR1857：修剪到Mitch转头之前，将他胳膊的画面拉长一些。

经过以上操作，两个标记点就对齐了。

7 还可以使用波纹修剪工具延长最后一个空隙片段，使它跨过音乐的高潮。为最后一个采访片段增加一些帧画面，以便在它开始播放的时候（00:00:59:00），音乐正好重新响起。

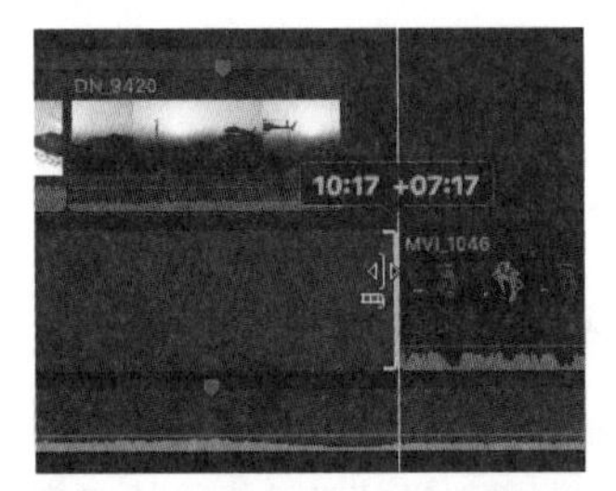

最后，还需要完成两个任务：对之前的几个B-roll片段进行波纹修剪，针对DN_9420进行滑动修剪。

4.8.1-A 使用滑动修剪

使用滑动修剪不会影响其他已经剪辑好的B-roll片段。

1 在“工具”下拉菜单中选择“修剪”命令，或者按T键。

2 将修剪工具光标移到DN_9420的中央。

此时光标会变为滑动工具。

3 启用吸附功能，拖动DN_9420，直到它的标记点与下方音乐片段上的标记点对齐为止。

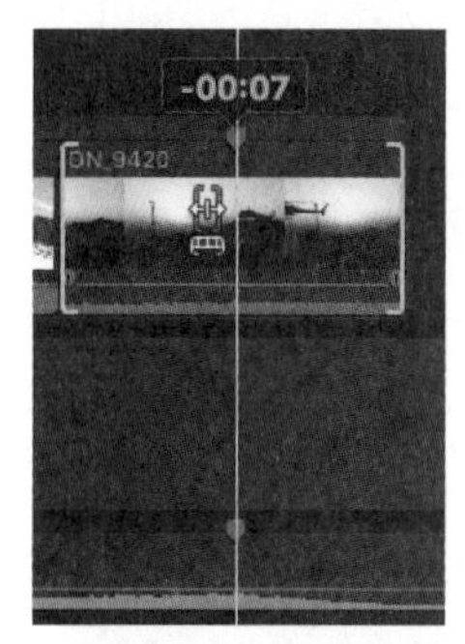

在使用滑动工具进行拖动的同时，检视器上会显示DN_9420的新的开始点和结束点的帧画面。

左边的画面显示了该片段的开始点，右边的画面显示了该片段的结束点。在您使用滑动工具的同时，这两个画面是实时更新的。观察这两个画面的内容并不十分重要，但是它们有助于您对片段内容的判断。

4 在对齐了两个标记点后，播放整个项目。如果需要，滑动修剪B-roll片段，以展示这些片段中最符合故事内容与影片节奏的部分。在播放的时候，如果需要，稍微降低音箱/耳机的音量。

在审查影片的时候，您可以问自己几个问题：在仪表/GPS面板的镜头中，是需要避免镜头眩光，还是需要更多的眩光的画面？影片中Mitch靠向后面并直对窗户的镜头是不是应该少一点儿？是否需要增加一些Mitch手指前方的画面？

▶ **检查点** 4.8.1

有关检查点的更多信息，请参考附录C。

练习4.8.2
调整片段音量

音频混音有两个基本准则：一是不能超出最大音量的限制；二是如果效果不好，则需要随时进行调整。这些调整应该是主动进行且有章法的。例如，您不能不断地提高某个片段的音量，以至于它的音量明显高于其他片段。如果采访片段中对白的声音显得比较弱，那么不要贸然提高其音量，您需要的是降低音乐或者B-roll片段的音量。

在本练习中，您将简单地调整片段的音量，令采访对白更加明晰，同时保证音频混音后不能达到音频指示器中0dB的峰值。一个更加保险的方法是，不要令任何音频的音量超过音频指示器中的-6dB。

在Final Cut Pro的音频指示器中，如果音量平均值显示在-12dB附近，则说明音量是比较合适的。

1 在仪表板中，单击“音频指示器”按钮。

这样，在时间线的右边会显示大号的音频指示器。在第7课中会详细介绍音频混音的技术，在本课中只需通过这个指示器来确保音频峰值不超过0dB即可。

之前，您已经单独调整了这个音乐片段的音量。如果您希望同时调整多个片段的音量，则需要使用快捷键。

2 在起飞的故事情节中，选择所有B-roll片段。

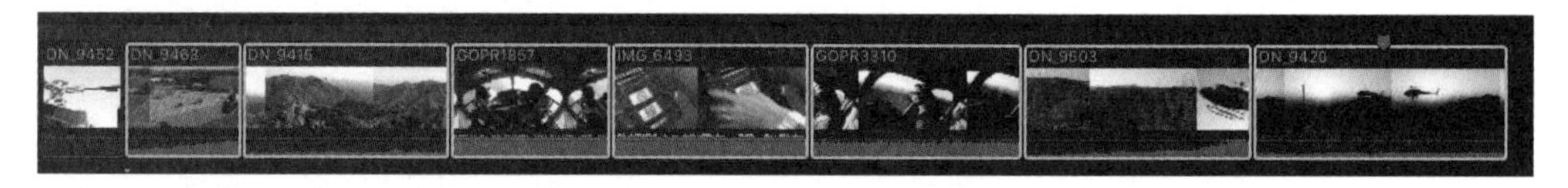

注意 ▶ 您可以先选择片段“DN_9463”，按住Shift键，再选择片段“DN_9420”，以此选择它们及其之间的多个片段。

3 请注意观看片段上的音量控制，同时按快捷键Control+ –（减号）和Control+ +（加号），降低或者提高所有被选择片段的音量。

每按一次键盘快捷键，播放音量就会提高或者降低1dB。由于这些片段的音频内容不尽相同，所以最好单独调整它们的音量。

4 继续播放项目的其他部分，在监听音频的同时观察音频指示器。如果需要，选择某个或者多个片段，拖动音量控制滑块或者使用快捷键，令混音后的音量不超过-6dB。更重要的是，务必保证Mitch的谈话内容是清晰的。

在音频指示器中，音量读数上的峰值指示信号是一段非常细的横条，一般情况下要确保它不超过-6dB。

注意 ▶ *在第6课中会讲解如何修改Mitch讲话的片段，以及令左右两个音箱都能播放他的声音。*

▶ 有关音量控制

在处理音频的时候，您应该明确两个音量控制的途径。一是在Final Cut Pro中控制每个片段的音量，这也是唯一会影响观众听觉的途径。二是调整您的苹果电脑扬声器或者外接音箱的音量，后者不会影响Final Cut Pro中片段的实际音量。

苹果电脑内置扬声器的质量很不错，但是仍然满足不了专业的剪辑工作的需要。因此，您至少要有一副头戴式监听耳机，最好还有一对近场监听音箱。音频监听设备是提高影片音频质量的关键设备。若您没有良好的设备，而观众在高质量的听音环境下观看影片，那么观众可能会听到您从来没有发现过的音频问题。

练习4.8.3
连接两个新的B-roll片段

接下来还需要添加两个新的B-roll片段，才能正式完成粗剪工作。在目前的影片中，日落的光线从直升机的窗户中穿过来，对应音乐的高潮与短暂的停止。之后，音乐再次响起，继续Mitch最后一段采访。最后，影片可以在直升机降落、日落的天空的画面中完美结束。

1 在事件GoPro中，找到具有关键词Landing的片段。

在关键词精选Landing中找到GOPR0009。

2 在浏览器中扫视直升机完全显示在画面中的位置（00:00:07:24），设定一个开始点。

目前，被选择的片段范围长达30s。实际上您最多需要10s的内容。

3 扫视GOPR0009，在直升机降落的位置（00:00:17:28），设定一个结束点。

这样，片段范围的时间长度就在10s左右了。

4 使用连接编辑的方法将直升机降落的片段连接到主要故事情节上，在Mitch开始说话之前，音乐重新响起（00:00:58:16），检查剪辑效果。

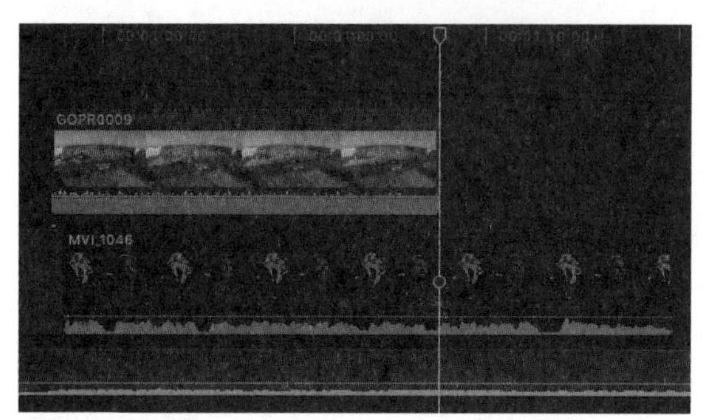

现在的剪辑效果太生硬了，日落的片段直接切到黑屏上，下一个片段直接从黑屏上冒出来。在修复这个问题之前，需要先添加另一个片段。

5 在浏览器中，找到In Flight中的B-roll片段DN_9424，它的画面是直升机飞入日落的天空。

6 将开始点设定在直升机进入画面之前的位置（02:05:51:06）。该片段会在Mitch说完最后一段话后出现在画面中，之后对其进行细微的调整。

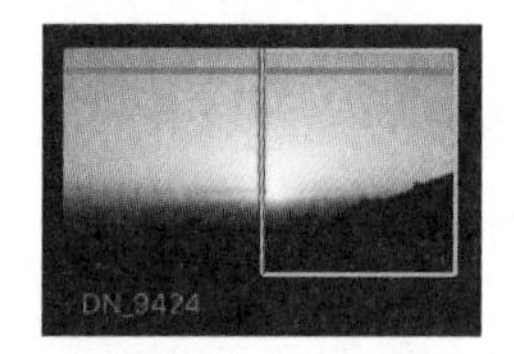

7 将片段DN_9424连接到主要故事情节上，正好在Mitch说“Adventure I went on”的位置（00:01:14:13）。修剪片段的结尾，令其与音乐片段对齐。

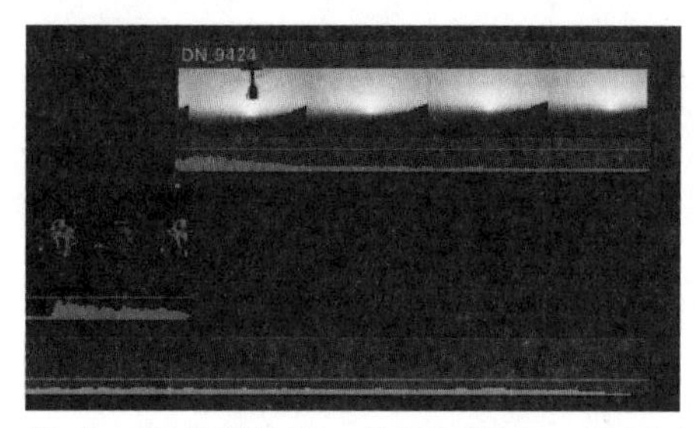

检查一下剪辑效果。为画面增加一些缓冲，将开始点向左移动一点儿。

8 向左拖动DN_9424的开始点，直到Mitch说“Wow”之前的位置。

9 在添加了这两个片段后，调整它们的音量，令它们的音频与其他片段的音量听起来的感受是一样的。

至此粗剪完成。最后进行一些修饰的工作，令镜头之间的切换更自然。

▶ **检查点** 4.8.3

有关检查点的更多信息，请参考附录C。

练习4.8.4
使用交叉叠化和渐变手柄修饰编辑点

在某些音频片段的开头或者结尾处会有一种“滴答”的声音。每个片段都可能有这种潜在的问题。一种快速解决该问题的方法是为音频添加渐强和渐弱的效果。

▶ **音频的滴答声**

每个完整的音频波形周期中都包括了波峰和波谷。

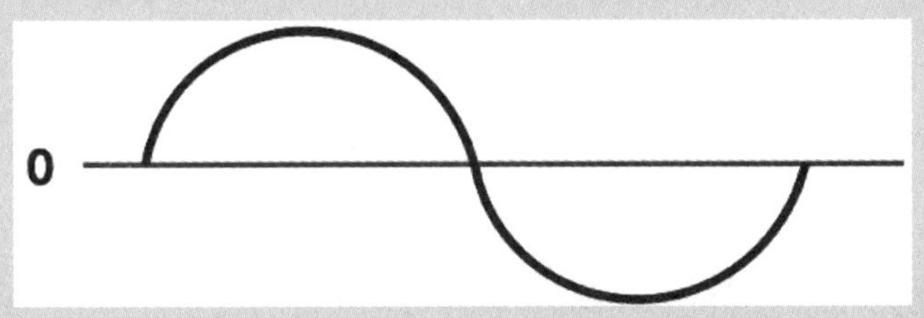

在每个音频波形周期中，波形都会穿过0点两次，先是波峰，然后是波谷，如此往复。如果某个音频片段的开始点并不位于波形图中0的位置，那么当播放头扫过该开始点时，您可能会听到滴答声。

1 在第一个采访片段的末尾，将光标移到MVI_1042的音频波形上。

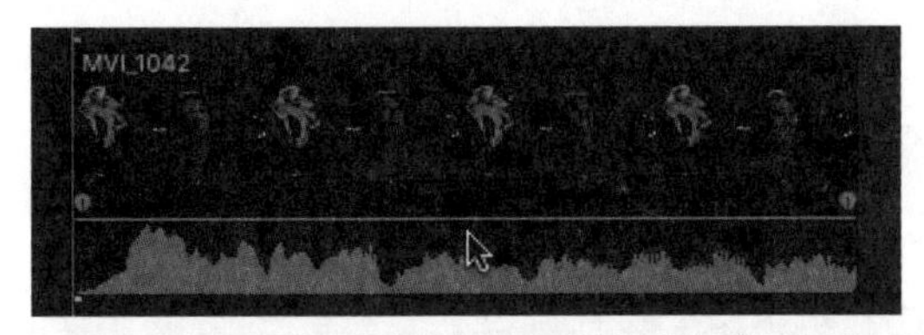

此时在片段的两端出现了两个渐变手柄。通过它们可以快速地为音频内容创建渐强和渐弱的效果。

2 将光标移到片段末尾的渐变手柄上。

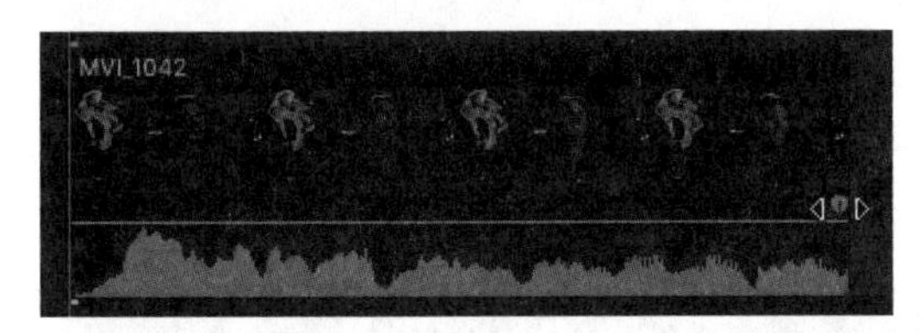

当光标位于渐变手柄上时，光标的形状会变成分别指向左右两边的两个小三角箭头。

注意 ▶ 如果您觉得屏幕上的渐变手柄难操作，那么可以在时间线右边的片段外观中调整片段高度。另外，也可以选择显示更大面积的音频波形。

3 向左拖动渐变手柄，移动5帧。

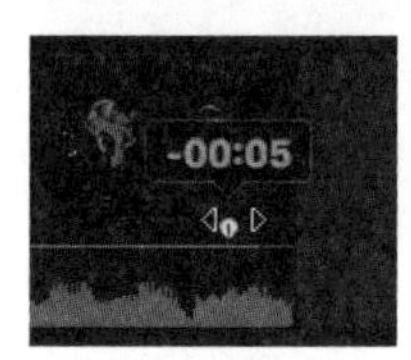

移动的帧数取决于采访片段中的对白。注意不要令Mitch说话的声音变得微弱。

4 将光标放在下一个采访片段开始的位置。

5 向右拖动开始点上的渐变手柄，制造出渐强的效果。

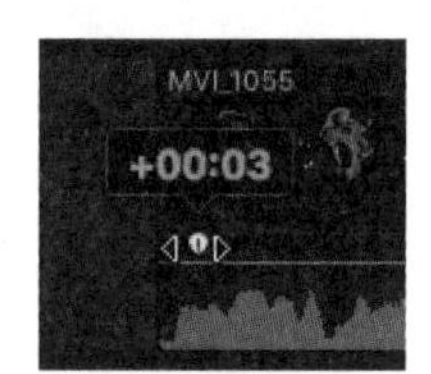

滴答声消失了。在录制音频片段的时候，如果混入很多环境噪声，那么简单的直切会令片段显得很突兀，因为听众会感觉环境噪声突然消失了，而音频渐变的效果会令片段的开始与结束变得更加柔和。

此外，您也可以对视频编辑点添加渐变的效果。比如，当片段从黑屏切入的时候，就可以添加一个淡入的效果。日落的片段需要一个简单的淡入淡出的转场。

您可以使用快捷键添加一个默认的转场：交叉叠化。交叉叠化位于两个片段之间，通过调整片段的透明度，令两个片段的画面逐渐融合，其中一个画面逐渐消失，另一个画面逐渐出现，直到完成画面的切换。如果只对片段的一端添加交叉叠化转场，那么画面会从黑屏变化为该片段的画面，称为淡入；从该片段的画面变化为黑屏，称为淡出。在项目中添加若干个交叉叠化转场会令影片显得更流畅。

6 使用选择工具，选择片段DN_9420的开始点，按快捷键Command+T，添加一个交叉叠化转场。

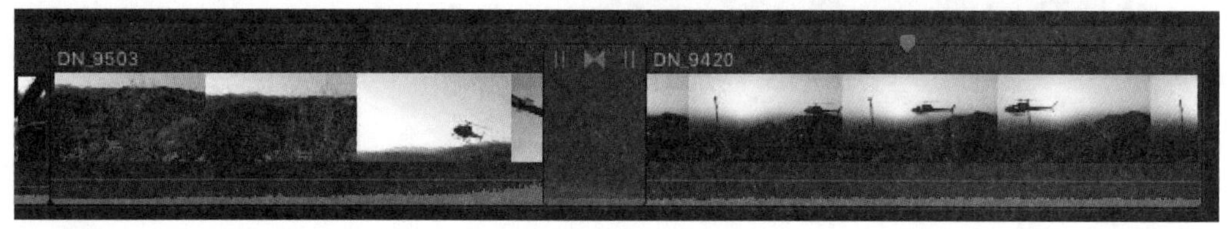

交叉叠化的时间长度是1s，它将左边片段的末尾与日落的片段衔接了起来。这也令影片结尾的节奏慢了下来。

在Final Cut Pro中还有很多不同的转场，您也可以定制它们的模式。接下来再添加几个交叉叠化转场。

7 选择片段DN_9420的结束点，按快捷键Command+T，添加一个交叉叠化转场。

8 选择片段GOPR0009的开始点，按快捷键Command+T，添加一个交叉叠化转场。

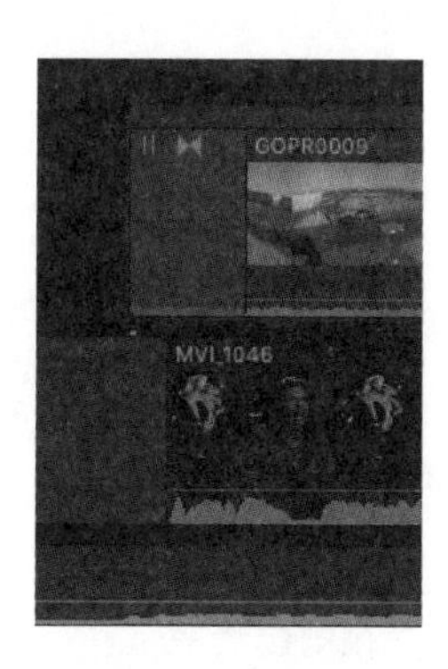

注意▶ *在连接片段之间添加了转场之后，这些片段会被自动放进同一个连接的故事情节中。*

9 播放项目，检查转场的效果。

请注意，当直升机降落片段的画面从黑屏淡入的时候，突然闪现Mitch在摄影机前讲话的画面。检查片段叠加的位置，您会发现在转场没有结束的时候，播放头就扫视到了Mitch的采访片段，即Mitch的画面从半透明的转场中显露了出来。

10 向右延展空隙片段的结束点，让Mitch的采访片段MVI_1046在片段GOPR0009开头的转场结束后再开始。

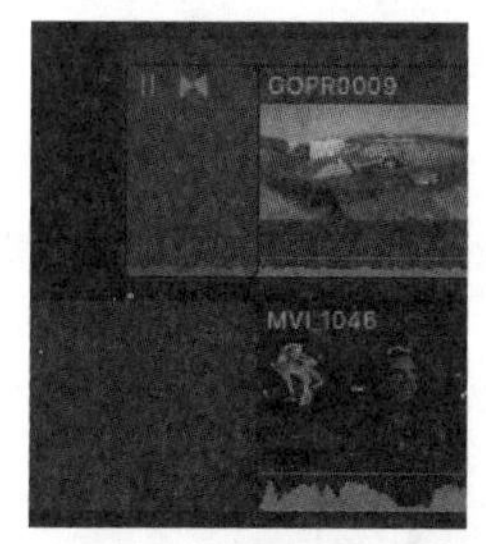

此时，在直升机降落的画面中隐约能看到Mitch闪烁了一下。此时，您已经应用过一次转场了。尽管操作并不难，但每次选择一个编辑点较为烦琐。因此，您可以一次将一个转场同时应用到某个片段两端的编辑点上。

11 在项目中选择片段“DN_9424”，按快捷键Command+T，添加一个交叉叠化转场。

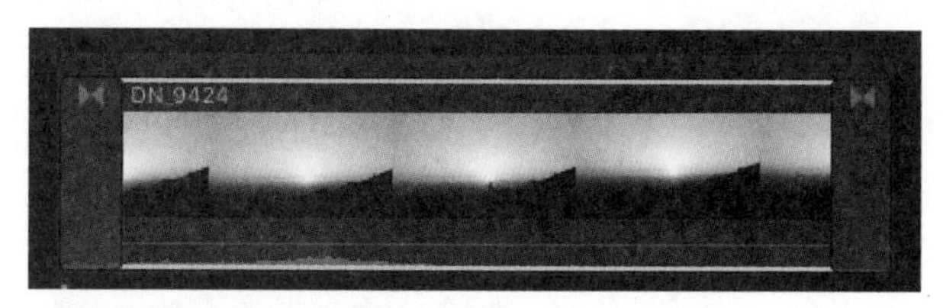

在这次操作中，片段的开头和末尾同时添加了转场，都是默认的交叉叠化，时间长度为1s。

12 将光标放在转场的左边缘上。

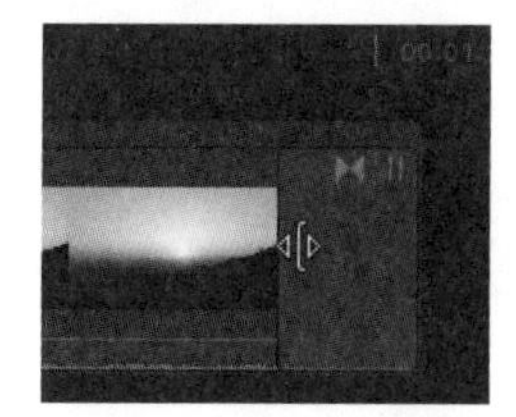

这时，您可以调整转场的时间长度了。

13 向左拖动转场的开始点，直到时间长度延长到2s。

这样，影片结尾的淡出就变得更缓慢了。

14 审查整个项目，观看画面切换，注意音频转换的效果。这里有一个小技巧：尽量少用视频转场。

注意▶ *在后面的课程中会讲解更多有关混音和转场控制的方法。*

在添加了音频的渐强和渐弱，以及视频的淡入和淡出效果后，该项目的粗剪已经完成。下一步将影片呈现给客户观看。

参考4.9
共享项目

当您需要将影片分享给其他人的时候，可以在Final Cut Pro中导出影片。在“共享”下拉菜单中包含了一些预置好的常用目的位置。

预置列表中包括适合电脑播放的格式，如Apple ProRes和H.264，以及适合iOS设备、DVD/蓝光和在线视频的格式。您可以修改这些预置的参数，或者为预置列表添加新的目的位置。通过一款App Store中的转码软件——Compressor，可以调整更多的预置参数。

注意▶ *由于版权的原因，除了本书的练习操作，您不能将本书中的源媒体文件用于任何其他用途。*

练习4.9.1
共享iOS兼容的文件

通过前几课的练习，您已经完成了项目Lifted Vignette的粗剪工作，熟悉了Final Cut Pro典型的后期制作流程。尽管还有许多可以改善的地方，但是影片需要在这个阶段播放给客户、制作人和同事观看。在本练习中会简要地介绍导出不同的影片文件的方法，以便在Mac、PC、智能手机或平板电脑上播放，或者上传到流行的视频网站上。

1 在项目Lifted Vignette中，按快捷键Command+Shift+A，确保没有选择任何片段或片段范围。
这个快捷键取消了对任何项目或者片段范围的选择。否则，Final Cut Pro会共享被选择的内容，而不是整个时间线上的内容。

2 在工具栏中单击“共享”按钮。

在“共享”下拉菜单中罗列了几个预置的目的位置，每个位置都设定了导出高质量影片的方法，包括在Mac、PC、智能手机、平板电脑和在线视频网站上播放的高清影片。在本练习中，您将创建一个可以通过AirPlay和Apple TV在会议室中播放的影片。

3 在“目的位置”下拉菜单中，选择“Apple设备720p”选项。

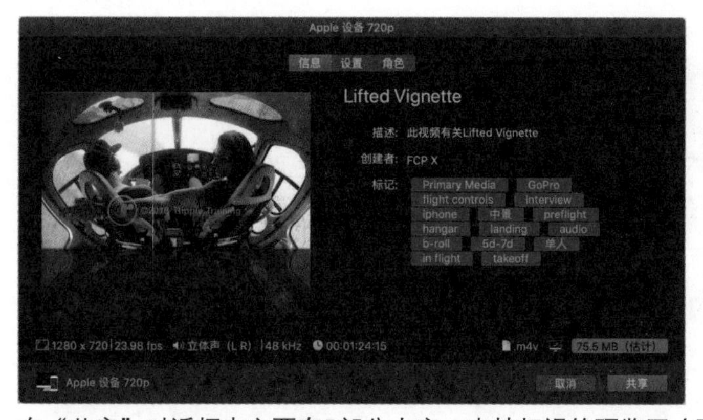

在“共享”对话框中主要有5部分内容：支持扫视的预览图（可以审查导出的影片内容）、信息窗格、设置窗格、角色窗格和文件检查器（具有导出文件设置的摘要信息）。
在“信息”窗格中显示了会被嵌入文件中的元数据。在使用QuickTime Player播放这个文件的时候，在其信息检查器中会显示这些元数据信息。

4 请进行如下元数据设定。

- 标题：Lifted–Rough Cut
- 描述：A helicopter pilot and cinematographer describes his passion for sharing aerial cinematography.
- 创建者：[您的名字]
- 标记：aerial cinematography, helicopters, aviation

注意 ▶ 标记之间是通过逗号进行分隔的，或者在输入一个标记的文本后，按Enter键。

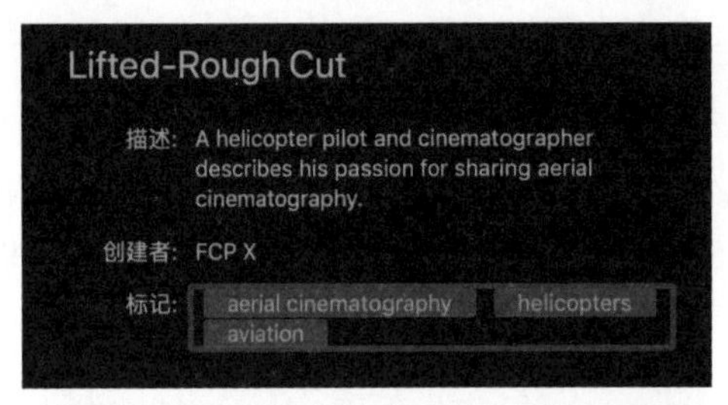

5 在完成元数据信息的设定后，选择“设置”选项，检查文件格式的信息。

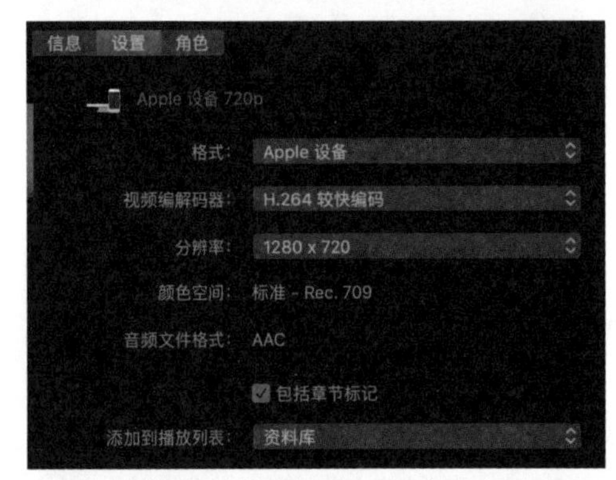

在默认情况下，存储的影片文件会自动添加到iTunes资源库中。在“添加到播放列表”下拉菜单中可以修改这个设定。

6 在“添加到播放列表”下拉菜单中，选择“QuickTime Player（默认）”命令。

注意 ▶ 如果打开方式是其他软件，那么可以选择“其他”选项，并在应用程序文件夹中选择“QuickTime Player（默认）”。

7 在“设置”窗格中，“打开方式”变成了“QuickTime Player（默认）”。

8 单击“下一步”按钮。

9 在“存储为”对话框中，将“存储为”设置为“Lifted-Rough Cut”。如果需要，设置“位置”为“桌面”，单击“存储”按钮。

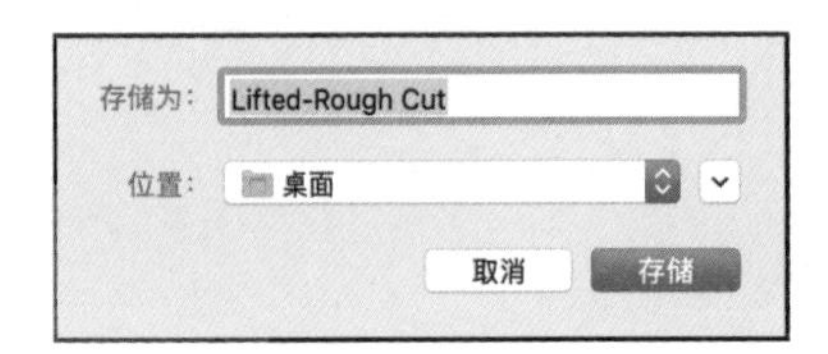

单击后台任务的按钮会显示处理的进度。

当文件导出完毕时，QuickTime Player会自动打开这个文件。同时，macOS会弹出一个通知。

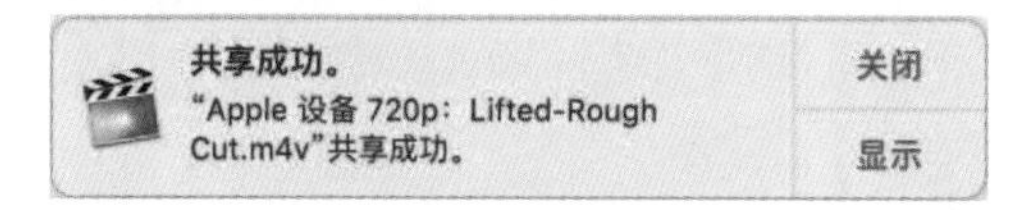

注意 ▶ 在QuickTime Player软件中，按快捷键Command+I可以打开QuickTime检查器窗口。

10 在QuickTime Player中播放影片。

如果文件的视频和音频都没有问题，就可以将视频通过AirPaly技术传输到Apple TV上了。

11 在QuickTime Player播放控制栏的右边单击“共享”按钮。

12 在“共享”下拉菜单中，选择“Conference Rm Apple TV”选项，将共享的文件广播给这台Apple TV所连接的显示器/投影仪。

除了Apple TV，也可以将共享文件上传到基于云服务的iCloud、Dropbox、Frame.io或者YouTube中。在Final Cut Pro中能够选择多种分发方式，如果配合使用Compressor和macOS，那么可选性会更加广泛。

现在已经完成了第一个项目Lifted Vignette的粗剪工作。在本课中，讲解了影片项目的创建和剪辑，如追加、插入和连接等；在主要故事情节中，利用磁性时间线的优势重新排列了多个片段；在使用B-roll片段的时候，创建了连接故事情节，并使用多个修剪工具，以及为视频和音频增加渐变效果的技术；最后讲解了几种将影片通过Final Cut Pro共享给他人的方法。在以后的工作中，无论剪辑一个什么样的项目，您都应遵守这几课中介绍的基本流程：导入、剪辑和共享。

课程回顾

1. 在创建新项目的时候，自动设置的作用是什么?
2. 项目被存放在什么地方?
3. 在下图中，正在进行哪个剪辑操作?

4. 在下图中，正在进行哪个剪辑操作?

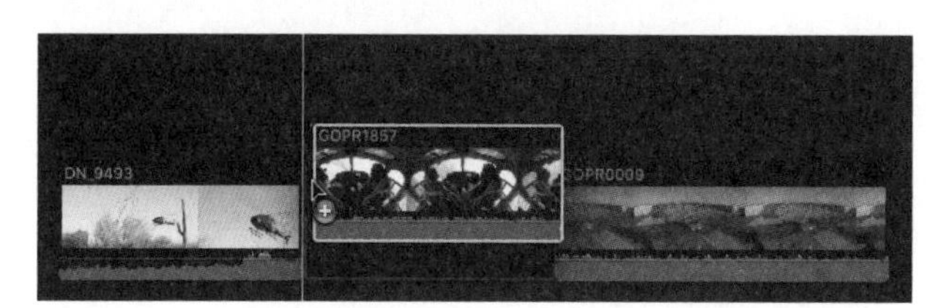

5. 工具栏中哪个按钮的作用是执行一次追加编辑?
6. 在浏览器中，片段缩略图上的绿色、蓝色和紫色框线分别表示什么意思?
7. 在浏览器的连续画面视图中，按住哪个键可以按照选择片段的顺序将这些片段剪辑到时间线上?
8. 在进行插入编辑的时候，参考点是扫视播放头的位置，还是播放头的位置?
9. 在下图中，正在进行哪个修剪编辑操作?

10. 在浏览器中，哪个选项可以提高扫视的精确度?
11. 在下图中，在检视器中叠加的图形表示什么意思?

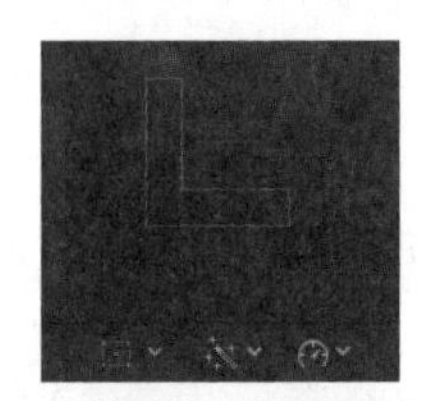

12. 在主要故事情节中，可以通过哪个片段来调整片段之间的间隔?
13. 通过哪个命令可以一次性地达到下图的效果?

操作之前。

操作之后。

14. 根据下图，说明不同的光标形状对应了什么样的剪辑功能。

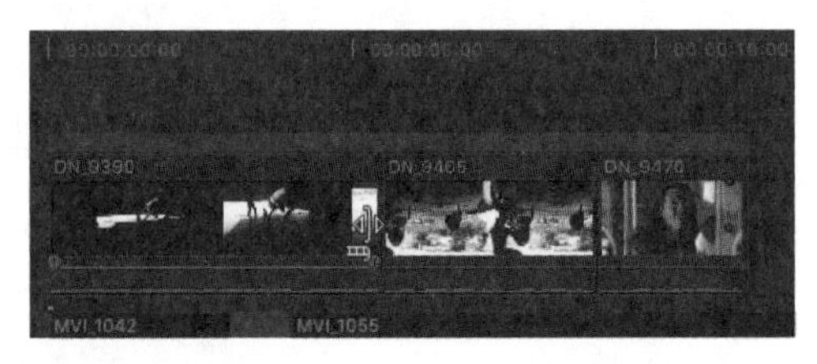

A

B

C

15. 如果需要将一个片段追加剪辑到一个连接的故事情节中，在按E键之前，您必须选择什么？不应该选择什么？
16. 在下图中，-15dB表示了什么？

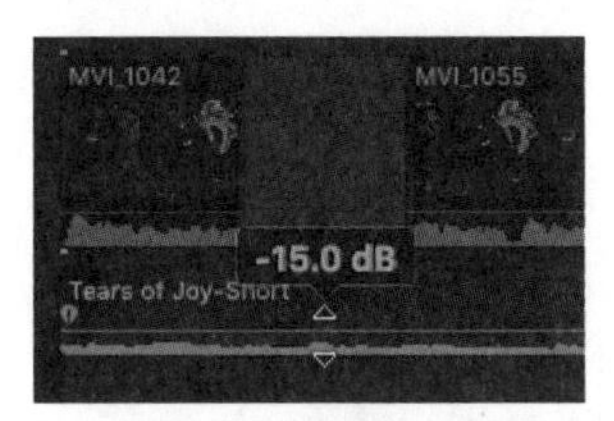

17. 如何在界面中显示音频指示器？
18. 参考下图，请描述转场在播放时候的效果。

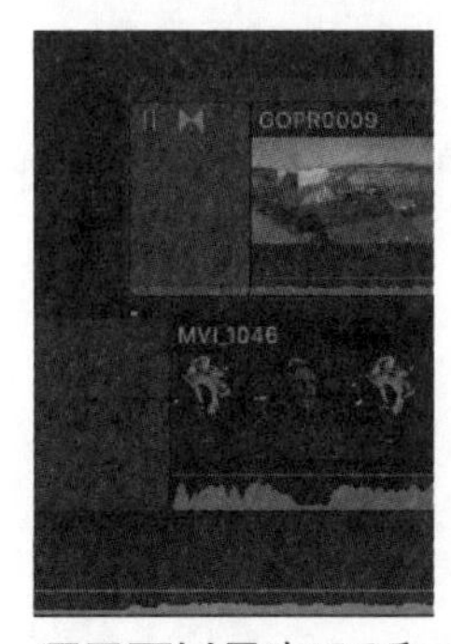

19. 哪里可以导出iOS和Apple TV的影片？

答案

1. 根据添加的第一个视频片段决定项目的分辨率和帧速率。
2. 指定的事件中。
3. 追加编辑。
4. 插入编辑。
5. “追加编辑”按钮。

6. 个人收藏、用户分配的关键词和分析关键词。
7. Command键。
8. 如果扫视播放头已激活，那么参考点是扫视播放头的位置，否则是播放头的位置。
9. 波纹修剪。
10. 片段外观的选项可以控制片段的高低和长短，以便您观看到单帧缩略图中更清晰或者更长时间的画面内容。

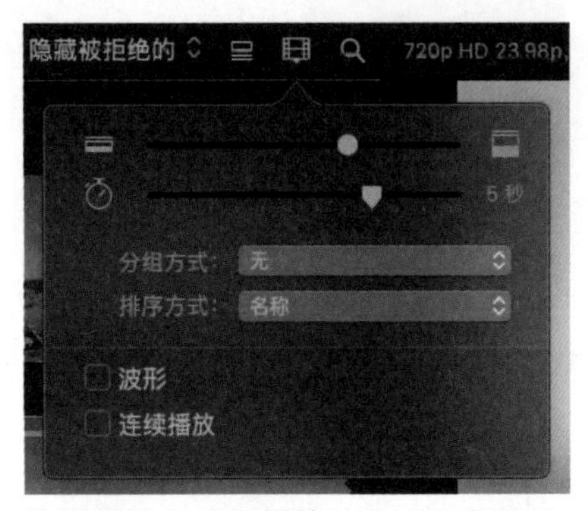

11. 扫视播放头或者播放头位于片段的第一帧。
12. 空隙片段。
13. “替换为空隙”命令，或者按快捷键Shift+Delete，该操作被称为举出。
14. A：波纹。B：卷动。C：滑动。
15. 必须选择连接的故事情节上的横条，不能选择故事情节中的某个片段。
16. 这表示音量被降低了，片段音频会按照比片段录制时低15 dB的音量进行播放。
17. 单击仪表板中的“音频指示器”按钮。
18. 片段GOPR009的画面从黑屏中逐渐显露出来，但是在中途会突然显示Mitch的采访画面。直到GOPR009的画面完全不透明，观众才会看不到Mitch的采访画面。
19. “共享”下拉菜单。

第5课
修改剪辑

第二个阶段的剪辑工作涉及一些明确的修改任务，包括处理制片人提出的建议、客户的意见。回顾影片，您可能会发现一些新的问题。这些新的反馈信息和问题都会对第二个阶段的剪辑产生影响，比如增加一些创意，或者在艺术与真实之间做出妥协。实际上，您还必须考虑剪辑的工期和费用——时间和金钱，这也是界定您的影片效果的重要因素。

目前，客户认为项目Lifted Vignette的粗剪还是很不错的！他们也提出了一些意见，比如，有些航拍的镜头没有出现在影片中，影片播放的时间应该再长一些。

在本课中，您将尝试一些新的处理主要故事情节的方法，包括修改和重新排列之前的剪辑与片段，在处理音乐和采访对白关系的同时，将主要故事情节的时间变长一些。此外，您还可以加入几个航拍镜头，以匹配对白的内容；增加一些音乐和B-roll片段，令对白与画面配合的节奏更加顺畅。

在第二个阶段的剪辑中，您将学习替换编辑、试演，以及修剪到播放头和修剪到所选部分操作。这些工具和操作很容易掌握，所以，学习任务并不是很繁重。

学习目标

- ▶ 了解复制项目的两种方法
- ▶ 使用“从故事情节中举出”命令
- ▶ 将访达标记创建为关键词精选
- ▶ 学习替换编辑操作
- ▶ 使用标记进行片段同步和注释
- ▶ 在使用覆盖命令和位置工具的时候进行非磁性的编辑
- ▶ 创建和编辑试演片段
- ▶ 了解扫视和片段扫视之间的异同
- ▶ 定义和区分独奏片段、被指定为不活跃角色的片段
- ▶ 使用“修剪到播放头”和“修剪到所选部分”命令修改片段时长
- ▶ 使用选择和修剪工具进行不同的剪辑操作

在这里，您将感受到之前对元数据的整理工作所带来的优势。此外，磁性时间线、连接片段和故事情节都会令剪辑的修改工作，甚至故事的重建工作变得非常轻松。Final Cut Pro简化了技术操作，可以协助您全身心地投入到影片创作中。

参考5.1
多版本的项目

在开始调整剪辑工作之前，您需要了解有关版本的信息。版本是当前项目的一个备份，您可以分别在粗剪、编辑音乐、调色的时候给项目制作一个备份。当您希望有不同的剪辑效果，但同时保留所有剪辑的时候，也可以通过不同版本来实现。Final Cut Pro对版本的数量没有限制，完全取决于您的实际需求。版本有两种，一种是快照，一种是复制。

5.1-A 将项目复制为快照

创建快照就相当于为当前的项目拍了一张数码照片，可以把项目的状态完全定格，并存放在这个快照中。您可以在快照的基础上进行创意和实验性剪辑，这些剪辑不会影响原始项目；或者把快照当作一个备份，继续在原始项目上进行剪辑。

快照这两个字会自动添加到项目的名称中。

5.1–B 复制项目

复制相对于快照更加动态。与快照不同的是，项目中某些特殊的片段类型会保持动态更新，比如复合片段。如果这些片段发生了改变，那么所有复制的项目都会相应地发生改变，除了快照。

练习5.1.1
制作项目快照

接下来，您将对项目的某些部分实现不同的剪辑效果，因此，可以把目前的版本存储为一次快照，以便日后进行检查和比较。

1 在资源库Lifted的项目智能精选中，找到项目Lifted Vignette。

2 按住Control键，选择项目“Lifted Vignette”，或者右击，在弹出的快捷菜单中选择“将项目复制为快照”命令，为当前的项目制作一个快照。

3 单击快照的名字，将其重新命名为“Lifted Vignette – Rough Cut”，按Enter键。

此时，您完成了项目Lifted Vignette快照的制作，可以在此项目中继续进行剪辑工作。一旦之后有任何新的剪辑方案，或者客户改变了主意，您都可以随时打开快照，返回此时此刻的剪辑状态。

参考5.2
从一个故事情节中举出

在第二个阶段的剪辑中，相应的修改工作可能会非常多。在第一个阶段的剪辑符合客户的基本要求后，您需要对项目进行一些细微的调整和导出。修改可能会比较多，甚至会完全重构故事叙述的方式。无论您决定如何进行这次剪辑，Final Cut Pro都能够保持所有内容的同步。磁性时间线、连接片段和在第一个阶段中创建的故事情节都会为这次剪辑的修改和调整带来极大的便利。

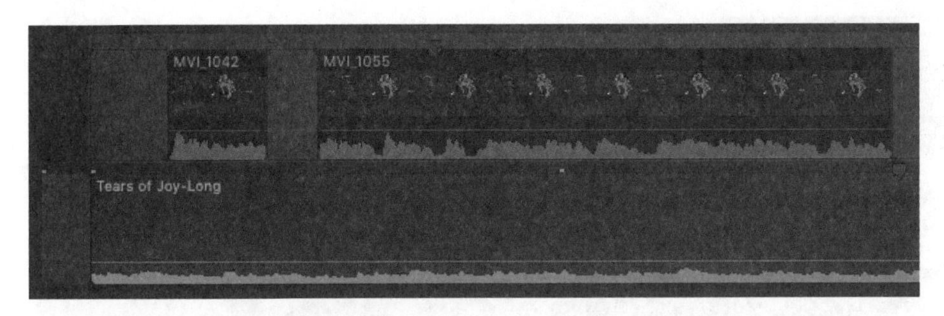

音乐片段替换了主要故事情节中的采访片段。

在该阶段的剪辑中主要处理音乐和采访片段。您将尝试使用不同的操作方法，将采访片段从主要故事情节中举出，并使用时间更长的Tears of Joy来替换它们。这个操作极其简单，同时，Final Cut Pro还可以保证所有连接片段和故事情节的同步。

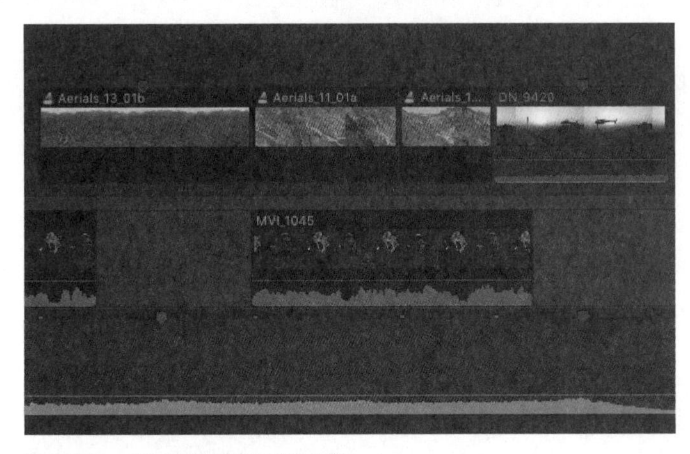

附加的B-roll片段是连接的试演片段。

接下来添加一些表现广阔天空的素材，为音乐的高潮添加一个尖叫镜头。在Final Cut Pro中，将声音与图像搭配起来，是一件轻松而愉快的事情。

练习5.2.1
将片段举出故事情节

从表面上看，使用音乐片段来代替主要故事情节中的所有采访片段是一件很麻烦的工作，但是不用担心，Final Cut Pro可以轻松帮您搞定。

1 在主要故事情节中，选择MVI_1042的第一个声音片段，按住Shift键，单击主要故事情节中的最后一个采访片段MVI_1046，这样就可以同时选择所有的采访片段和空隙片段了。

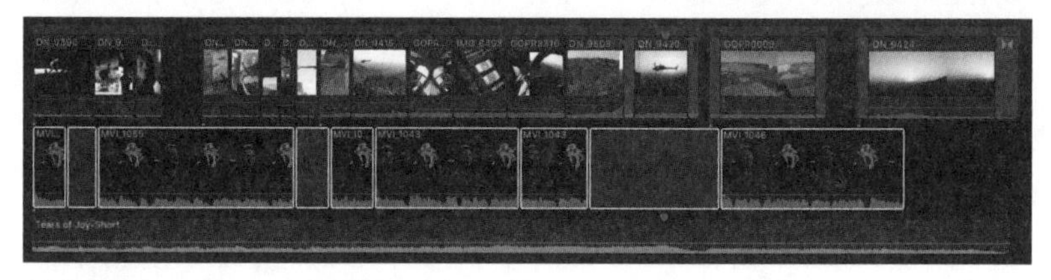

2 按住Control键，右击任何一个已经选中的片段，从弹出的快捷菜单中选择“从故事情节中提取”命令。

此时，采访片段与空隙片段一起被移出了主要故事情节，并被放置在了一个新的故事情节中，可以把这个故事情节称为采访片段故事情节。而在主要故事情节中，原来空隙片段和采访片段所在的位置被一个完整的空隙片段所代替。同时，为了防止片段之间的冲突，Final Cut Pro将原来第二排的片段推到了第三排。在播放影片的时候，您可以发现项目内容与之前相比没有任何变化。接下来添加一些新的音乐片段。

参考5.3
替换片段

如果您发现某个现有片段不太合适，或者因为情节变化需要使用另一个片段，那么可以使用该片段来替换现有片段。Final Cut Pro有5种替换编辑的方法。在本课中将介绍其中3种：替换、从开头替换和从结尾替换。当您将新片段拖到现有片段上的时候，可以考虑选择使用其中一个替换方法。

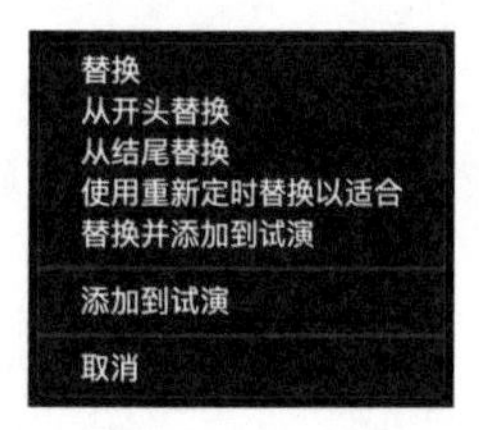

“替换”命令会将片段按照浏览器中标记的时间长度放置在故事情节中。如果浏览器中片段的时间长度比项目中的现有片段的时间长度长，那么项目整体时间就会延长，如果浏览器中片段的时间长度比项目中现有片段的时间长度短，那么项目的整体时间就会缩短。

“替换”编辑

浏览器中片段的时间长度　项目片段的时间长度：替换之前　项目片段的时间长度：替换之后

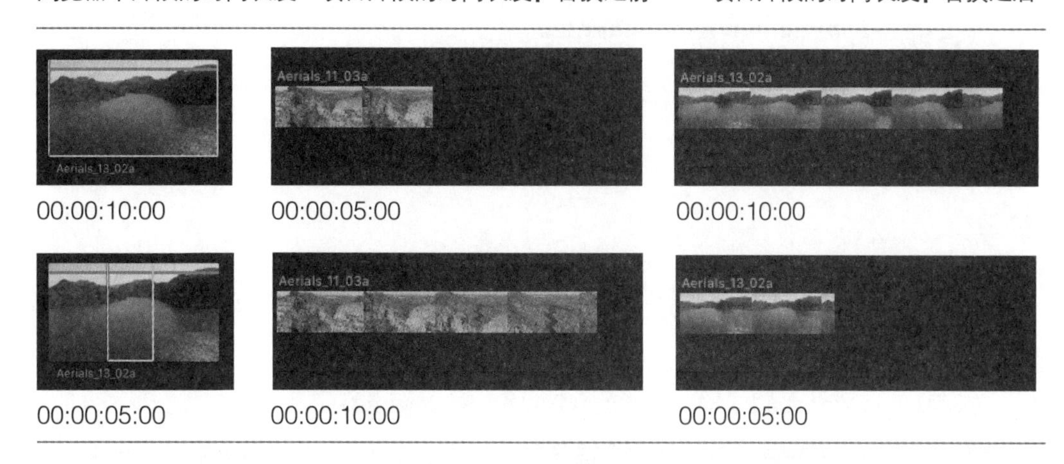

使用“从开头替换”或者“从结尾替换”命令都能将浏览器中的片段放置到故事情节中，同时保持故事情节中被替换的现有片段的时间长度。如果浏览器中片段的时间长度比项目中片段的时间长度长，那么浏览器中的片段就会被剪短。“从开头替换”命令会将两个片段的开头对齐，将浏览器片段后面超出时间长度的部分剪掉。“从结尾替换”命令则是将两个片段的结尾对齐，将浏览器片段前面超出时间长度的部分剪掉。

“从开头替换”和“从结尾替换”命令

浏览器中片段的时间长度　项目片段的时间长度：替换之前　项目片段的时间长度：替换之后

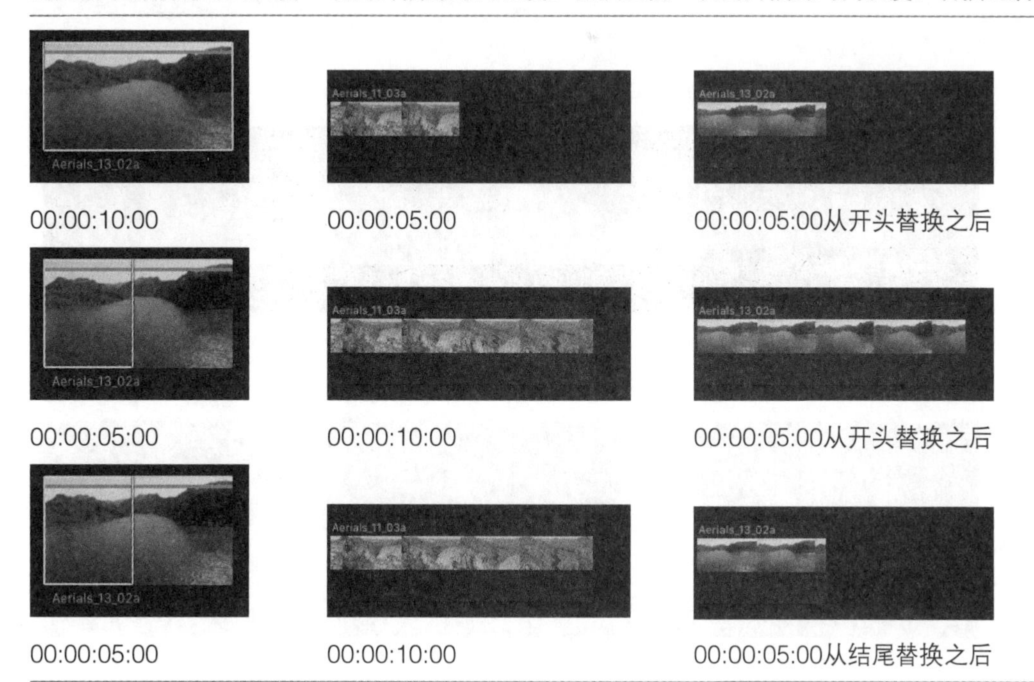

在这些替换编辑的方法中，如果浏览器中的片段没有时间长度足够长的媒体内容，那么Final Cut Pro就会执行一次波纹修剪，被替换后的片段的时间长度会比原来的短。如果在浏览器片段被选择的范围之外还有时间长度足够长的媒体内容可以使用，那么Final Cut Pro就会使用这些媒体内容，以避免进行波纹修剪。

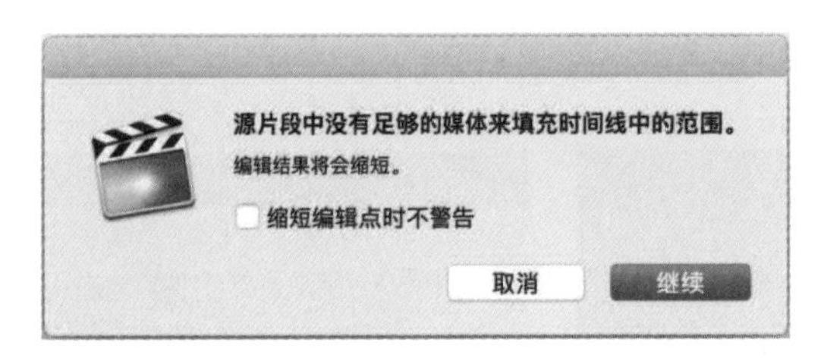

练习5.3.1
替换主要故事情节中的片段

您已经将采访片段从主要故事情节中移了出来。接下来删除旧的音乐片段，添加时间长度更长的音乐片段。

1 在项目Lifted Vignette中，选择现有的音乐片段，按Delete键。

在清除了时间比较短的音乐片段后，就可以将新的音乐片段添加进来了。它会替换主要故事情节中的空隙片段。

2 在资源库Lifted中，选择智能精选“仅音频”，找到音乐片段Tears of Joy–Long。

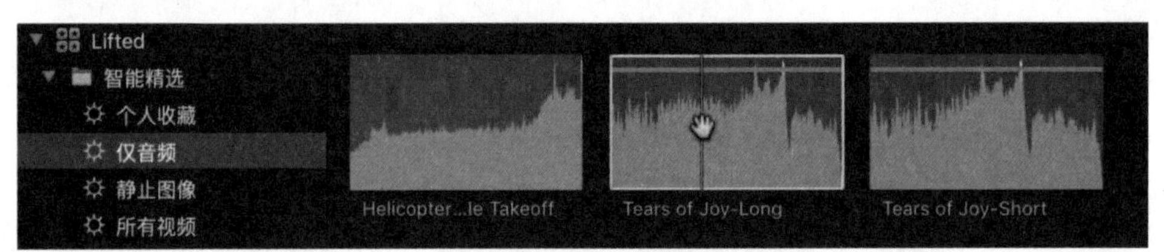

3 按住鼠标键，将音乐片段Tears of Joy–Long从浏览器中拖到主要故事情节中的空隙片段上。当空隙片段高亮显示为浅灰色的时候，松开鼠标键。

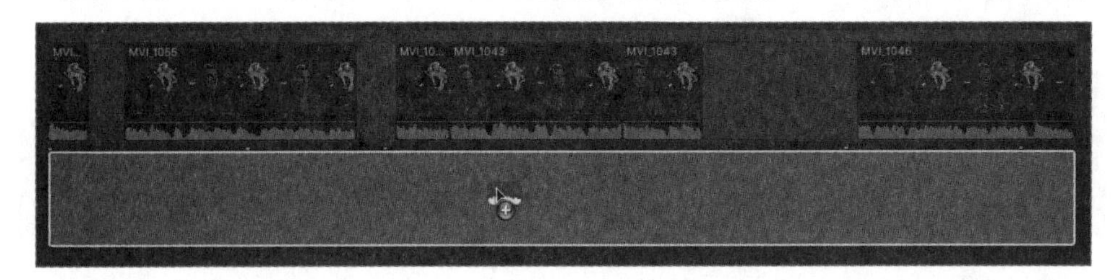

4 在弹出的快捷菜单中选择“替换”命令，替换音乐片段的全部内容。播放项目，监听音频效果。

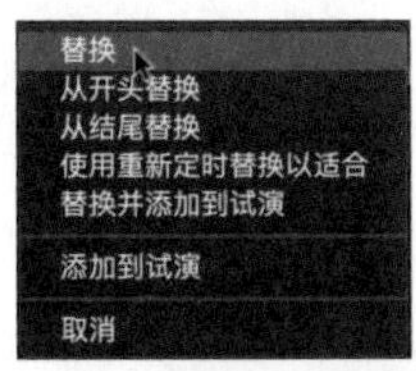

这样，空隙片段就被新的音乐片段替换了。接着，对音乐片段进行细微的调整。

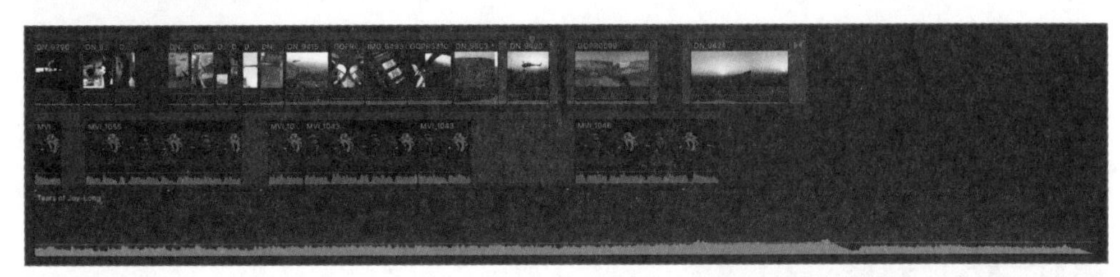

5 使用选择工具，选择音乐片段的音频波形上的音量控制横条，将其向下拖到-12dB左右，令整个音乐片段的音量降低。

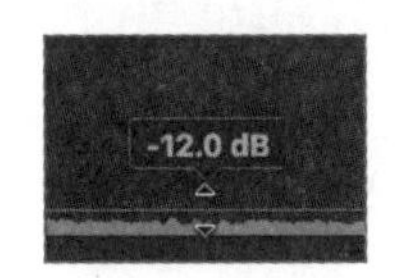

注意 ▶ 按快捷键Shift+Z可以令时间线中所有的内容都适合在当前窗口中显示。

▶ **必须进行举出和替换编辑吗？**

在本练习中，举出编辑的操作正好体现了Final Cut Pro的强大功能与灵活性。您也可以不执行举出编辑，将采访片段保留在主要故事情节中。在之后的课程中，您可以先将剪辑同步到主要故事情节中，再把音乐片段放回主要故事情节。本练习的目的是希望您能了解Final Cut Pro中多种不同的剪辑方式。

练习5.3.2
创建Time at 0:00

新项目的时间长度大约为2min，您需要将一些新的航拍片段填充到时间线上。在导入新的航拍片段之前，先处理几个剪辑问题，为后续的工作做好准备。

在当前影片的开头很适合加入几个新的视频。项目的第一个片段中已经包含了完整的动作，时间足够长了。接下来处理机库门打开的片段。

1 在事件Primary Media中选择智能精选“Hangar”，扫视片段DN_9488。

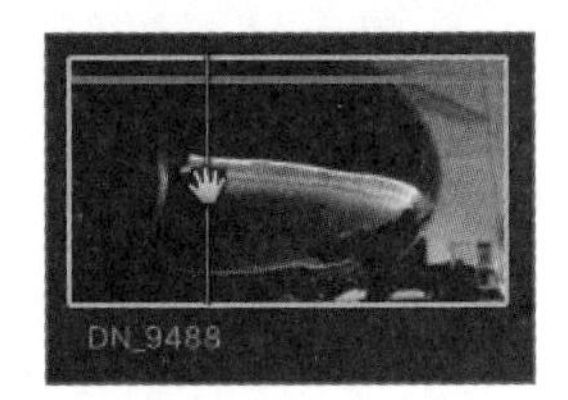

这个片段包含机库门关闭的镜头，但是我们并没有将它视为被拒绝的镜头。只要把该片段反向播放，它就可以变为机库门打开的镜头了。

注意 ▶ *确认激活了扫视功能，按S键可以快速开启或者关闭这个功能。*

2 选择片段“DN_9488”，设定好播放头的位置，在机库门刚刚关闭的位置（03:12:29:05）设定结束点。

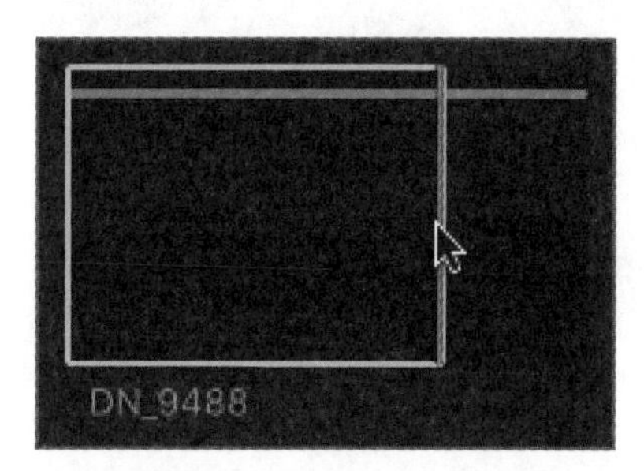

假设需要这个镜头维持3s的时间，那么就应该在当前播放头的前3s设定片段的开始点。您可以通过输入数值的方法，将播放头向左移动3s。

3 按快捷键Control+P，检视器下方时间码栏中的数值会被清除掉，等待您输入新的数值。

您在输入数值的时候，既可以输入一个时间码的数值，令播放头跳转到该位置上，又可以输入一个播放头移动的位移量的数值，比如从当前位置向前或者向后移动的距离数值。

4 按-（减号）键，接着输入数字3和.（句号）。

此时，时间码栏中会显示播放头要向左移动3s。

5 按Enter键，按I键，设定一个开始点。

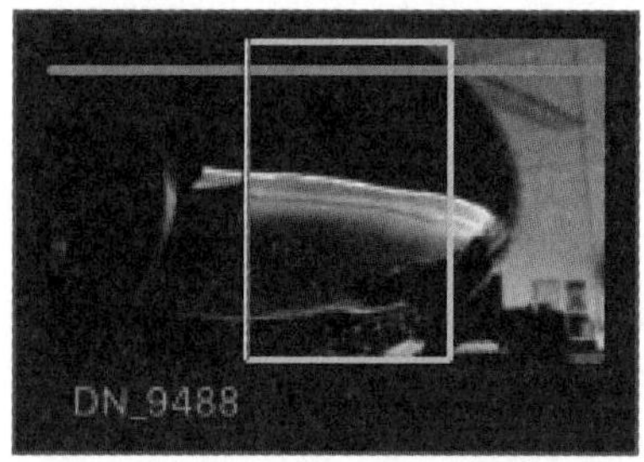

为了验证这个新片段的效果，把它连接到主要故事情节上。

6 将播放头放置在项目开头，按Q键，将浏览器中选择的片段范围连接到主要故事情节上。

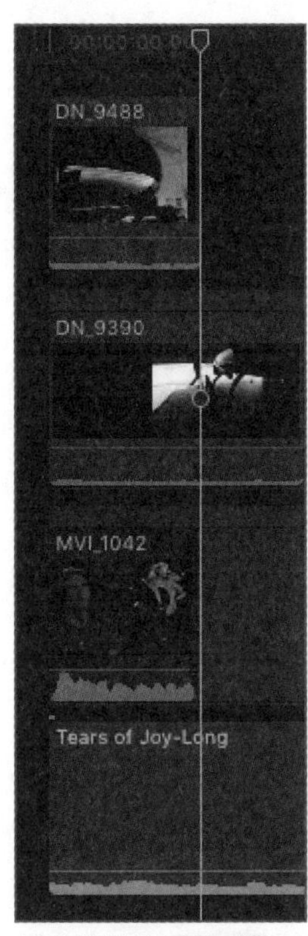

新片段的位置是对的，但是播放的方向是错误的。接下来制作反向播放的效果，令机库门是逐渐打开的。

7　在项目中选择片段“DN_9488”，在检视器的左下方，单击“重新定时”按钮。

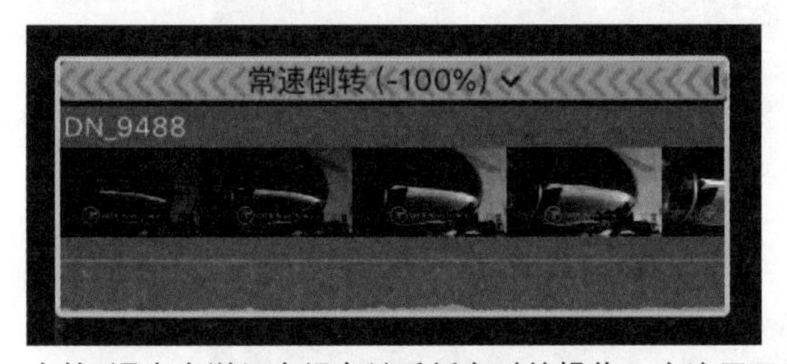

在第6课中会详细介绍有关重新定时的操作，在这里只制作一个简单的效果。

8　在“重新定时”下拉菜单中，选择“倒转片段”命令。

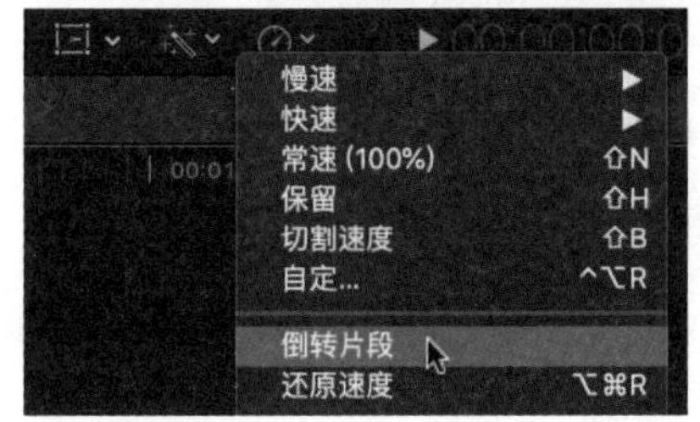

在片段上方会出现一个横栏，其中带有指向左边的小箭头，表示该片段的播放方向与其原来的方向是相反的，这令镜头中的机库门变成了逐渐打开的。现在先隐藏片段上方的横栏。

9　在“重新定时”下拉菜单中，选择“隐藏重新定时编辑器”命令，或者按快捷键Command+R。

慢速 ▶
快速 ▶
常速倒转 (-100%) ⇧N
保留 ⇧H
切割速度 ⇧B
自定... ^⌥R
倒转片段
还原速度 ⌥⌘R
自动速度
速度斜坡 ▶
即时重放 ▶
倒回 ▶
在标记处跳跃剪切 ▶
视频质量 ▶
✓ 保留音高
✓ 速度转场
隐藏重新定时编辑器 ⌘R

倒转片段的效果看起来不错，但是，两个机库门打开的镜头有些互相干扰了。 要将这个新的机库门的片段，放在原来的机库门片段前面播放。此外，在这里也不需要听到Mitch说话的声音。按照之前使用过的方法，插入一个空隙片段，调整镜头之间的节奏，并把空隙片段插入连接的采访片段的故事情节中。

10 单击采访片段故事情节上的灰色横栏，将播放头放置在故事情节的开头。

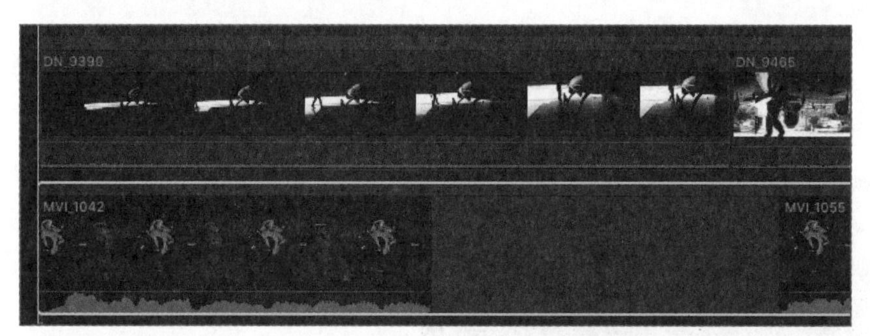

11 按快捷键Option+W，插入一个默认的、时间长度为3s的空隙片段。

采访片段整体向右移动了3s，而B-roll片段则没有移动。当前，B-roll的故事情节是连接在主要故事情节的音乐片段上的。这个故事情节中的机库片段同样连接在音乐片段上，并没有受到采访片段故事情节中波纹修剪的影响。下面将片段DN_9488放到机库的故事情节中。

12 将片段DN_9488拖到片段DN_9390的上面，此时，在故事情节的前面会腾出一段空间（被蓝色的边框包围）。

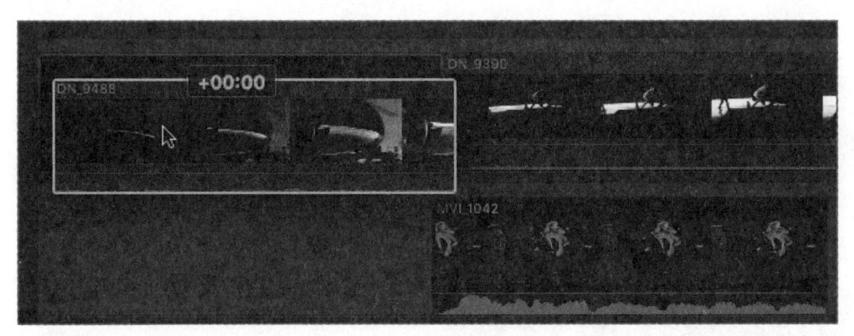

13 在看到蓝色边框的空隙片段后，松开鼠标键。

在将片段放入一个故事情节中后，片段之间的关系就是磁性的了。现在，您可以使用修剪工具调整两个片段之间的切换位置。

扫视剪辑点附近的画面，在第一个片段结束的时候，机库门刚刚开了一个小缝。

注意 ▶ 当您单击并按住两个片段之间的编辑点的任何一侧时，检视器上会显示两个画面，这有助于您在镜头切换时对位置进行判断。

14 将光标放在DN_9390的开头。

15 当波纹修剪光标中的小胶卷指向右边的时候，向右拖动，并观察检视器中的两个画面。

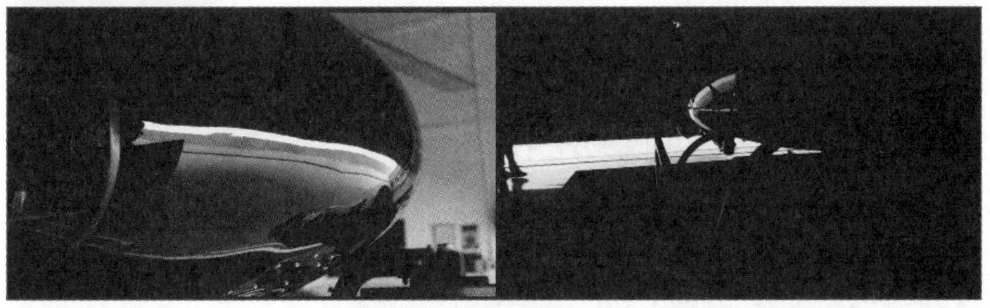

修剪两个机库门的片段，直到画面中的动作比较自然。您需要获得的画面包括机库门打开、Mitch走到直升机前面，其切换节奏要很从容。

在前两个片段中，机库门电动机运转的声音是需要保留下来的。在第6课中会增加一些音频效果，接下来将音乐开始的时间向后推迟一点儿。

16 将播放头移到项目最开始的地方，按快捷键Option+W，插入一个空隙片段。

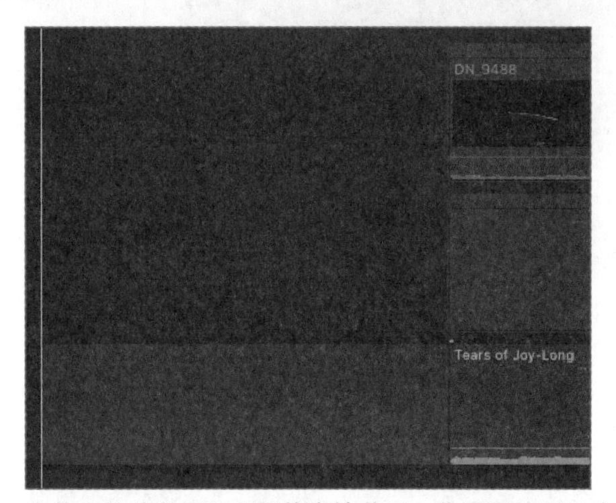

在将空隙片段插入主要故事情节后，您需要使用机库的故事情节来遮挡这个空隙片段的画面。

17 向左拖动机库故事情节的灰色横栏，令其遮盖住空隙片段。

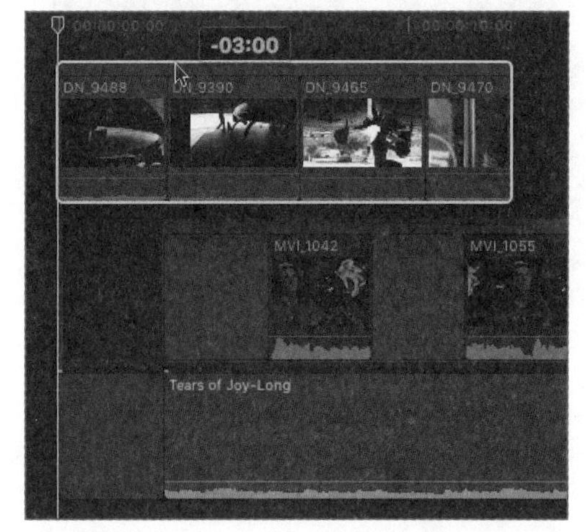

18 在主要故事情节中，拖动最前面的空隙片段的结束点，令这个空隙片段的时间长度为3.5s左右。

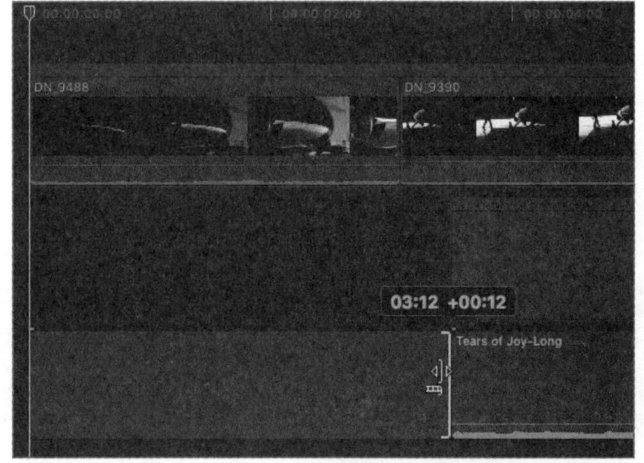

利用这个延迟，另外一个音频效果（将在稍后添加）可以使观众沉浸在机库的环境中。随着画

面中机库门的移动，音乐仿佛也随着Mitch的入场开始。在这个位置，您可以再次加强故事情节的展开效果，调整Mitch的第一个声音片段，令其与音乐对应。

注意 ▶ 当前项目的帧速率是23.98fps，所以该空隙片段的时间长度为3:12。

19 调整采访片段故事情节中的空隙片段，令Mitch开始说话的位置正好在第二个音乐片段的起伏之后（00:00:05:21）。

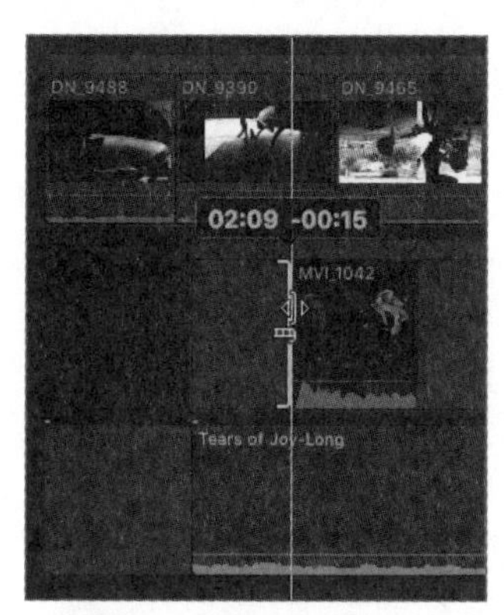

根据您在之前练习中对片段内容和节奏的剪辑，您需要用B-roll片段遮盖住采访片段故事情节中的第二个空隙片段。您可以继续调整片段DN_9465和DN_9470，在进行音乐播放的同时，查看镜头播放的效果。由于项目的前两个片段需要增加一些发动机的音效，因此可以为剪辑工作创建几个注释。

> ▶ **检查点** 5.3.2
>
> 有关检查点的更多信息，请参考附录C。

参考5.4
使用标记

通常，剪辑师会在工作桌面上贴一张便签，记录剪辑工作中需要注意和考虑的事项。在Final Cut Pro中，可以依靠标记的功能实现同样的效果，而且这些信息可以被搜索。此外，由于片段的注释和标记都被保留在资料库中，因此，其他的工作伙伴也可以直接查到这些信息。

Final Cut Pro具有以下4种类型的标记。

- ▶ 标准：默认的最简单的标记类型。
- ▶ 待办事项：复选框的标记。
- ▶ 已完成：待办事项的标记在被选择后会演变为已完成的标记。
- ▶ 章节：在某些共享格式中，会在这个标记位置创建缩略图。

每个标记的名称都是可以自定义的且被搜索到的。在浏览器中，可以通过搜索栏找到具有某些字符的标记。在时间线中，可以通过时间线索引窗格找到片段中的标记。

5.4-A 使用时间线索引

时间线索引具有3种信息：片段、标记和角色。片段索引会按照时间顺序对项目中的所有内容进行排列，包括片段、标题、发生器和转场。它会高亮显示被选择的项目。单击索引窗格中的某个对象，就会选中这个对象，同时令时间线上的播放头跳转到该对象上。

片段索引是支持搜索的，也支持多个选择范围。

搜索

片段 标记 角色 42 项，已选定 00:04:12

名称	位置	注释
故事情节	00:00:00:00	
DN_9390	00:00:03:02	Hangar door opens; Mitch L-R; camera...
空隙	00:00:03:12	
故事情节	00:00:03:12	
Tears of Jo...	00:00:03:12	
MVI_1042	00:00:05:21	
DN_9465	00:00:07:14	
空隙	00:00:08:21	
MVI_1055	00:00:09:21	

全部 视频 音频 字幕

在标记索引中罗列了一个项目中所有的标记、关键词、分析关键词、待办事项标记、已完成标记和章节标记。通过次级标记可以进一步筛选不同内容的标记。

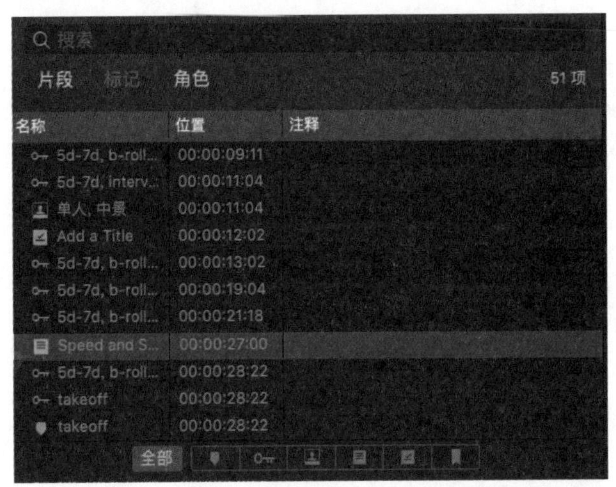

在角色索引中，您可以根据音乐片段被分配的音频角色和子角色来禁用、选择和整理这些音乐片段，还可以最小化被选择的角色所包含的片段，或者突出显示某个单一音频片段，以便解决在最终的混音中出现的问题。

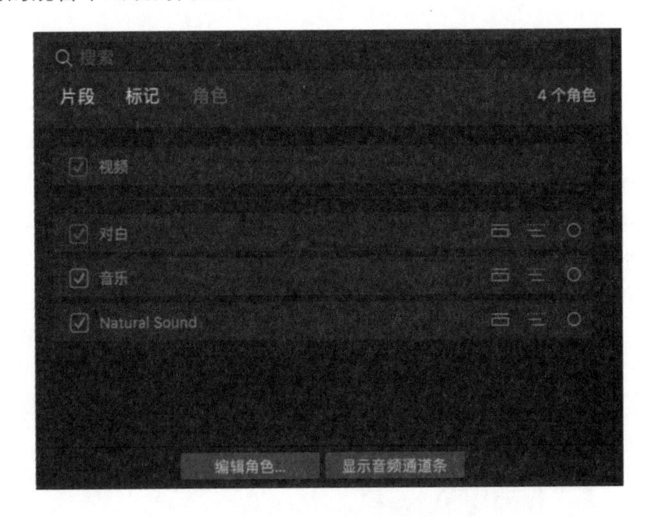

在这几个索引窗格中，您可以通过片段名称或者之前在浏览器中定义的元数据来查看任何一个正在项目中使用的片段。

练习5.4.1
创建标记

在了解了处理标记的几个窗格后，您可以添加几个标记，体验这个功能为剪辑带来的便利。在本练习中，您将会在项目中创建标准的和待办事项的标记。

1 将扫视播放头放在第一个片段上，具体画面是在机库门刚刚打开后，直升机的特写镜头。

在创建一个标记前，您需要先了解标记会被放在扫视播放头下方的哪个片段上。

2 单击片段上方的空白区域，将播放头与扫视播放头对齐。

播放头竖线上的小圆球会指示接收下一个编辑命令的片段。目前，小圆球位于机库片段的上面，也就是说，这个片段会被添加标记，而它下面的空隙片段不会。

3 按两下M键，创建一个标准的标记，同时打开编辑标记的窗口。

这个标记已经被预先命名为“标记3”了，因为这是您在当前项目中第三次创建的标记。

注意 ▶ 如果添加了更多的标记，则标记的名称与现有的标记是不同的。

4 将标记的类型调整为待办事项。标记的颜色变为了红色，窗口中出现了一个“已完成”复选框。

5 将标记重命名为“Add SFX”，单击“完成”按钮。

在时间线上，如果某个标记就在附近，那么您可以很快地找到它。而在时间线索引中，通过标记的列表可以找到项目中的所有标记。

6 单击时间线左下角的按钮，打开时间线索引窗格。

7 在时间线索引窗格中，选择“标记”选项，在这里应该能看到位于最上面的刚刚创建的标记。

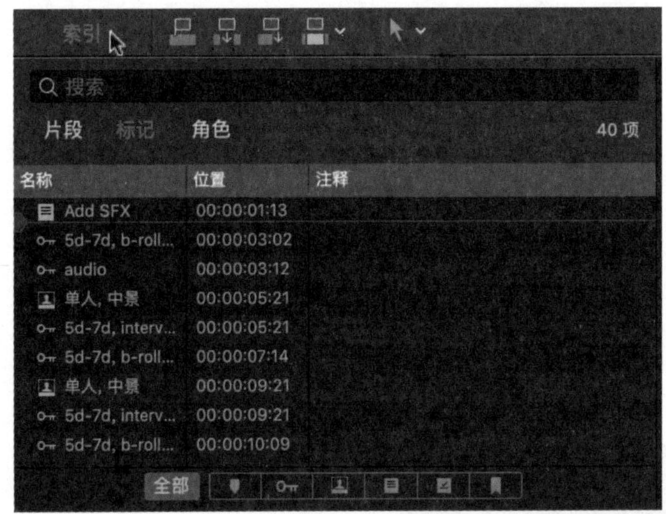

通过列表下方的按钮，如标记、关键词，可以限制列表显示的内容。目前显示的是全部内容。回到编辑标记的窗口中，查看针对剪辑工作的注释信息。在第二个阶段的剪辑中，您将使用音乐控制画面的节奏，利用音乐的“视觉”进行剪辑。其中，音乐两部分比较明显，一个是高潮部分，另一个是结尾的总休止。其他的还包括节奏明显的升起、变化，或者节拍中的重音。接下来将两个时刻设定为标记，便于日后使用。为了不让Mitch或者B-roll片段分散注意力，您可以将音乐片段设置为独奏。

8 在项目中选择音乐片段，按快捷键Option+S，将这个片段设定为独奏，播放一小段。

在时间线中，所有没有被选择的片段都变成了淡灰色。当您播放片段的时候，仍然可以在检视器中看到画面，但是音频部分就只能通过播放音乐片段观察了。

为了方便观察音乐的特征，可以将音频波形的显示放大一些，并隐藏视频缩略图。

9 在“片段外观”下拉菜单中，选择第一个命令，单击时间线，如果需要，可以调整片段的高度控制滑块，关闭片段外观的窗口。

现在，播放音乐片段，听一下内容。

10 监听时间码00:00:24:00和00:00:34:00之间的音乐效果，尤其是在28s左右的位置。
在28s的前面，钢琴主导了音乐的旋律。在28s的后面，弦乐开始了。直升机正是伴随着这个旋律出场的。

11 停在00:00:27:22的位置，选择该音乐片段，按两次M键，创建一个标准的标记，名称为“takeoff”。

注意▶ 请注意播放头竖线上的小圆球落在哪个片段上。您需要先选择音乐片段，令其可以接收标记，而不是它上方的起飞前故事情节。如果播放头正好落在该片段上，则按快捷键Command+↑，选择该音乐片段。

12 继续监听音乐，并创建以下标记。

位于音乐片段上的标记

时间码	标记名称	标记类型
00:01:16:13	Swell	标准
00:01:31:01	Sunset	标准

13 单击“单独播放”按钮，恢复可以播放所有音乐片段的状态。

14 在“片段外观”下拉菜单中选择第三个选项。

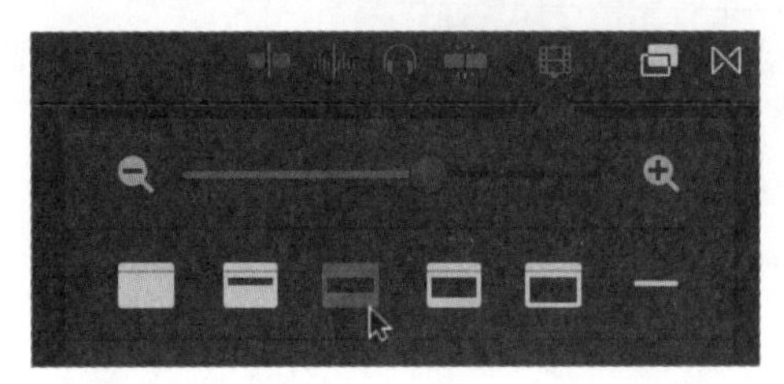

15 继续创建如下标记。

注意▶ 另一个设定标记名称和类型的方法是按一次M键，双击该标记，或者按住Control键，单击该标记。

在视频片段上的标记

时间码	所属片段	标记名称	标记类型
00:00:15:00	MVI_1055	Add a Title	待办事项
00:00:27:00	DN_9452	Speed and SFX	待办事项

在进行调整之前，您会发现索引中列出了已经创建的几种标记。

参考5.5
使用位置工具

使用位置工具可以忽略时间线上的磁性特征，在水平方向上移动片段，就像移动一个连接片段一样。但是在使用的同时，它也会摧毁一些当前的状态。在故事情节中的片段，如果使用位置工具进行拖动，那么会覆盖其他片段与之重叠的部分，并留下一个新的空隙片段。注意，位置工具总是会进行覆盖的。

当影片内容有固定的时间长度和位置要求的时候，位置工具就很有用，比如一段广告片，当您在一个故事情节中进行剪辑，但不希望出现波纹变化的时候，就可以使用这个工具。

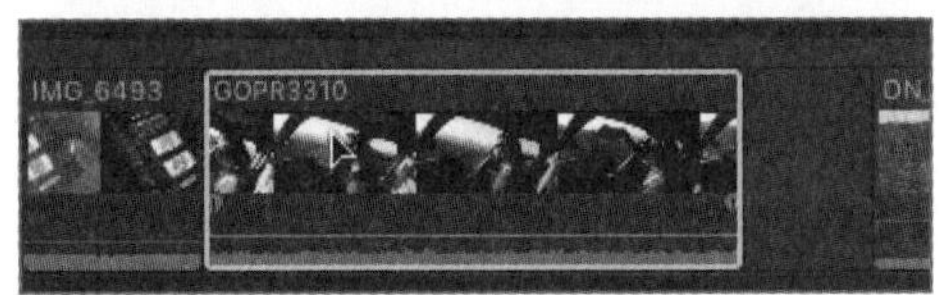

位置工具会令被移动的片段覆盖之前相邻片段的一部分内容，并留下一个空隙片段。

练习5.5.1
将对白和B-roll片段与音乐对齐

在继续剪辑之前，先讨论一下选择工具和位置工具的区别。选择工具是磁性的，但位置工具不是。在使用选择工具拖动片段的时候，由于磁性时间线的特性，故事情节中的各个片段仍然会保持肩并肩的位置关系。而使用位置工具拖动片段会对其他有位置重叠的片段产生覆盖，并产生新的空隙片段。

1 在时间线上，向左拖动采访片段MVI_1055的中央（不要拖动边缘）。

采访片段与它前面的空隙片段交换了位置，这就属于磁性时间线的特征。

2 按快捷键Command+Z，撤销上一步的操作。

下面，用位置工具重复进行上面的拖动操作。

3 在“工具”下拉菜单中选择“位置”命令，或者按P键。

4 在时间线上，向左拖动采访片段MVI_1055的中央。

采访片段之前的空隙片段变短了。

5 如果您还没有发现这些操作之间的不同，以及使用选择工具的情况，那么按快捷键Command+Z，撤销上一步操作。再次执行同样的操作，仔细观察片段MVI_1055的情况。

当您使用位置工具拖动一个片段的时候，会出现一个新的空隙片段，或者相邻空隙片段时间长度的变化。下面，使用位置工具调整采访片段与音乐片段之间的位置关系，目标是令采访片段在音乐片段的标记之前结束。

6 使用位置工具，移动片段MVI_1055，令其末尾正好在标记的左边（00:00:27:17）。

注意 ▶ *拖动的方向是向左，还是向右，取决于之前的剪辑结果。*

7 使用选择工具，或者按A键，在takeoff标记后面，为起飞和新的航拍片段腾出一些空间来。为了配合音乐，采访片段要在合唱的第8个小节之后（大约在44s的位置）出现。

8 将播放头放在音乐低沉的位置，大概是00:00:44:04，Mitch正好说完“sure that”之后。

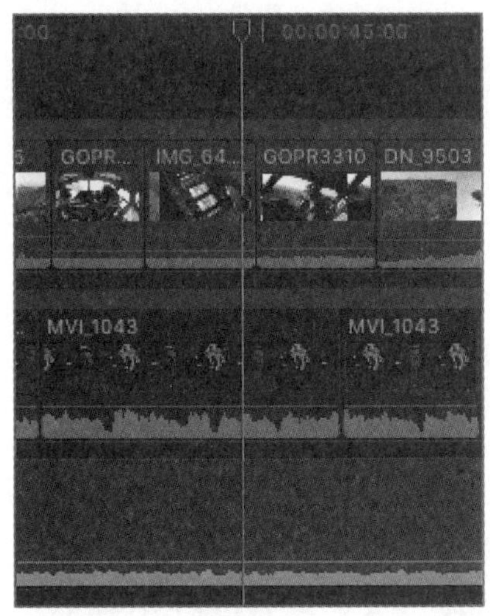

这是在合唱的第8个小节之后，正好是下一个采访片段开始之前。

9 使用选择工具，对MVI_1043前面的空隙片段进行波纹修剪，将采访片段拖到播放头的位置上。

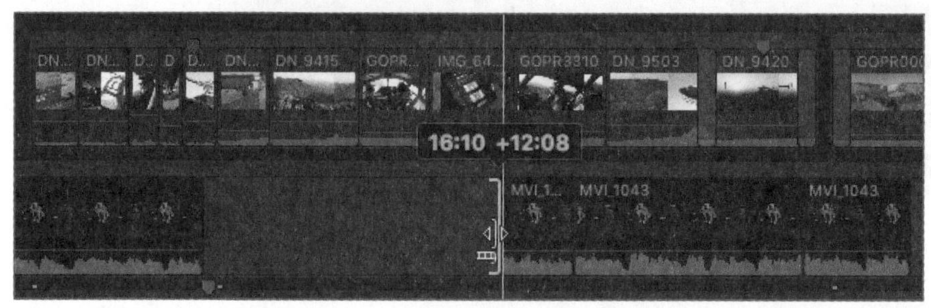

您不用担心B-roll片段的问题，因为与第一个阶段的剪辑类似，当前的任务是将新的采访片段的音频与音乐片段对应起来。在完成之后，如果需要，再处理B-roll片段即可。

5.5.1-A 切断和添加新的采访片段

在项目有足够的空余时间后，您可以将Mitch的采访片段分割为多个分段，并添加一些新的空隙片段，以便减缓他说话的节奏。接着加入几个新的采访片段，利用角色索引，将注意力集中在采访片段上。

1 在角色索引窗格中，取消对“视频”“音乐”“Natural Sound”复选框的勾选。

这样，项目中的视频、音乐和Natural Sound的片段都会被禁用，在处理采访片段的时候，就完全不会受到其他片段的打扰了。

注意 ▶ 如果您发现不想听到的音乐片段并没有被静音，那么选择这些片段，在信息检查器中检查它们被分配的角色。如果需要，为它们重新分配角色。

2 在第二个MVI_1043片段中，将播放头放在00:00:50:19的位置，Mitch说“Imagery of what you’re shooting”之后。

3 选择播放头的位置上的采访片段，方法是直接单击该片段，或者在按住Command键的时候，按两次↑键。

4 按快捷键Command+B，将采访片段从播放头的位置上切开。

注意 ▶ 如果扫视播放头是激活的，那么切开片段的位置可能会与您期望的有所不同。如果发生这样的问题，那么按快捷键Command+Z，撤销上一步操作，按S键，禁用扫视播放头，重复上面的剪辑操作。

在影片序列中创建一个暂停的效果，使用位置工具进行操作。

5 选择被切成两段的后一个片段和第三个片段“MVI_1043”。

6 按P键，打开位置工具，向右拖动这两个片段，移动12帧。

现有的MVI_1046是跟随在音乐渐强、阳光照入直升机画面之后的一个采访片段。移动它的位置，为新的采访片段腾出足够的空间。

7 使用选择工具，对MVI_1046之前的空隙片段进行波纹修剪，将MVI_1046推迟到音乐的最后一个部分。为了填充空隙，波纹修剪添加了17:01的时间长度，最终时长为27:22。

这样，您就创建了一个很长的空隙片段，在此之后会用两个新的采访片段替换。第一个片段在片段MVI_1043之后3s的位置。

8 将播放头放在片段MVI_1043后面3s的位置。

在此之前，您已经将需要用到的采访片段标识为个人收藏了。现在，在浏览器中找到这个片段。

9 选择关键词精选“Interview”，在“过滤器”下拉菜单中选择“个人收藏”命令，在搜索栏中输入“new”。

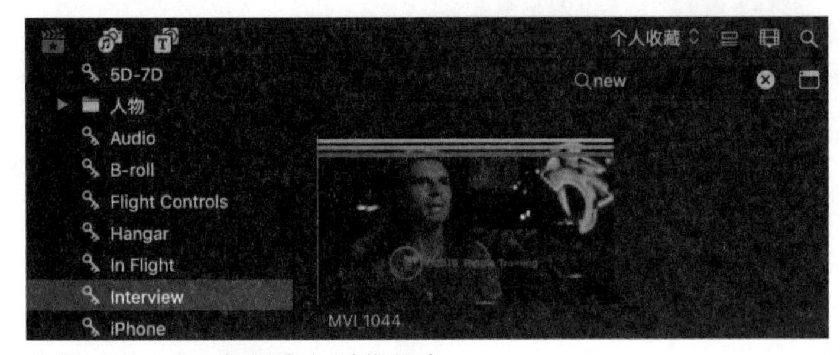

片段MVI_1044会出现在浏览器中。

10 按/键，预览这段影片。

11 在Mitch说“virtually”之前设定开始点，说“for me”之后设定结束点。

以下是其他需要调整的工作。

- 维持片段时长，类似于替换编辑。
- 不影响开始点和结束点左右两侧的片段的位置，无论其在故事情节的内部还是外部，都类似于一个连接编辑。

- ▶ 删除故事情节中的某个片段范围。

接下来执行一个覆盖编辑。将浏览器中被选择的对象放置到扫视播放头或者播放头对准的主要故事情节和被选择的次级故事情节中，并抹掉该位置上原有的所有内容。附近的片段不会出现波纹移动，不会被举出，也不会横移。现在，您已经放置好了播放头，只需要选择作为目的地的故事情节即可。

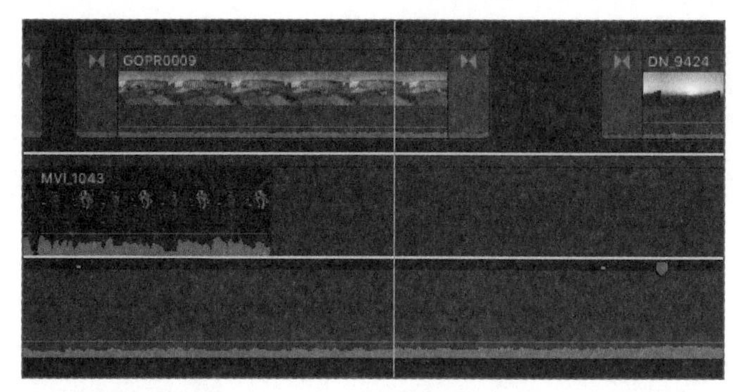

12 在确认播放头位置正确后，单击故事情节中的灰色横栏，以选择这段声音片段。单击“覆盖”按钮，或者按D键。

单击“覆盖”按钮。

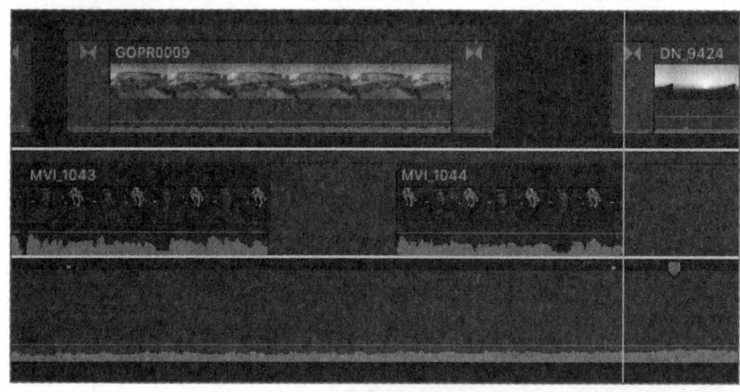

该采访片段位于声音片段所处故事情节的空隙片段中，对项目中的其他片段没有任何影响。

您还需要添加一个采访片段，将其放置在刚刚加入的采访片段的后面大概3s的位置。

13 目前，播放头位于片段MVI_1044的末尾，按快捷键Command+Shift+A，取消对这个故事情节的选择，按快捷键Control+P，放置播放头。此时，时间码显示的数值被清空，等待您输入新的数值。您需要令播放头向右移动3s，输入“+”表示向右移动。

14 按+键，输入“3.（句号）”，按Enter键。

现在播放头移动了3s的位置。

15 在关键词精选Interview中，将搜索文本修改为“capture”。

片段MVI_1045出现在了浏览器中（该片段之前的注释包含“capture”）。

16 选择浏览器中的片段，按/键，观看其内容。

17 选择采访片段所处的故事情节，按D键，将该片段覆盖编辑到故事情节中。

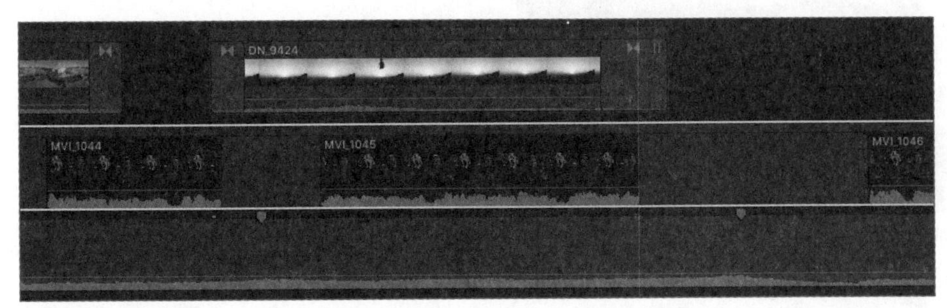

18 在角色索引窗格中，重新启用视频、音乐和Natural Sound的片段。播放项目，查看最近的剪辑效果。接着，在总休止的部分，把这两个采访片段与音乐渐强的部分拉得更近一些。

19 使用任何您喜欢的方法，移动片段MVI_1045，令它的结尾正好位于设定好的标记“Sunset through windows”之前。确认这次移动操作没有影响项目中的其他片段。

在完成上述操作之后，您应该为项目制作一个快照，因为在接下来的练习中会对项目进行大量的调整。

20 在项目智能精选中，按住Control键，单击项目“Lifted Vignette”，在快捷菜单中选择“将项目复制为快照”命令，将新的快照重新命名为“Before Aerials”。

在本节中讲解了几个常用的编辑操作、用于提示剪辑工作的标记，以及时间线索引和角色的功能。通过练习，您将采访片段从主要故事情节中移了出来，并用新的音乐片段代替。通过连接片段、故事情节和磁性时间线，您可以自由地在Final Cut Pro的时间线上排列片段。

> ▶ **检查点** 5.5.1
>
> 有关检查点的更多信息，请参考附录C。

参考5.6
使用试演

对于有演员表演镜头的项目，由于演员可能会针对同一个场面进行多次表演，因此可能会拍摄多个视频片段。当剪辑这些视频片段的时候，多数剪辑师都会先剪辑好第一次表演的镜头，然后用第二次表演的镜头替换第一次的，以便检查哪个效果更好一些。剪辑师每天都会进行这样的重复操作，以评估每一个可选镜头。

在Final Cut Pro中，试演可以将多个镜头打包，以同一个片段的形式放置在项目中。您可以切换观看和使用这个片段中的不同镜头，在不影响周围已有的剪辑的基础上，比较不同画面的效果。试演片段可以包含不同场景的视频或音频，例如，您可以利用试演来比较某个镜头带有不同视频或音频特效之后的效果，也可以在项目的相同位置上快速切换不同的视频或者音频，以便做出选择和取舍。

试演窗口中会罗列出该试演所包含的镜头，单击其中的某个缩略图，或者使用快捷键即可执行一次替换编辑。利用预览模式的优势，您也可以一边循环播放一边挑选镜头。

练习5.6.1
重新放置故事情节，删除其内容

在创建并开始使用试演之前，您需要在时间线上进行一些操作，为整理试演片段做好准备。Final Cut Pro的操作很简易，您只需要适当地放大时间线，以便看到细节上的变化即可。下面先从项目的开头看看航拍的镜头有哪些新的选择。

注意 ▶ *在剪辑过程中，您可以随时使用N键启用或者禁用吸附功能，使用快捷键Command+=（等号）或者拖动片段外观的缩放滑块放大时间线，以便观察到更多的细节。*

1 在主要故事情节中，将第一个空隙片段缩短2s。

移动音乐片段，以及所有连接在音乐片段上的对象，保持后者与音乐的同步。

起飞的故事情节中的第一个片段是DN_9463，该片段应该正好与之前设定的takeoff标记的位置对齐。尽管起飞前的故事情节和其最后一个片段DN_9452正好位于标记的上方，该故事情节仍然会让路，因此，您会得到希望的剪辑效果。

2 拖动起飞的故事情节的横栏，将故事情节的开头与时间线上大约26s（00:00:25:22）的位置对齐。takeoff标记应该就在这个位置上。

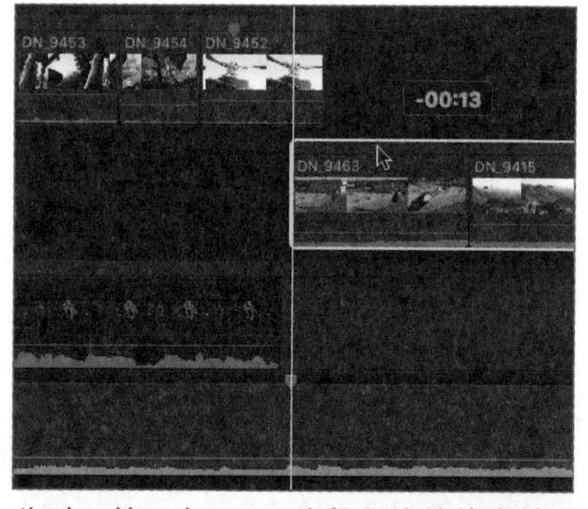

此时，第二个B-roll片段所处的故事情节，也就是起飞前的故事情节，会叠加在起飞的故事情节中的片段DN_9463 上。稍后，您将利用变速功能制造一个发动机加速运转的效果，并缩短

片段的时长。现在，您需要将起飞前的故事情节向左移动一下，露出带有takeoff标记的片段DN_9463。

3 将起飞前的故事情节向左拖动，直到它降落到第二行，不再与起飞故事情节有叠加的情况。启用吸附功能，确保这两个故事情节是紧挨在一起的。

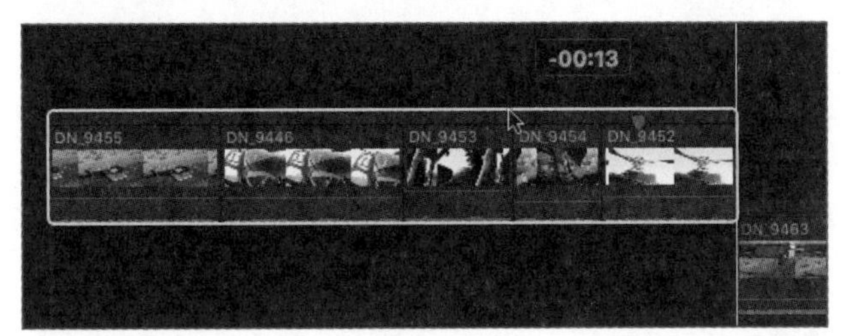

在片段DN_9463之后，我们希望看到一些新的航拍画面，因此需要删除一个B-roll片段，为新片段腾出空间。

在这轮剪辑中，需要删除片段DN_9415。您可以使用空隙片段来替换这个片段，这样可以将空隙片段用于后面的编辑。

4 选择片段“DN_9415”，按快捷键Shift+Delete。

这样，空隙片段就替换了片段DN_9415。在后面的剪辑工作中，您会使用这个空隙片段作为参考。为此，您需要导入新的航拍片段。

练习5.6.2
使用访达标记导入航拍镜头

在项目Lifted Vignette中创建一个单独的试演片段，用于剪辑所有新的航拍镜头。您可以在这个试演中找到最喜欢的一个镜头。

在开始练习之前，您需要导入航拍片段的源媒体文件，并对其进行适当的整理。在macOS的访达中已经对这些新的片段进行了分类整理，并分配了相应的标记。在导入的时候，这些标记可以被用作关键词。下面先在“访达”窗口中查看这些标记。

1 按快捷键Command+H，隐藏Final Cut Pro。

2 在程序坞中单击“访达”图标，打开“访达”窗口。

3 找到文件夹“FCPX MEDIA > LV2 > LV Aerials”。

在默认的列表视图中，这些航拍片段的标记是被隐藏的。

4 如果需要，将窗口切换为列表模式，按住Control键，单击名称栏的标题，在快捷菜单中选择“标签”命令。

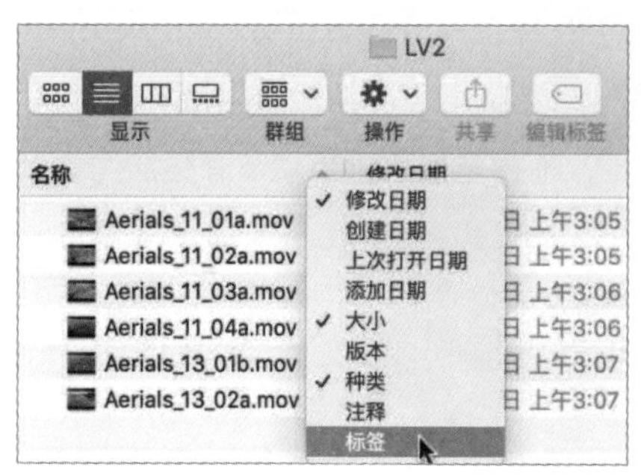

每个航拍片段的标记都显示了出来。在导入这些片段的时候，您可以利用这些标记创建关键词精选。

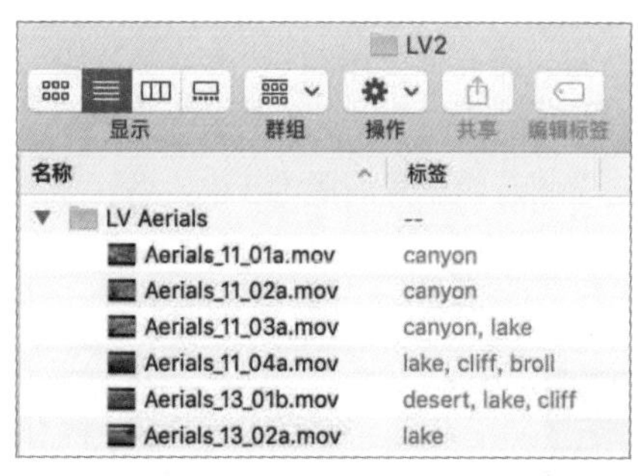

5 在程序坞中单击Final Cut Pro的图标，返回Final Cut Pro。

6 在Final Cut Pro中，单击工具栏中的“导入媒体”按钮。

在“媒体导入”窗口打开后，找到需要导入的航拍视频。

7 找到之前下载的“FCP X Media > LV2 > LV Aerials”。

8 选择“LV Aerials”文件夹。

9 在“媒体导入”选项中进行如下设定。

- 添加到现有事件Primary Media中。
- 选中“让文件保留在原位”单选按钮。
- 勾选“从‘访达’标记”和“从文件夹”复选框。
- 取消设置所有的分析和转码选项。

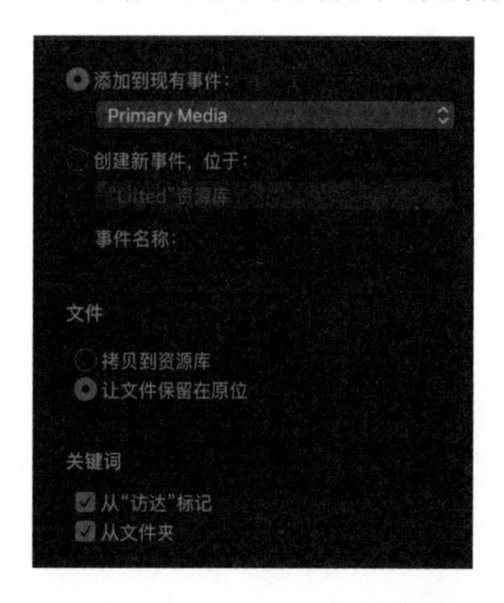

10 单击“导入”按钮。

此时，6个航拍视频都被放置在了事件Primary Media中的关键词精选LV Aerials中。这6个片段在访达中被分配的标记有canyon、cliff、desert和lake，分布在4个新的关键词精选中。在继续剪辑之前，您可以为它们分配更多的元数据，如角色等。

11 在浏览器的关键词精选LV Aerials中，选择这6个航拍片段。

12 按住Control键，单击其中任何一个片段，在快捷菜单中选择“分配视频角色”>“B-roll”命令。

在航拍片段中没有音频信息，因此不需要分配音频角色。

练习5.6.3
使用试演片段

使用试演可以非常方便地测试多个镜头在时间线的同一位置上所带来的不同效果。在本练习中，您将通过试演的功能为项目添加一些新的片段。下面先在浏览器中创建一个试演片段。

1 确认在关键词精选LV Aerials中选择了所有的航拍片段。

2 按Control键，单击任何一个被选择的片段，在快捷菜单中选择“创建试演”命令。

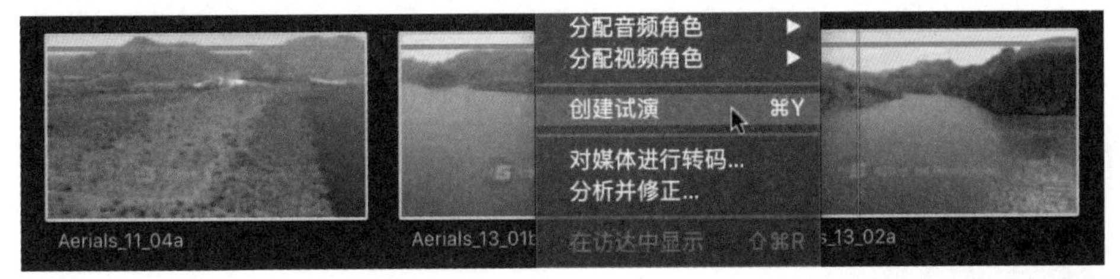

在浏览器中出现了一个新的试演片段。它包含了多个不同内容的片段，但在浏览器中被视为一个片段。

5.6.3–A 熟悉“试演”窗口

下面将试演片段剪辑到B-roll的故事情节中。

注意 ▶ *在本练习和后面的练习中，您可能会觉得某些操作会把时间线弄乱，但是不用担心，Final Cut Pro会让它们保持同步。*

1 在浏览器中单击试演片段上的“聚光灯”图标，打开“试演”窗口。

“试演”窗口中出现的片段是当前被选择的片段。

2 按→键、←键可以循环观看试演中的不同片段。

注意 ▶ *您也可以单击另一个片段的缩略图，改变当前的选择。*

请注意，被选择片段的名称与时间长度会显示在这个窗口中。试演片段最适合的剪辑方式就是替换。

3 在“试演”窗口中，将Aerials_11_02a作为当前的选择，单击“完成”按钮。

关闭“试演”窗口，并在试演片段中启用最新选择的片段内容。这段峡谷镜头的时间长度为39s，下面先将它剪短为6s。

4 在浏览器中选择这个试演片段，在时间码00:00:54:00的位置创建一个6s的片段。这里有几个操作的小技巧。

- ▶ 按J键、K键、L键、→键和←键，快速找到播放头所在的位置。
- ▶ 在扫视或播放片段的时候，时间码显示区域会显示片段的时间码。

54:00

- ▶ 当时间码显示为00:00:54:00的时候，按I键。
- ▶ 按快捷键Control+D可以设定时长，输入“600”，按Enter键。

5 在浏览器中，将试演片段插入到片段DN_9463的后面。请注意，您必须先单击选中故事情节中的灰色横栏，再单击“插入”按钮，或者按W键。

注意 ▶ *航拍片段不包含音频信息，不会被分配音频角色，片段会根据其被分配的视频角色显示颜色。*

试演片段会进行一次替换编辑，其时间长度是当前试演片段中被选择的片段的时间长度。因为标记的是试演片段中的一个范围，所以当这个范围作为首选的时候，B-roll故事情节中的片段会向后延展。

6 在时间线上单击试演片段名称左边的“聚光灯”按钮，打开“试演”窗口。

如果此时选择不同的片段，那么故事情节也会因为不同片段的不同时间长度而产生波纹移动。

7 循环播放试演片段，回到Aerials_11_02a，单击“完成”按钮。

在时间线上进行这样的操作是有一定的危险的，尤其是在您已经花费了很多时间排列其他片段，并令它们的位置关系已经比较完美的情况下。在很多情况下，您需要继续修剪添加了新片段的试演片段的时间长度，以便故事情节中的其他片段维持在一个合适的位置上。

▶ 避免由于试演引发的波纹移动

实际上，您可以避免由一个试演片段引发的波纹移动所带来的同步问题。在故事情节中，可以先将试演片段举出，令其成为一个连接片段，再在故事情节中留下一个空隙片段。这样，试演片段的任何改变都是独立进行的，不会影响其他对象。在您决定了新的片段内容后，可以将其修剪为空隙片段的时间长度并放回到故事情节中，或者直接作为一个连接片段。

▶ 重新确定连接点

连接片段或者一个连接的故事情节会默认连接到对应片段/故事情节的开始点上。您可以移动这个连接点的位置，方法是按住快捷键Command+Option，单击连接片段的底部（如果该连接片段在主要故事情节的下方，那么单击片段的顶部）。如果是连接的故事情节，那么单击的位置是该故事情节中的横栏。

参考5.7
修剪开头和结尾

无论您在处理连接片段或者故事情节中的哪个片段，都可以利用“修剪开头”“修剪结尾”“修剪所选部分”这3个命令对片段进行快速的修剪。

前两个命令是“修剪开头”和“修剪结尾”。如果在片段的开头有一些不需要的内容，那么可以将播放头放置在希望保留的内容的第一帧画面上，使用“修剪开头”命令。反之，如果将播放头放置在希望保留的内容的最后一帧画面上，那么可以使用“修剪结尾”命令。

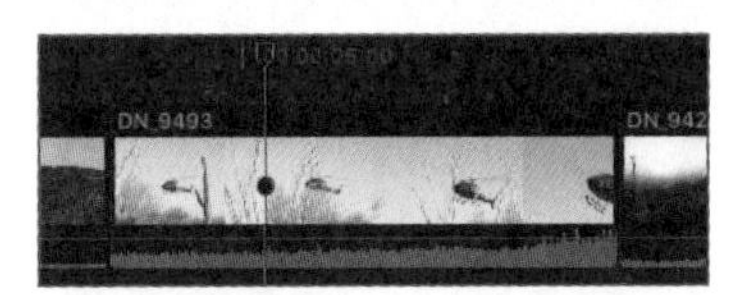

在执行修剪命令之前的连接片段。

执行“修剪开头”命令。参照执行该命令之前的截图，航拍片段从播放头开始到其结尾的部分都被保留了下来。

在执行修剪命令之前的连接片段。

执行“修剪结尾”命令。参照执行该命令之前的截图，航拍片段从开头到播放头的部分都被保留了下来。

使用“修剪所选部分”命令只能保留片段中选择范围内的内容。您可以使用范围选择工具，或者通过扫视的方法确定开始点和结束点，选择一个希望保留的范围，使用“修剪所选部分”命令，删除选择范围之外的片段内容。

使用“修剪所选部分”命令。

在播放影片的同时也可以使用“修剪开头”“修剪结尾”“修剪所选部分”这3个命令。这可以令您实现一种实时的剪辑。

练习5.7.1 修剪航拍镜头

在本练习中，您将继续处理添加到试演片段中的航拍片段。通过“修剪开头”“修剪结尾”“修剪所选部分”这3个命令来修剪这些片段。

1 在浏览器中选择试演片段，将其拖到第一次试演编辑的Aerials_11_02a和GOPR1857之间的空隙片段上，执行一次替换编辑。

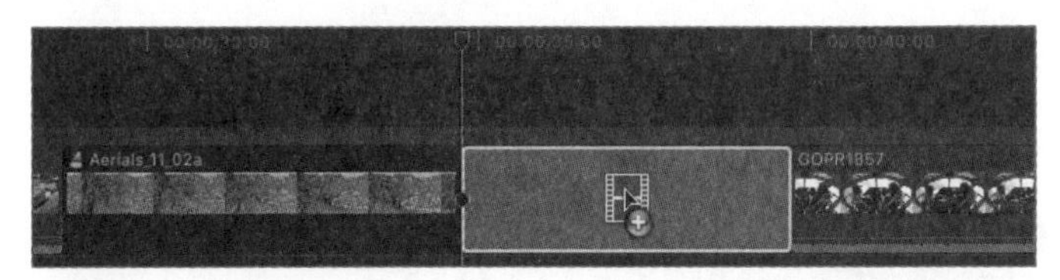

2 选择第二个试演片段“Aerials_11_02a”，单击“聚光灯”按钮，打开“试演”窗口。

3 按←键和→键，选择片段“Aerials_13_02a”，单击“完成”按钮。

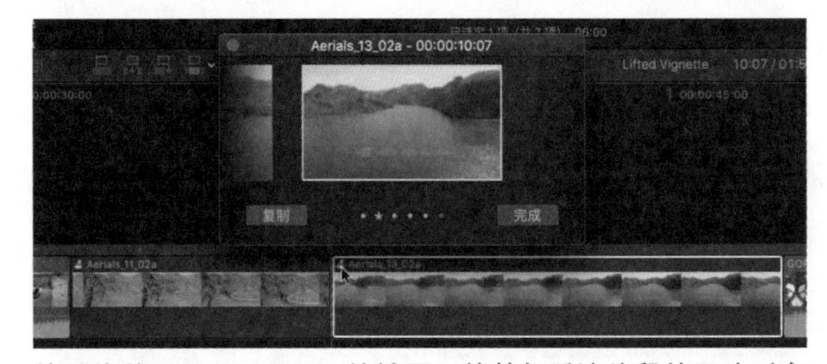

接着修剪Aerials_13_02a的结尾，使其与采访片段的开头对齐。

4 将播放头放在采访片段的开头。

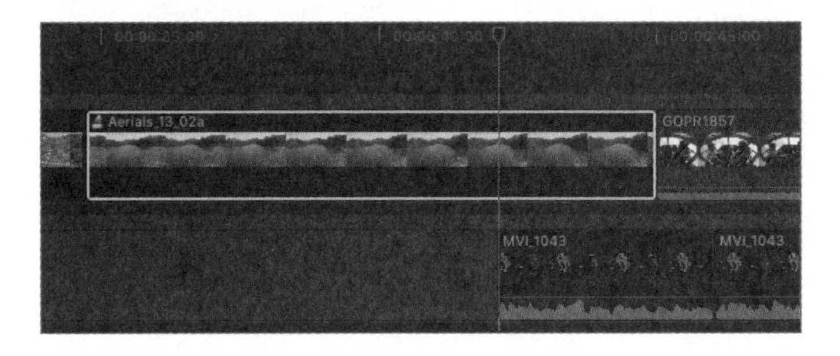

5 选择片段“Aerials_13_02a”，按快捷键Option+]。该片段的末尾被修剪到了播放头的位置上，后面的片段随之发生了波纹移动。在这里还会添加一个直升机低空飞行掠过摄像机镜头的片段，继续播放Mitch的谈话。

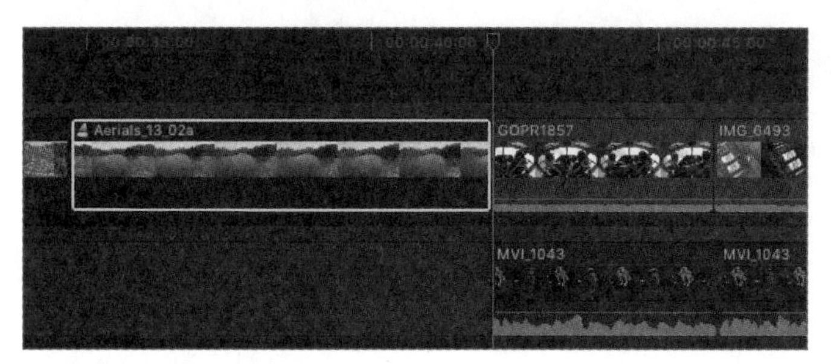

6 在关键词精选In Flight中找到片段DN_9493，在画面中只剩下直升机机尾的时候（03:16:37:11），设定一个结束点。

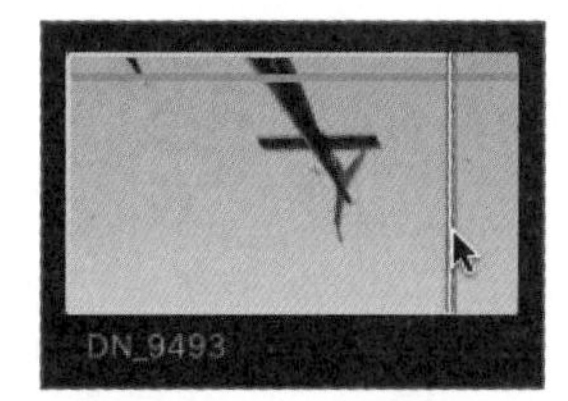

7 将播放头向开头移动3s，设定一个开始点。

注意 ▶ 在按O键设定了结束点后，按快捷键Control+P，继续输入“-（减号）”“3”“.（句号）”，按Enter键，再按I键，完成这一步操作。

8 在Aerials_13_02a和GOPR1857之间插入短小的片段DN_9493。

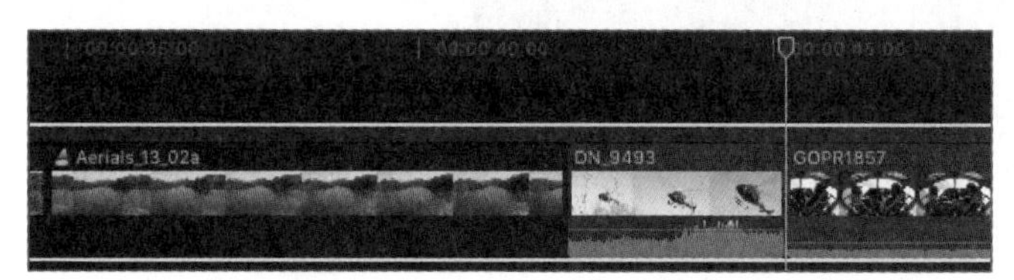

在采访片段开始播放之前，直升机会轰隆隆地从镜头前飞过。您可以快速地修剪这两段航拍镜头，将片段DN_9493中音量最大的部分放置在Mitch开始讲话之前。

9 将播放头放在片段Aerials_13_02a的开头。观看画面或者监听音频，找到一个适合产生变化的位置。在画面上，当干枯的河床接近屏幕最下方的时候，这个位置可以作为一个编辑点。

10 如果需要，取消对故事情节和片段的选择。将播放头放在该位置上，按快捷键Option+]。对应节拍的位置的时间码应该是00:00:34:02，此时河床位于画面的最下方。

11 继续修剪Aerials_13_02a的结尾，仔细监听并观察该编辑点是否合适。片段在00:00:40:03的位置结束是比较合适的。

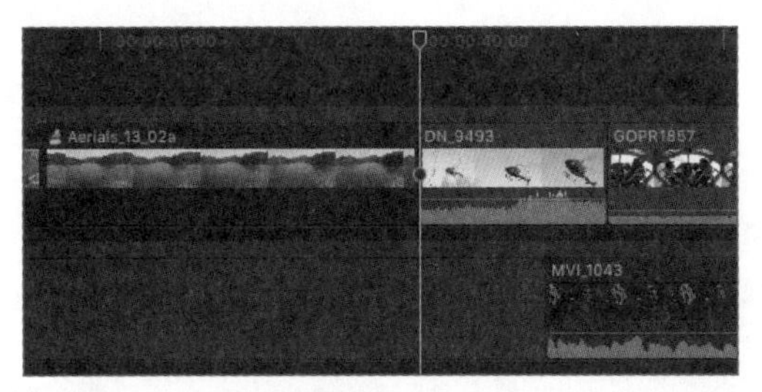

片段DN_9493中音量最大的部分正好位于采访片段的开头。

12 如果需要，继续修剪Aerials_11_02a和Aerials_13_02a，或者重新放置DN_9493，令音量很大的“隆隆”声位于采访片段的前面。另外，您也可以使用修剪工具将其滑动-14帧。

13 将DN_9493的音量降低到-15 dB。

这还不是最终的音量标准，在这里只是暂时的调整，在第7课中会进行精细的混音。此外，该片段的结尾也略显唐突，与原始采访片段的音频不是十分匹配。在第6课中会添加一个转场，令音频可以比较自然地从一个片段过渡到另外一个片段。

5.7-A 继续添加B-roll

在第二个阶段还有一些剪辑工作要完成。在此之前，您已经了解了一些理论和工具，现在，通过具体的操作来进行实践吧！

1 将播放头放在GOPR1857和IMG_6493之间，单击故事情节上的灰色横栏。

2 在浏览器中，选择关键词精选“iPhone”，找到B-roll片段IMG_6486。在片段的开头标记一个时间长度为2:10的片段。

3 按W键，在这个片段中插入起飞的故事情节中，将该片段的音量降低一些。

4 对片段IMG_6493进行波纹修剪，令该片段在Mitch的手臂到达画面最上面的位置停止（在摄像机开始摇移之前）。

检视器右下角出现的直角图标表示这是片段IMG_6493的最后一帧。

在第6课中，您将为片段GOPR3310和一个航拍片段创建一种分屏的画面效果。在这里先修剪一下GOPR3310。

5 在项目中选择片段“GOPR3310”，按快捷键Control+D，设定时间长度为8:10。

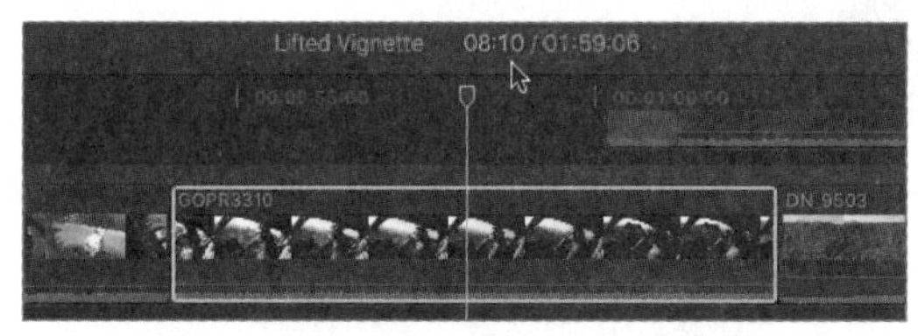

时间线上方项目名称右边的第二组数值是整个项目的时长。

到此为止，仍然有一些片段需要被添加到项目中。与房间的重新装修类似，要想加上新的物件，就要先移除一些旧的物件。

5.7-B 移除一个转场和移动多个片段

在第一个阶段的剪辑中，您已经添加了一些转场，令不同镜头之间的转换变得平滑了许多。但此时，其中一个转场必须要删除。

1 使用选择工具，选择片段DN_9503和DN_9420之间的转场。

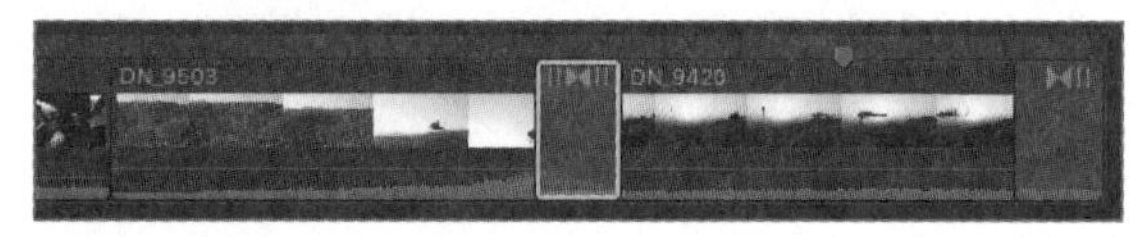

2 按Delete键。

注意 ▶ 请按键盘上的大号删除键，不要按全尺寸键盘右侧小键盘中的删除键。

片段GOPR0009和DN_9424都需要被移动到时间线上最后一段的采访片段上。

3 单击故事情节中的灰色横栏，将GOPR0009和直升机降落的片段移到MVI_1046的上面。继续拖动，令开始的转场与音乐高潮之后短暂的寂静对齐。

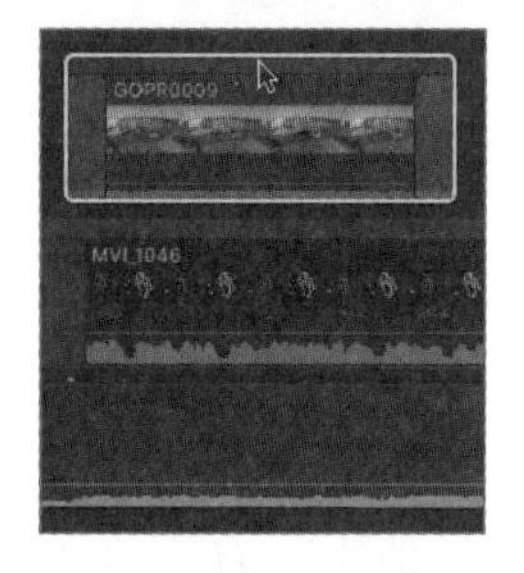

注意 ▶ 您可能会发现此片段的渐入与下方MVI_1046叠加之后的效果还不完美，稍后会调整这个细节。

4 将飞入日落的片段DN_9424放在片段MVI_1046的上面。继续拖动故事情节，令其开头与Mitch说“Wow”的位置对齐，直升机片段声音的峰值与采访片段结束的位置对齐。

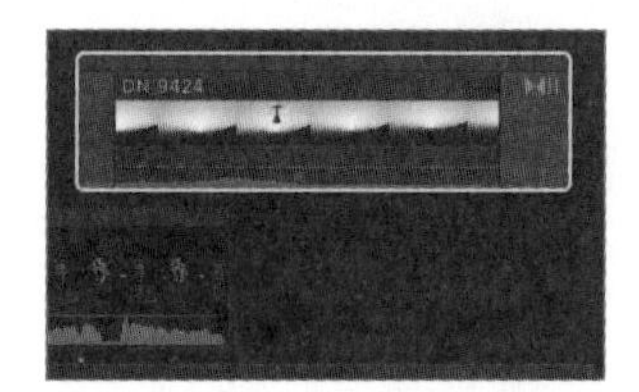

DN_9420是阳光穿过窗口的片段，您可以在直升机正好飞到太阳前面的时候，将该片段与音乐的高潮对齐，这也正好与音乐激昂的效果相匹配。

此时，您不仅需要注意音乐片段中最高的波峰的位置，还要注意片段MVI_1045已经很接近这个位置了。

5 在起飞的故事情节中，将片段DN_9420拖到MVI_1045结尾的位置上。只拖动片段DN_9420，而不要拖动它所在的故事情节的横栏。借助之前创建的标记将画面与音乐对齐。

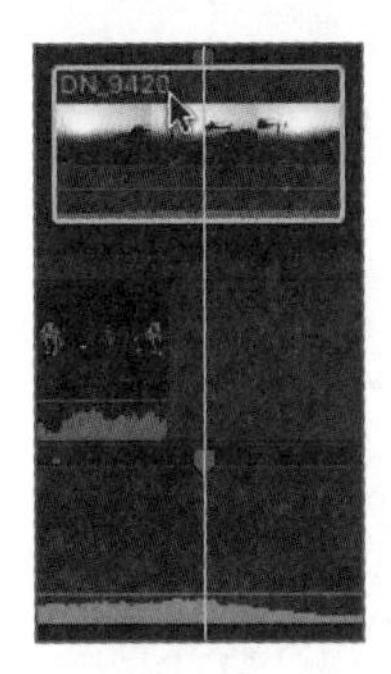

注意▶ *为了将片段与这些标记对齐，可以先将片段移出故事情节，然后启用吸附功能，再拖动该片段，令其与标记对齐。*

5.7–C 对齐音乐节奏

在本轮剪辑中还有一些工作要做。您已经了解了讲述故事的各种工具与工作流程，可以看到，剪辑工作不只是将各个片段线性地排列在时间线上，您还要兼顾视频和音频的呈现效果。

在之前的剪辑中，您将DN_9493放在了Mitch开始讲话之前，对DN_9503和MVI_1044也要进行同样的处理。但是，要使添加的转场能够正常显示，片段就必须具有可叠加的部分，而目前这些片段可叠加的部分很少。为了将画面从直升机流畅地切换到Mitch的镜头，您需要有足够多的互相叠加的片段内容。 声音片段必须在转场的淡化音频之前开始。您需要创建更多可用的内容，以便转场能够被添加到DN_9503上。

注意▶ *您可以随时放大或缩小时间线的显示。将扫视播放头放在希望放大的位置上，按快捷键Command+=，可以看到更多的细节。*

1 对空隙片段的结束点进行波纹修剪，令MVI_1044的开始点与转场的开始点对齐。

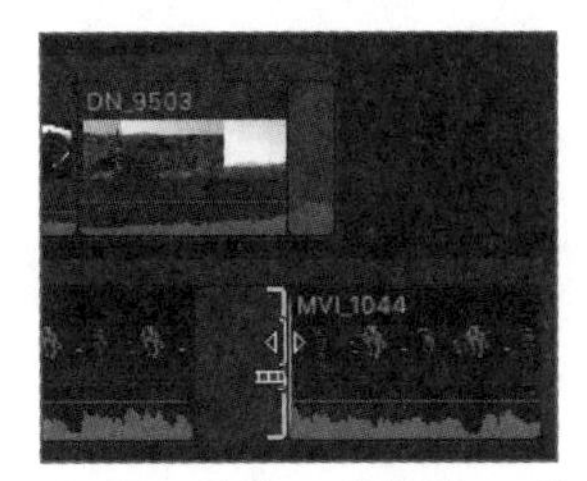

由于之前的一些操作，您可能要在一个很短的空隙片段之后完成片段与转场的对齐。

2 如果顺利完成了第1步，那么直接跳转到第5步。

3 如果您需要将片段DN_9503的播放时间变长，以便转场完全位于片段MVI_1044的上方，那么可以向左拖动片段DN_9503的开始点，并进行一些波纹修剪。

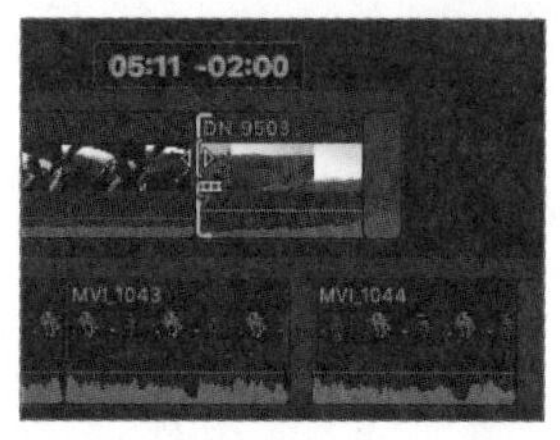

使用波纹工具，向左拖动片段DN_9503的开始点，会呈现出该片段更多的媒体内容。

4 调整片段DN_9503下方的空隙片段的时间长度，将片段MVI_1044的开始点与片段DN_9503后面的转场的开始点对齐。

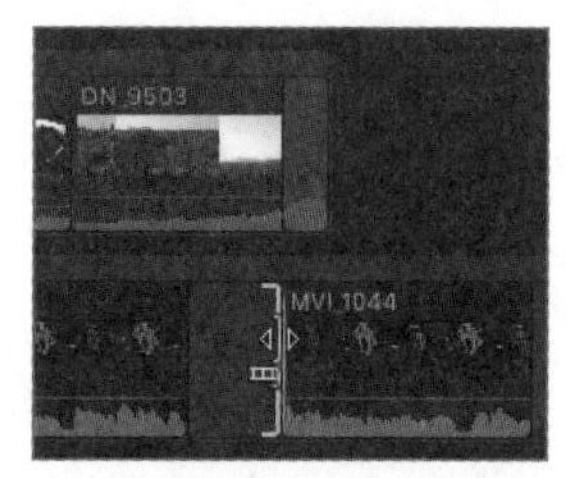

在航拍的试演片段中还有3段B-roll片段，它们也位于采访片段MVI_1044的上方。

5 在浏览器中，将航拍的试演片段连接到片段MVI_1044上，位置在Mitch第二次说出“new”的时候。

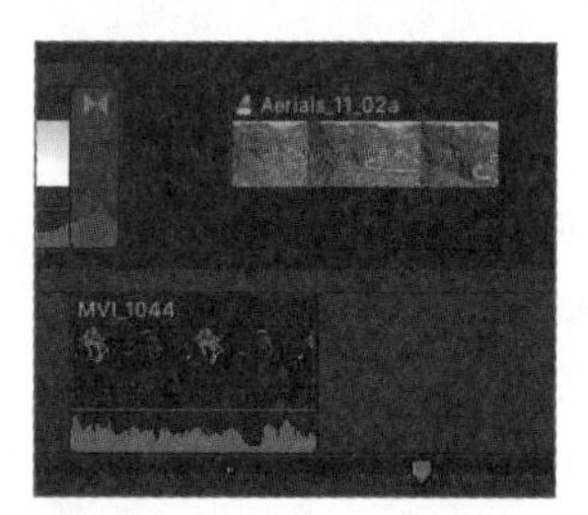

试演片段带有一个聚光灯的图标。

6 在试演片段中，将Aerials_13_01b作为选择的片段。

目前的片段内容显得比较沉闷，时间太长了，可以使用带有湖面的画面让内容变得更加有趣。将湖面片段放在这里即可，在第6课中会对这个片段进行变速处理。为此，要先在这里设定一个待办事项的标记。

7 保持片段Aerials_13_01b为选择状态，扫视它的开头，在飞过沙漠上空的位置上按两下M键。这样就创建了一个标准的标记，并打开了标记窗口。

8 将标记命名为“speed to reveal”，将标记类型调整为待办事项，单击“完成”按钮。

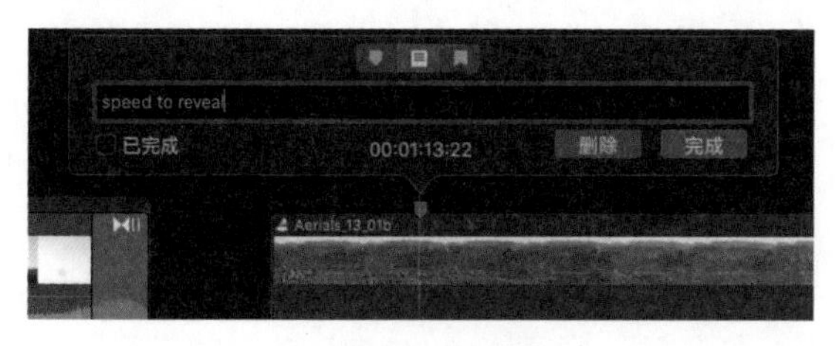

这样待办事项的标记就创建好了。下面调整有沙漠镜头的试演片段的时间长度。

9 将播放头放在片段MVI_1045的开始点。

10 确保Aerials_13_01b片段是被选择的，按快捷键Command+B，切断该片段，但是不要删除第二部分。

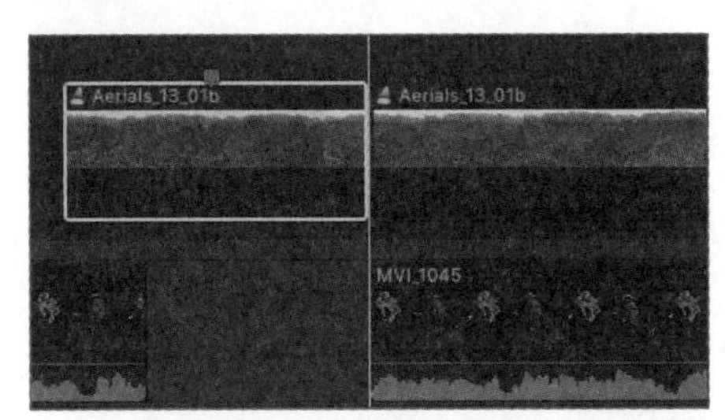

您可以使用后面的片段来改变试演片段中被选定的片段。

11 将第二个试演片段的选定片段切换为Aerials_11_01a。

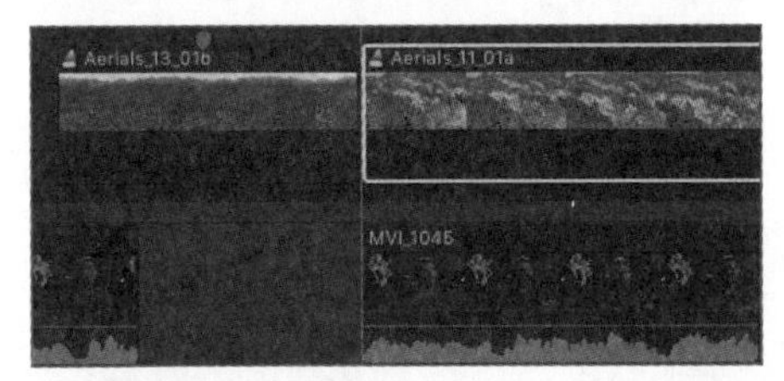

这个片段的时间长度比较长，需要找到实际应用的范围。

12 如果需要，在显示菜单中选择“浏览”命令。

在激活扫视功能的前提下，您还可以单独播放一个片段的音频和视频。扫视播放头会出现在扫视片段的过程中，在该过程中只会显示或者播放扫视过的片段的音频和视频。

13 使用修剪工具，参考时间码，扫视片段Aerials_11_01a在00:00:37:00附近的内容。这个时间码是源媒体的时间码。按I键设定一个开始点。

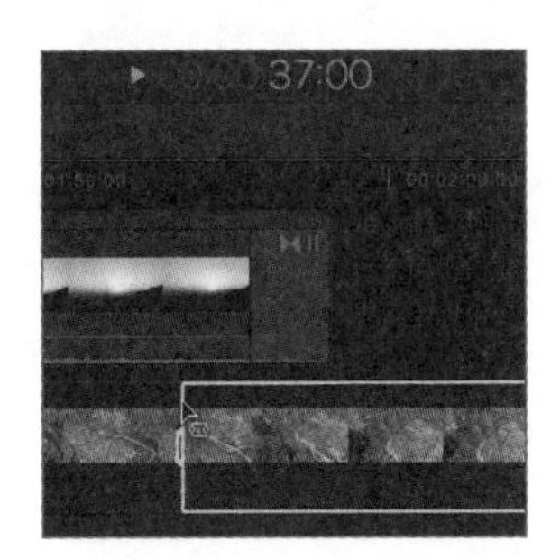

14 继续向右扫视，直到时间码显示为00:00:42:00。按O键，设定一个结束点。

接下来，选择“修剪到所选部分”命令，将选择范围之外的片段内容删除。

15 按快捷键Option+\，修剪片段的选择范围。

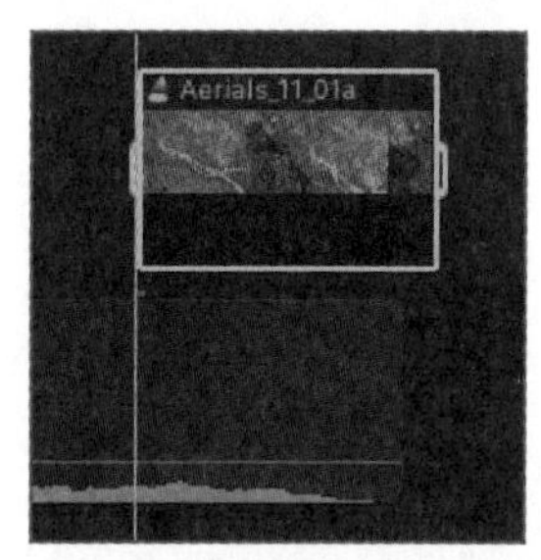

由于该片段只是一个连接片段，所以不会像在故事情节中进行修剪那样引起波纹移动。

16 使用选择工具，将该片段与片段Aerials_13_01b的结尾对齐。

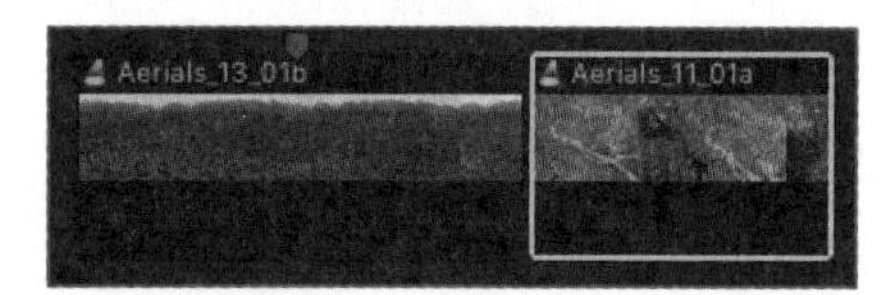

此时需要再增加一个试演片段，以便呈现航拍的镜头。您可以直接在时间线上复制当前的试演片段。

17 按住Option键，拖动试演片段，将复制的片段与之前的试演片段对齐。 先松开鼠标键，再松开Option键。

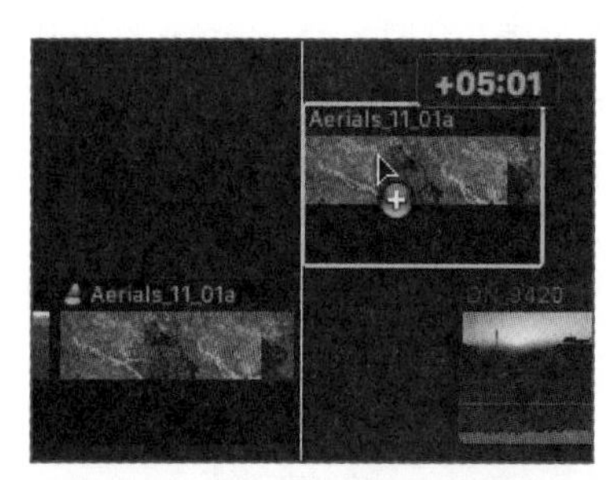

这个方法可以在时间线上复制一个片段，并将其放置在时间线上。

18 将第三个试演片段的选定片段指定为Aerials_11_03a。

19 使用修剪工具扫视这个试演片段，在1:42:00处设定开始点，在1:46:00处设定结束点。按快捷键Option+\，将片段修剪到所选范围内。

20 将修剪好的片段与Aerials_11_01a的结尾对齐。

21 将Aerials_11_01a的结尾修剪得短一些，令其与片段DN_9420的开始点对齐。

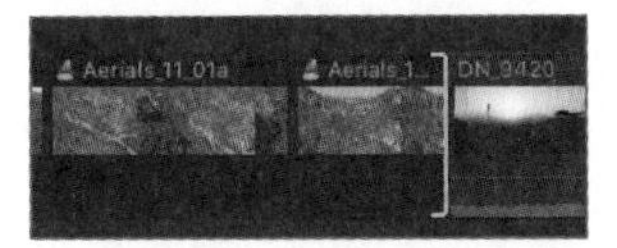

尽管这4个片段可以分别放置在各自的连接故事情节中，但此时先保持它们作为连接片段的状态。在当前的任务中，还有一个小任务要完成。

22 对MVI_1046之前的空隙片段进行波纹修剪，令采访片段向右移到GOPR0009转场效果完全结束之后的位置上，播放整个项目。

在观看项目的时候，您可能会发现仍然有一些位置需要完善，比如应该添加一些音频效果、进行变速、添加几个新的转场、进行音频混音，以及创建分屏画面的效果。在后面的课程中，您会逐步完成这些工作。

回顾一下第二个阶段的剪辑，这是一种新的工作流程。先令采访片段脱离主要故事情节，用一段更长的音乐片段替换。为B-roll片段创建新的故事情节，并为航拍片段创建试演。通过试演片段，在时间线上尝试各个不同的镜头，而不用反复回到浏览器中寻找相应的片段，以及进行重复的替换操作。对于整个项目，您进行了比较大的改动，但在Final Cut Pro的实际操作中，一切都是非常快速而简单的。

目前的时间线。

> ▶ **检查点** 5.7.1
>
> 有关检查点的更多信息，请参考附录C。

课程回顾

1. 描述以下命令的功能：将项目复制为快照、复制项目。
2. 在替换片段的命令中，哪个命令会使用浏览器中片段的时间长度，替换、从开头替换，还是从结尾替换?
3. 描述以下4个按钮的功能：
4. 执行什么操作会使Dashboard如下图所示?
5. 在哪里可以找到项目中使用过的所有标记的列表?
6. 下图所示的片段用到了什么命令?

7. 哪个工具可以重新放置片段，并覆盖其他相邻的片段?
8. 如何为片段分配角色?
9. 什么类型的片段可以被放入试演片段?
10. 试演片段具有什么样的特殊图标?
11. 下图所示用到了哪个命令?

使用命令之前。

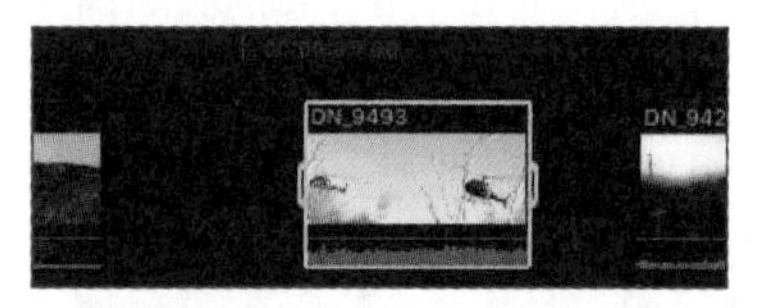

使用命令之后。

答案

1. “将项目复制为快照”会根据当前项目的状态复制一个不会动态更新的版本。“复制项目”会创建一个动态的版本，被其他项目使用的复合片段和多机位片段都会动态更新。
2. “替换”命令。
3. 扫视：启用和禁用视频扫视功能。音频扫视：启用和禁用音频扫视功能。独奏：单独监听所选片段的音频。吸附：在拖动的时候，磁性地吸附相邻的扫视播放头、播放头、片段的编辑点、关键帧或者标记。

4. 将播放头向左移动3s。用快捷键Control+P可以执行这个操作。
5. 在时间线索引的标记中。
6. “单独播放”命令，或者按快捷键Option+S。
7. 位置工具。
8. 在信息检查器、时间线、时间线索引、浏览器， 或者修改菜单中都可以为片段分配角色。
9. 通常带有表演镜头或者画外音的片段可以被制作为试演片段。但实际上试演片段包含几乎所有类型的片段。
10. 试演片段的左上角有一个“聚光灯”图标，单击这个图标可以打开试演窗口。
11. “修剪到所选范围”命令，或者按快捷键Option+\。

第6课
精剪

学习目标

- 调整片段的播放速度
- 通过效果改变片段的外观
- 充分利用转场
- 调整变换与合成控制
- 创建复合片段

在上一课中，我们对项目进行了第二个阶段的剪辑。现在，我们可以开始一些精细的剪辑工作了。实际上，并非所有的项目都需要使用本课中讲述的技术，但是某些项目需要利用到所有技术。第三个阶段的剪辑工作不是为了完成既定的任务，而是为了充分发挥您的创造力，除了修饰工作，还包括一些拍摄和对后期中出现的错误和问题的修复工作。

在第二个阶段的剪辑中，项目Lifted Vignette已经获得了一个很好的剪辑版本。在本课中，您将插入变速特效，为一个或多个图像应用视觉效果，添加更多的转场以统一镜头的风格。您还将学习如何合成两个片段，以及将它们组合在一个复合片段中。

参考6.1
片段的重新定时

变速的效果可以满足一个项目制作中多种多样的需求。比如，在一个培训影片中，您可以快速地演示一段时间较长的操作过程。加速播放的片段仍然可以表达整个培训过程，但是避免了令观众感到无聊。变速效果也可以表达一种情绪和气氛。在一个叙事的影片中，放慢播放速度可以在视觉上增强配音所表达的情感。

添加变速效果总是要符合故事情节的实际要求的，否则它会影响观众对故事本身的理解。

在之前的练习中，您已经为一个片段应用了反向播放的变速效果，令机库门打开的方向是相反的。其操作方法很简单，直接在“重新定时”下拉菜单中选择“倒转片段”命令即可。重新定时编辑器会按照正常的速度播放该片段，但方向是反的。

此外，Final Cut Pro还具有很多其他的变速功能。在本课中，我们将仔细挖掘“重新定时”下拉菜单和重新定时编辑器的若干个功能。

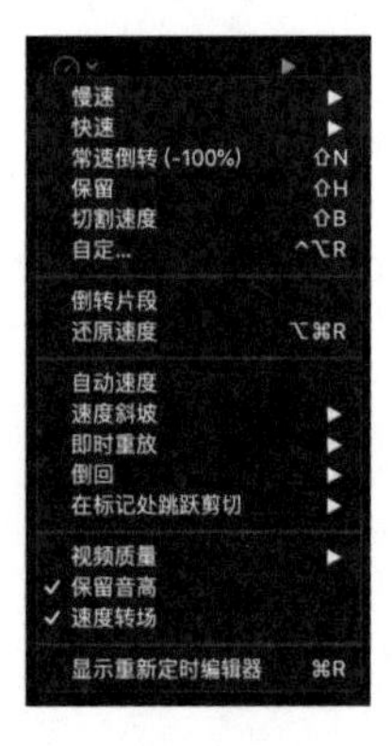

练习6.1.1
设定一个均匀的变速

在项目Lifted Vignette中有若干个片段需要进行一些速度上的变化。您已经为它们添加了待办事项的标记，以提醒您后续应该完成的工作。您可以在时间线索引中找到这些标记，并逐一进行调整。接下来先创建一个快照，为当前的项目存储一个备份，再进行变速操作。

1 在时间线中保持当前项目为打开的状态，在快捷菜单中选择“编辑”>“将项目复制为快照”命令，或者按快捷键Command+Shift+D。

2 在浏览器中，将Lifted Vignette快照重命名为“Before Speed Changes”。

3 在项目Lifted Vignette中，单击“时间线索引”按钮，或者按快捷键Command+Shift+2，打开时间线索引窗格。

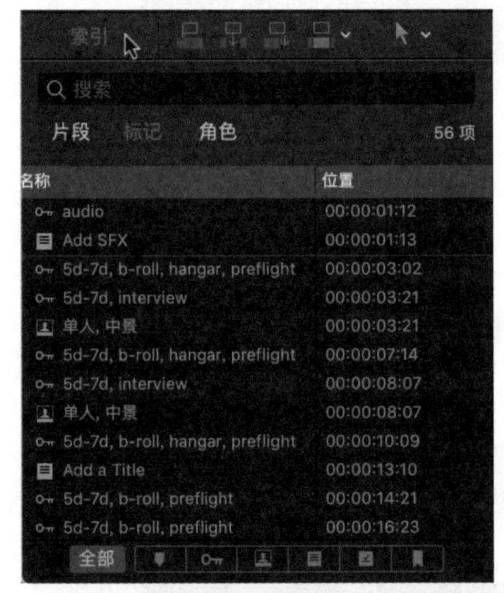

在时间线索引窗格的“标记”选项卡中可以找到待办事项的标记。

4 在时间线索引窗格中选择“标记”选项。

5 在时间线索引窗格中单击“待办事项”按钮（右数第三个）。

时间线索引窗格中罗列了之前您创建过的几个待办事项的标记。

6 选择待办事项标记“Speed and SFX”。

这时，片段DN_9452上的标记被选中，而且播放头也跳转到了该片段上。

7 播放片段DN_9452，可以看到该片段是直升机启动的镜头。

如果该片段能够播放得更快一点呢? 从片段内容上看，它已经是一个加速运动的画面了，但是仍然可以再提高一点儿速度，令画面的动感更加强烈。

8 选择该片段，按快捷键Command+R，打开重新定时编辑器。

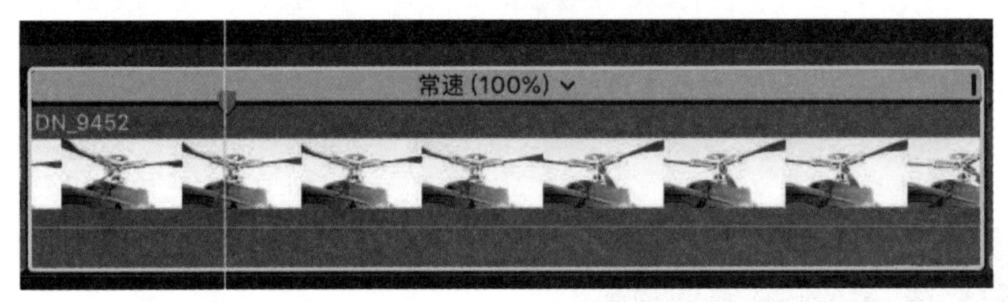

每个片段都有自己的重新定时编辑器，用于观看和控制该片段的变速情况。从重新定时编辑器中可以看出，当前片段是正向播放的，其速度是100%。

注意 ▶ 如果没有预先选择某个操作对象，则按快捷键Command+↓也可以选择那些处在播放头位置上的最高一层的片段。

6.1.1–A 手动设定播放速度

通过对片段内容的变速处理，可以为影片带来更加丰富的情感表达方式，也可以提高观众的注意力，或者创造一种画面特效。在“重新定时”下拉菜单与某个片段的重新定时编辑器中已经包含了几种预置，可以直接用来创建对应的变速效果。而重新定时编辑器的强大功能则在于它的手动调整。

1 在片段DN_9452顶部的重新定时编辑器的最右边有一个把手，向左拖动这个把手，观察横栏上速度数值的变化。

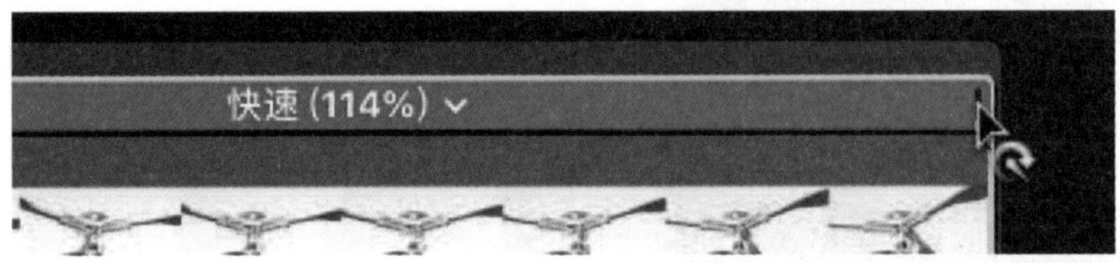

在片段的速度数值变化后，片段的时间长度也跟着改变了。如果向右拖动把手，那么重新定时编辑器会按照比正常速度更慢的速度播放片段，片段的时间长度会变长一些。如果向左拖动把手，那么重新定时编辑器会按照比正常速度更快的速度播放片段，片段的时间长度会变短一些。

请注意，这并不是一种波纹修剪。无论播放速度是如何改变的，片段的结束点都是不变的。在播放速度改变后，帧画面的播放方法会产生一定的变化。假设播放速度是100%，那么重新定时编辑器会按照顺序播放第一、二、三、四帧，与片段拍摄时候的顺序一样。如果按照200%的播放速度播放片段，就会忽略一些帧画面，按照第一、三、五帧这样的顺序进行播放。在忽略一些帧画面后，片段的时间长度就变短了，但是开始点和结束点对应的帧画面并没有变化。

接下来把片段的播放速度还原为100%的常速。

2 选择片段“DN_9452”，在检视器左下角的“重新定时”下拉菜单中选择“还原速度”命令。

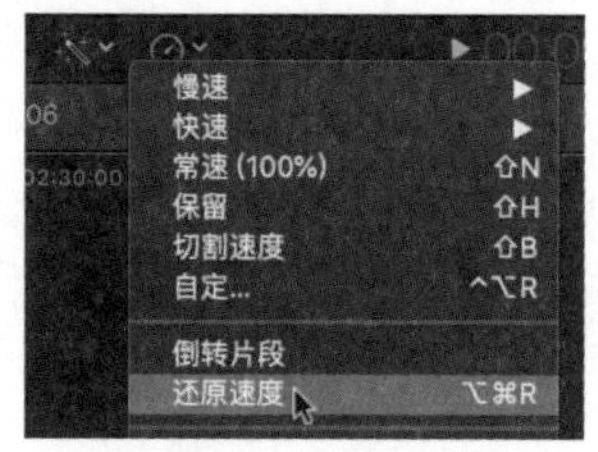

拖动重新定时横栏上的把手可以改变播放速度，也会改变片段的时间长度。此外，也可以通过手动输入数值的方法修改播放速度。

3 在重新定时编辑器中单击“速度显示”右侧的三角图标，弹出“速度”下拉菜单，该菜单位于百分比数值的右侧。

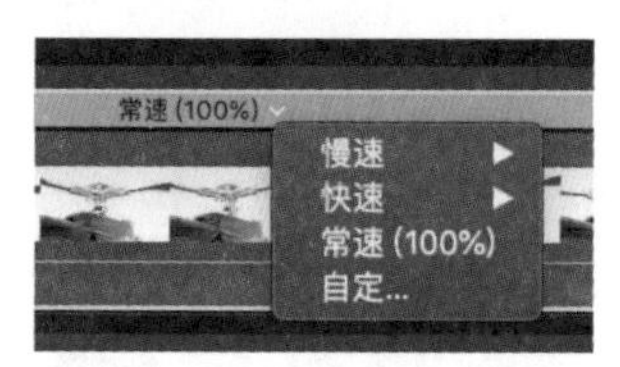

“速度”下拉菜单中包含了与“重新定时”下拉菜单中一模一样的几个选项，还包括了“自定”选项。

4 在“速度”下拉菜单中选择“自定”命令。

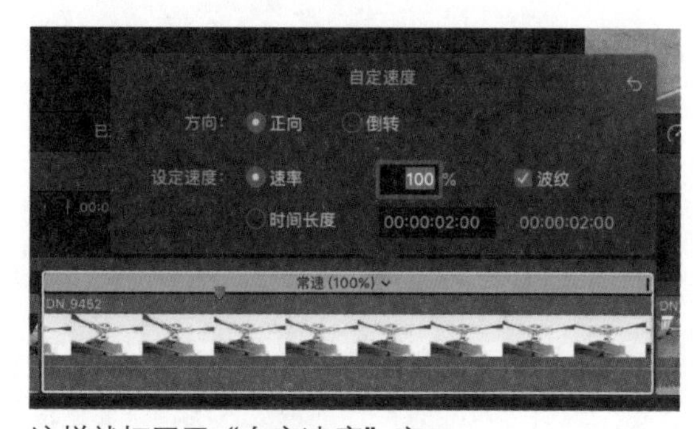

这样就打开了“自定速度”窗口。

在这里，您可以手动输入播放速度或者希望的时间长度（Final Cut Pro会自动计算应有的播放速度）。对于片段DN_9452，如果您希望提高播放的速度，那么只需直接调整速率的数值即可。

5 在速率百分比栏中输入“200”，但是先不要按Enter键。

在提高某个片段的播放速率的同时，也会缩短它的时间长度。这样，在时间线上就会出现与其对应的空隙。如果在缩短时间长度的时候勾选了“波纹”复选框，那么该片段右边的其他片段会自动跟随时间长度变化，这样就不会出现空隙了。

6 确认勾选了“波纹”复选框，按Enter键。

现在，片段的播放速度是原始速度的2倍，其时间长度也缩短为原始的一半。但您希望的是在提高播放速度的同时，并不缩短片段的时间长度。因此，可以通过下面的方法实现您的要求。

7 按快捷键Command+Z，撤销对速率的修改，片段DN_9452恢复为原始的100%速率，其时间长度也恢复为原来的状态。此时，“自定速度”窗口仍然打开着，再重新做一次速率的修改。

8 取消勾选“波纹”复选框。在速率百分比栏中输入“200”，按Enter键。

片段回到了高速播放的状态，但是DN_9452的时间长度不变。在片段结束点之外仍然有足够长的媒体内容。取消勾选“波纹”复选框，就会在更改速率的同时显示更多的媒体内容，以维持片段当前的时间长度。

注意 ▶ 单击“自定速度”窗口之外的任何地方即可关闭该窗口。

现在，视频效果还不是那么具有冲击力，无法体现直升机涡轮发动机的威力。接下来试试600%的速率，应该能让直升机旋翼转动的效果更加明显。

9 在“自定速度”窗口中，确认没有勾选“波纹”复选框。将速率设定为600%，按Enter键。

注意 ▶ 单击重新定时编辑器中的“速度”按钮，重新打开“自定速度”窗口。

在直升机准备起飞的时候，螺旋桨发动机飞速地旋转了起来。在当前项目中，您已经添加了两个固定速率的变速效果。在直升机发动机启动的时候，您应该会注意到音频部分不是很真实，因此，稍后将插入一个新的音频特效。

练习6.1.2
使用切割速度功能

重新定时的另一种效果是非均匀变速，即在一个片段中至少有两种不同的播放速度。要想实现这种效果，需要先将片段分为若干个段落，每个段落可以具有自己的播放速度。下面通过片段Aerials_13_01b来体验一下这个效果。在该片段中，直升机掠过沙漠上空，飞越了一个断崖，返回方向是朝向湖面的。

此时，该片段的时间长度是合适的，但是如果能包含悬崖和湖水的景色就更完美了。为了添加非均匀变速的效果，需要预先决定将片段分成哪几个段落。尽管您可以临时对片段进行波纹修剪，以便展开其全部的媒体内容，但这次要使用另一种方法。

1 使用时间线索引，找到片段Aerials_13_01b，该片段具有一个提示变速的待办事项标记。
您可以向右拖动Aerials_13_01b的结束点，以便看到片段的全部内容，或者手动改变该片段的时间长度。

2 在时间线中选择片段“Aerials_13_01b”，按快捷键Control+D。
时间码栏中显示了该片段当前的时间长度。由于该片段的媒体内容非常长，因此，您可以输入一个新的时间长度的数值，只要能呈现带有湖面的镜头即可。

3 不要单击时间码栏（因为时间码栏显示已经准备好接收新的数值了），直接输入“45.（数字4、5和句号）”，按Enter键。

45:00

Aerials_13_01b的时间长度变成了45s。扫视该片段，查看湖面的画面。接下来使用切割速度功能，将片段分成若干个段落。
将片段调整为非均匀变速，使音乐与画面完美地配合起来。第一个片段会按照正常速度播放，这是片段当前的状态。此时，您可以通过观看和监听来确定速度开始变化的位置，也就是切分段落的位置。
在接近采访片段MVI_1044结尾的位置，Mitch说“eye opener”。在这里让速度发生变化。

4 将播放头放在Mitch说“eye opener”的位置上。

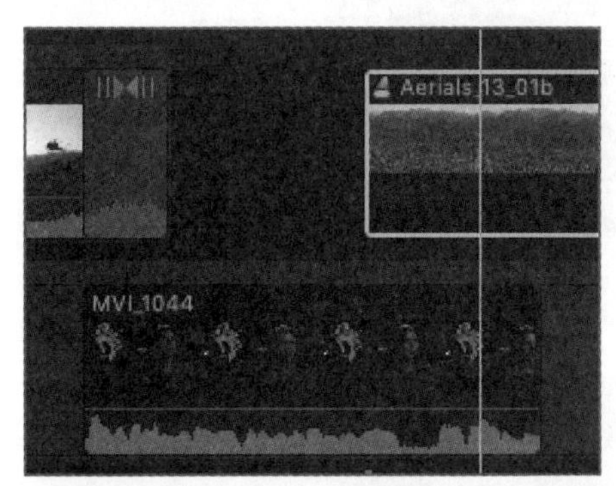

5 选择片段“Aerials_13_01b”，在“重新定时”下拉菜单中选择“切割速度”命令，或者按快捷键Shift+B。

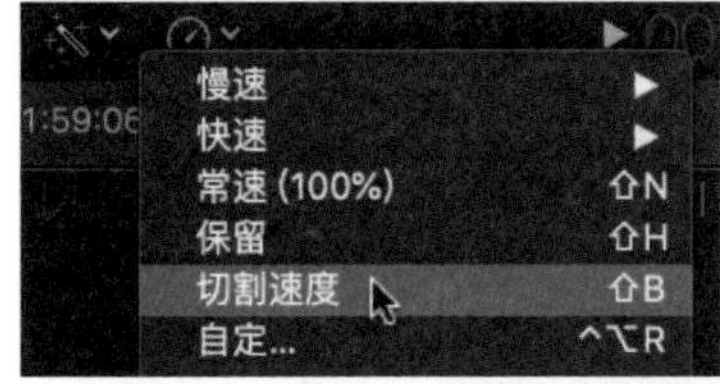

这时会打开片段的重新定时编辑器，并显示已经创建好的两个段落。第二个段落的开头呈现了飞越沙漠的镜头，采访片段的音频则播放“eye opener”的声音。
从这个段落开始，您需要加速播放，直到直升机到达断崖边，看到湖面为止。这里是第三个段落开始的位置。

6 在“显示”菜单中选择“片段浏览”命令，在画面中找到直升机刚刚飞过断崖的位置。

7 按住Option键，单击片段“Aerials_13_01b”，将播放头移到扫视播放头所在的位置，按快捷键Shift+B。

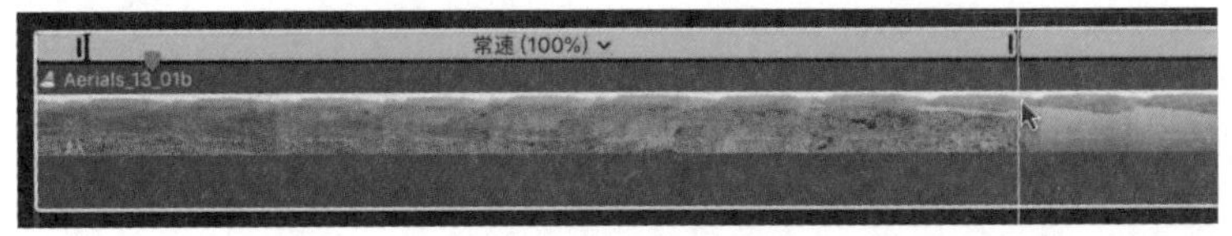

这样就定义了在第三个段落开始时希望看到的画面。接下来就可以根据音乐的情况调整播放速度了。最简单的方法是设定一个标记，将它命名为“Swell”。您可以通过时间线索引中的标记，或者参考时间线上的相邻标记，快速地找到音乐变化的位置。

8 将播放头放在项目00:01:14:14 的位置上。

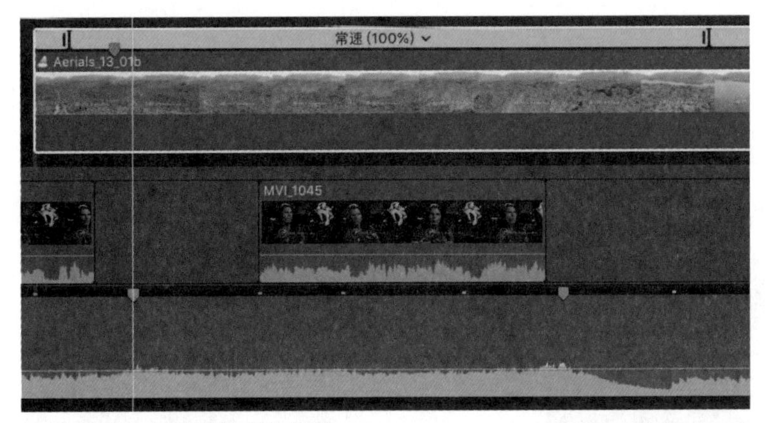

这里是第二个段落结束的位置。

9 在第二个段落的结尾，将重新定时横栏上的把手向左拖动，直到它与播放头对齐。

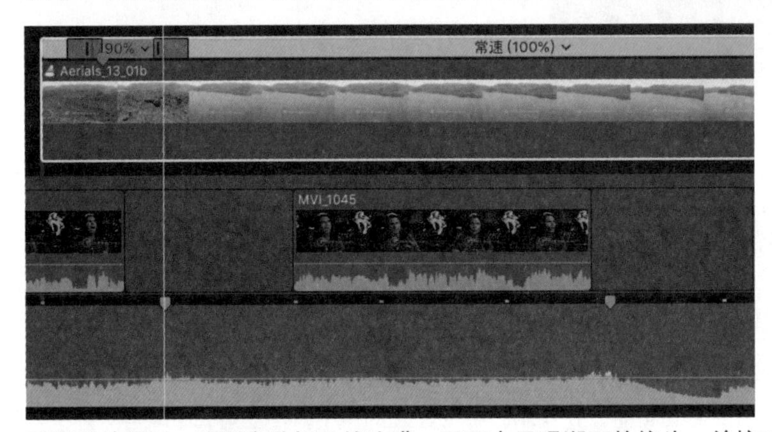

重新播放项目，观看直升机飞越沙漠，画面中呈现湖面的镜头，并核对音乐匹配的情况。

6.1.2–A 使用速度转场

在检查刚刚做好的片段的整体效果时，您应该看到第二个段落中加速和减速的效果了。我们希望在加速的这一部分，能够有一种更加强烈的变化，以便突出湖面出现时的那种气氛。

速度段落包含速度转场，它用于控制不同段落之间速度的变化。速度转场是可以调整的。

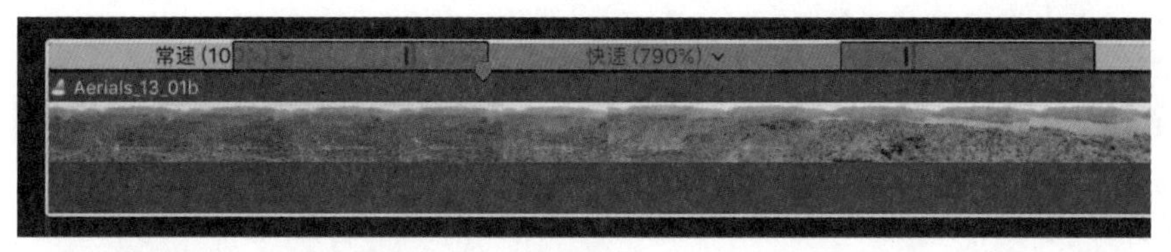

1 将光标放在第二个速度转场的左侧边缘上。

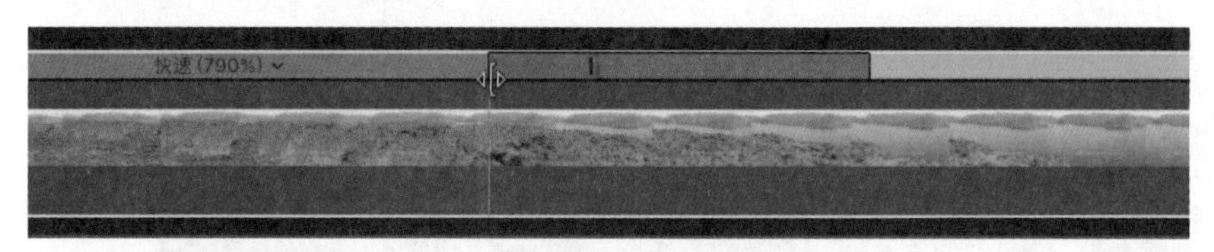

2 将转场的左侧边缘向右拖动，直到转场左半部分消失。

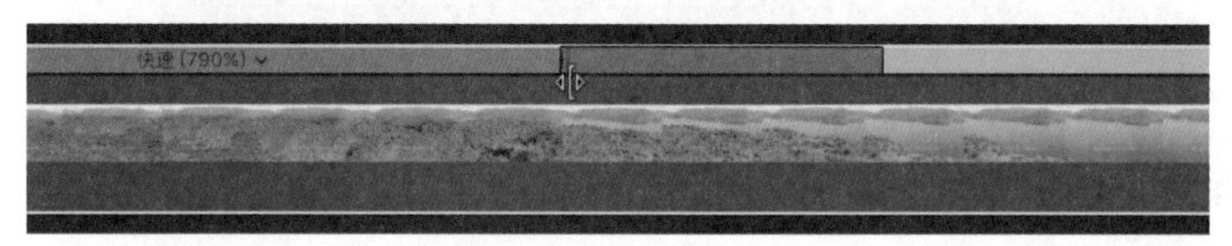

在检查剪辑效果的时候，您会发现减速转场仍然是有效的，只是调整后的效果并不明显。

3 请尝试调整右半部分减速的转场的时间长度，以便观察画面与音乐之间的配合情况，并判断从高速飞行突然转变为走路一样的速度，是否有较好的视觉效果。

在检查完剪辑效果后，如果您觉得切割速度的位置还不太合适，那么仍然可以精细地调整速度转场相关联的媒体内容。

4 在屏幕上出现“重新定时”图标后，双击速度分段结尾的重新定时把手，打开“速度转场”窗口。

注意 ▶ 如果“速度转场”窗口没有被打开，那么可以按快捷键Command+Z，直到在屏幕上看到一个“速度转场”窗口。

在“速度转场”窗口中，您可以启用或者禁用速度转场。这里还有一个源帧编辑器，通过它可以在不破坏现有段落的前提下，对速度开始改变的帧画面进行卷动修剪。

5 取消勾选“速度转场”复选框，单击源帧右边的“编辑”按钮。

“源帧编辑器”的图标是一格胶卷的模样。它可以卷动修剪两个速度段落之间的内容，改变左边段落最后一帧的位置，同时改变右边段落第一帧的位置。

6 左右拖动“源帧编辑器”图标，在检视器中观察有关断崖的画面，找到您希望发生速度变化的准确位置。

7 双击“源帧编辑器”图标，关闭编辑器。

现在您需要继续整理片段Aerials_13_01b的结束点，令该片段具有合适的时间长度。

8 选择片段“Aerials_13_01b”，将播放头与下一个片段Aerials_11_01a的开始点对齐。

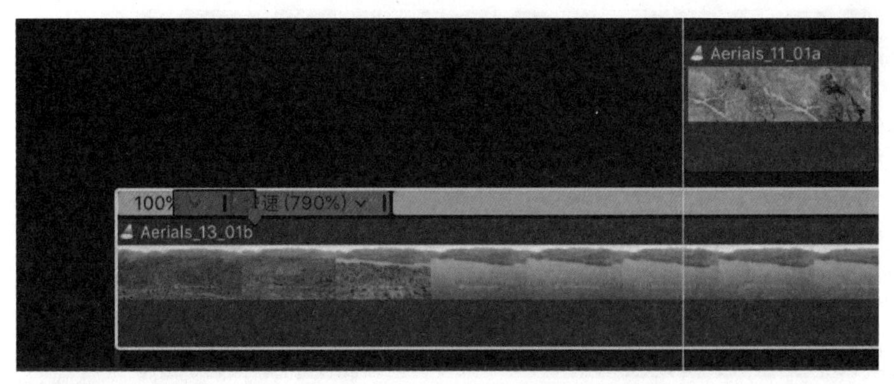

9 按快捷键Option+]。

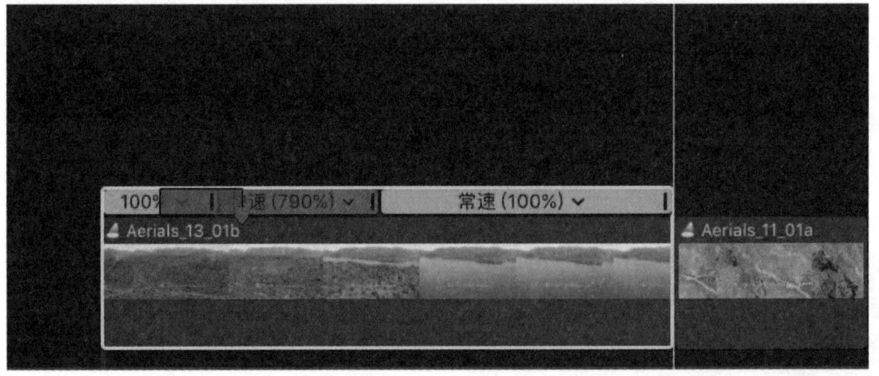

项目中4个相邻的连接片段可以被放置在一个连接的故事情节之中，这是非必需的操作。在本课后面的讲解中，会碰到需要使用连接故事情节的情况。

▶ **检查点** 6.1.2

有关检查点的更多信息，请参考附录C。

参考6.2
使用视频效果

在影片中，您应该对某些片段添加一些视频效果或者进行些许的调色。例如，晕影的效果可以把画面周围压暗一些，令观众将注意力集中在画面中央。调色包括提高或者降低画面的对比度，以营造一种旧影片的感觉。

Final Cut Pro包含超过200个视频和音频效果。此外，您也可以使用很多第三方的特效。您还可以自行创建一些特效，并将其共享给其他用户。

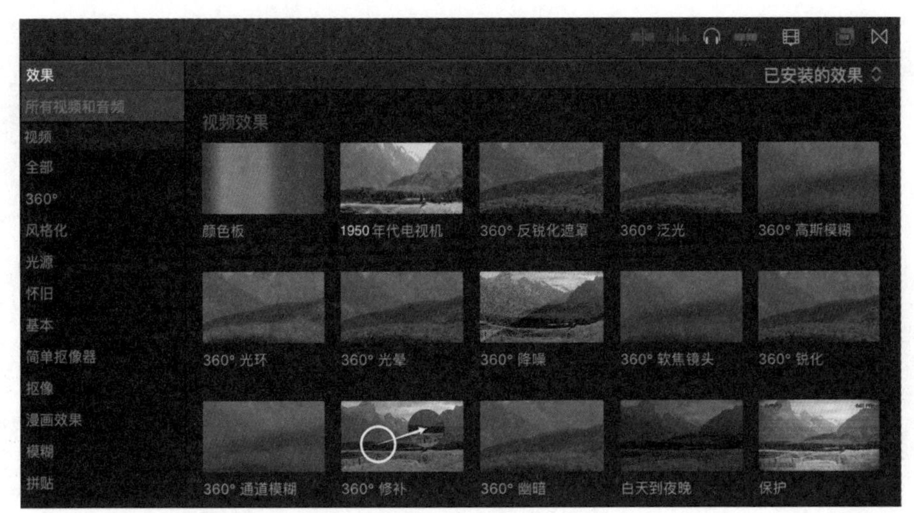

所有的视频和音频效果都会显示在效果浏览器中。在效果浏览器的左边栏中是它们的子分类，在下方有一个搜索栏，支持以文字的方式进行搜索。

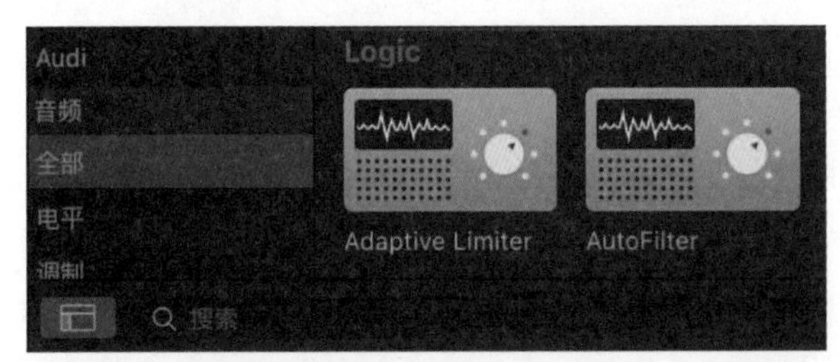

在为某个片段添加视频效果后，您可以在该片段的视频检查器中查看该效果的设置参数。

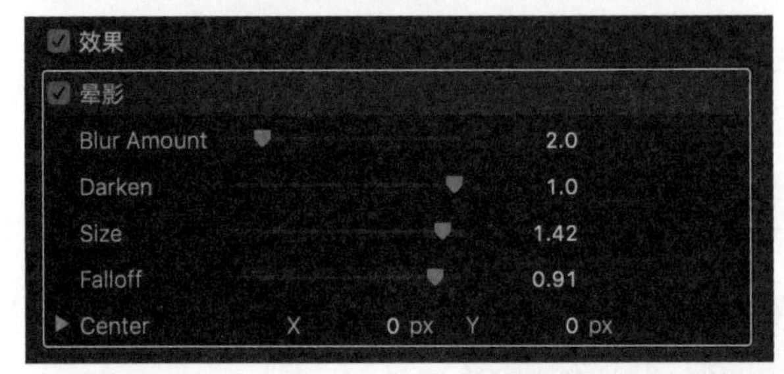

视频效果按照其被添加到片段上的顺序显示。每个效果都有不同的设置参数。

在一般情况下，视频效果会被应用到画面的全部像素上，但有的时候您可能希望将效果应用到某个特定的范围上，比如具有某个色相的像素，或者某个指定的范围，甚至某个范围内的具有某个色相的像素。例如，您可能希望天空的颜色更蓝一些，同时保持画面中其他位置的颜色不变。大多数效果都可以使用软件内置的遮罩功能实现。

在对某个片段添加多个特效后，为每个特效添加遮罩特效，即可创造出复杂的视觉效果。

练习6.2.1
体验视频效果

对片段应用效果的操作很简单，首先，在项目中选择一个或者多个片段，接着在效果浏览器中双击一个效果，这样，该效果就被添加到片段中了，而且可以继续进行调整。

在Lifted Vignette中，把一个“晕影”效果应用到直升机飞过日落的片段上。

1 将播放头放在最后一个B-roll片段“DN_9424”上，并选择该片段。

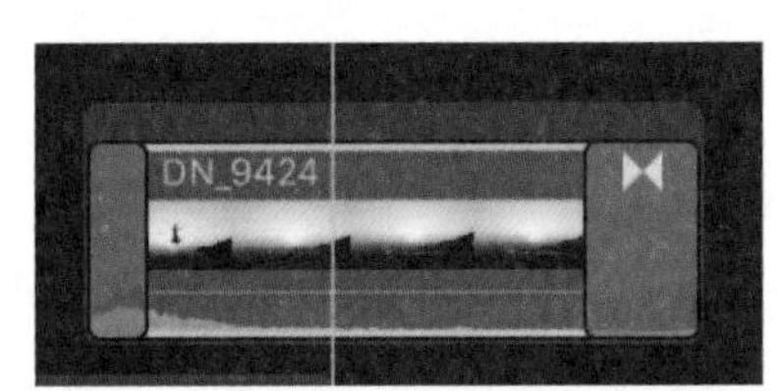

在利用“晕影”效果将画面四周压暗后，该片段的画面会显得更加壮阔。

2 在效果浏览器的左边栏中，选择“所有视频和音频”选项，在搜索栏中搜索晕影。

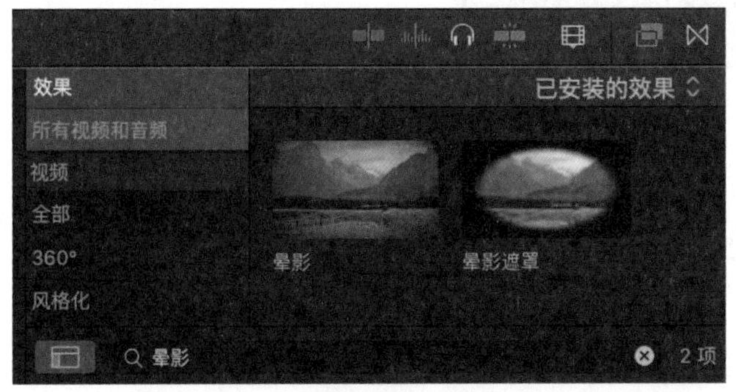

这时，浏览器中会显示两个效果。您可以在浏览器中扫视并预览每个效果的缩略图。

3 扫视晕影和晕影遮罩这两个效果。

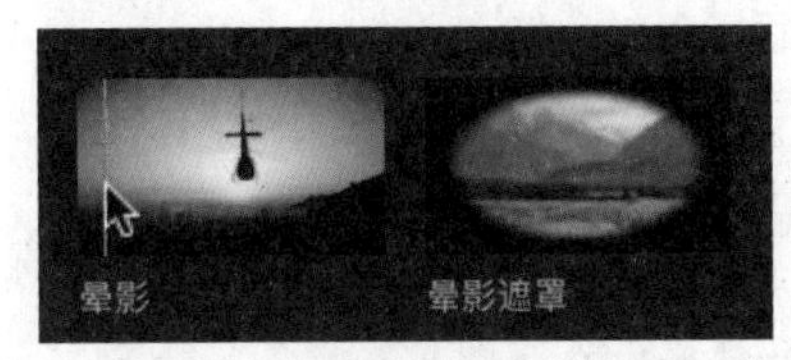

在这里并不需要带遮罩的效果，使用正常的晕影效果即可。

4 再次扫视晕影效果，按空格键开始播放。

下面，将晕影效果应用到片段DN_9424上，并对效果参数进行一些调整。

5 选择片段“DN_9424”，双击“晕影”效果。

注意 ▶ *另外，也可以将该效果直接拖到时间线的片段上。*

当把播放头放在该片段上的时候，可以在检视器中看到添加效果后的画面。请注意，只有当播放头位于片段上的时候，在调整效果参数的同时才能看到效果的变化。

6.2.1–A 修改效果

在应用了一个效果之后，可以通过视频检查器修改效果的参数。请注意，只有在效果、转场和字幕的参数都被应用到时间线的片段上后，您才能对其进行修改。

不同的效果需要设置不同的参数。一些效果只具有两三个参数，一些效果可能有几十个参数。您可以手动调整参数，比如当前的晕影效果，以便设置出自己喜欢的效果。这是一个非常简单的操作，接下来随意调整参数数值，看看画面能产生什么样的变化。

1 单击“检查器”按钮，或者按快捷键Command+4，打开检查器。

2 单击“视频”按钮，打开视频检查器，晕影就显示在效果列表中。

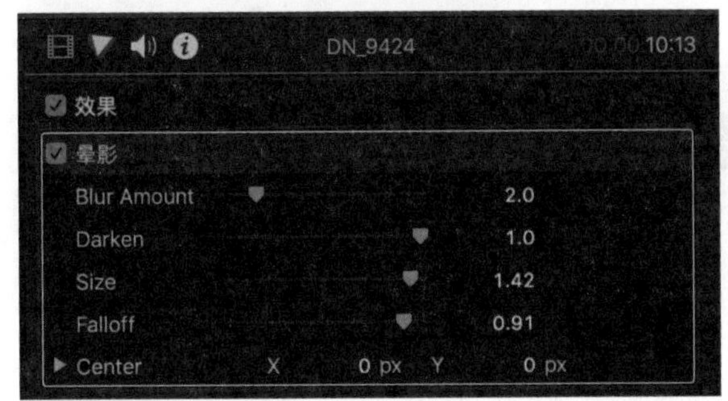

由于您事先选择了带有该效果的片段，所以在检查器中会看到该效果的参数。

注意 ▶ *如果晕影没有出现在列表中，那么请确认播放头放在了片段DN_9424上，同时没有选择其他片段。*

3 拖动第四个滑块“Falloff”，将其数值设定为0.57。

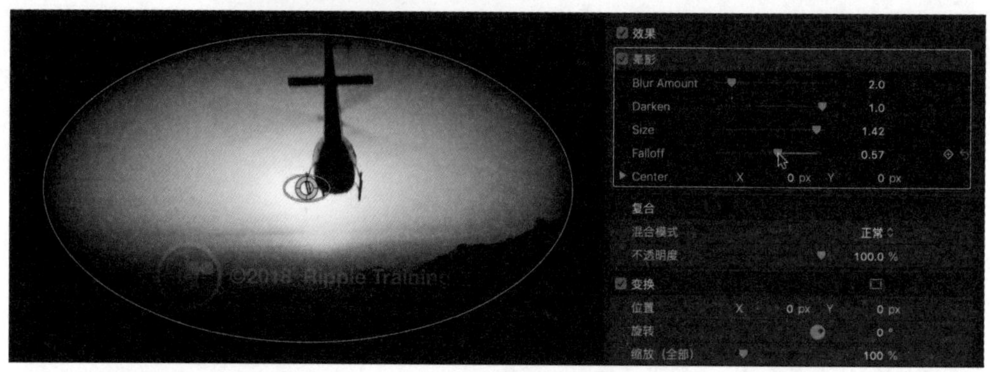

这样，晕影的效果变得非常强烈，完全遮盖掉了画面四周的内容。在继续调整这种衰减的效果之前，需要先调整另外两个参数。在一个效果中，某些参数只能在检查器中设定，而有些参数可以在检查器和检视器中同时设定。

4 在检视器中拖动调整椭圆形的内环。

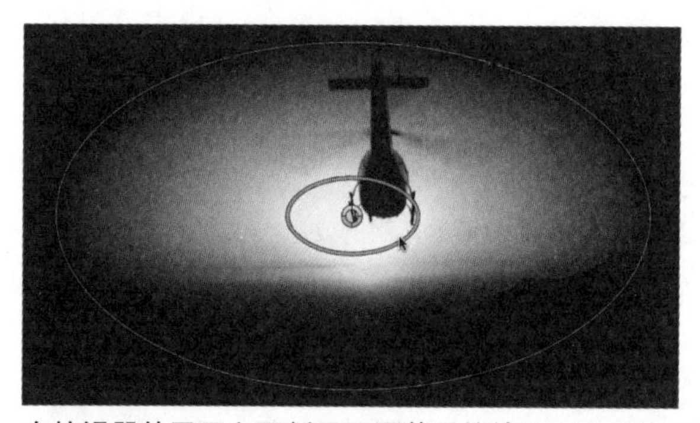

在检视器的画面上更新显示调整后的效果。在检查器中，Size和Falloff两个参数的数值也随着拖动操作发生了变化。

在测试几个参数变化的效果后，如果您希望将参数还原为最初的数值，则可以使用检视器中每个效果最右边的“还原”按钮。

在晕影效果的右边有一个下拉菜单，其中包含还原所有参数的功能。

5 在视频检查器中，单击“晕影”图标，在弹出的菜单中选择“还原参数”命令。

晕影效果的参数都恢复为默认的状态，操作非常简易。接下来多做几次尝试。

6.2.1–B 效果的堆叠

在一个片段上可以应用多个效果，当然，最好不要在同一个片段上应用二三十个效果。某些效果的功能是修复性的，主要用于解决画面中的问题；而另外一些效果的功能是装饰性的，用来为画面增加一种特殊的风格。

在检查器中，可以通过调整应用到某个片段上的多个效果的上下堆叠顺序来获得不同的效果。在添加效果的时候，通常会将该效果放在视频检查器效果列表的最下面。效果的堆叠顺序会影响画面的最终效果。

1 选择片段“DN_9424”，确认视频检查器显示在屏幕上。

2 在效果浏览器中清除之前的搜索文本，双击效果“老化纸张”图标。

老化纸张的效果为日落的画面带来了丰富的纹理效果。

请注意检查器中效果的堆叠顺序。晕影是第一个应用到片段上的效果，之后是老化纸张。这两个效果一先一后地改变了画面。为了更好地理解这一点，下面添加一个模糊的效果。

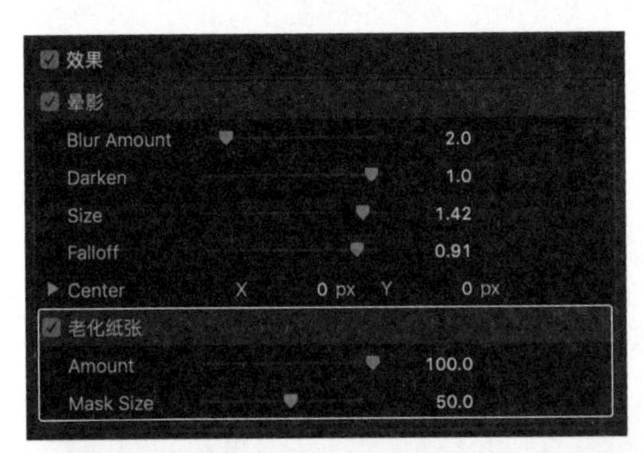

3 在效果浏览器中，找到聚焦效果，将其应用到片段DN_9424上。

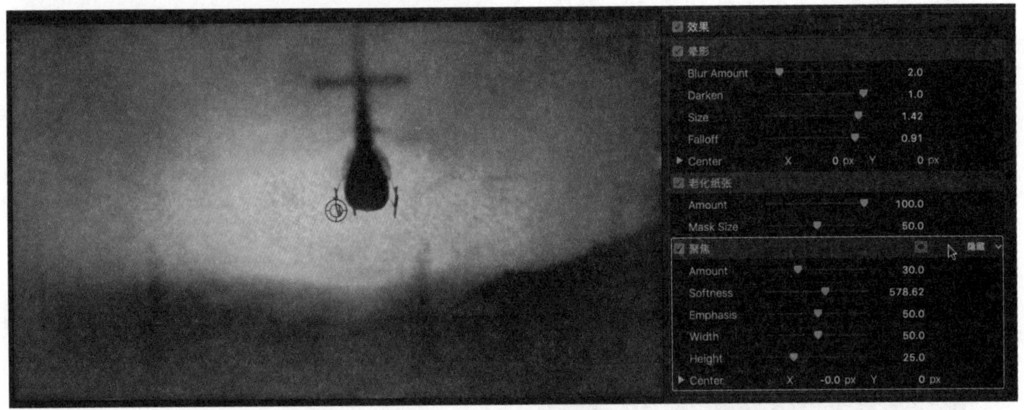

聚焦是最后一个应用到该片段上的效果，因此在检查器中，它排列在其他几个效果的后面。聚焦效果模糊了画面中山脉和天空的部分，也包括老化纸张效果的纹理。下面调整这些效果的先后顺序，看看有什么变化。

注意 ▶ 将光标放在效果的标题横栏上，单击效果名称右边的“隐藏”按钮即可折叠它的所有参数。

考虑到显示器分辨率的限制，在检查器中也许不能显示全部的效果（需要上下滚动窗口内容才能看到被挡住的效果）。您也可以在垂直方向上扩展检查器的面积，以便能直接看到更多的信息。

4 选择“显示”>“切换检查器高度”命令，扩展检查器的面积。

在检查器中，将聚焦拖到老化纸张的上面。这样，晕影是第一个效果，接着是聚焦效果，最下面的是老化纸张效果。

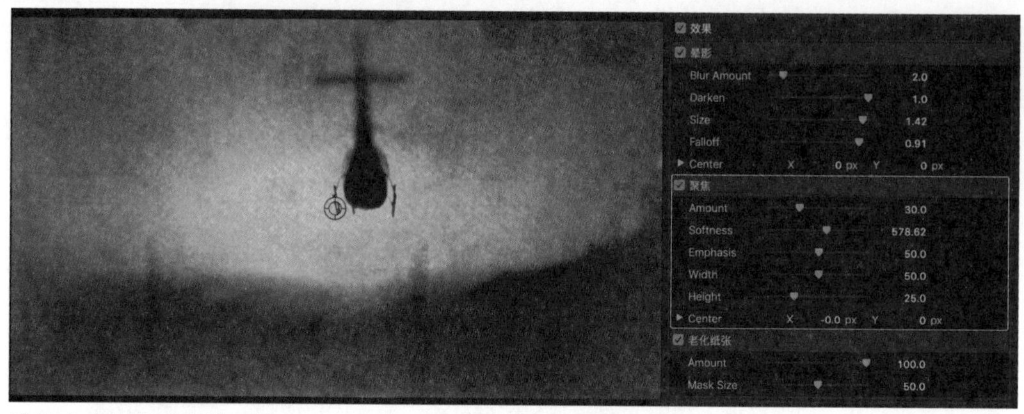

请注意在老化纸张效果被拖到聚焦效果的下面后片段的画面所发生的变化。由于软件会先处理位于上面的效果，再处理位于下面的效果，因此，先有聚焦的模糊，再有纸张的纹理。也就是说，位于下面的效果会先承接上面的效果处理后的结果，然后进行对应的计算。

6.2.1–C 将效果存储为预置的效果

在尝试调整效果的参数和顺序之后，如果对当前的画面观感很满意，那么您可以将单独的某个效果或者多个效果的组合，包括它们所有的参数，一起打包存储为一个预置，以便日后反复使用。在Final Cut Pro中，存储的效果是全局性的数据，在任何资源库的任何项目中都可以调用它们。

注意 ▶ 效果被预置存储在本地电脑中，文件夹路径为“资源库/ Application Support/ProApps/ Effects Presets”。

1 在视频检查器中，单击“存储效果预置”按钮。

存储效果预置

在弹出的“存储视频效果预置”对话框中，您可以按需选择已经应用的效果和其他视频设置。在稍后的讲解中，您将会学习视频设置的“变换”和“裁剪”的功能。

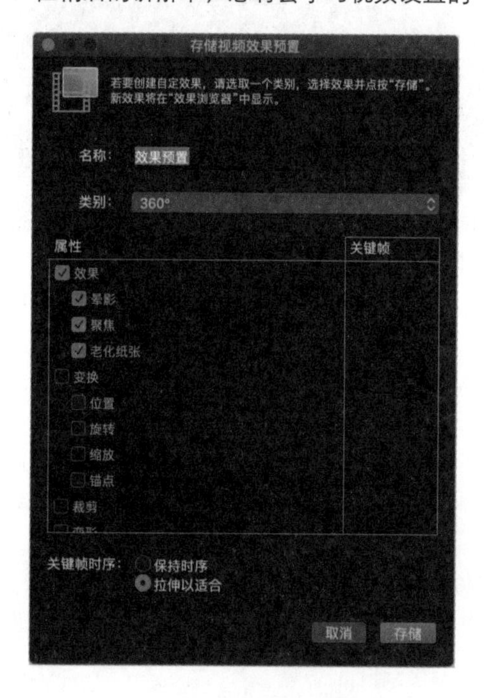

2 在名称栏中输入“My Vignette”，但不要按Enter键。在存储这个预置的效果之前，还要将其分配到一个现有的或者自定义的类别中。

3 在“类别”下拉菜单中选择“新建类别”命令。

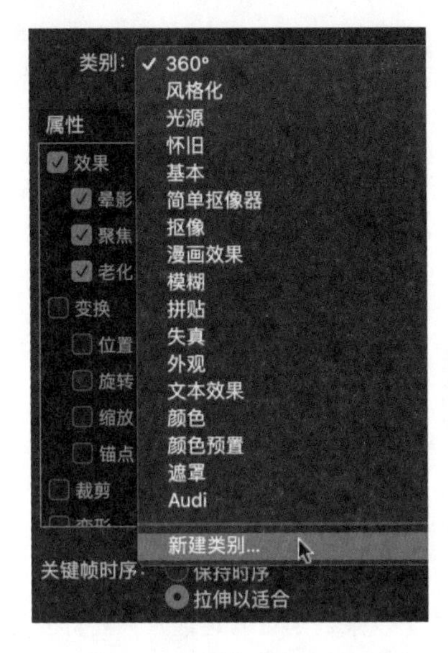

4 在“类别”名称栏中输入“Vignettes”，单击“创建”按钮。

5 取消使用老化纸张效果，单击“存储”按钮。效果浏览器会自动刷新，并在视频效果类别中显示您刚刚创建的Vignettes，以及新创建的预置My Vignette。

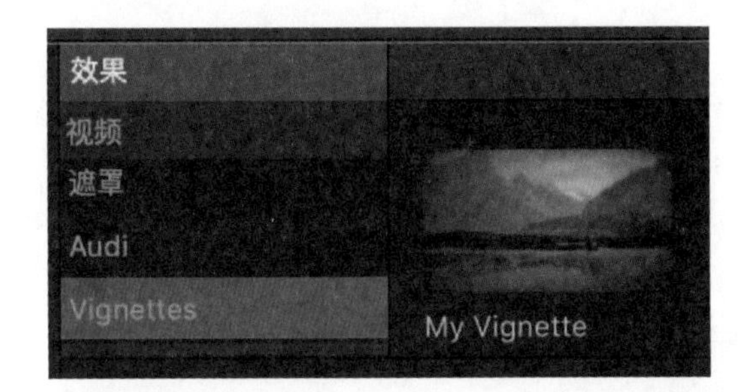

与其他原有的视频效果一样，在任何项目片段上都可以预览这个效果。

6 在时间线上，将播放头放在片段DN_9420中阳光穿过窗户的画面上。

7 在效果浏览器中扫视My Vignette，预览该效果被应用于片段DN_9420后的画面。

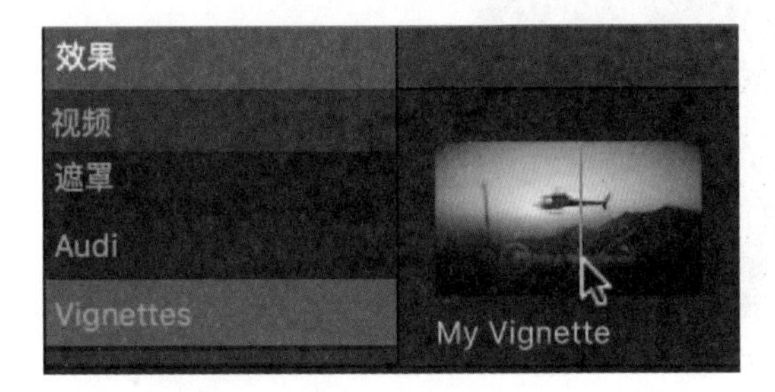

预览的画面会显示在效果缩略图和检视器中。如果在某个项目中需要反复使用该效果或者其他效果，您还可以将其设定为默认效果。

8 在效果浏览器中，按住Control键，单击效果缩略图，在弹出的菜单中可以看到设置默认视频效果的命令。设置默认视频效果的快捷键为Option+E。在预览之后，您可能会觉得当前片段和DN_9424片段的效果有点太夸张了。接下来移除一种已经预置好的效果。

6.2.1-D 删除效果和移除属性

在检查器中可以禁用某个效果，或者删除该效果。若后面的操作还可能使用该效果，那么先将其禁用。若后面的操作完全不需要这个效果，那么可以删除它。

在当前项目中，可以将老化纸张效果和聚焦效果直接删除。从一个片段中删除或者移除效果的方法有两种。

1 在时间线上，将播放头放在最后一个片段DN_9424上，并选择该片段。

2 在视频检查器中，勾选“老化纸张”复选框，按Delete键，删除这个效果。

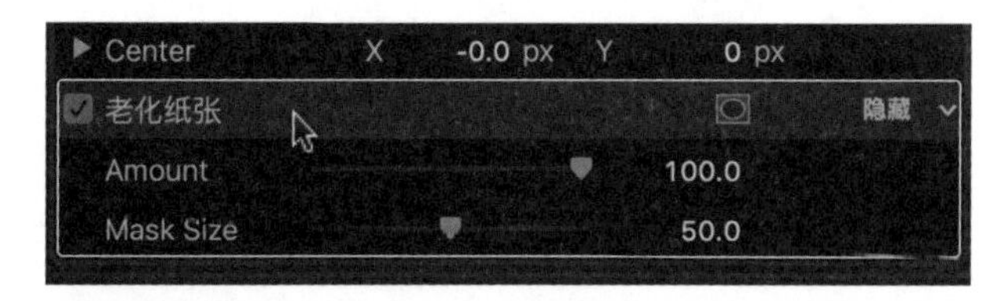

注意 ▶ 确认按下的是Delete键，否则可能会删除整个片段。

效果被从当前片段中永久地删除了。如果您希望禁用某个效果，则可以勾选效果名称左边的复选框。

要想删除片段DN_9420和DN_9424上的聚焦效果，除了在检查器上分别执行两次删除操作，还有另外一种方法。

3 同时选择片段“DN_9420”和“DN_9424”。

4 选择“编辑”>“移除属性”命令。

在“移除属性”对话框中罗列了被选择片段具有的效果及您创建的效果。相对于检查器，使用“移除属性”命令的一个优势是，这个命令会罗列出所有应用于被选择对象的效果，哪怕是某个效果没有同时应用于两个片段上。在该对话框中，您可以删除单独一个片段上的老化纸张效果，也可以删除同时应用于两个片段上的聚焦效果。

5 取消勾选“晕影”和“Volume设置”复选框，保持勾选“老化纸张”和“聚焦”复选框，单击“移除”按钮。

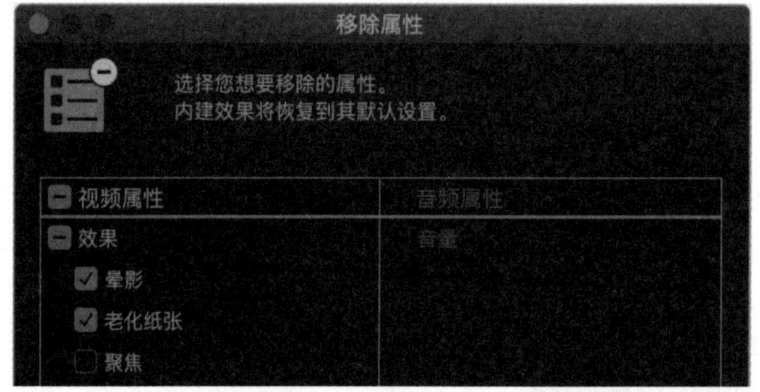

这样，保留下来的就是同时应用于两个片段的晕影效果。尽管晕影效果戏剧化地改变了画面的边缘，但其仍然是铺满整个画面的。接下来尝试另外一种效果，只处理画面中的一个范围。

练习6.2.2
创建景深效果

在片段GOPR0009的前景画面中有一些干扰观众注意力的内容，解决这个问题最简单的办法就是使用“变换”功能将画面放大，直接裁剪掉干扰元素。也可以使用一种模糊效果，相当于长焦距、浅景深，使一些元素显得不那么引人注意。比如为片段中前排的围墙添加模糊的效果，令观众不太注意它的细节。

1 在项目Lifted Vignette中找到片段GOPR0009，其画面内容是直升机降落的镜头。将播放头放在片段GOPR0009上，选择该片段。

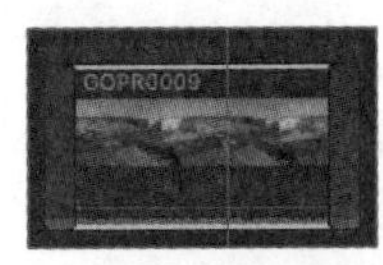

为了将前景模糊一些，您需要添加一个模糊效果，高斯曲线可以令围墙虚化一些。

2 在效果浏览器中找到高斯曲线效果，将其应用到GOPR0009中。

高斯曲线的效果与您预想的一样，GOPR0009片段的全部画面都变模糊了。若仅画面中的一部分被虚化，那么可以添加一个遮罩来限定一个区域。

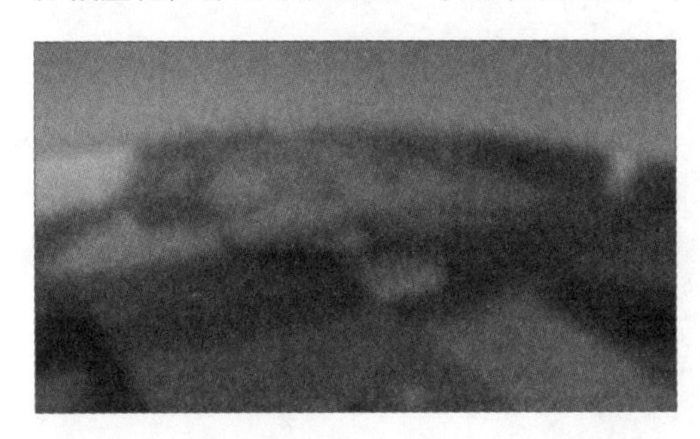

6.2.2–A 创建遮罩

我们希望将高斯曲线的效果限定在围墙上，因此，可以利用遮罩功能指定围墙的范围，并将其作为高斯曲线起作用的区域，同时维持画面上围墙之外的范围是不受影响的。Final Cut Pro包含内置的遮罩功能，可以通过形状或者颜色来限定效果的范围。在本练习中，您将使用形状遮罩，将模糊效果限定在围墙上。如果将检视器的缩放级别降低一些，则操作会更加容易。

1 在检视器中选择低于当前显示比例的数值。

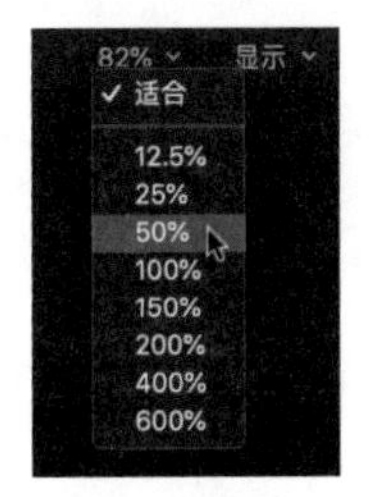

例如，如果当前显示比例是60%，那么您可以选择50%。这样，在实际的视频画面周围就会出现一些多余的空间，便于您调整遮罩。

2 在视频检查器中，将光标放在高斯曲线效果的标题栏上，这时会出现“应用效果遮罩”图标，单击这个图标，选择“添加形状遮罩”选项。

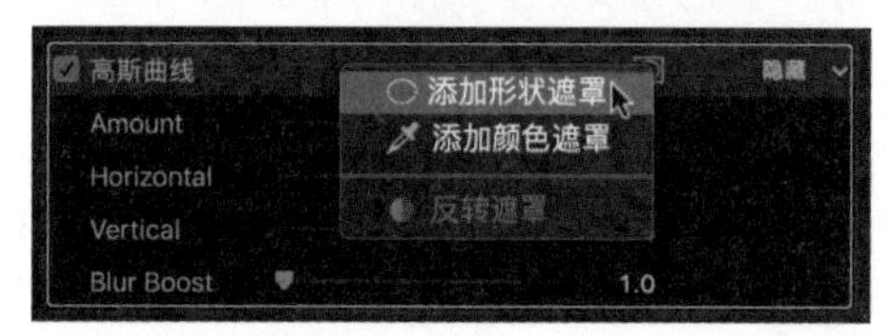

遮罩的屏幕控件有两个同心圆，内圈的圆环包含控制手柄，可用于定义遮罩的比例、位置和旋转角度。外圈的圆环与内圈的圆环的距离决定了遮罩边缘的羽化程度。两个圆环越接近，遮罩的边缘越清晰。在内圈的圆环上有边角半径把手，可用于控制遮罩边角的弧度。接下来把遮罩的形状变为一个正方形。

3 将边角半径把手向远离圆环中心的方向拖动，令圆环变为一个正方形。

使用屏幕控件，继续将遮罩变为一个矩形，接着改变它的长宽，以适应围墙的形状。

4 拖动右侧边框的控制手柄，将遮罩拉长为一个矩形。

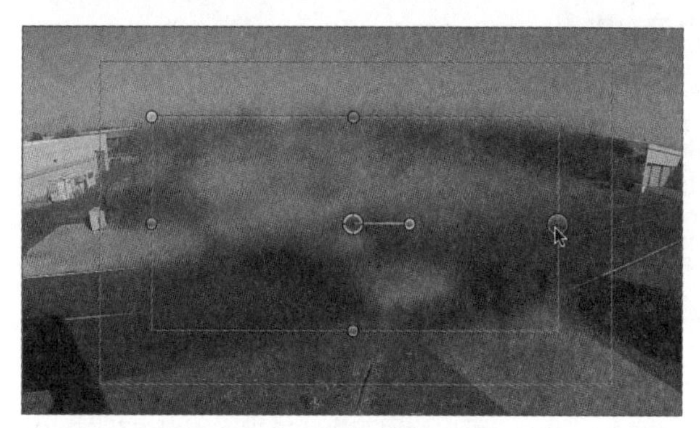

5 拖动矩形中央的手柄，以及它附带的旋转手柄，将遮罩与围墙的上沿对齐，减少矩形的内圈和外圈的间距，降低遮罩边缘的羽化程度。

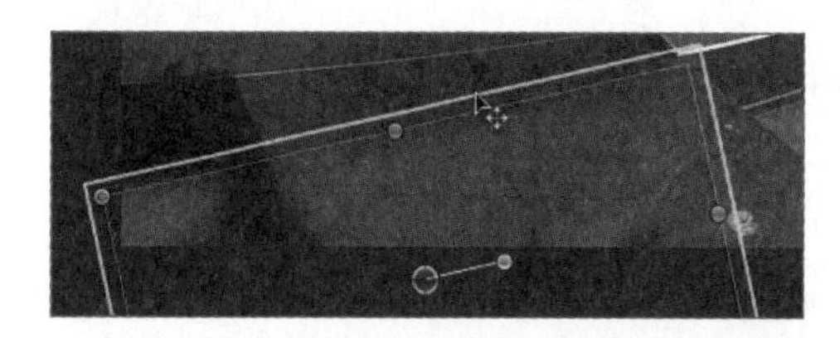

注意 ▶ 尽管围墙不是规整的矩形，但边缘的羽化效果能够适当地消除这个问题。为了验证遮罩与墙体的边缘是否对齐，您需要隐藏屏幕控件。

6 在检查器中单击“形状遮罩1”右边的按钮，即可反复关闭和打开屏幕空间。接着，重新显示屏幕空间，根据需要调整遮罩的形状。

7 在调整好遮罩的形状之后，将“高斯曲线”选区中的“Amount（数量）”滑块拖到15.0，令画面效果更微妙一些。

注意 ▶ 也可以单击右侧的输入栏，输入一个数值，按Enter键。此时，您会注意到，遮罩并没有覆盖墙体垂直的边缘。我们可以再为高斯曲线添加一个形状遮罩，扩大遮罩的整体覆盖范围，以完成所需的模糊效果。

8 按照上面第二步的操作，添加一个新的形状遮罩。

9 按照下图调整遮罩的位置、比例和旋转角度，令其与墙体的垂直边缘对齐。此外，调整边缘羽化程度和边角半径，使其与形状遮罩1相同。

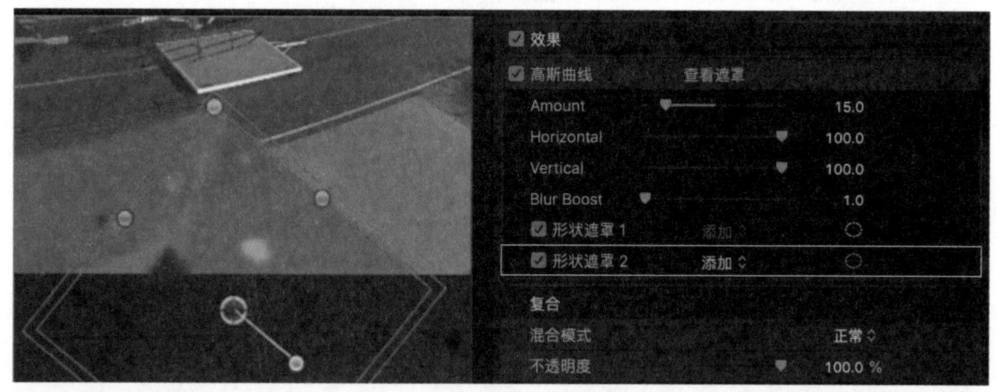

10 如果需要对比查看应用效果之前与之后的画面，可以取消勾选“高斯曲线”复选框。在检查完毕时，重新勾选该复选框，以确保应用了此效果。

现在，观众的注意力集中在了直升机上，而不会再关注围墙了。

▶ **遮罩混合模式**

遮罩混合模式可以控制一个效果中多个遮罩之间的组合方式，包括3种模式：添加、相减和交叉。在效果标题栏中单击“查看遮罩”按钮，可以按照alpha通道的模式显示遮罩范围。

添加：合并各个遮罩的范围，扩大效果的alpha通道。

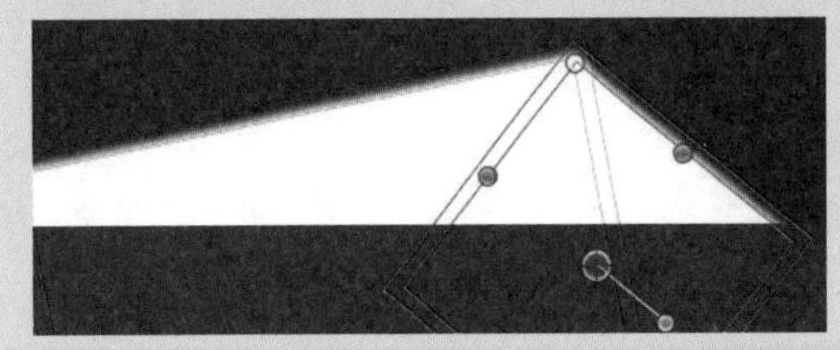

相减：使用上一个遮罩范围减去当前的遮罩范围。

交叉：计算各个遮罩互相叠加的范围，用它来定义效果的alpha通道。

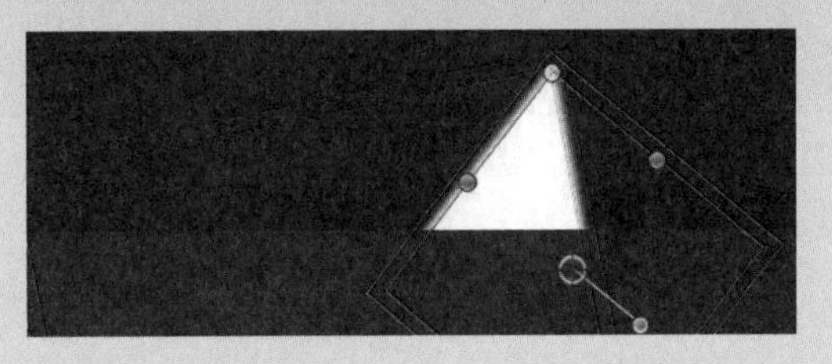

注意▶ 如果用一个或者多个形状遮罩对一个颜色遮罩范围进行限定，则可以将颜色遮罩限定在一个特殊的形状之内。

▶ **检查点 6.2.2**

有关检查点的更多信息，请参考附录C。

参考6.3
使用视频转场

在对故事的连续讲述中，转场通常可以提示观众有关时间和地点的变化。比如，在回到很久以前的一个令人感到悲伤的场景中的时候，可能会使用一个速度非常缓慢的转场。由于转场非常灵活、特征非常明确，因此在添加的时候要特别小心。过度使用转场会令观众在判断故事情节的时间与空间的时候产生混乱。

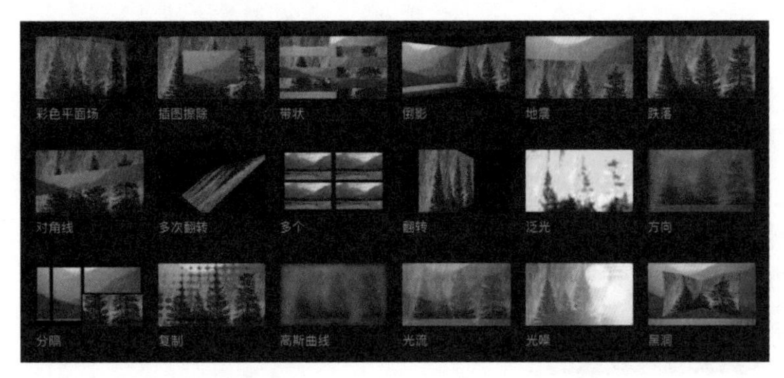

部分Final Cut Pro内置的转场。

在Final Cut Pro中内置了许多转场，您可能会在同一个项目中使用各种各样的转场，但是应尽量使用一致的转场。过多地添加转场会降低整个项目的质量。

当然，在没有尝试过不同转场之前，您可能无法判断如何才能在如此多的转场中做出合适的选择。接下来看看在交叉叠化之外，还有什么可用的转场。从使用3种应用转场开始吧！

练习6.3.1
体验多种转场的效果

转场的应用和调整方法与效果非常类似，但是要注意选择片段和选择编辑点的区别。

两个片段之间的转场涉及两个编辑点：左边片段的结束点和右边片段的开始点。以下是使用Final Cut Pro将转场应用到片段之间的编辑点上的方法。

之前，您已经学习了第一个方法，就是选择一个编辑点，并将转场应用到这个编辑点上。

选择一个编辑点。

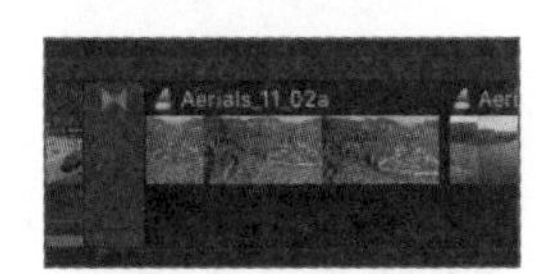

将转场应用到这个编辑点上。

第二个方法是选择一个片段，将转场应用到这个片段上。在该片段的开始点和结束点上会分别有一个转场。

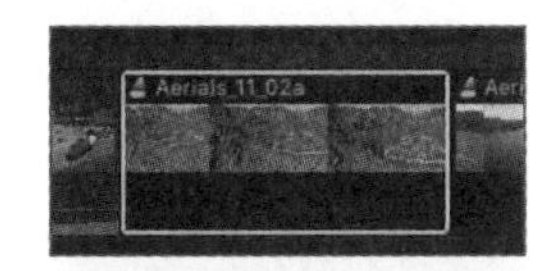

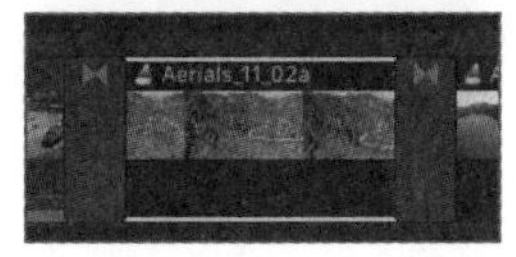

在某些时候，如果您需要同时为时间线上的所有片段添加转场，那么可以全选片段，按快捷键

Command+T，就会在每个编辑点上都添加默认的交叉叠化转场了。

6.3.1-A 应用交叉叠化

下面尝试添加几个交叉叠化转场。

1 选择片段Aerials_11_02a的开始点，大概在项目29s的位置上。

如果在这个位置上添加一个交叉叠化转场，那么当画面从起飞场景的B-roll片段转换到航拍片段的时候，观众就会觉得比较自然。

2 按快捷键Command+T，应用默认的交叉叠化转场。

当前的交叉叠化转场的时间长度为1s，观众可以很流畅地看到航拍的画面。为了返回采访片段，您可以在该片段的结尾应用另一个交叉叠化转场，也就是在项目0:42的位置上。

3 选择片段DN_9493的结束点，按快捷键Command+T，应用默认的交叉叠化转场。

转场令镜头之间的切换变得缓和了一些。伴随着音乐，观众看到了流畅的采访、有关的B-roll和航拍的画面。

6.3.1-B 转场中涉及的媒体余量

由于目前的片段具有足够的媒体余量，所以在应用转场的时候没有碰到问题。实际上，在修剪片段的时候，被修剪掉的媒体素材并没有被删除，只是被暂时忽略了，它们仍然被保留在文件中，被称为媒体余量。媒体余量位于片段的开始点和结束点之外。

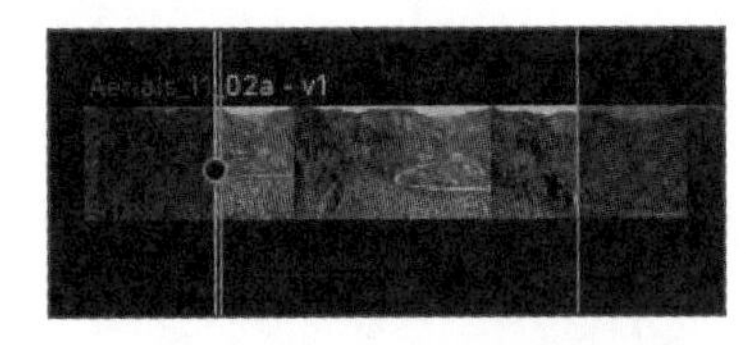

左右两边带虚线的部分就是媒体余量。

如果片段的开始点或者结束点被设定在源媒体的开头和结尾，那么就不会有媒体余量。即便没有媒体余量，仍然有一种变通的方法来应用转场。Final Cut Pro可以强行改变片段的开始点，以便添加转场。

Final Cut Pro会显示当前被选择的片段和编辑点的媒体余量。如果在片段的编辑点上显示的是黄色的方括号，那么至少具有2帧的媒体余量可用于转场。如果片段的编辑点上显示的是红色的方括号，那么表示没有媒体余量。

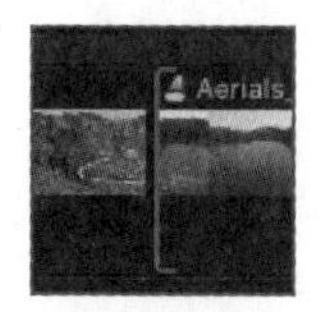

下面回到项目中，学习Final Cut Pro如何处理黄色和红色的方括号，以及在没有媒体余量的时候如何应用转场。

1 选择修剪工具，指针在靠近片段Aerials_11_02a的结束点和Aerials_13_02a的开始点之间时，会变成胶卷的图标。

结束点显示为黄色方括号，表示在此之后还有媒体余量；开始点显示为红色方括号，表示在此之前没有任何媒体余量了。

2 按快捷键Command+T，应用默认的交叉叠化。

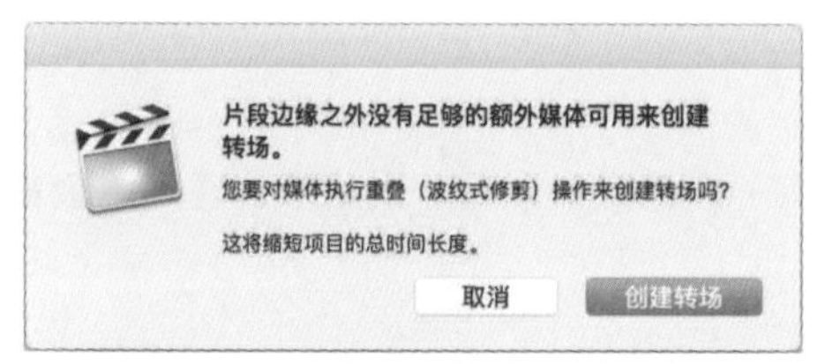

弹出的警告对话框指出，片段边缘之外没有足够的媒体余量来创建转场。但是如果允许Final Cut Pro对片段进行波纹修剪，就可以强行创建转场。

3 单击“创建转场”按钮，注意观察时间线结尾处的变化。

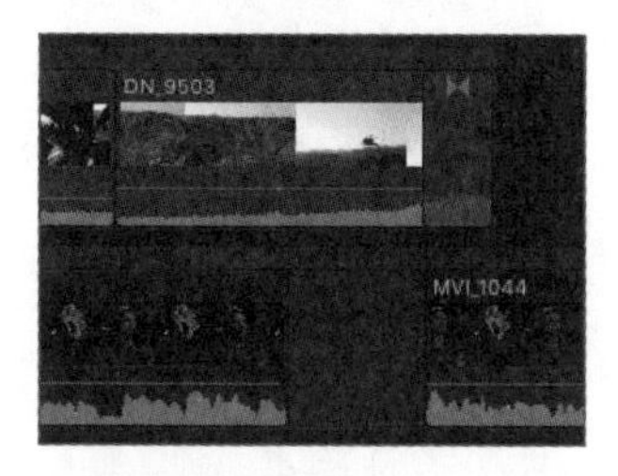

在应用转场之前。

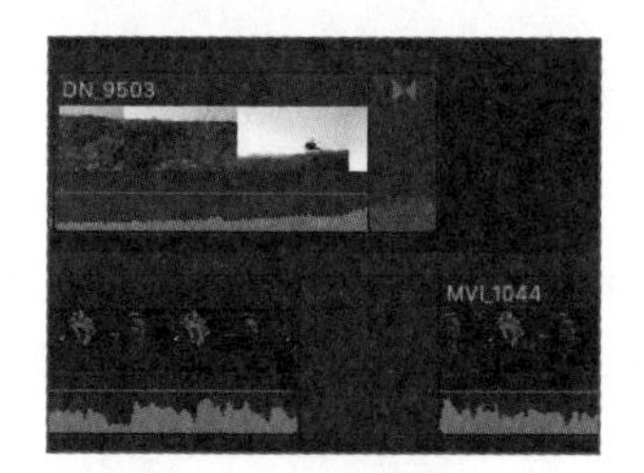

在波纹修剪后应用转场。

注意，波纹修剪导致编辑点右侧的内容发生了位移。为了添加转场，您已经同意进行波纹修剪了。因此，Final Cut Pro会通过波纹修剪创建足够多的媒体余量来服务于转场。软件调整了容纳转场片段的时间长度，同时影响了后续片段的位置。在某些时候，这就是您希望的结果。但是，它也可能令您感到混乱，因此，在执行这个操作的时候，会弹出一个警告对话框。它会导致画面的最后出现Mitch的镜头。

注意▶ 这个修改也会影响交叉叠化中的音频部分，并从直升机逐渐消失的片段延展到采访片段。但是，如果之前修剪得合适，那么当前这次剪辑的效果也许仍然会显得比较流畅。

6.3.1-C 通过滑动修剪创建媒体余量

当片段的某个需要应用转场的编辑点没有足够的媒体余量，且您又不希望强制进行波纹修剪而影响后续片段的时候，还可以先进行滑动修剪。滑动修剪用于调整片段当前的开始点和结束点之间可以看到的媒体内容，而片段本身的时间长度与片段在时间线上的位置都保持不变，开始点与结束点所对应的媒体画面则发生了变化。

1 按快捷键Command+Z，撤销上一步进行波纹修剪的转场。
2 在“工具”下拉菜单中选择“修剪”命令，或者按T键。
3 将修剪工具放在片段Aerials_13_02a的中央，这时光标会显示当前的修剪方法是滑动。

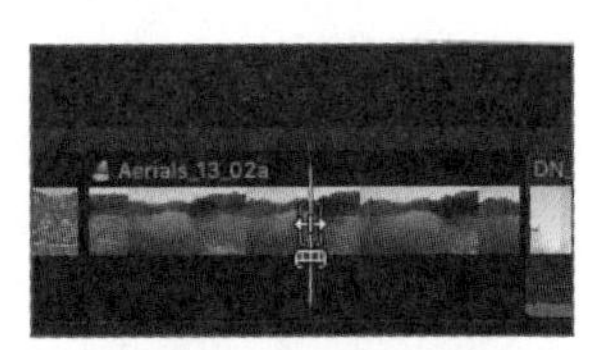

4 向左拖动片段的内容，令片段开始点的左侧具有一定的媒体余量，以此来创建媒体余量。

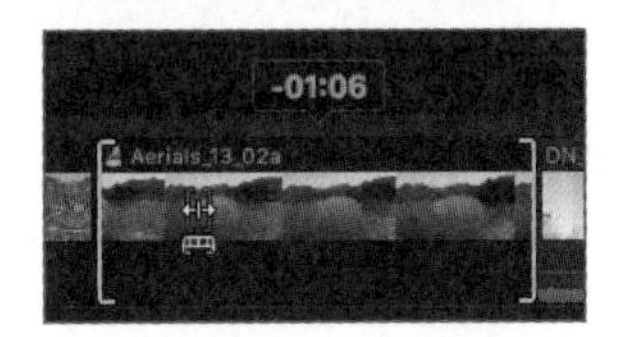

注意▶ 媒体余量至少应该是即将添加的转场时间长度的一半。

5 按A键，使用选择工具。
6 单独选择片段Aerials_13_02a的开始点，按快捷键Command+T，应用默认的交叉叠化转场。

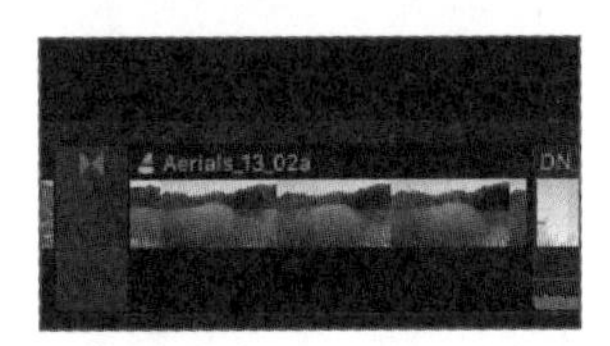

这样就添加了1s的交叉叠化转场，而且没有出现任何的波纹移动。

如果在片段结尾出现了红色方括号，那么也可以先进行一点滑动修剪，再应用转场。

6.3.1-D 使用转场浏览器

转场浏览器用于浏览和整理转场，这里可以看到Final Cut Pro内置的转场、您自己安装的第三方转场和单独存储下来的自定义转场。为了更高效地管理转场，还可以通过浏览器在应用转场之前预览其效果。

1 在时间线栏的右上角单击“转场浏览器”按钮。

与其他浏览器类似，在转场浏览器左边会显示转场的类别，在转场浏览器下方有一个搜索栏。

2 在时间线上，选择片段Aerials_13_02a和DN_9493之间的编辑点。在这个编辑点上应用一个交叉叠化转场，在此之前先测试几个其他的转场效果。

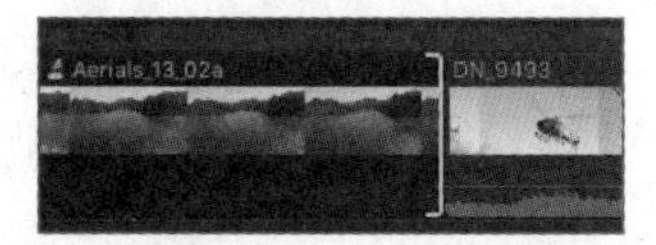

3 在转场浏览器中，扫视几个转场的缩略图。在检视器和浏览器的缩略图中，软件使用了两个模板图像来演示转场的效果。

4 当扫视转场缩略图的时候，可以按空格键，按照1:1的时间来预览效果。

如果您觉得某个转场可以反复使用，那么也可以将其设定为默认转场。这样，通过快捷键Command+T就可以迅速地应用该转场了。

5 找到名称为“卷页”的转场。按Control键并单击它，在弹出的菜单中选择“设为默认”命令。

卷页会移到转场浏览器的最上方，并成为默认转场。如果按快捷键Command+T，那么应用的就是卷页了。

6 确认时间线窗口仍然处于激活状态并且已选择之前的编辑点，按快捷键Command+T，应用默认的交叉叠化转场。

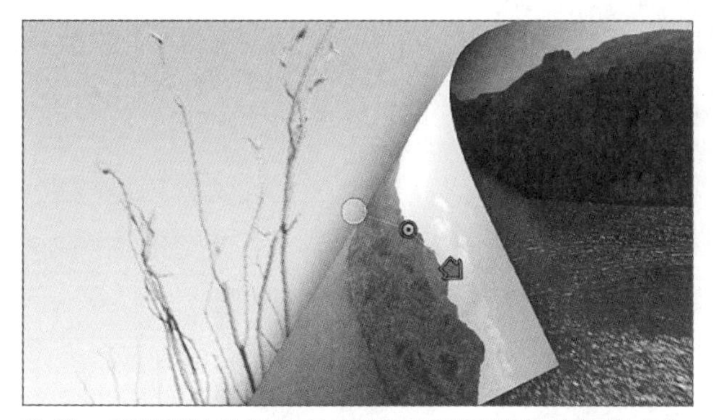

这样，新的默认转场卷页就被应用到了所选的编辑点上。

6.3.1-E 自定义转场

与片段和效果类似，在转场被剪辑到项目中后，检查器就会显示转场的参数。

1 选择刚刚添加到时间线上的转场，将播放头放在转场上。

在检查器中显示转场的参数，它们都可以根据需求进行修改。此外，卷页也可以显示在检查器画面的“屏幕控制”中。

注意 ▶ 按住Option键，单击一个转场或者片段，则会在选择该转场或片段的同时，将播放头定位在单击的位置上。

除了设置转场检查器中的参数，在时间线上也可以调整转场的时间长度，进行波纹修剪和卷动修剪。

在转场中有以下几个控制点。

时间线上的转场调整选项	
对后续的片段进行波纹修剪	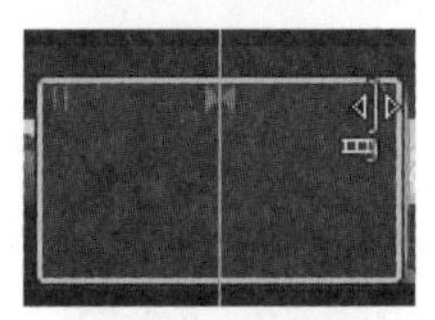
对离开的片段进行波纹修剪	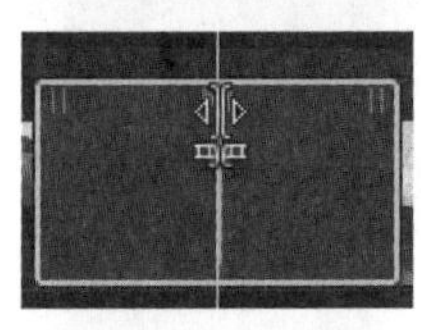
在编辑点位置上进行卷动修剪	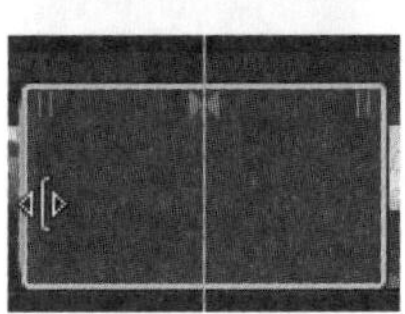
改变转场的时间长度	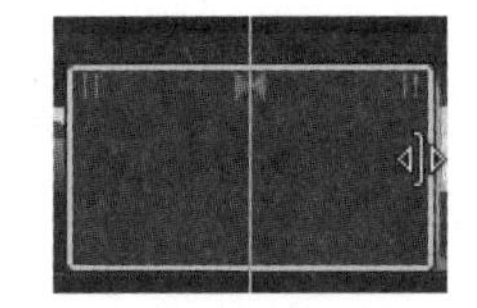

2 将光标放置在转场左侧或者右侧的边缘上。

3 先缓慢地将光标移到转场的上方，再移动回来。

在这里会看到两个光标，代表了两个功能：波纹修剪和改变时间长度。

4 将光标放在转场边缘的中间，出现可调整时间长度的时间线，向外侧（远离转场的中央）拖动光标。

在转场的时间长度变长后，两个片段之间画面转换的速度也就变慢了。由于转场需要媒体余量，所以转场的时间长度取决于两个片段中媒体余量最短的那一侧的时间长度。

此外，您也可以通过仪表盘来调整被选择的转场的时间长度。

5 在选择了转场后，按快捷键Control+D，在时间码上显示转场的时间长度。

注意 ▶ *注意选择的是转场，而不是转场的边缘。*

6 在时间码显示转场的时间长度后，输入“1.（数字1和句号）”，按Enter键。

这样，转场的时间长度就恢复为1s了。

接下来应用更多的交叉叠化转场，先将默认转场恢复为交叉叠化转场。

7 在转场浏览器中，按住Control键，单击“交叉叠化”转场，在弹出的菜单中选择“设为默认”命令。

8 选择项目中所有卷页的转场，在转场浏览器中双击“交叉叠化”转场，这样就可以把所有卷页转场都替换为交叉叠化转场了。

现在时间线上的卷页都变成了交叉叠化转场。

注意 ▶ *如果想删除某个转场，那么先选择它，再按Delete键。*

6.3.1–F 添加更多的交叉叠化

在了解如何使用转场的基本信息后，就可以重新着手项目Lifted Vignette的剪辑了。请按照如下列表，在多个编辑点的位置上添加转场。除了单独说明，所有位置都是指定片段的开始点。比如第2行的信息表示在片段Aerials_11_02a的开始点上添加交叉叠化转场。

- 项目的开头。
- Aerials_11_02a。
- Aerials_13_02a。
- DN_9493。
- GOPR1857。
- Aerials_11_01a。
- Aerials_11_03a。
- DN_9420的结尾。
- DN_9424的开头和结尾。

现在大部分需要的转场都已经添加完毕，而且效果也不错。在项目Lifted Vignette中可能会有一些微小的地方需要调整，可以在共享这个项目的时候再做决定。

> ▶ **检查点** 6.3
>
> 有关检查点的更多信息，请参考附录C。

参考6.4
使用变换功能进行画面合成

在Final Cut Pro中，您可以将视频片段的画面放置在检视器的任意位置上，还可以旋转、裁剪和裁切画面，也可以缩放画面、改变画幅比例，甚至将两个视频并排放置在同一画面中，形成分屏画面的效果。此外，如果视频片段在时间线上是上下叠放的，则可以通过混合模式创建出更复杂的合成效果。

以下内容是当片段上下叠放在时间线上的时候，合成操作中的一些参数。

- 变换、裁剪和变形：在视频检查器中或者在检视器的左下角可以调整这些参数。如果组合使用这些参数，就可以将视频画面放置在检视器的任意位置上。

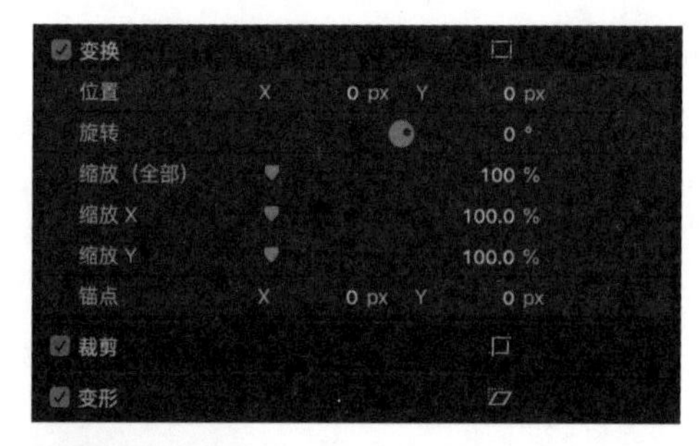

检查器。

检视器。

- 不透明度：在视频检查器和视频动画编辑器中可以调整该参数。

视频检查器。

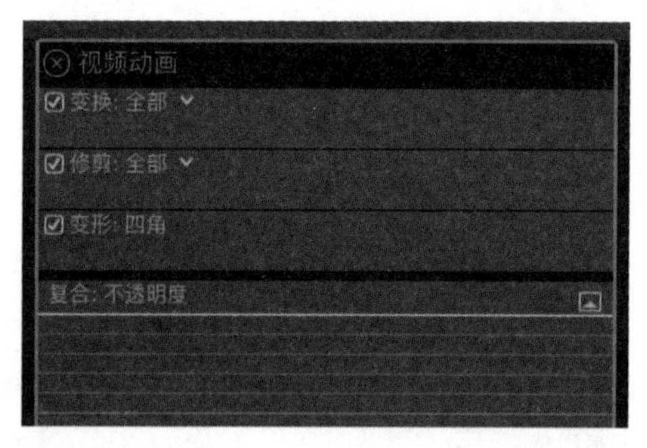

视频动画编辑器。

练习6.4.1
创建双画面分屏的效果

在项目Lifted Vignette中，片段GOPR3310展现了Mitch驾驶直升机飞行的场面。为了使视野更清楚一些，Mitch前倾了一下身体。通过合成另一个视频画面，观众可以了解Mitch到底在看些什么。

6.4.1–A 利用时间线上的选择范围进行反向时序剪辑

尽管以下的操作步骤略显烦琐，却很实用。

1 在项目中找到片段GOPR3310。

您需要将B-roll片段Aerials_11_04a连接在时间线上，其连接位置与片段GOPR3310相同，并令其时间长度与GOPR3310保持一致。因此，您需要先在时间线上标定一个范围。

2 选择片段“GOPR3310”，当光标放在片段上的时候，按X键，以当前片段为准标记一个选择范围。

单独选择时间线上的某个片段并不会设定一个时间范围，但是按X键相当于按照时间线上片段的时间长度选择了开始点和结束点，同时标记出了该时间长度。在屏幕上，可以通过片段两个边缘上的不同来判断哪种是选择片段，哪种是标记片段。

3 在浏览器中找到片段Aerials_11_04a。

4 将播放头或者扫视播放头放在2:33:15 的位置上，在这里直升机正围绕断崖飞行。按O键，设定一个结束点。

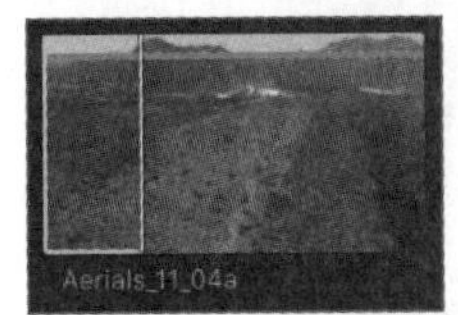

除了将航拍的片段剪辑到当前项目中，并对应片段GoPro的时间长度，还需要确保没有丢掉航拍片段结尾的画面。满足这种剪辑需求的技术被称为反向时序剪辑。反向时序剪辑会先将浏览器中所选片段内容的结束点与时间线上标记范围的结束点对齐，然后由Final Cut Pro从结束点开始反向填充片段内容，直到时间线上标记范围的开始点。在本练习中，使用反向时序剪辑的操作能确保观众在看到直升机绕过悬崖拐角之后，能看到Mitch身体前倾的画面。

5 按快捷键Shift+Q，执行这个反向时序剪辑。

目前还不能直接看到剪辑的效果。因为航拍片段叠加在了GoPro片段上，遮挡了后者的画面。我们需要调整这两个片段画面的位置，以便创建一个合成后的视频画面。

注意 ▶ 如果这时弹出一个警告对话框，那么可能是因为Aerials_11_04a被选择的时间长度过短。单击“取消”按钮，重新定义Aerials_11_04a的结束点（可以向右多移动几帧），再次执行第5步的操作。

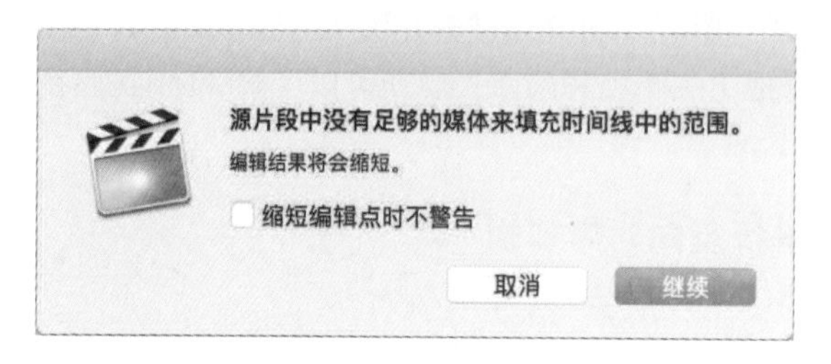

6.4.1-B 在检视器中放置视频画面

现在两个B-roll片段已经叠放在时间线上了。接下来在检视器中将它们分别布置在画面两侧，以便观众能够同时看到它们。

1 在时间线上，按住Option键，单击选择片段“Aerials_11_04a”，并同时令播放头移到该片段上。

2 在检视器中使用变换工具。

在航拍视频的画面四周出现了一个线框，其中包含一些控制手柄，这表示在屏控制已经被激活了。您可以直接操作这个线框来实现画面的缩放和旋转，并拖动中心的控制手柄，移动画面的位置。接下来平移航拍视频的画面，为Mitch的镜头腾出足够的空间。

3 在检视器中向左拖动航拍镜头画面中心的控制手柄。

4 参考检视器中的参考线，令图像在垂直方向上是对齐的，继续拖动，同时观察检视器上面的位置栏，直到X的数值达到240px。

为了在检视器中看到该片段的全部画面，必须将它缩小一些，可以通过拖动边角上的控制手柄来满足这个要求。

5 将线框右下角的控制点向线框中央拖动，直到缩放的数值达到58%。

现在已经将航拍的片段进行了缩放，并放在了合适的位置上。接下来处理Mitch的镜头。

6 在项目中选择片段“GOPR3310”。在检视器中，该片段画面的四周也出现了线框。在时间线上看，航拍镜头位于Mitch采访镜头的上方，所以在检视器中，前者遮挡了后者的画面。

7 将线框左下角的控制点向线框的中央拖动，直到其垂直方向上的高度与航拍片段的高度一致，缩放数值为58%。

Mitch的画面变小了很多，而且两个片段的画面也没有肩并肩地排到在检视器中。为了保持画面的大小不变，您需要修剪画面的边缘。

8 将光标放在线框的内部，将Mitch的片段向右拖动，直到Mitch的脸部位于检视器右边的1/3处，位置栏中X的数值为390px。

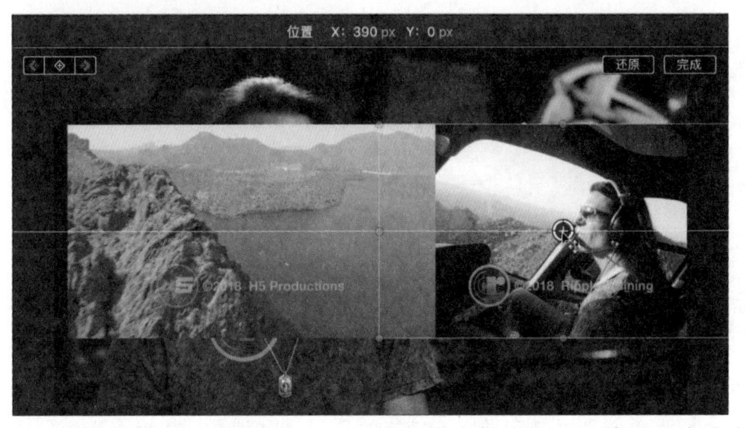

在这两个片段的下方出现了Mitch的采访片段的画面，稍后再处理这个问题。先通过裁剪片段

的方法，令Mitch在直升机中的画面充满检视器的右边，同时更大一些的航拍镜头位于检视器的左边。

9 在检视器左下角的下拉菜单中选择“裁剪”命令。

10 裁剪工具有3个按钮，分别代表了3种模式：修剪、裁剪和Ken Burns。修剪可以去除图像中的某些部分；裁剪除了可以去除图像中的某些部分，还可以将剩余部分放大以充满当前片段画面的线框；Ken Burns可以通过缩放和摇移来制作动画。

在裁剪工具中单击“修剪”按钮，按住Option键，将Mitch片段左右两侧的边缘向中央拖动，缩小它所占用的面积。

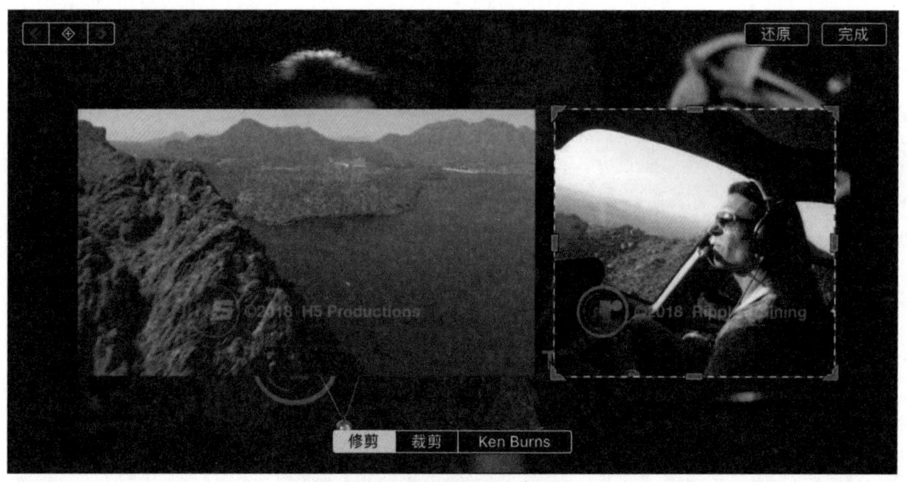

按住Option键，拖动一个边角，同时修剪对面的边角。

11 考虑到Mitch会前倾身体，所以多留一些空间。另外，将上边缘也修剪得小一些。

由于在检视器中为分屏提供了更多的空间，因此可以将两张图片放大，以显示更多的细节。

12 返回变换工具，根据自己的喜好和需要，再次调整分屏效果。单击检视器中的“完成”按钮，检查编辑后的效果。

在片段中，为了观察前方的状况和潜在的风险因素，Mitch多次前倾身体。在Mitch前倾的同时，直升机飞过悬崖，这两个画面配合在一起会显得很合拍。如果需要，可以通过滑动修剪来令片段画面与飞过悬崖的时间点相吻合。

注意 ▶ *如果在剪辑好的分屏画面中，Mitch的动作已经匹配了航拍的片段，则可以跳过下面这个练习。*

13 在时间线上，按T键，启用修剪工具。

14 将修剪工具放在片段GOPR3310的中央，左右拖动光标，以对齐画面中的内容。

在拖动光标的同时，检视器上会出现片段开头与片段结尾两个画面。

15 继续拖动光标，直到您看到Mitch向后靠在椅背上的画面出现在开始帧（左边）上，同时在结束帧（右边）上，他微微地前倾但还没有碰到阴影的一刻。

注意 ▶ *在确定这些编辑位置的时候，可以将背景的山脉当作参照物。*

在松开鼠标键后，时间线片段会刷新为新的编辑结果。

16 如果需要，检查这次编辑，或者重复步骤14和15的操作，确保航拍画面与Mitch的动作相匹配。

练习6.4.2
使用视频动画编辑器

除了在检查器中可见的参数和某些检视器中的在屏控制，第三种访问和编辑相关参数的方法是使用视频动画编辑器。在时间线上，还可以一边查看这些参数，一边与其他片段的参数进行比较。

在讲解这个功能之前，需要使用不透明度控制项来移除分屏后面的Mitch采访。

1 按住Control键，单击第一个片段“MVI_1043”，它位于片段GOPR3310的下方，选择“显示视频动画”命令。

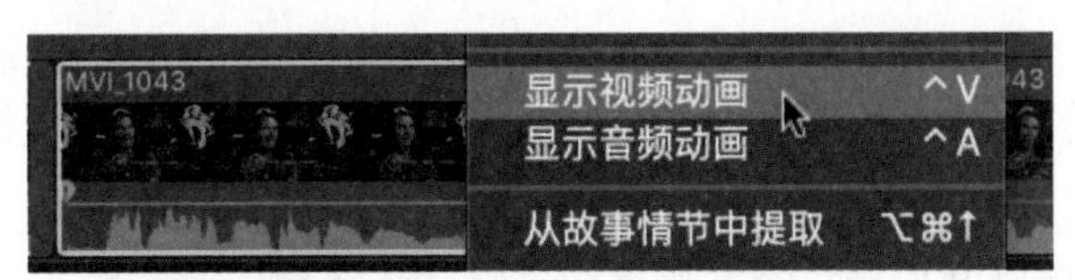

在视频动画编辑器中会显示多种参数，包含一些效果的参数，最下方是“复合：不透明度”参数。如果该参数可以访问，则您可以看到一个“最大化”按钮。

2 单击“最大化”按钮，展开显示不透明度的控制。

不透明度的控制有3种类型：第一种是淡入淡出滑块，它与第4课中用到的音频片段的淡入淡出滑块类似。在这里，该滑块可以创建视频淡入淡出的效果。

3 将淡出滑块向中央拖动，观看画面的变化。

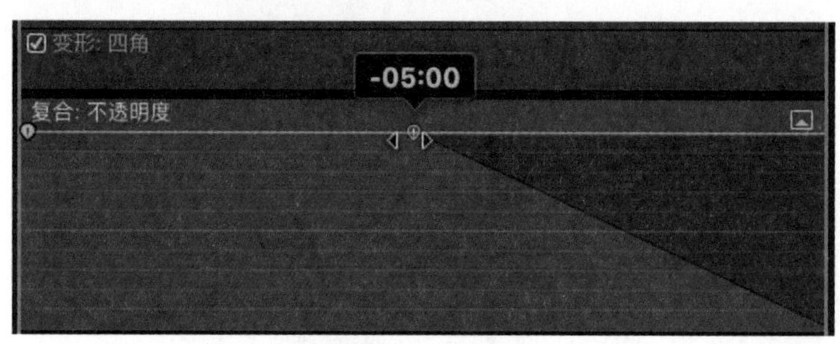

这时，视频画面会逐渐变成黑色，如同在该片段和一个空隙片段之间添加了交叉叠化转场。

4 按快捷键Command+Z，撤销刚才的操作。
第二种不透明度的控制类型类似于调整音频音量。

5 将光标放在不透明度控制横条上，将其向下拖到0%。

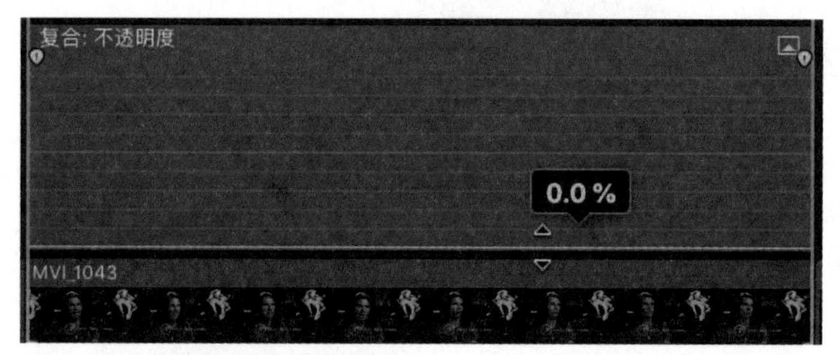

此时，Mitch的采访画面就消失了。
当不透明参数低于100%的时候，画面就开始有透明的效果了。当其达到0%的时候，画面就变得完全透明了。

注意 ▶ 第三种不透明度的控制是关键帧，会在第7课中进行讲解。

6 单击“关闭”按钮，关闭视频动画编辑器。
一个片段已经完成了编辑。下面继续操作另一个片段。

6.4.2-A 复制和粘贴属性

对于分屏画面下方的另外一个片段MVI_1043，您可以使用复制和粘贴属性的方法进行处理。在经过本练习后，您会发现粘贴属性的功能会大幅提高操作速度，它可以瞬间将相同的指定参数分享给多个片段。

1 选择片段“MVI_1043”，这个片段刚刚调整过不透明度的参数。按快捷键Command+C进行复制。

2 选择MVI_1043右边的片段，选择“编辑”>“粘贴属性”命令，或者按快捷键Command+Shift+V，确定哪些参数会被粘贴到当前片段中。
在对话框的列表中分别显示了视频和音频属性。您可以选择多个不同的希望复制给第二个片段的属性。请注意，不透明度并没有出现在列表中。在视频动画编辑器中，该参数实际上是包含在复合参数内部的。在检查器中也是同样的，不透明度被放置在了复合这个大的类别中。

3 勾选“复合”复选框，取消勾选“音量”复选框，单击“粘贴”按钮。

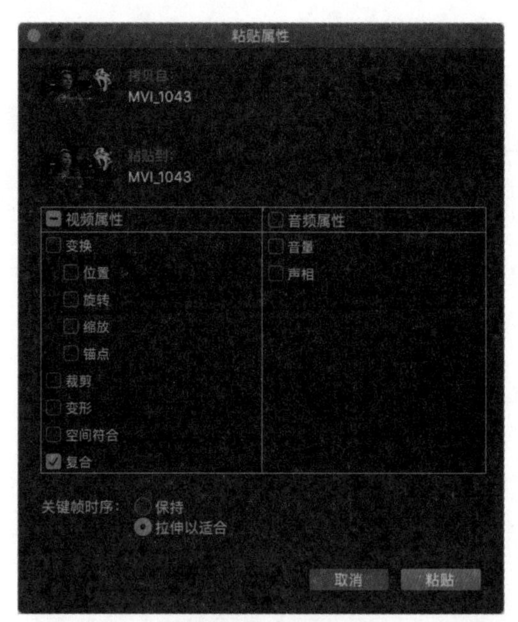

在项目中，验证需要修改的片段的不透明度是否为0%。完全透明意味着在分屏画面的下方是根本看不到Mitch的采访画面的。

参考6.5
复合片段

在Final Cut Pro中有很多容器，如不同用途的片段、项目、时间和资料库。复合片段也是一种容器，它类似于时间线，可以容纳多种不同的源媒体文件，并像普通片段一样被放置在时间线上。

注意▶ 在浏览器中，复合片段上会有一个特殊形状的图标（两个矩形方框交错叠加在一起）。在时间线上，某个复合片段名称的左侧也会出现该图标。

复合片段既可以被放置在项目中，又可以被放置在另一个复合片段中，这种方式被称为嵌套。但是，嵌套这个名词还不足以表达复合片段的多重优势。

一个复合片段可以包含一个或者多个片段、故事情节、静止图像、动画、音乐、特效文件等。一个对象只要能被放置在项目中，就一定可以被放置在复合片段中。

复合片段最重要的特性是：其包含的内容是动态的、活跃的。假设复合片段A被分别放置在项目1和项目2中，在项目1中对复合片段A进行修改后，项目2中的复合片段A会自动更新。尽管可以通过复制一个新的复合片段来防止这样的自动更新，但这并不是默认的状态。如果需要，在Final Cut Pro的用户手册中可以查询更多有关的信息。

练习6.5.1
将多个片段合成到一个复合片段中

复合片段最常用的场合就是将一组片段同时转换到一个复合片段中，这样就简化了片段和时间线的管理工作。

在时间线上，可以将原本分散为多个横栏、上下交错在一起的许多片段直接复合为一个单独的片段。针对复合片段，也可以应用效果。

在项目Lifted Vignette中，将分屏画面合成为一个复合片段后，如果应用一个效果，那么该效果在分屏画面的两个片段上都是有效的。而且，这两个片段被视为一个单独的对象，如果要移动，就一起移动，可以避免破坏与分屏画面相匹配的任何编辑操作。同时，通过一个单独的音量控制滑块就可以调整它们的声音，这能使混音的工作变得更容易。

1 在该项目中，找到被用于分屏的片段，选择之前用于合成的两个片段。

2 在选择片段后，按Control键，单击任何一个片段，在弹出的菜单中选择“新建复合片段”命令，或者按快捷键Option+G。

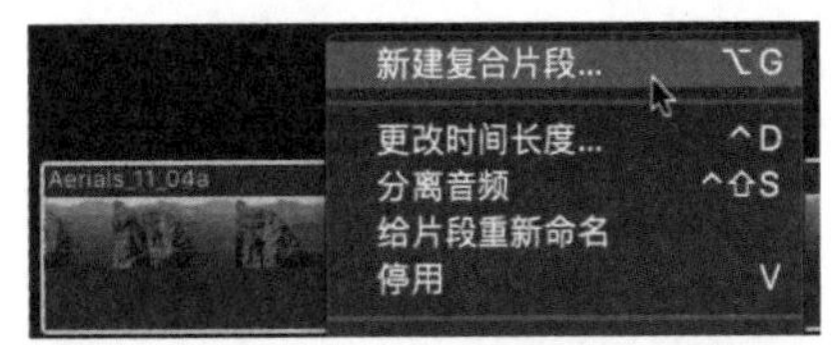

这时会弹出对话框，要求输入复合片段的名称，确定存储在哪个事件中。与新建项目类似，复合片段是存储在某个事件中的。

3 在名称栏中输入“Split-Screen Composite”，选择事件“Primary Media”，单击“好”按钮。这样，两个片段就折叠成了一个单独的复合片段，并存储在事件Primary Media中。复合片段

Split-Screen Composite也会跳出原来的故事情节。

4 在时间线中，将Split-Screen Composite片段拖到片段IMG_6493和DN_9503之间。

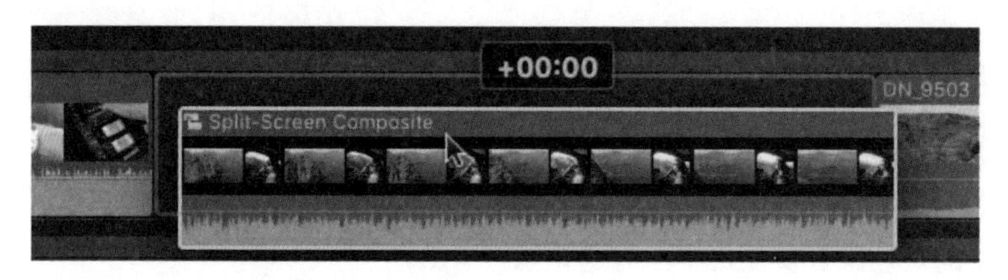

注意▶ *如果您需要调整位于复合片段内部的某个片段，或者需要将新的片段添加到项目的某个复合片段中，那么双击该复合片段，在独立的复合片段的时间线中进行编辑即可。*

您已经完成了第一轮的针对剪辑的优化工作。在本课开头已经讲到，您可能会完全不需要这些技术，但是也可能觉得全部都非常有用。希望经过这些练习，您已经掌握了一些在下一次剪辑中可以利用的实际技能。

▶ **在浏览器中创建复合片段**

在浏览器中可以从零开始创建一个复合片段，而完全不需要预先打开某个项目。在浏览器中按快捷键Option+G就会弹出创建复合片段的对话框，它与新建项目的对话框类似，需要您在这里设定一些视频格式的参数。在创建好复合片段后，双击它即可打开一个时间线，接着就可以进行编辑了。

注意▶ *新创建的复合片段都会在浏览器中显示，复合片段会越来越多，您可以创建一个智能精选，令其自动搜索并收集在事件中所有类型为复合的片段。*

▶ **检查点 6.5**

有关检查点的更多信息，请参考附录C。

课程回顾

1. 如何在界面中打开“自定速度”窗口？
2. 假设您已经手动调整了某个片段的速度，但是在这个速度下，该片段的时间长度太长了，应如何对该片段进行修剪，同时不改变它的速度呢？
3. 使用哪个变速效果可以实现下图所示的效果？

4. 在哪里可以访问一个效果的参数？
5. 如何还原某个效果的参数？如何禁用该效果？如何从某个片段中删除一个添加过的效果？
6. 在下图中，红色方括号说明了什么问题？

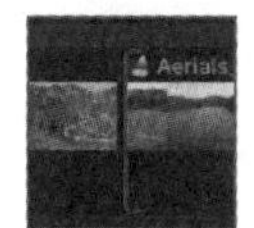

7. 参考上图，请说出为了应用某个一秒的转场，创建必要的媒体余量的两种方法。
8. 哪个图表示可以调整转场的时间长度？

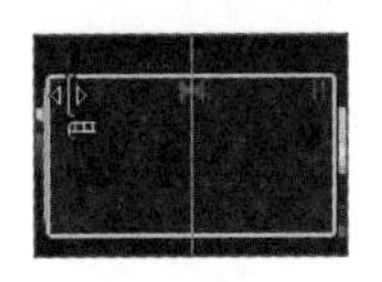
A

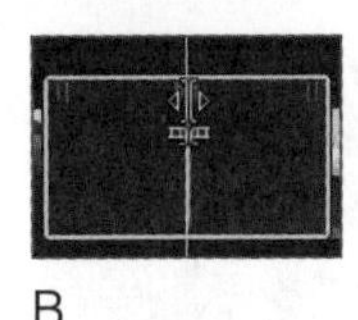
B

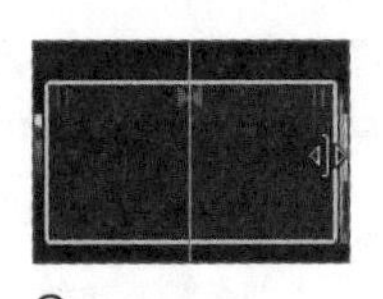
C

9. 如何使用转场浏览器中的转场来替换项目中已有的转场？
10. 激活检视器在屏控制的按钮是什么？
11. 粘贴与粘贴属性有什么不同？
12. 如何访问一个复合片段中的某个单独元素？

答案

1. “重新定时”下拉菜单和重新定制编辑器。

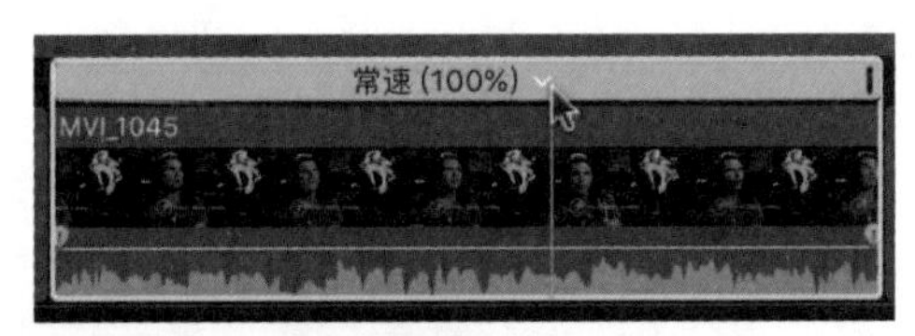

2. 通过波纹修剪可以修改片段的时间长度，同时保持其播放速度不变。

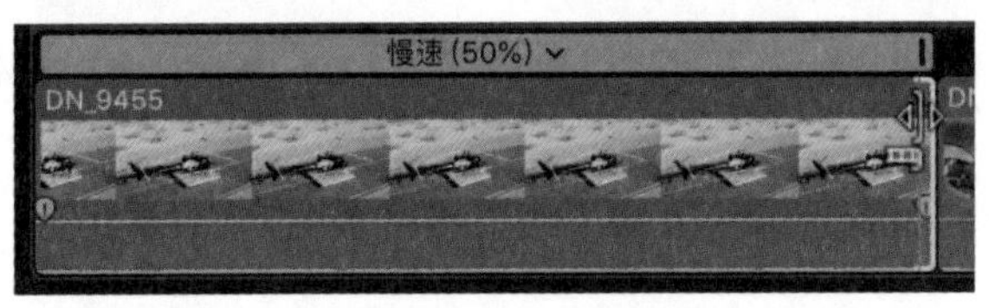

3. “重新定时”下拉菜单中的“切割速度”命令。
4. 首先，该效果必须已经应用在项目中的某个片段上。接着，必须选择该片段或者令播放头位于该片段之上。这样就可以在检查器中访问该效果的参数了。
5. 单击效果的“还原”按钮（弯钩形状的图标），可以还原该效果的所有参数。勾选效果名称左边的复选框，可以禁用该效果。在选择了效果后，按Delete键，可以删除该效果。
6. 片段的开头没有足够的媒体余量用于转场。
7. 使用滑动修剪工具，向左拖动片段的开头；或者使用卷动修剪工具，向右拖动片段的开头，以便在片段开头留出更多的媒体余量。
8. C
9. 将新的转场直接拖到已有的转场上，类似于执行一个替换编辑；或者预先选择现有的转场，然后在转场浏览器中双击新的转场。
10. 
11. 粘贴会将被复制的片段和片段的属性都移动过来，类似于替换编辑。粘贴属性允许您选择被复制片段中的某些属性，并将它们引用到目标片段上。
12. 双击该复合片段。

第7课
完成剪辑

您已经到了剪辑工作流程中的最后阶段。这时候需要在项目中添加一些有趣的元素，比如标题字幕和图形；还有一些烦琐的问题需要解决，比如音量的微调、为B-roll片段配上音效。这些收尾工作会令影片更完整。

对于当前的项目Lifted Vignette，可以为其增加一些细节。比如，可以在画面上添加标题字幕和在下三分之一处添加字幕，用以说明Mitch的身份。有一些音频的细节需要修正，并且要确保所有音频混合在一起后非常自然。某些片段也需要进行色彩校正，修正白平衡问题，并使镜头与镜头之间的色彩统一。虽然在本课中要做的事情很多，但是不用担心，操作依然是非常简单的！

学习目标

- 添加和修改下三分之一字幕
- 添加和修改3D字幕
- 展开编辑音频和视频
- 添加音频关键帧
- 在管理和选择素材的时候使用音频角色
- 亮度和色度的区别
- 使用颜色板、色轮或者颜色曲线来调整图像
- 使用颜色平衡

参考7.1
使用字幕

通过图形信息，您可以在画面上提示或者回答观众常见的疑问，比如他是谁、这是什么、什么时间、什么地点、为什么等。使用字幕，您可以用多种方法来展示这些需要表达的信息。

位于项目开头的字幕如同一本书的封面，诱使观众坐下来了解具体的内容。屏幕的下三分之一字幕通常被用于表明影片中人物的信息。在影片最后还应该加上有关参与人员和制作人员的信息。借助软件中字幕的相关功能，您可以快速而简洁地完成这些任务。

Final Cut Pro可以利用Motion实时设计引擎的优势为项目添加图形。若电脑中并没有安装Motion，则可以在Final Cut Pro中调用来自Motion的高质量模板；若您购买并安装了Motion，则可以定制自己的模板，或者修改现有的模板。在不断扩大的用户群体中，您还可以找到许多应用于Final Cut Pro和Motion的第三方模板。

练习7.1.1
添加和修改下三分之一字幕

在为项目添加B-roll片段的时候，Mitch的采访片段单独空出了一段时间。在这里可以添加一个字幕，提示观众画面中的人物是Mitch。

注意▶ 在即将开始剪辑新的字幕和图形之前，养成良好的习惯，预先为当前的项目Lifted Vignette存储一个快照。

1 在项目Lifted Vignette中，将播放头放在Mitch采访画面出现的第一帧上，大概是12s的位置。

注意▶ 此处，在片段MVI_1055上应该有一个名为“Add a title”的标记。

2 在浏览器中，展开字幕和发生器边栏。

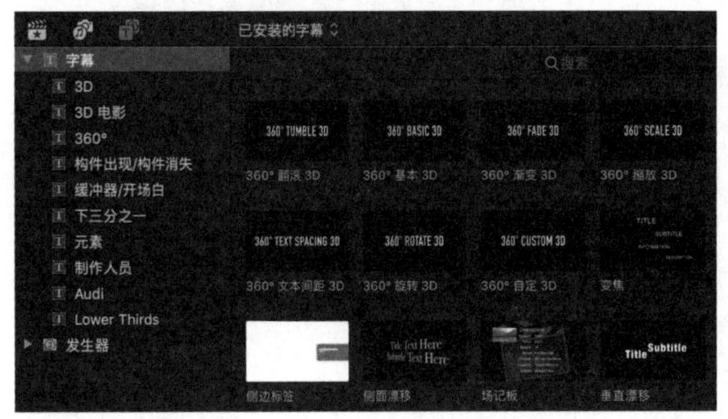

浏览器中字幕和发生器边栏的布局与其他浏览器一样，字幕的分类位于窗格的左边，右边是字幕的缩略图列表。

3 在左边栏中选择“下三分之一”选项，在新闻的子分类中找到“居中”图标。

4 选择居中的下三分之一字幕，按空格键预览其效果。

通过字幕浏览器中的缩略图，以及在检视器的画面都可以看到预览效果。接下来在字幕上添加Mitch的名字与他公司的名称。为了修改字幕的内容，必须先把字幕添加到项目中。

5 确认播放头仍然位于Mitch采访画面出现的第一帧上，双击居中的字幕，将它作为连接片段剪辑到项目中。

字幕被连接在Mitch采访画面的第一帧的位置。根据您对B-roll片段的剪辑，居中字幕可能会被紧紧地加载在两个连接的故事情节之间，或者叠放在第二个连接的故事情节上。接下来使用在屏控制的方法输入文本，并调整文本的属性。

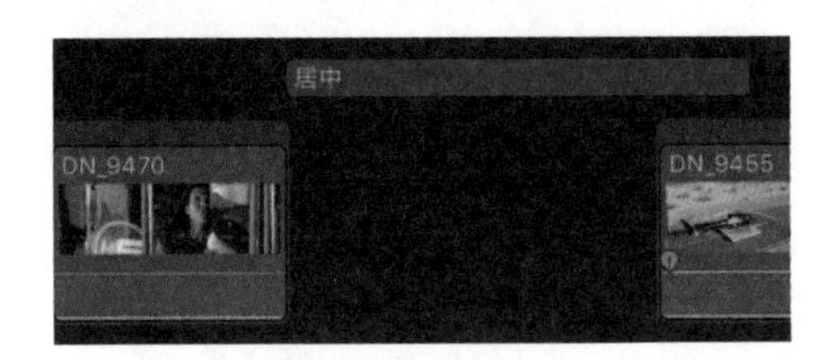

7.1.1-A 修改字幕文本

在字幕中输入文本的方法有两种，使用屏幕控件和文本检查器。先使用屏幕控件的方法，它不仅能输入文字信息，还能调整字幕的空间位置。

1 在项目中双击名称为“居中”的字幕片段。

在双击的时候，会发生以下事件：首先，片段被选择；然后，播放头移到该片段能够显示字幕内容的第一帧上；最后，预设的文本被全选。

2 在检视器中，文本是自动高亮显示的。因此，可以直接输入“Mitch Kelldorf H5 Productions”，按Esc键，退出文本输入状态。

另外，也可以在文本检查器中输入上述内容。

3 在检查器中，单击“显示文本”按钮。

在文本检查器中显示了刚刚输入的文本信息。接下来在检查器中对其进行一些修改。

4 在“H5 Productions”的前面输入“Pilot,”（带有逗号）。

如果在同一行中有两组文字信息，那么应该在它们之间保留一些距离，以便观众进行识别。后面会在检视器中用一个小技巧调整这个下三分之一字幕。

注意▶ *针对有疑问的单词，拼写检查功能会在该单词下方显示虚线，并提示一个正确的单词。*

5 在检视器中，将光标放在字幕的上方。

此时在文字周围会出现一个线框，选择工具的图标也会更改为移动工具。这时候对字幕进行拖动，可以移动字幕的位置。

6 在字幕中选取Mitch的名字。双击“Mitch”，用鼠标在字幕中对其进行拖动，选取名字。

为了让Mitch的名字与工作职位有区别，可以修改一下文字的颜色。字幕文字有两个与颜色相关的参数，其中一个就在文本检查器中。

7 在文本检查器中，找到“表面”复选框。

在通常情况下，表面参数处于激活状态，但在检查器中会被隐藏起来。

8 单击“表面”右侧的“显示”按钮。

表面参数控制了文本的外观。

注意▶ *此外，您也可以双击检查器中某部分的横栏，打开或者隐藏该部分的参数。*

在调整颜色参数时，有两种颜色控制的方法：颜色块和弹出的调色板。您可以单击颜色块，打开macOS的颜色对话框；或者单击向下的箭头按钮，打开“调色板”窗口。

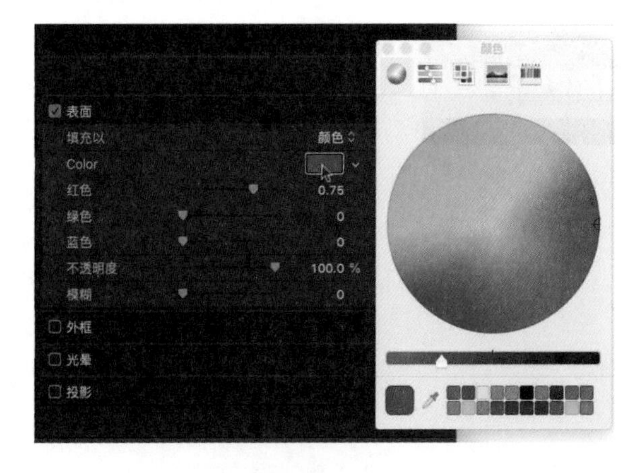

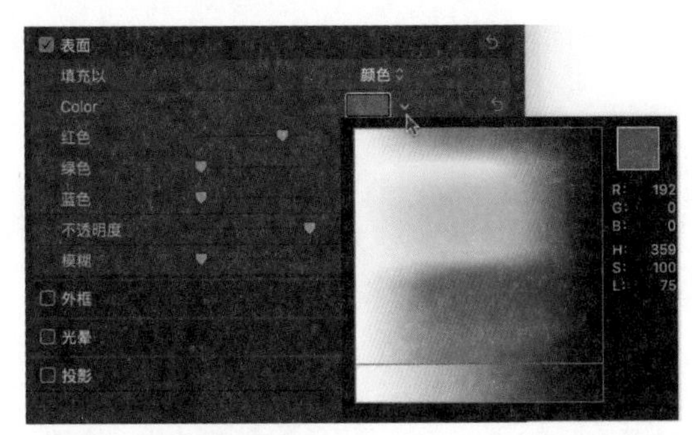

9 在颜色块或者弹出的“调色板”窗口中选择黑色，令Mitch的名字呈现黑色。单击检视器中的文本，按Esc键。

Mitch Kelldorf Pilot, H5 Productions

在文本的颜色变成黑色后，接着修改公司名称的字体。

10 在检视器中，选择文本“Pilot, H5 Productions”。在文本检查器中，设置Font（字体样式）为“粗斜体”，按Esc键。

现在已经对字幕中的两个元素做了比较明显的区分，字幕看上去清晰了许多，为观众传达了非常明确的信息。接下来要确定的因素是这个字幕应该在画面上保持多长时间。

一个通用的规则是，如果时间足够让剪辑师阅读两次字幕内容，但是不够阅读第三次，那么这个时间长度就比较适合观众观看、阅读和理解。在项目Lifted Vignette中，您已经在两个B-roll片段之间预留了足够的空隙，并在其中添加了这个下三分之一字幕。因此，只需使字幕的时间长度与空隙相吻合即可。

7.1.1-B 延长编辑

除了可以拖动片段两侧的编辑点来改变其开始点与结束点的位置，您也可以使用“延长编辑”命令来提高操作效率。延长编辑可以将被选择的编辑点卷动修剪到播放头或者扫视播放头的位置。

1 在时间线上，选择字幕片段的结束点。

确定了编辑点就等于指定了延长编辑的操作对象。接着将扫视播放头放在希望该编辑点未来被移动到的位置上。

注意 ▶ 虽然这个字幕有可能会延伸到后续的故事情节上，或者正好在空隙之间，但以下的操作步骤仍然是有效的。

2 将播放头放在字幕片段的某个位置上。

3 按快捷键Shift+X，将编辑点移动到播放头的位置上。

您需要将字幕片段的结束点对齐下一个B-roll片段的开始点。

4 将扫视播放头放在DN_9455的开头，确认仍然选中字幕片段的结束点，按快捷键Shift+X。

这与之前讲解的“修剪开头”“修剪结尾”“修剪所选部分”命令类似，延长编辑是另一个加速剪辑工作的方法。

> **▶ 替换字幕文字**
>
> 在项目中可能会有多段采访，涉及不同的地理位置，以及额外的一些针对画面的说明，剪辑师需要相应地添加很多字幕。有些时候，难以避免会出现拼写错误的问题。比如，在下三分之一字幕中有3种文字内容：Inside the H5 Hangar、Outside the H5 Hangar和Returning to the H5 Hangar。如果将Hangar拼写为Hanger，那么可以使用查找和替换字幕文本的命令对其进行替换。在菜单中选择“查找和替换字幕”命令，先输入需要查找的文本，再输入正确的文本进行替换即可。

参考7.2
创建3D字幕

有的时候，画面上的字幕有模拟三维深度的感觉会带来很好的效果。之前，在设置字幕浏览器的时候，您可能已经注意到了3D和3D电影这两个字幕类别。这两个类别中的3D字幕模板允许您在Final Cut Pro中使用Motion的3D文本功能。

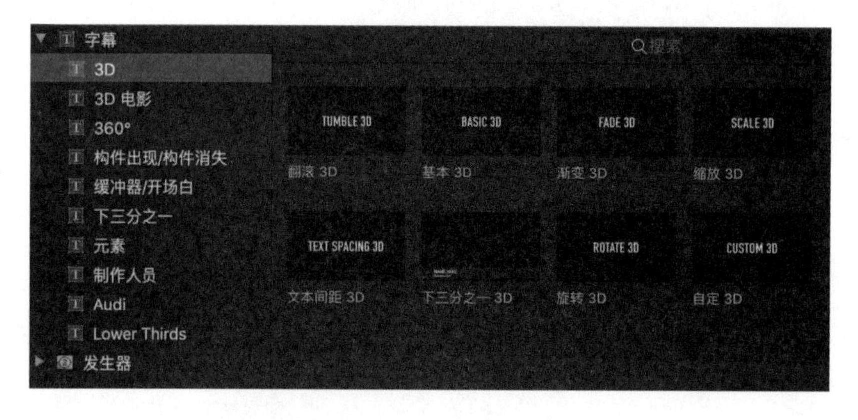

3D字幕模板中包含了内建的文本动画，如翻滚、渐变和旋转等，这些都是可以直接使用的。如果项目需要特殊的动画，则可以通过自定3D创建新的模板，并调整一些参数来产生不同的进入和退出的效果。

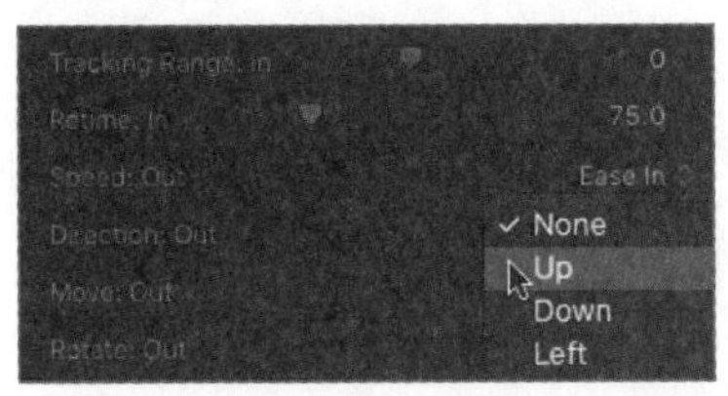

除了以上这些用于动画效果的检查器控件，在3D字幕模板中还有很多参数可用于控制3D文本的外观，比如文本的大小、灯光效果，以及每个字形各面的材质。

此外，还有3D文本的深度、深度方向、正面和背面边缘的形状与大小。

更重要的就是3D字幕模板中的屏幕控件。在检视器中，它可以模拟三维空间，便于您操控3D字幕。

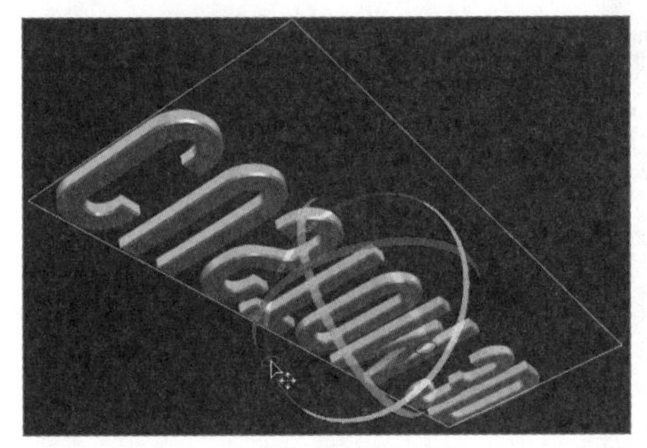

下面用自定3D这个字幕模板创建一个3D字幕，通过简单的几个操作，设定字幕的灯光、3D文本的外观及动画行为。

▶ 将下三分之一字幕从2D转换为3D

2D字幕可以随时转换为3D字幕，反之亦可。在文本检查器中勾选“3D文本”复选框，平面的2D字幕就转换为具有一定深度的3D字幕了。

Mitch Kelldorf *Pilot, H5 Productions*

一个2D的下三分之一字幕。

Mitch Kelldorf *Pilot, H5 Productions*

将该字幕转换为3D字幕。

练习7.2.1
探索3D选项

您可以直接调用Final Cut Pro中内建的3D字幕模板，只需要几步操作，即可在短时间内完成为项目添加3D字幕的工作。在本练习中，您将使用自定3D模板快速地为项目Lifted Vignette创建片头字幕。

1 在字幕和发生器边栏中选择3D类别，扫视自定3D模板。

CUSTOM 3D

目前，该字幕的效果不够明显，也看不出三维的效果。接下来先将其剪辑到项目中，再修改文本的参数。

2 保持时间线是激活的状态，按Home键，跳转到项目开始的画面。
目前，项目开始的画面是直升机机头上反射出机库门逐渐打开的场景。3D字幕应该从片段DN_9488中黑屏的部分开始，延续到当前的场景。而且，在DN_9488淡出的时候，应该仍然能够看到这个3D字幕。因此，必须将时间线上的整个项目都向后延迟一些。在这里，快速满足此要求的方法就是在时间线的开头插入一个空隙片段。

3 保持播放头仍然处于项目的开头，按快捷键Option+W。
这样，在项目的开头会插入一个长3s的空隙片段，而时间线上原有的其他片段都会向后延迟相同的时间长度。下面为项目添加自定3D字幕。

4 保持播放头仍然处于项目的开头，在字幕浏览器中，双击“自定3D”片段。

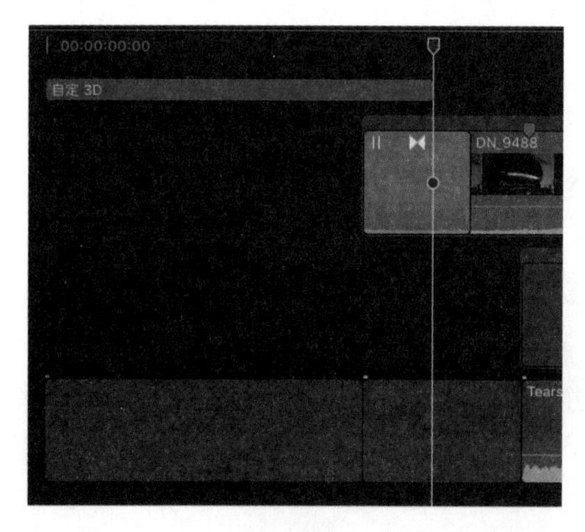

5 按住Option键，单击项目中的“自定3D”片段。

按住Option键，单击一个片段将会自动地选择该片段，并将播放头停在该片段上。接下来就可以在三维空间中调整文本了。

7.2.1-A 在3D字幕中变换文本

之前，您使用了屏幕控件上的变换功能为Mitch飞到悬崖附近的镜头制作了分屏画面，这些控件可以在*X*-*Y*坐标平面上调整画面的位置，也可以旋转画面角度，相当于围绕*Z*轴翻滚。三维的屏幕控件可以令文本围绕*X*轴和*Y*轴旋转，这样就可以看到字形的深度了。

1 在练习7.2.1的第5步中，按住Option键并单击字幕片段会自动地选择该片段，并将播放头停在该片段上。这样，字幕会显示在检视器中。在检视器中单击该字幕。

在三维空间中有6个用于操控文本的控件。

- 红色箭头：向左或者向右（沿*X*轴）移动文本。
- 绿色箭头：向上或者向下（沿*Y*轴）移动文本。
- 蓝色箭头：向前或者向后（沿*Z*轴）移动文本。

- 红色圆环：向前或者向后（沿*X*轴）倾倒文本。
- 绿色圆环：向左或者向右（沿*Y*轴）旋转文本。
- 蓝色圆环：顺时针或者逆时针（沿*Z*轴）翻滚文本。

2 使用3D屏幕控件在各个方向上翻转文本，检查它的所有表面。

3 如果需要，按快捷键Command+Z撤销操作，将字幕还原为它原来的状态。

注意 ▶ 如果还原到过早的状态，那么可以按快捷键Command+Shift+Z，重做被撤销的操作。

在字形具有了深度之后，它就增加了侧面、边缘和背面等多个属性。每个属性都可以被单独或者成组地控制，可以通过简单的预置或者细节的参数来实现。

接下来调整字幕的位置与检视器的设置，以便在接下来的练习中更清晰地比较某些预置的效果，以及使用各个控件的效果。

4 如果需要，将检视器的显示比例设定为100%。

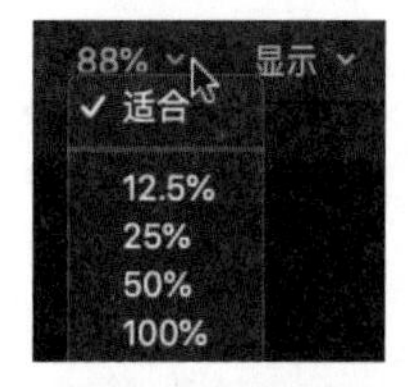

5 使用3D屏幕控件，将蓝色箭头（指向您的眼睛，即画面外）向右拖动，令文本沿Z轴向前移动（离您的眼睛更近）。

6 向右拖动旋转把手，也就是绿色的圆环，令文本面向右侧。

7 参照下图，利用3D控件调整文本的位置。

在突出了文本由近至远的透视效果后，接下来，您将探索3D效果中的自定选项。

7.2.1–B 修改3D字形的外形

所有3D字幕模板中的字幕都使用了相同的参数，在文本检查器中可以调整这些参数，以便修改3D文本的外观。在本练习中，您可以任意调整这些参数，最后将字幕还原为初始状态即可。

1 如果需要，选择“显示”>“切换检查器高度”命令，显示更多的界面。

2 在文本检查器中，找到3D文本的标题栏，单击“显示”按钮，查看它的参数。

向右拖动深度滑块，直到其数值为30左右，同时观察检视器中的画面效果。

字形的深度（厚度）变大了。在默认情况下，字形的厚度是从该字形在*Y*轴上的零点开始计算的。在“深度方向”选项中可以指定字形深度的计算方法，包括从现有正面向后，或者从现有正面向前。

4 向右拖动粗细滑块，同时观察检视器中的画面效果，直到数值为2。

接下来使用4个边缘控制营造更丰富且独特的字形。

5 在尝试调整这些参数之前，单击“还原”按钮，将3D字幕的设置恢复为最初的状态。

▶ 灯光

灯光参数包括了预置的灯光样式，以及字形反射的环境。有关这些控件的信息，请直接参考Final Cut Pro的帮助信息。

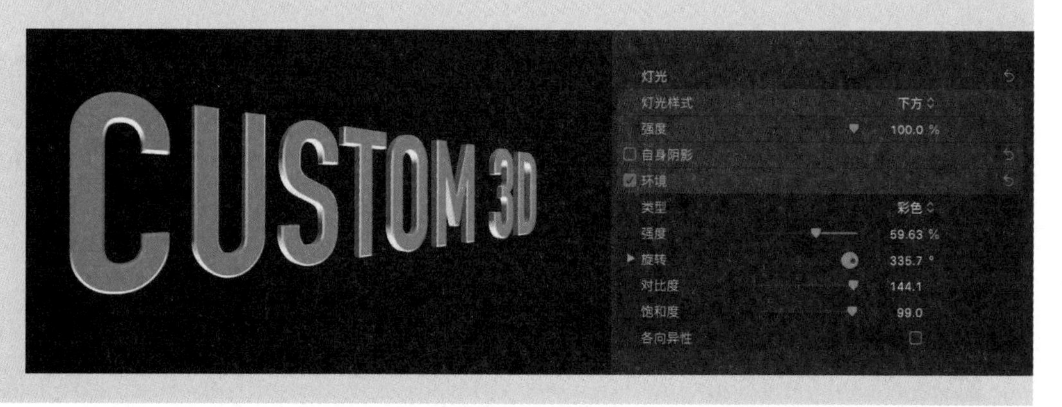

7.2.1-C 精细调整3D字形的外观

利用3D字幕中的参数，您可以方便地制作出独特的效果。在本练习中，您将使用其中的一些参数，为项目Lifted Vignette制作片头字幕。之前，您已经修改了字形的形状，包括其深度、粗细和边缘的形状。接着修改默认的字形表面的设置，逐渐了解针对一个或者多个表面的精细控制。

1 在项目中，确认仍然选择“自定3D”字幕，在文本检查器中，观察材质部分的参数。

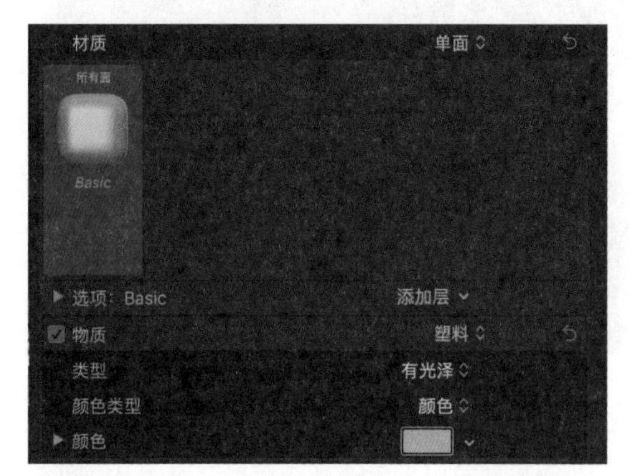

在默认状态下，自定3D字幕的各个表面都是同一种塑料材质。使用颜色参数可以调整塑料的颜色。

2 在“物质”选区中，“颜色”下拉菜单目前选定的是白色，这就定义了字形的颜色为白色。

这个塑料质感的文本看上去太突兀了。考虑到影片的内容，塑料质感也许不太适合。让我们试试铝的材质，是否与画面中的直升机更加匹配。

3 在“物质”选区中选择“金属”选项，将“类型”设置为“铝”。

注意▶ 由于模拟灯光和环境的不同，字形上呈现的光线反射也会有巨大的差异。您可以一边在检视器中利用3D变换控件调整字幕的位置，一边观察光线反射的情况。

下面，通过为表面材质增加几个处理涂层的方式，包括油漆和表面处理，来进一步调整字形材质的效果。在本练习中，让我们为字形增加反光油漆和抛光的涂层，模拟H5直升机上的文字和标志。

4 在“材质”选区中的“添加层”下拉菜单中，先选择“油漆”>“反光油漆”命令，再选择“添加层”>“表面处理”>“抛光”命令。

反光油漆的颜色使字形颜色发生了改变，让我们将颜色仍然设置为“白色”。

5 在“油漆颜色”下拉菜单中选择“白色”命令。

看上去还不错，可以进一步做更多的尝试。如果您希望这个字幕的效果类似于直升机侧面的SaberCat的标志，那么将字幕从单面变为多面，也许能实现该效果。

6 在文本检查器中，在“材质”右侧的“单面”下拉菜单中选择“多面”命令。

多面的控件按照表面的类型（如正面、正面边缘、侧面、背面边缘、背面）分成了几组参数。选择不同的组，即可调整不同类型表面的参数。目前，由于选择的是正面，因此修改的是正面的参数。接下来调整侧面和正面边缘的参数。

7 在“材质”选区中，单击“侧面”图标，显示它的参数。

8 在“侧面”选项卡中，将“油漆颜色”设置为“黑色”。

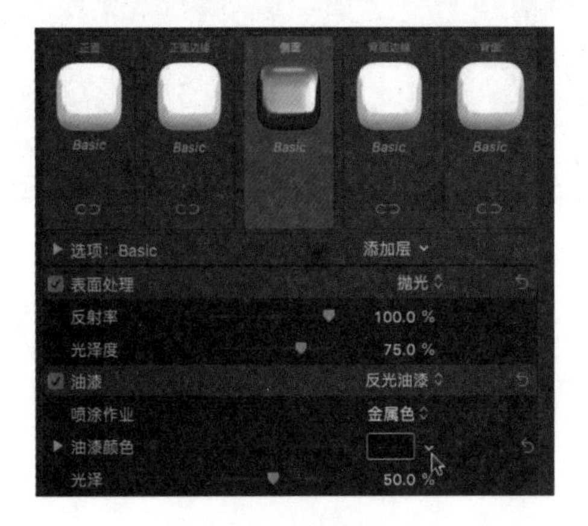

9 在“材质”选区中，单击“正面边缘”图标，将“油漆颜色”设置为“红色”。

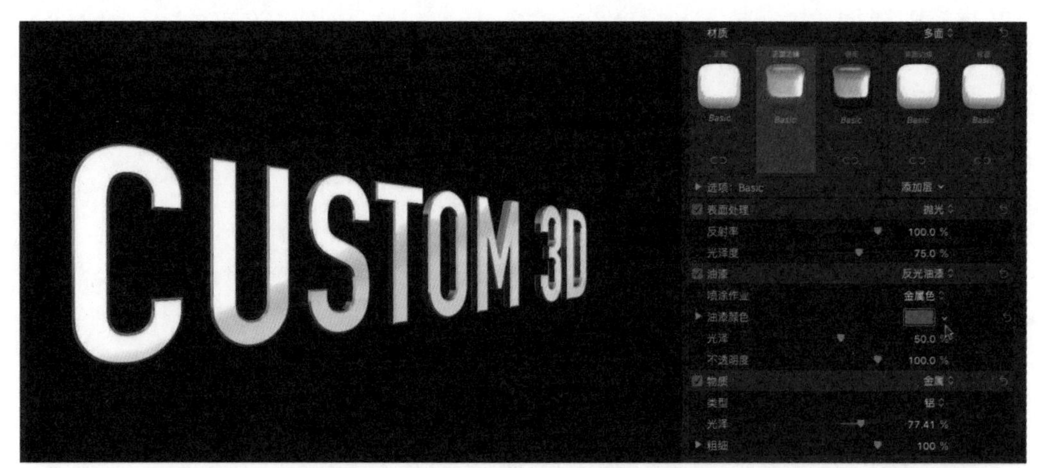

至此，片头字幕的基本准备工作已经完毕。接下来为字幕选择一款比较轻盈的字体，字幕要位于画面中央。为了简化工作，您可以将当前这个字幕的草稿存储为一个预置，并将该预置应用到新创建的3D字幕上。

10 在文本检查器的顶部，在“预置”下拉菜单中（目前显示为Normal）选择“存储外观属性”选项。

外观属性包含颜色和表面类型这样的参数，格式属性包含字体和大小这样的参数。

11 在“存储预置”对话框中，输入新预置的名称“Lifted Title”，单击“存储”按钮。

12 在项目中确认仍然选择“自定3D”字幕，在字幕和发生器浏览器中，双击“自定3D”字幕。如上所述，项目中的自定3D字幕会被刷新。接下来选择一款轻盈的字体。

13 按住Option键，单击项目中被刷新过的自定3D字幕。

14 在文本检查器的“字体”下拉菜单中选择“Zapfino”命令，将“大小”设置为“150”，并在“预置”下拉菜单中选择刚刚存储的“Lifted Title”命令。

15 在检查器的文本区域中，将文字内容修改为“Lifted”。

现在看，Zapfino字体显得太纤细了。接下来通过3D字幕中的深度、粗细和边缘控制参数，令字形显得稍微结实一些。

16 在文本检查器的3D字幕中做如下设置。

- ▶ 深度：15。
- ▶ 粗细：0.5。
- ▶ 正面边缘：圆边。
- ▶ 正面边缘大小：4。

综上，在创建和调整3D字幕的过程中，您已经体验了一些参数的作用。在下面这个练习中，您将使用预置为文本制作动画效果。

7.2.1-D 制作3D字幕的动画

现在，片头字幕已经具有了独特的风格。下面为字幕制作一个垂直移动的动画，模拟直升机起飞。在自定3D字幕中包含了几个动画参数，用于创建简单的或者复杂的进入和退出动画。在本练习中，字幕动画的基本情况是：在空白画面中，字幕先一边旋转一边向上升起，然后到达屏幕中央。在暂停一下后（直到第一个视频片段的画面出现的时候），字幕继续向画面上方移动，一边旋转着，一边离开画面。

1 在项目中确认仍然选择的是自定3D字幕，切换到字幕检查器。

字幕检查器中包含了更多的参数（它们来源于Motion软件），这些参数与文本检查器中的完全不同。自定3D字幕的很多参数都用于动画制作。下面开始制作字幕动画。

2 在字幕检查器中，在“Move: In（移动进入）”下拉菜单中选择“Up（向上）”命令。将播放头放在字幕片段开始的位置，在时间线上播放影片。

在最开始的时候，发现在画面最下方露出了字母f，利用渐入的效果可以轻松地解决这个问题。

3 在字幕检查器中，将Fade Duration In（淡入时间长度）滑块拖到80，在时间线上再次播放影片。

接下来，您将制作字形旋转的动画，令每个字母都像直升机的发动机一样旋转起来。

4 在“Rotate In（旋转进入）”菜单中选择“Left（向左）”命令。

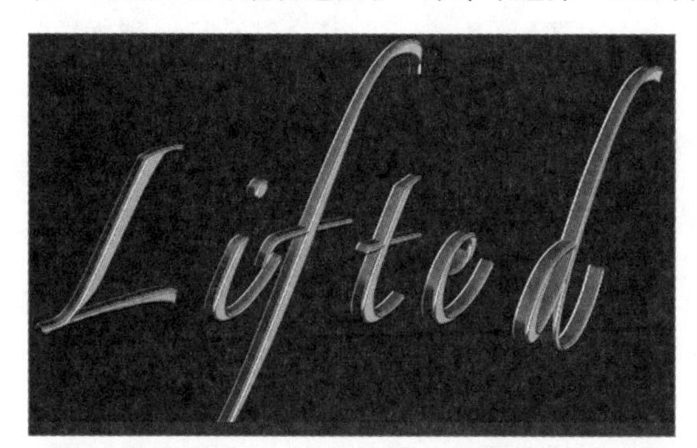

继续为旋转增加一点儿变化，可以使用一种波纹效应来旋转和提升每个字形。这里会用到两个控件：Animate By（动画基于）和Spread（传递）。Animate By中用于设定动画的参数是基于整行文本或者文本中单个的单词、字母的。Spread用于控制操作对象中适用于动画参数的对象的百分比。

5 在字幕检查器中，将“Animate By”设定为“Character（字母）”，“Spread”设定为“40”，播放字幕并查看效果。

现在字幕进入的动画就像是波浪一般，从一个字母传递到下一个字母。接着，您需要设定字幕退出时的动画。

6 按照下列数值设定各个参数。

- Direction Out（退出方向）：Forwards（向前）。
- Move Out（移动退出）：Up（向上）。
- Rotate Out（旋转退出）：Left（向左）。
- Scale Out（缩放退出）：None（无）。
- Fade Duration Out（淡出时间长度）: 80。

7 将字幕片段时间长度设定为5:21。播放字幕，检查刚刚完成的调整。

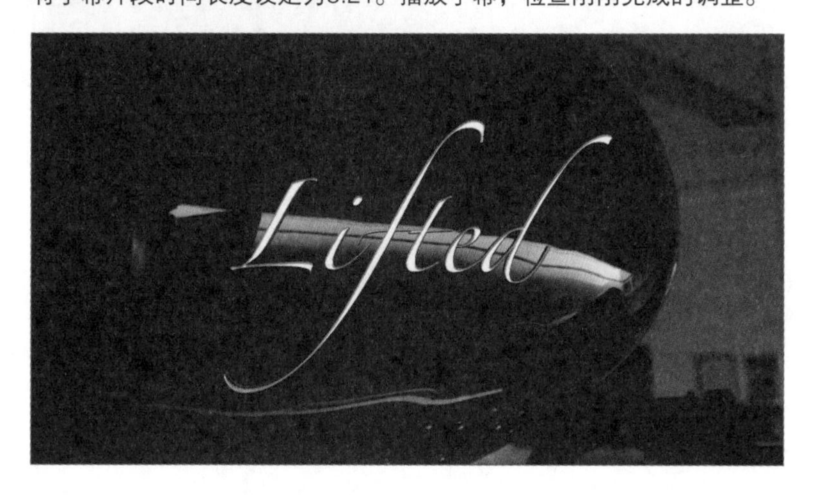

至此，您在项目的开头添加了一个自定3D字幕，它在空白画面上逐渐升起来，接着机库门打开的时候出现了直升机。当音乐响起，字幕模拟直升机旋翼一边旋转一边上升，预示着直升机即将起飞（也可能只是看上去很酷而已）。

▶ **检查点** 7.2.1

有关检查点的更多信息，请参考附录C。

参考7.3
处理音频

本书从开始练习一直到现在，始终没有对音频进行设置。在第6课中，由于插入了新片段，移除了旧片段，导致项目被大幅修改；对单独的片段进行了波纹修剪、变速和滑动修剪，其时间长度也发生了变化。在最近的工作中，我们合成了一些特殊的画面效果，应用了一些对时间有影响的转场。由于这些修改几乎在每个工作流程中都会发生，因此，不必在早期花费大量精力进行音频的处理。

在本课的这个剪辑阶段中进行音频处理，时机则是恰好的。这不仅可以优化部分剪辑的流畅性，还能够将整个影片的质量提升到一个新的高度。

您应该从单个片段的音量开始着手。是否每个片段都具有音频呢? 这个简单的问题经常是被忽视的。如果您希望工作足够细致，那么还应该再问自己一个问题：是否画面中所有可见的、具有暗示含义的内容都具备了相应的音频信息呢? 现在，您可以花一些时间，聆听周围的环境。您听到了什么? 电脑风扇在转，汽车从窗外开过，钟表的指针在咔咔地走动，有飞机从头顶经过，隔壁的谈话声，所有这些音频的元素都可以帮助您定义周围环境中有谁、有什么、在哪里，甚至是为什么会发生某些事件。

此外，这些因素还会为您的感官带来更多细节上的辨识能力。例如，隔壁谈话的声音音量比较大，那么您可以推断自己与谈话人的距离比较近，或者谈话人正在向您的方向移动。如果声音越来越大，您可能还会感到一种争吵的气氛。如果谈话声音的音量始终没有什么变化，那么您可能会将注意力转移到其他音频元素上。这些细节上的变化与分辨，都可以应用在混音技术中，以提高观众对影片的注意力，也有助于您更清晰完整地讲述故事。

在项目Lifted Vignette中，首先应该明确音量和混音的策略。Mitch谈话的音频是最优先的，其次是B-roll和音乐。整体上，音量必须保持低于0 dB。然后，将注意力集中在每个片段、片段与片段之间的音频变化，以及项目整体的感觉上。在核查单个片段的音频时，要确保每个片段都能对应音频信息。在核查片段与片段之间的音频时，则应专注在如何令其过渡更加自然顺畅，其中一个技术就是在垂直方向上对音频进行混合。最后，处理音乐、声效、自然的音频和采访谈话的关系，完成项目的混音。

练习7.3.1
为片段添加声音

有些时候，随着片段的拍摄而录制的同期声的音量比较低，或者有非常大的噪声，根本不能在影片中使用。比如，在机库门的片段中，我们对视频进行了反向播放，对音频也进行了反向播放，即使音频是正向播放的，其效果也不是很理想。因此，让我们在这里添加一个声效，来改善音频上的质量。

1 还原整个软件布局，选择“窗口”>“工作区”>“默认”命令。

2 在项目Lifted Vignette中，将播放头放在片段DN_9488的开头。

在这里，因为录制的距离比较远，所以发动机的声音很弱。您需要一个更明确的发动机的声音与机库门打开的画面相呼应，并将您的故事逐渐展开。在浏览器的照片和音频边栏中，找到一个更具有感染力的声效。照片和音频边栏可以访问iTunes资料库和播放列表中预先安装的超过400个iLife声效与音乐片段，以及作为Final Cut Pro音效集锦中超过1300个的音频效果。

3 在浏览器的照片和音频边栏中，选择“声音效果”选项。

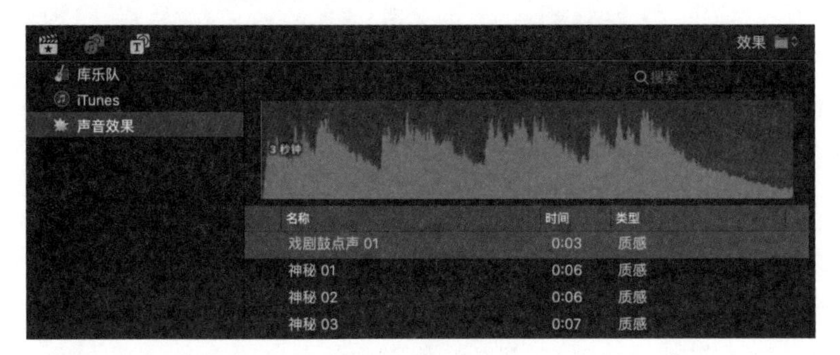

注意 ▶ 如果没有看到声音效果或者该文件夹是空的，那么在Final Cut Pro菜单中选择下载附加内容，以便安装其包含的素材文件。

4 在右侧的搜索栏中输入“garage”。

5 单击某个声音效果左侧的“播放”按钮，即可试听该效果。

Door Garage 2 这个声音效果很适合用作机库门打开的声音。

6 按Q键，将其连接到片段DN_9488的开头。

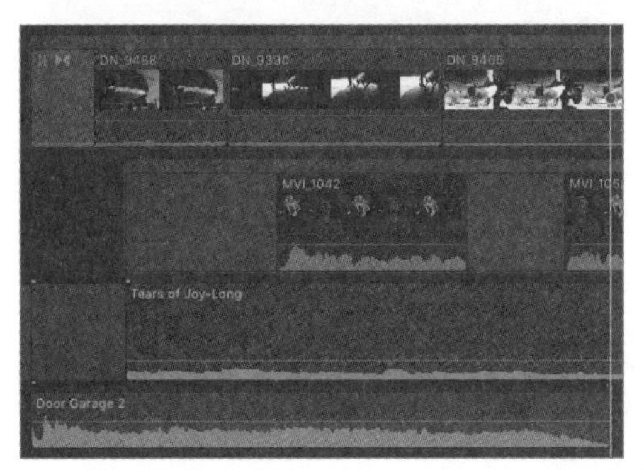

这个声音效果的时间长度长了一些，机库门被打开的画面延续到了下一个片段DN_9390中。

7 将 Door Garage 2 的结束点修剪到DN_9390结束点的位置上。

您可以使用之前学到的任何一种修剪方法来处理音频片段。请尝试以下的不同方法，最后按快捷键Command+Z，将这个声音效果还原为原始长度。

- 使用选择工具，拖动声音效果effect的结束点，直到其与DN_9390的结束点对齐。
- 选择声音效果“effect”，扫视到DN_9390的结束点上，按快捷键Option+]，将音频片段的结尾修剪到播放头的位置上。
- 选择声音效果“effect”的结束点，扫视到DN_9390的结束点上，按快捷键Shift+X，将编辑点延长编辑到播放头的位置上。

在与其他片段比较之后，我们发现，还需要降低 Door Garage 2 的音量，以避免观众觉得自己离机库门的距离太近。

8 使用选择工具，将光标放在 Door Garage 2 的音量控制横条上。

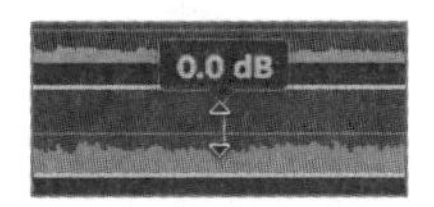

目前，音量的数值是0.0 dB。在Final Cut Pro中，刚刚添加到项目中的音频片段都是这个音量数值，所有的片段的原始音量数值也是0.0 dB，表明该音频是按照片段录制的音量进行播放的。

9 使用选择工具，将音量控制横条向下拖动，直到数值显示为–8 dB。
为了保证发动机音效的平稳，可以将最开始的那段不稳定的音效去掉。继续下个音频片段的剪辑工作，您需要做更多的调整工作。

▶ 显示更大的波形

在默认的软件布局下，拖动音量控制横条是不容易操作的，因为控制横条太细了。在时间线的片段外观设置中，有一个片段高度滑块，专门用于改变时间线上的片段的高度。在拖动片段高度滑块后，在片段上拖动音量控制横条就会更轻松一些。有关内容稍后将进行介绍。

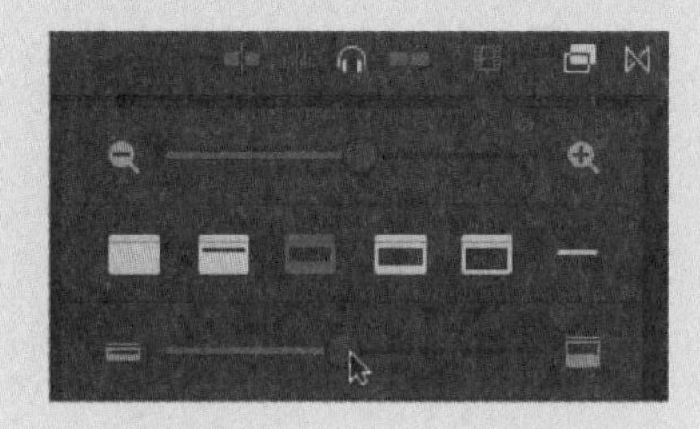

10 在时间线索引的“标记”窗格中，单击显示未完成项目的按钮。

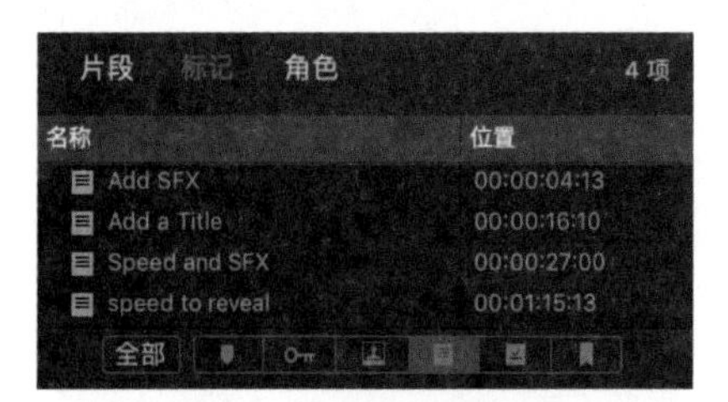

列表中的第一个待办事项是“Add SFX”，而这个工作在刚刚进行的练习中已经完成了。

11 勾选“Add SFX”复选框，令其转变为已经完成的标记。
这样，该标记就会从待办事项的列表中消失了。

12 由于您已经在项目中添加了表达Mitch职位的下三分之一字幕，所以可以勾选“Add a Title”复选框。

下一个待办事项是Speed and SFX。该片段是螺旋桨开始发动的画面，需要配合一种更强烈的声音效果来强化画面的动感。与之前的机库门的镜头有所不同，我们已经具有了一段符合直升机引擎启动和运转的音频文件。因此，这次可以直接使用同期录制的音频片段，而不需要在照片和音频边栏中匹配一个单独的声音效果。

7.3.1–A 调整音频的速度

在本练习中，只编辑项目中一个片段的音频部分，令其与视频画面相吻合。在多个B-roll片段中都包含了直升机螺旋桨旋转的声音，但是在片段DN_9457中正好具有它启动时候的音频。接下来将这段音频加速并复制到片段DN_9452的下方，以模拟真实的效果。

1 在事件Primary Media中，选择片段“DN_9457”。
这是一段直升机在屋顶上准备起飞的镜头。整个片段的时间长度是19:16。在这里只需要几秒的片段，以便配合时间线上的片段DN_9452。

2 扫视片段DN_9457，速度不要太快。
在时间码2:28:32:00附近，您可以听到发动机加速、螺旋桨开始旋转的声音。在这里正好需要这段声音效果。

3 在2:28:32:00上创建一个开始点。

4 使用默认的结束点。片段的时间长度大概是13s。

5 在时间线上选择片段“DN_9452”，可以看到，该片段的时间长度大概是2s。

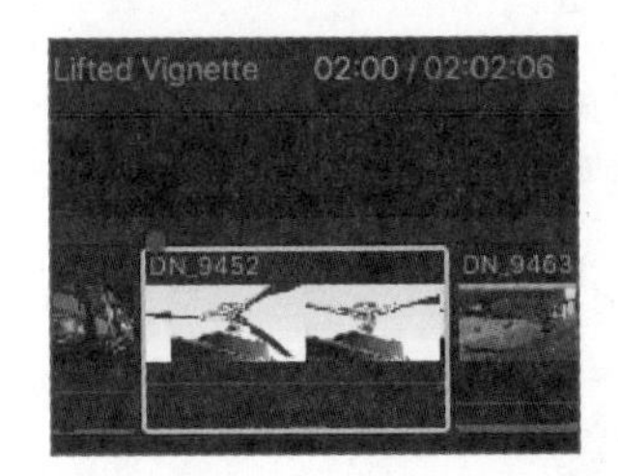

注意 ▶ 时间线上被选择片段的时间长度显示在时间线区域的顶部。

这说明，从片段DN_9457上复制过来的音频片段在经过变速后有2s的时间长度就够了。下面编辑片段DN_9457中的音频部分，在工具栏的4个编辑按钮旁边，是“源媒体”下拉菜单。通过该菜单可以限制编辑操作“仅音频”或者“仅视频”。

6 在浏览器中，选择片段“DN_9457”，在“源媒体”下拉菜单中选择“仅音频”命令。

在编辑按钮上会多出一个小喇叭的图标，这表示下一次编辑只对音频部分有效。接着进行一次音频编辑，把音频片段放置在合适的时间线上。

7 在项目中，将播放头放在片段DN_9452的开头，按Q键，或者单击“连接编辑”按钮。

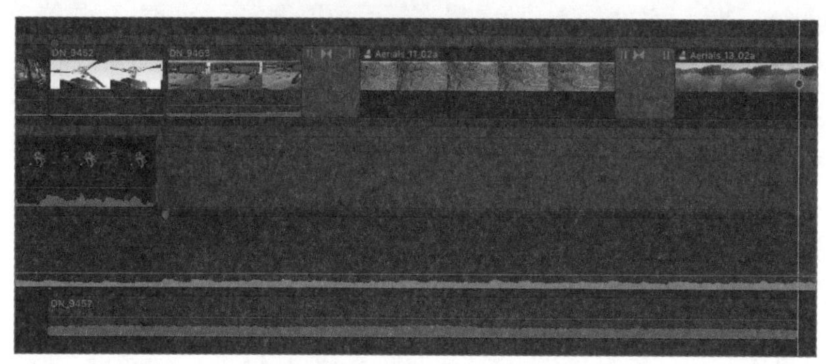

这样，片段DN_9457的音频就与片段DN_9452的开头对齐了，但音频片段的时间长度仍然是10s。接下来对片段DN_9457进行变速处理，之后再考虑该片段的时间长度的问题。

8 在时间线中，选择音频片段“DN_9457”，在“重新定时”下拉菜单中选择“自定”选项。

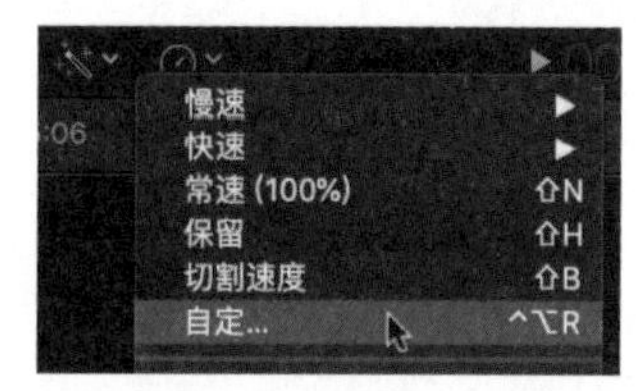

在片段上方会弹出“自定速度”窗口。在该窗口中将变速后的时间长度设定为2s。此外，与之前制作机库门的声音效果类似，您还需要将这里的音频延展到下一个片段上。

9 在“自定速度”窗口的“设定速度”选区中，选中“时间长度”单选按钮，在数值栏中输入“5.（数字5和句号）”，按Enter键。

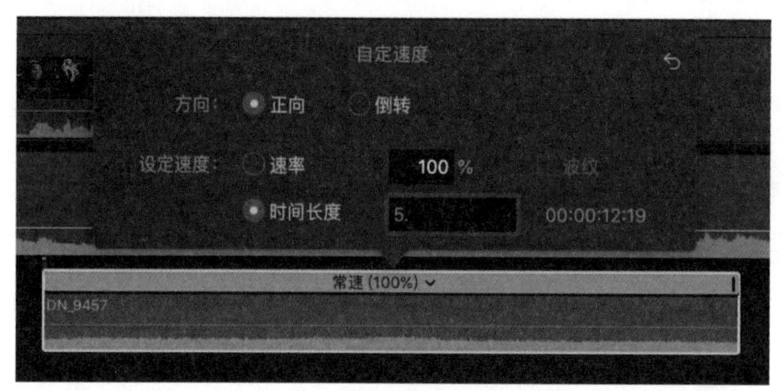

音频片段的速度提高了，时间变短了，但是没有被修剪掉任何内容。目前，音频片段超过起飞片段约3s。但是，我们可以将它与前面Mitch触碰开关的镜头配合使用。

10 将片段DN_9457的开始点向左拖动，并在检视器中查看双画面的情况。

在检视器左边的画面中，可以看出片段的开始点对准的帧画面。

11 将片段DN_9457的开始点继续向左拖动，直到画面中显示出Mitch推动开关的镜头。在信息提示框中会显示片段的时间长度是5秒零5帧。

注意▶ 如果需要，按N键停用吸附功能。

接着，使用淡入淡出的控制滑块来使音频片段的开头和结尾更平滑。

12 拖动音频片段两侧的渐变控制滑块，制造出淡入和淡出的效果。在稍后的练习中，您还将为音频片段添加更多的声音效果。

之前，这段音频被分配为Natural Sound角色。现在将该音频片段视为一个声音效果，您需要重新分配它的角色。

13 在项目中，按Control键，选择片段“DN_9457”，在弹出的菜单中选择“分配音频角色”>“效果-1”命令。

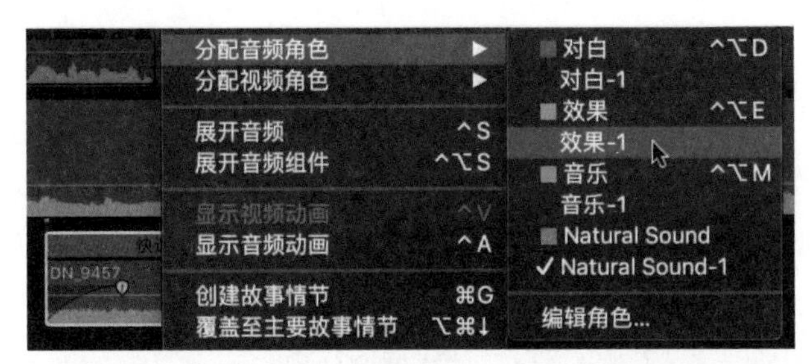

14 不要忘记勾选待办事项的复选框，以便记录已经完成的预定任务。此刻您已经完成了“speed to reveal”标记的任务，可以将其勾选表示已完成。

至此，您已经为一些片段配好了声音效果，并对其中一个音频片段进行了变速处理。接下来进行其他简易的操作。

7.3.1-B 对另外一个片段进行展开音频

航拍片段都是没有音频部分的，这也很正常，因为如果在摄像机上安装一个话筒，那么录下来的都是风的噪声。所以，我们需要为航拍片段配上一些音频片段。在第一个起飞的故事情节中有两段航拍的镜头，它们的后面是片段DN_9493。

这次不引入音频文件，而是直接使用片段DN_9493中的音频，将片段的音频部分或者视频部分单独延展到另外一个片段的位置上，这种剪辑手法被称为展开编辑。

1 在时间线上双击片段DN_9493的音频波形。

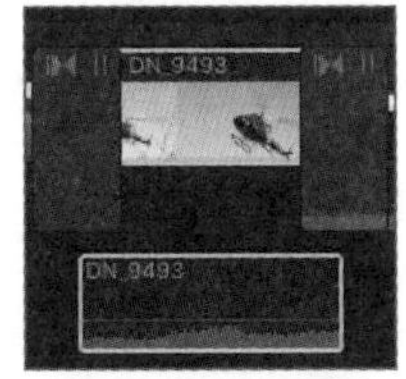

此时音频会从片段缩略图中展开，这样就可以单独修剪音频和视频的内容，同时保持音频和视频的同步关系了。

2 向左拖动片段DN_9493的开始点，直到它刚刚超过Aerials_11_02a的开始点。

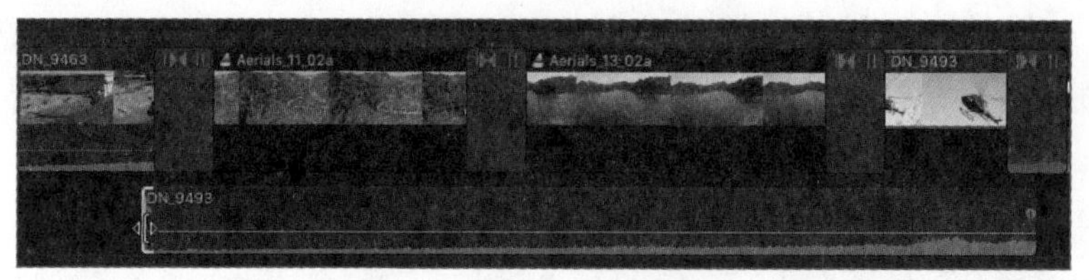

将DN_9463的音频分离出来，并且将其向前延伸，配合画面，使直升机飞行的声音与背景音乐更好地混合起来。

3 向右拖动音频渐变控制手柄到转场中央的位置。

这次的展开编辑也被称为J-cut，它表示音频延展到了视频的左边。相反地，L-cut表示音频延展到了视频的右边。在稍后的练习中，您将会执行更多这样的操作。

7.3.1-C 预览音频混合

在混合片段之前，通过渐变手柄进行的控制是无法被感受到的。现在，让我们快速地进行一些操作，来体验一下混合效果。

我们的目的是为直升机启动、起飞、在空中制造一系列连续而自然的音频，因此要对这3个片段的音量进行调整。如您所见，在Mitch的采访片段中有一段直升机起飞的航拍片段，接下来针对这部分进行音频的混合调整。

1 第一个要修改的片段是经过变速处理的DN_9457，将其音量向下调整4dB。

注意 ▶ *在调整音量控制横条的时候，按住Command键能够使音量数值以整数为单位不断变化，而不会突然变大或者变小。*

2 针对起飞的片段DN_9463，拖动音频渐变控制手柄，制造一个淡入的效果。

3 将片段DN_9463的音量调整到-3 dB。

片段DN_9457的音量还是有些大，这意味着您还需要调整展开的片段DN_9493的音频。

4 将片段DN_9493的音量提高到3 dB，并请注意，在该片段的末尾，音频波形中出现了红色的波峰。

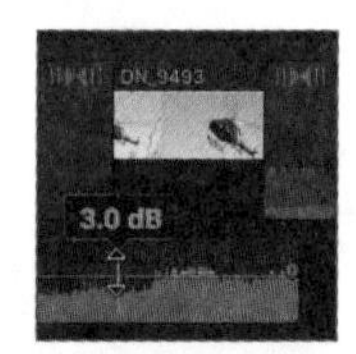

高音量数值在展开的音频片段的末尾造成了过高的波峰。在此先标记一下这个问题。

5 将播放头放在片段DN_9493出现红色波峰的位置上，按M键，设定一个标记，按两下M键，打开“标记”窗口。

6 在标记名称中输入“Fix Audio Peak”，并指定其为一个待办事项的标记，按Enter键。

7 从项目开头审查影片效果，直到片段DN_9493的前面。

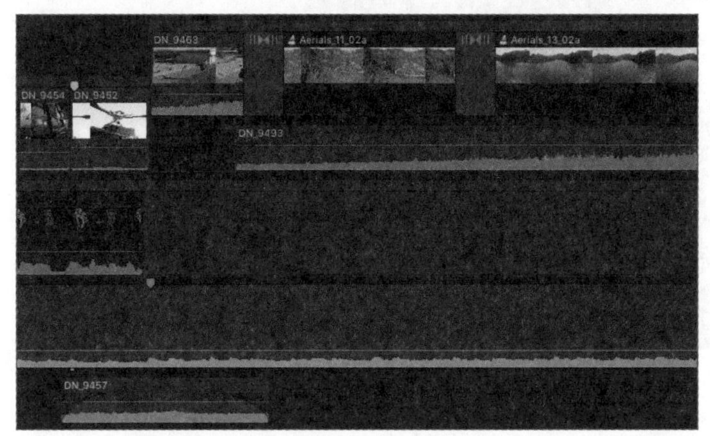

现在从开始到起飞部分的音频片段就调整好了。在完成混音的时候，音频波峰的问题将得到解决。接下来继续调整其他音频片段。

7.3.1-D 添加、引入和展开音频

在已经使用的片段中，片段GOPR1857中机舱隆隆的声音就很适合展开给其他片段共用。它后面的3个片段也都是机舱内的镜头，如果同时使用GoPro片段中的音频，那么就可以保持声音的一致性。如果声音变化太多，则会令观众在聆听Mitch谈话的时候分散注意力。

1 除了双击音频波形，您可以按Control键并选择片段“GOPR1857”，在菜单中选择“展开音频”命令，或者按快捷键Control+S。

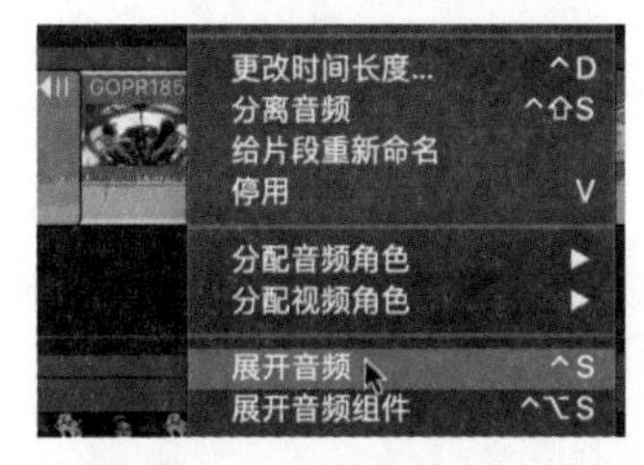

2 在展开GoPro的音频后，将其结束点向右拖动，时间长度比片段DN_9503的时间长度长1s，并在结尾添加一个淡出效果。

这个隆隆的声音带来了良好的机舱环境的声音效果。从编辑形式上也可以被认为是一个L-cut。下面接着处理3个航拍/阳光的故事情节，为航拍片段添加音频片段。片段DN_9420中展开的音频没有那么长，不能延展到这里。不过幸运的是，您可以利用片段GOPR0009中的音频，或者

照片和音频边栏中的两段直升机音效。

3 按照您自己的喜好对3个航拍/阳光的故事情节中的片段进行音效编辑，如果需要调整音量和淡入淡出的渐变，请参考下图，您可以按照这个效果进行编辑。

项目开头的某些片段含有足够多的音频。尤其是 DN_9454中还有一些与影片无关的音频信息需要删除。启用片段扫视的功能，这样可以不选择片段，也不用键盘来单独浏览片段内容。

4 确认扫视功能是被激活的，扫视片段DN_9454，监听音频的内容。

移除多余的谈话，并利用前一个片段的音频弥补当前的音频空隙。

5 展开片段DN_9453的音频，并将其延展到片段DN_9454的下方，实现一个L-cut。

6 将片段DN_9454音频的音量降低到无限小-∞ dB，令其完全静音。
在片段DN_9465中有同样的问题，这次可以借用片段DN_9470中的音频。

7 在机库门的故事情节中，将片段DN_9470的音频延展到片段DN_9465的下方。

8 将片段DN_9465音频的音量降低到无限小-∞ dB。

注意▶ 您可能会发现在片段**DN_9470**延展出来的音频的开头有一些无用的声音。稍后，您将会调整这个细节。

在项目Lifted Vignette中已经完成了单个片段与片段之间的音频调整。目前，每个片段都具有了音频，无论这些音频是它们本身具有的，还是从别的地方借用的。在本练习中，您通过展开编辑的方法将某些音频用在了多个B-roll片段中。

练习7.3.2
音频音量的动态变化

到目前为止，每次调整音量都会令片段的音量发生一致的变化，要么升高，要么降低，音量在整个片段范围内都被改变了。但是在起飞的故事情节中，在把片段DN_9493的音频展开给其他两个航拍片段的时候出现了问题。

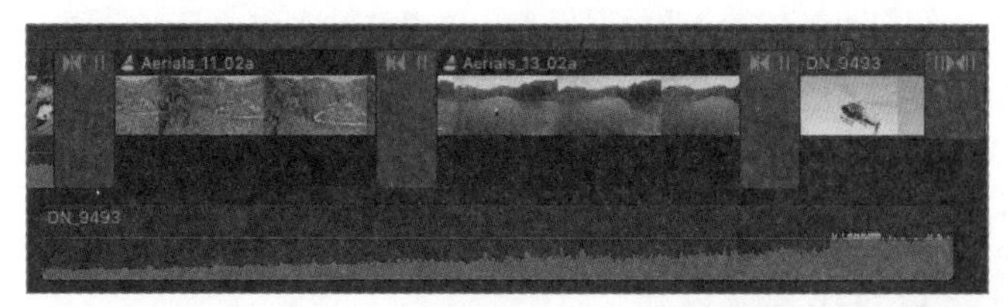

通过检查片段DN_9493的音频波形可以发现，这里红色波峰的音量太大了。这种视觉上的元素非常有助于剪辑师通过简单查看界面来判断音频的问题。在本练习中，片段DN_9493音频开头的音量需要提高一点儿，以便与片段DN_9463的音量同步。而片段DN_9493的结尾显然需要降低音量，以解决过高的波峰的问题。

我们可以通过使用关键帧的方法在同一音频片段中实现多种不同音量的效果。使用选择工具和Option键创建关键帧。

1 观看片段DN_9493的音频波形。

在拍摄的时候，由于直升机离话筒越来越近，所以音量也越来越高。通过音频波形也可以发现这个规律。

下面，通过关键帧这一功能，将音量调整得平均一些，并降低结尾处过高的音量。

2 将片段DN_9493延展到Aerials_11_02a下的音频波形的部分，将选择工具放在转场中点后面的音量控制横条上。

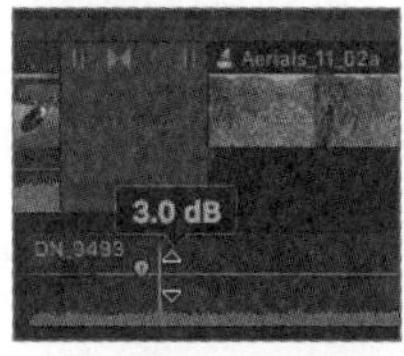

此时出现的音量读数为3.0 dB，同时光标变为上下两个黑色小箭头的形状。接着在这里放置第一个关键帧，将该位置的片段的音量锁定在当前数值上。

3 在转场中点后面的位置，即淡入变化曲线右边一点儿的位置，按住Option键并单击音量控制横条。

这样就创建出了第一个关键帧。这个关键帧可以控制该位置的片段的音量。如果希望音量发生动画性质的改变，那么至少需要两个关键帧。这两个关键帧之间的范围是音量可以被动态调整的区域。

4 将选择工具放在Aerials_11_02a与Aerials_13_02a之间转场中点的下方，按住Option键并单击音量控制横条，创建第二个关键帧。

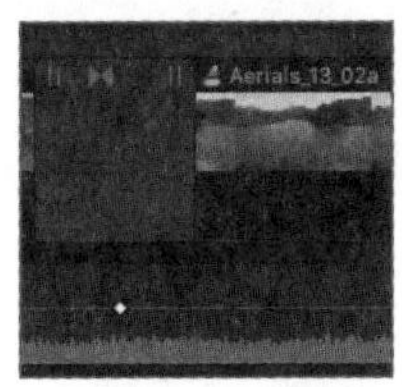

关键帧的位置是可以移动的，水平移动会改变涉及的时间点，垂直移动会改变音量数值。这里操作的目标是令片段中音量的大小比较平均。

5 如果第一个关键帧的音量数值为3.0 dB，那么第二个关键帧的数值可以调整为-5.0 dB。

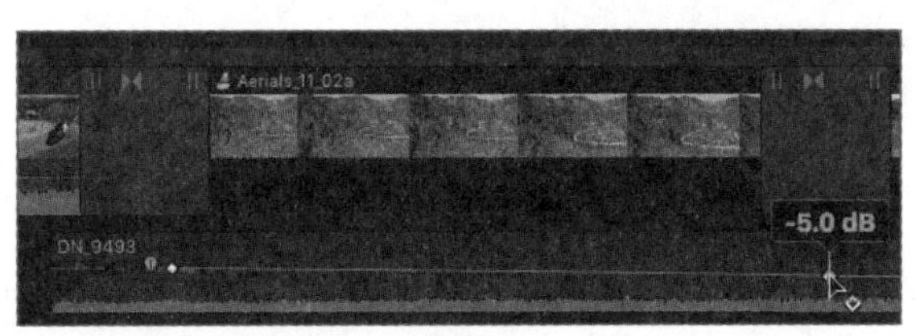

在该片段中设定第三个关键帧，其位置在第三个转场的下方，以便降低直升机接近话筒时产生的音量。

6 在第三个转场中点的下方创建第三个关键帧，并继续降低其音量数值。

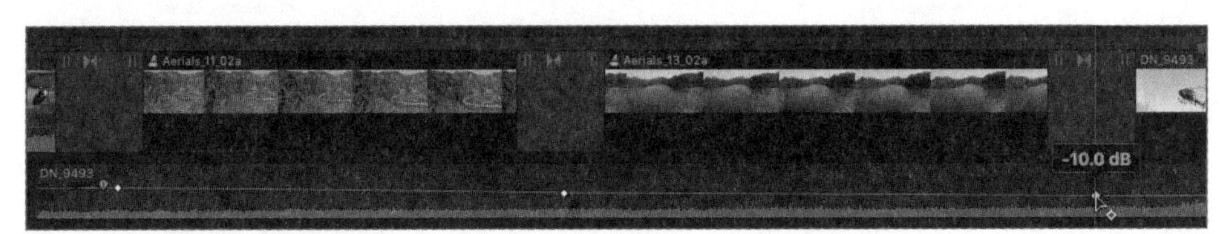

这里的音量数值可以设定为-10.0 dB。在片段DN_9493的结尾，直升机在低空从头顶掠过，会产生特别大的声音。因此，在采访片段开始之前，到直升机从最高处飞过的这段时间内添加两个关键帧，可以让直升机的声音迅速降低，又不会显得特别突兀。

此外，该音频的音量还需要与后面的直升机机舱的音频实现平滑的过渡。

7 在片段DN_9493的末尾添加两个关键帧，一个在直升机声音的最大音量处，另一个在靠后20帧左右的位置。

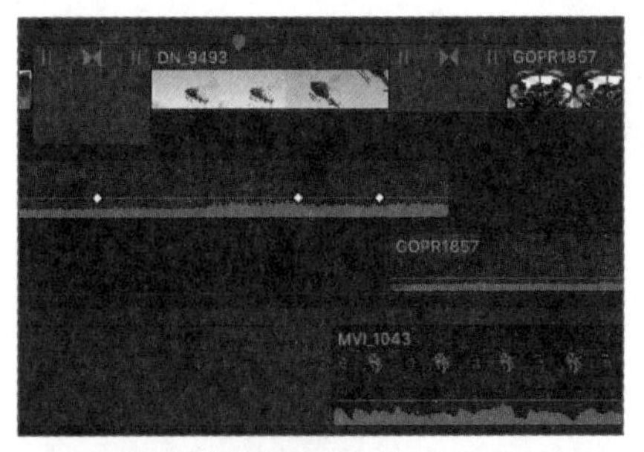

8 在直升机飞过头顶的时刻，将这两个关键帧处的音量数值设定为-10 dB和-30 dB。

9 通过以下操作，将3个音频片段衔接在一起。

- 延长GOPR1857的开头，使其与片段MVI_1043的开头对齐。
- 在GOPR1857的开头添加一个时间长度为1s的淡入转场。
- 在片段DN_9493的末尾添加一个12帧的淡出转场。
- 如果需要，调整音频片段的淡入淡出控制手柄。

现在，您已经掌握了大量处理音频的技巧。关键帧可以改变一个音频片段中音量的分布情况，方便您处理片段与片段之间上下重叠部分的混音。在这12s内，我们进行了音频的剪辑。随着您深入了解音频设计的技术，修饰音频的工作时间也会越来越短，而且精细度会越来越高。

例如，在丰富和完善一个项目音轨的时候，很可能会在4s内范围内垂直放置6~10个用于混音的片段，利用音频设计的技术可以快速、准确地完成这个操作。

7.3.2-A 读懂音频指示器

在对上下重叠的片段进行混音的时候，您需要在监听声音的同时通过观察实际的音量情况。音频指示器可以准确、实时地显示正在播放的片段的音量。

1 在时间码区域中，单击“音频指示器”图标，打开音频指示器。

音频指示器位于时间线的右侧，您可以将它的面积扩大一些。

2 向左拖动音频指示器的左侧边缘，令它变得更宽一些。

在音频混音中，您可以通过音频指示器来测量并判断音频的波峰，其目的是保证波峰的音量低于0 dB。您需要处理多种音频元素，包括声效、音乐、Natural Sound和对白等。它们在混合之后的音量不能超过0 dB，并且要保持足够的动态范围（最低音量与最高音量之间的差距）。实际上，观众在观看影片时所使用的音频播放系统决定了这个动态范围。

电影院中的音响系统可以播放非常微弱的曲别针掉落的声音，并继续播放一声惊雷。为了保证观众能够感觉到音量上的差别，在混音的时候要确保36.0 dB左右的动态范围。也就是说，如果最响的雷声是0.0 dB，那么微弱的声音就应该是-36.0 dB左右。这样的动态范围只有相当高质量的音响系统才能进行播放。

但是，并非所有的场合都能用高端音响系统来保证动态范围，比如智能手机。如果将36 dB动态范围的音频通过移动设备播放，那么用户必须要反复调整音量才行，因为大多数移动设备和电脑的动态范围只有12.0 dB。针对这样的设备，平均音量可以设定在-6.0 dB，最大音量为0.0 dB，最小音量是-12.0 dB，这样就匹配了12.0 dB的动态范围。如果最大音量是-6.0 dB，那么最小音量可以是-18.0 dB，同样可以获得-12.0 dB的动态范围。为了测试混音的播放效果，您需要在一个典型设备上进行试验，找到能够满足观众需要的平均音量和动态范围。

注意▶ 对于这些练习，其平均音量控制为-12.0 dB，峰值控制在-6.0 dB。稍后，您会将整个混音调整为平均-6.0 dB。

7.3.2-B 改变通道配置

在将所有音频元素混合在一起的时候，需要了解一个小知识。Mitch的采访谈话是单独录制在不同通道中的，也就是说，一个通道中有声音（优先的），另一个通道则几乎没有或者完全没有声音（次级的）。这是专业音频工程师在录音时的常用方法。他会先给一个通道进行录音，除非音源过于强烈，出现过调制的问题，否则不会启用另外一个备用通道。通常，第一个通道的音频是主要使用的音频，因为它比另外一个通道的信噪比要好（没有任何其他技术问题，比如电流的嗡嗡声和背景噪声）。在这里，Mitch的音频没有出现过调制的问题，所以您可以直接关闭第二个通道，并令第一个通道的音频同时在左右两个音箱中播放。

在时间线索引中有多种方法可以选择这些采访片段（取决于是否准确而精细地为片段分配了元数据）。

- 使用标记索引，搜索带有intervier关键词的片段，选择列表中出现的所有片段。
- 使用片段索引，搜索名字中带有MVI字符的片段，选择列表中出现的所有片段。

注意▶ 在时间线中，按住Shift键并单击采访片段是第三种方法。但是，假设您的纪录片中包含了两个多小时的原始素材，那么通过元数据选择片段就是最简便的方法。

1 使用您喜欢的任何一种方法，选择项目中所有Mitch的采访片段。

2 在音频检查器中找到位于最下方的音频配置部分。

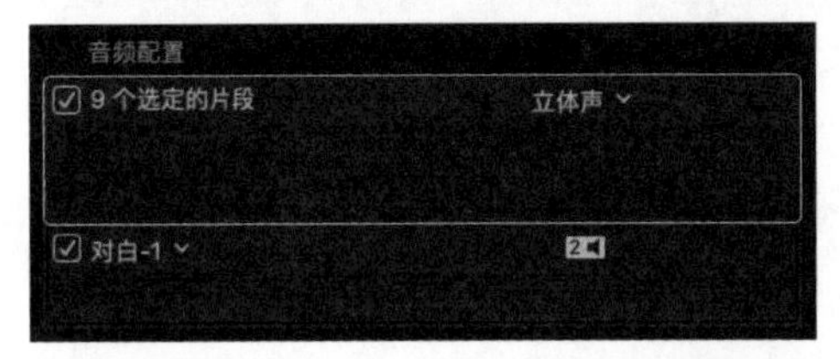

当前配置为立体声，因此，通道1和通道2的音频信号被链接在了一起，视为一个立体声对。

3　在“配置”下拉菜单中，默认命令是“立体声”，此时选择“双单声道”命令。

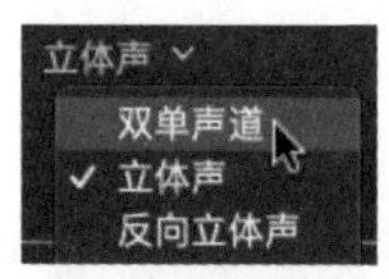

双单声道会显示两个单声道的音频波形。每个通道的音频都会被分配一个子角色。

4　取消勾选“对白-2”复选框，令其静音，使对白-1 成为唯一的采访谈话的音源。

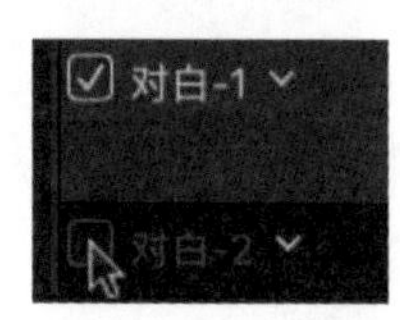

5　播放项目，请注意，Mitch的声音是从两个音箱中保持平均音量播放的。
在处理好Mitch的音频后，继续下面的混音工作。

7.3.2-C 通过角色设定音量

在了解了音频指示器的界面、有关动态范围和最大音量的技术后，您就可以开始对各组片段进行混音了。在项目Lifted Vignette中有4组音频片段：对白、音乐、声效和Natural Sound。在此之前，您已经将这些片段分配到了不同的角色中。现在，您可以在时间线索引中利用已分配的角色独奏某个组的片段。独奏某个角色有利于快速地检查这个组中的片段，找到有问题的地方，以及确保同一角色片段在音频上是一致的。

1　单击“角色”按钮，打开时间线索引。
在角色索引的列表中显示了针对片段分配的角色。您可以取消对某个角色的选择，直接将该角色的片段全部静音。

2　为了只听到对话角色的音频，按住Option键并勾选“对白”复选框，禁用其他的音频角色。

您会发现某些Natural Sound的片段还没有被分配正确的角色。

3 根据需要，在时间线上选择任何没有被分配角色或者角色分配错误的片段，在信息检查器中为它们的音频分配正确的角色。

在通过角色索引的设置令对话独奏后，就可以借助音量指示器来设定对话的音量了。当前片段的音量已经比较理想了，平均音量在-12.0 dB，最高音量没有超过-6.0 dB。但是，在您修改了音频配置后，输出音量的测量值也发生了改变。

4 在播放项目时，注意任何音量超过-6.0 dB的谈话或者没有达到-12.0 dB的音频部分。

与大多数人一样，Mitch在采访过程中的音量高低并不一致。需要额外对他的采访片段进行调整，令音量达到均衡。为此，您需要手动添加一些用于调整音量的关键帧。几乎每个采访片段都需要提高4.0 dB的音量。在确保谈话的音量一致后，可以重新启用其他的音频角色。

5 返回时间线索引中的角色列表，启用所有的角色。

在完成采访片段的音量调整后，将它们与声效、自然的声音和音乐混合在一起。

7.3.2-D 放置声效和音乐

在项目中，音乐片段与采访片段和B-roll片段的音频交织在一起，需要提高其中某些部分的分量，强化其重要性。此外，也不能在项目中留下某些音频空隙，否则会导致节奏中断。

在本练习中，您将使用关键帧和范围选择工具处理音乐片段中的不同部分，并利用角色在界面上的视觉特征来识别这些操作。

1 根据时间线视图的比例和显示区域，显示项目最开始的部分。

以下工作都将着重在音频编辑上，消除潜在的干扰信息，在时间线上腾出更多的工作空间。

2 在检查器上方单击“隐藏浏览器”按钮。

3 向上拖动时间线的工具栏，为项目留出更多的垂直空间。

注意▶ 为了方便日后重复使用，您可以将这次调整的布局或者任何自定的布局存储下来，选择“窗口”>“工作区”>“将工作区存储为”命令。

至此，时间线的空间足够大了。现在，您需要按角色收集音乐片段，以便专注于混音工作，避免视频片段缩略图挡住您的视线。

4 在时间线索引的“角色”选项卡中，单击“显示音频通道条”按钮。

与之前您使用过的展开音频命令相似，这里的展开方式会令每个音频组件都与视频组件保持同步关系。其优势是只需单击一下，音乐片段即可按照它们的角色以成组通道的方式进行显示。

在混音的时候，您可以保持现有的音频通道的显示状态。先从Door Garage 2开始，该声效开头的音量适合高一点儿，并逐渐弱化，以便融入接下来的音乐和对话。另外，在音效即将结束的时候，就需要开启音乐了。

5 在Door Garage 2中创建两个关键帧：第一个在音乐开始前1.5s的位置，第二个在片段DN_9390开始点的位置。

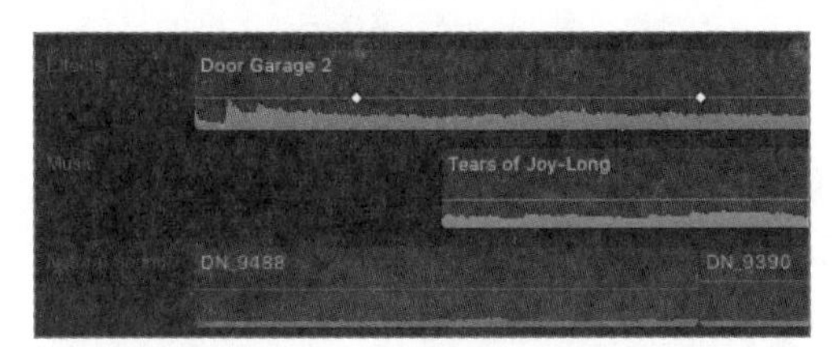

6 如果需要，将第一个关键帧处的音量降低为-8.0 dB。

第二个关键帧处的音量取决于音乐片段的音量。当前音乐的音量为-11.0 dB左右，稍后还需要降低一些。

7 将Door Garage 2 中的第二个关键帧处的音量设定为-21.0 dB或者更低。

Door Garage 2 的音频位于音乐的开头，为了让发动机声效逐渐与音乐融合并平稳过渡，需要增加一个淡出的控制，防止观众注意到车库门的声音突然停止。

8 将结束点上的渐变控制手柄向左拖动，与采访片段的开始点对齐。

这样，声效是缓慢消失的，而不是在Mitch讲话时戛然而止。音乐片段的开头仍然比较柔和，而它需要一种比较富有激情的感觉，以便配合Mitch开始讲话的部分。

9 在音乐片段中添加两个关键帧：第一个在采访谈话开始之前，另一个在采访谈话开始后1.5s的位置上。将两个关键帧处的音量分别设定为-4.0 dB和-10.0 dB，这样在Mitch讲话前，音乐比较强烈，随着讲话的进行，音乐的音量逐渐降低。

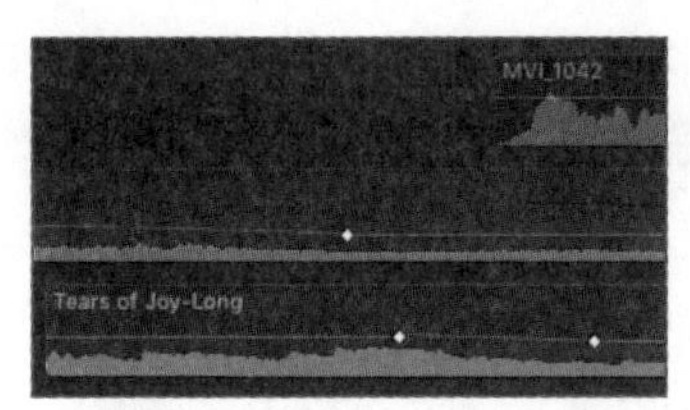

关键帧的作用不仅限于降低某个片段下方音频的音量，随着影片的播放，还经常需要提高音量。在Mitch的谈话中，开始时他的声音比较洪亮，后面就逐渐减弱了。因此，我们需要将后面的音量提高一些。

10 在片段MVI_1042中，当Mitch说"something"的时候，设定第一个关键帧，在片段的中部设定第二个关键帧。

11 根据音频波形的情况，将第二个关键帧拉高到9.0 dB附近，使波形的高度基本一致。

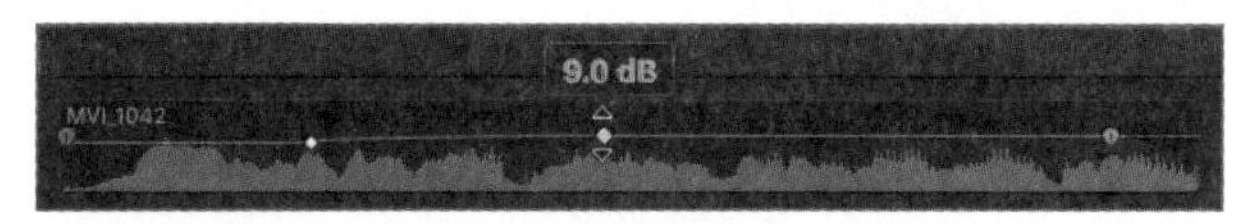

这样就可以令Mitch讲话的音量比较一致了。

12 继续处理余下的采访片段，为Mitch对话的片段增加所需的音量关键帧。
在检查修改效果的时候，请仔细聆听音乐、受访者的声音和Natural Sound交接的地方。在调整音频的时候，既不要太突兀，也不要太拖拉。您可能需要多次水平或垂直地拖动关键帧的位置，以便找到最适合的时间点与音量数值。

7.3.2-E 在制作关键帧的时候使用范围选择工具

随着影片镜头的不断变换，在直升机起飞后，音频部分的重点应该回到音乐上，同时听到来自片段DN_9457的声效。为此，您应该适当地调整音乐和声效的音量。

为了提高音乐在对白的空隙间的音量，除了分别在一个片段的头尾各增加两个新的关键帧，还可以使用范围选择工具，直接完成这4个关键帧的制作。

1 在工具栏中单击"范围选择工具"按钮，或者按R键。

2 使用范围选择工具，在音乐片段中拖动一个范围，从采访片段MVI_1055结束点之前一直到MVI_1043开始点之后。

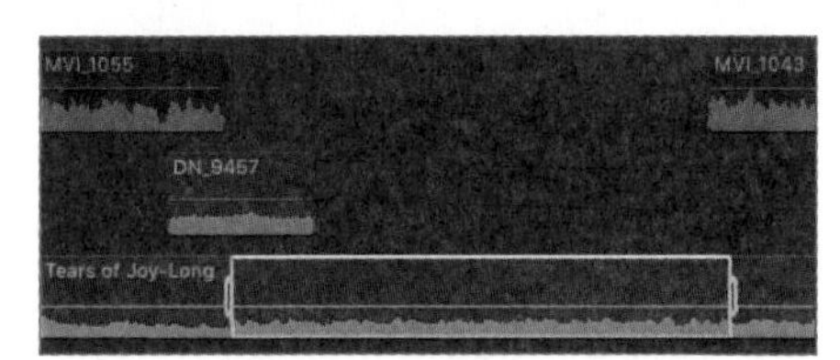

这样就通过范围选择工具，定义了调整音量数值的操作所施加的范围。

3 将范围内的音量控制横条向上拖动至0.0 dB，提高范围内的音频音量。

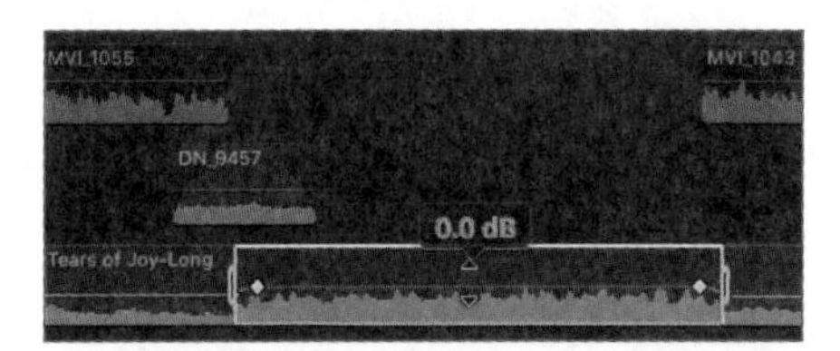

此时，软件会自动设定4个关键帧，以便在选择范围的开头和结尾处分别制作逐渐提高音量和逐渐降低音量的效果。

4 单击时间线上灰色的部分，清除选择范围。按A键，返回选择工具。

接下来调整这4个关键帧的音量（垂直拖动）和时间点（水平拖动）。片段MVI_1043的开头有一段直升机低空飞行的画面，这是调整关键帧的好时机。当音乐遇到直升机声音的时候，就可以实现一种平滑的过渡了。

5 调整这两对关键帧，如果需要，根据以下问题来判断调整的效果。

- 在时间线00:28的位置，关键帧的设定是否令音乐的第一节拍足够强烈?
- 当直升机飞过的时候，音乐的音量是否能够确保混音后的音量低于–6.0 dB?
- 您是否利用直升机低空飞过的声音，巧妙地掩饰了背景音乐音量的降低?

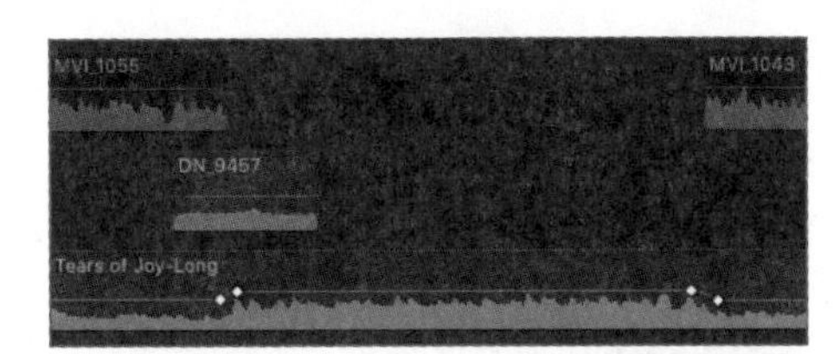

6 针对音乐片段，还有3个地方需要进行编辑。

- 在Aerials_13_01b中提高音乐的音量，在片段MVI_1045中降低音乐的音量。您可以使用范围选择工具完成这个操作。
- 在片段DN_9420中提高音乐的音量，在片段MVI_1046中降低音乐的音量。
- 使用选择工具，在音乐的结尾提高音量，制作淡出的效果。

7 检查项目中的音乐和采访片段，根据需要进行适当的调整。在项目的开头，片段MVI_1042和片段MVI_1055之间的音乐需要再修饰一下。但是片段MVI_1042应该移动一下位置，离音乐稍远一些。由于采访片段位于一个故事情节中，因此修剪这个空隙会造成后续采访片段的移动，破坏采访片段、音乐和Natural Sound的位置关系，使用位置工具可以避免破坏它们的同步状态。

8 在工具栏中单击“位置”按钮，或者按P键。

9 将片段MVI_1042向左拖动–1:12。

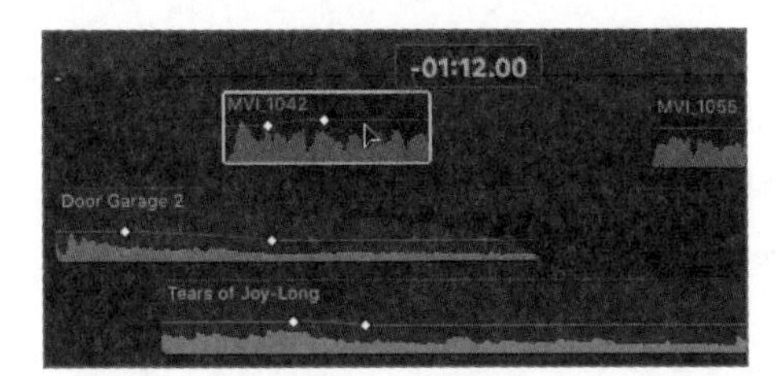

现在让我们继续修饰前两段对话之间的音乐。

10 使用范围选择工具，从片段MVI_1042结尾前一点儿的位置开始拖动，直到片段MVI_1055开头后面一些的位置。接着将音量控制横条向上拖动到–2.0 dB左右。单击被选择的范围之外的位置，取消对它的选择。

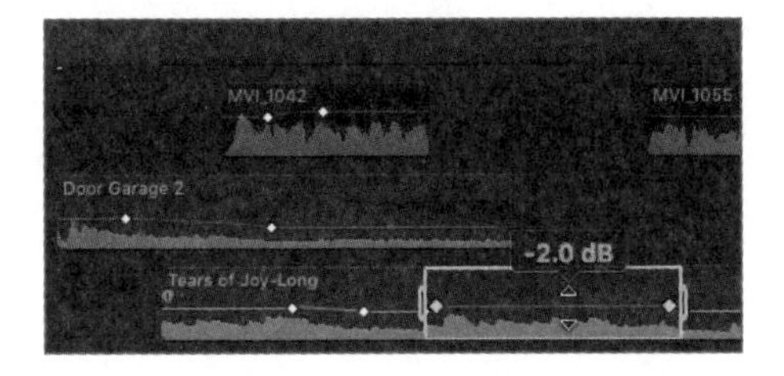

在项目中，在采访片段向前移动后，第一个音乐片段的定位点也需要调整。您可以同时移动两个关键帧以维持音乐的音量变化。

11 将选择工具放在音乐片段的前两个关键帧之间，向左拖动音量控制横条，以便将这部分音量变化的曲线与片段MVI_1042的开头对齐。

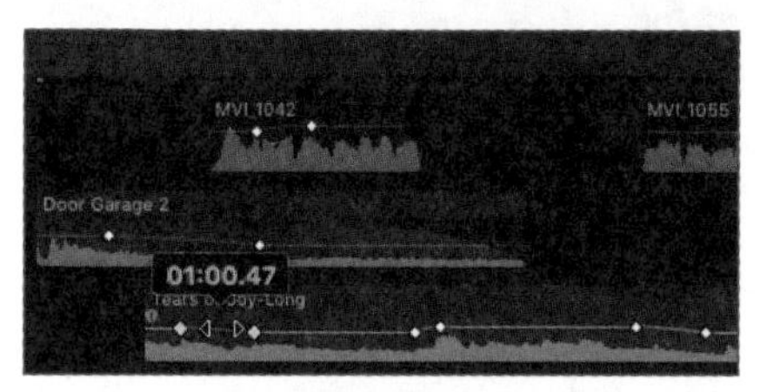

接下来，您将专注于整体的混音工作。提示一下，优秀的音频混音会花费比较多的时间。

12 为项目中的音频添加关键帧并适当调整，包括淡入淡出控制手柄，并借助音频峰值指示器的显示，确保整体音量在-12.0 dB左右，峰值不超过-6.0 dB。

请记住，您需要听到视觉画面中应有的声音，前景的声音和背景的声音都不能有缺失。认真控制音频角色的更替，保持影片应有的节奏感。如果需要，大胆地修剪需要调整的片段和转场。

7.3.2-F 修改一个或者多个片段的音量和关键帧

在收尾混音的时候，您可能会发现某个角色的音量过大或者整体的混音过弱。由于片段上已经添加了关键帧，因此在调整音量的时候，若使用之前讲解的各种剪辑手段，则会令您觉得工作很烦琐、枯燥。这里有一个更高效的方法，就是“相对调整音量”命令。

1 保持时间线的激活状态，按快捷键Command+A，选择所有的片段。

目前，混音的音量在-12.0 dB上下均匀地浮动，峰值则在-6.0 dB之下。您可以使用“相对调整音量”命令，将混音的音量整体提高6.0 dB。

2 选择“修改” > “调整音量” > “相对”命令。

此时，时间码更改为相对调整音量的界面，可以在此界面中输入相对于现有片段音量增加或者减少的数值。如果片段的音量受到关键帧的控制，那么这些关键帧的音量值也会相应地增加或者减少。如果想降低音量，那么在输入数字之前要先输入一个减号。

3 输入“6”，在时间码区域会出现一个数字6，按Enter键。

这样，片段音量就被整体提高了6.0 dB。但在某些时间点上，会经常出现音量过大的问题，可以再次使用“相对调整音量”命令，将音量降低2.0 dB。

4 根据需要，按快捷键Command+A，选择时间线上的所有片段。

5 按快捷键Control+Command+L，将时间码切换为相对音量调整的界面。

6 输入“-2”，按Enter键。

这样，所选片段的整体音量都降低了2.0 dB。此时，影片整体的音量比之前提高了一些，但仍然没有超越0.0 dB。

▶ **绝对调整音量**

与相对调整音量对应的是绝对调整音量，后者可以将所选片段的音量设定为一个指定的数值。在使用“绝对调整音量”命令的时候，无论片段现有音量值是多少，在时间码区域中输入的数值都会替换该数值，包括所有音量关键帧。在时间码区域中，相对调整音量和绝对调整音量的显示是不同的。“绝对调整音量”命令的快捷键是Control+Option+L。

您已经为了这次混音做了很多工作。播放2～3次完整的时间线，注意听一下采访片段与音乐出现重叠交叉的时机，以及采访片段与Naural Sound和声效的匹配。评估它们之间是否有冲突，关注它们是否是匹配的，以及是否是随着故事情节一起发展的。此外，音量控制的动画至少需要两个关键帧，根据需要可以增加更多的关键帧。

花费在音频剪辑上的时间与花费在视频剪辑上的差不多。其实，您的第一个音频剪辑不是从本课才开始的。在第3课中，当您第一次选择采访片段的时候就开始了音频剪辑的工作。虽然良好的视觉效果很重要，但精炼的音频带来的是一般与精彩卓越的区别。

▶ **检查点** 7.3.2

有关检查点的更多信息，请参考附录C。

参考7.4 了解音频增强功能

Final Cut Pro中包含了音频增强的功能，可以用于修复在录制音频过程中出现的问题。如果在录制的过程中采取了正确的方法，那么就不需要使用音频增强功能了。但是，完美的录音是不可能的。

- **响度**：它会分析一个片段的音量是否过低。在修复音频的时候提高音量，同时保证不会出现调制或者波峰问题。其中，“数量”参数的作用是在平均“一致性”参数的最弱音频和最强音频时，对信号进行不同程度的增益。
- **降噪**：识别并消除片段中存在的持续的噪声（比如空调声、交通工具的隆隆声）。

- 嗡嗡声消除：识别音频信号中的电子噪声。在选择对应的交流电频率后，Final Cut Pro会消除嗡嗡声。在美国，交流电的标准是110V,60 Hz。

在导入音频的时候，您可以选择分析并修正音频，直接激活音频增强的功能，也可以在音频检查器的音频增强横栏中单击“分析”按钮。

如果在分析过程中发现了严重问题，那么会出现红色警示标志，建议进行修复；如果只是发现了小问题，那么会出现黄色三角标志；如果是绿色圆圈和对钩标志，则表示不需要增强，或者通过增强已经修复了问题。

对每种修复功能来说，勾选或者取消勾选它的复选框可以启用或者禁用该修复功能。无论分析状态是什么样的，都可以调整修复功能的参数，强制进行修复。

注意▶ 对非视网膜显示器来说，如果想要直接显示屏幕上的所有元素，而不做上下卷动，的确是比较困难的。如果需要，可以在垂直方向上扩展检查器，选择“显示”>“切换检查器高度”命令。

参考7.5
录制画外音

画外音功能可以利用外置话筒或者内建的FaceTime话筒直接将音频录制到您的项目中。通过这个工具，您可以快速地录制一段配音。在进行影片粗剪的时候，配音脚本也许还不能定稿，此时，自己先录一段配音即可，没必要花钱聘请专业配音演员来念一遍草稿。

当然，它不会让您在15s的节目中名声大噪，其最主要的作用是根据一段粗略录制的音频对画面剪辑的节奏进行更准确的判断。这样的画外音录制通常被称为临时音频轨道或者草稿音频轨道。

画外音录制工具虽然是一个很常见的小程序，但不要被“草稿”一词所误导。该工具实际上能够录制高保真音频，在最终成品的录制工作中也可以使用这个工具（音频质量取决于您所使用的话筒与录音环境）。

练习7.5.1
使用画外音录制工具

在本练习中，您将在项目Lifted Vignette中自己录制一段测试用的画外音。为了完成练习，您的电脑必须有一个内建话筒，或者连接了一个macOS能够识别的外接话筒。

1 在项目Lifted Vignette中，将播放头放在最后一个镜头中直升机已经飞过头顶的位置。

2 选择“窗口”>“录制画外音”命令。

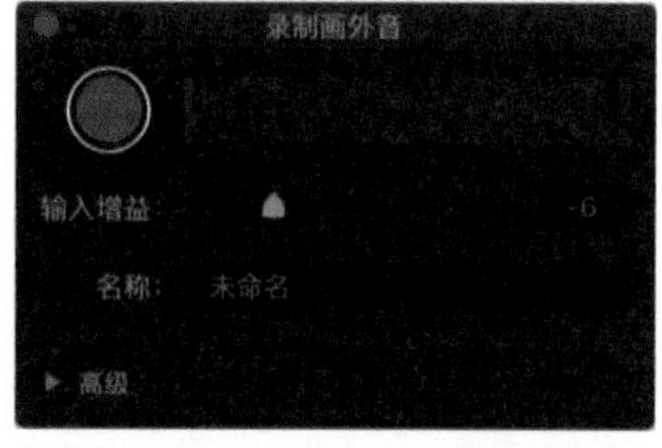

此时会弹出“录制画外音”窗口。当前显示的是画外音录制工具的基本设置界面，您需要为新录音起个名字，在输入增益滑块上方可以测试话筒，单击“录制”按钮会直接将音频存储到时间线上。下面，让我们看看高级设置的内容。

3 在“录制画外音”窗口中单击“高级”左边的三角图标。

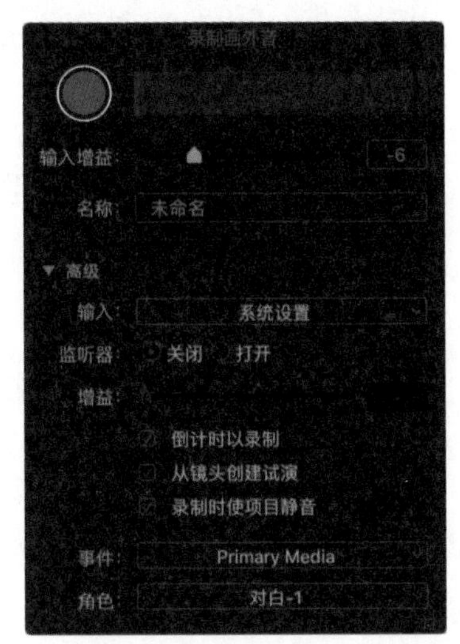

“高级”选区中包含了更多的控制选项。

- 输入：选择源设备、单声道或者立体声双通道。源设备可以是电脑内建音频输入端口、FaceTime摄像机或者USB音频输入设备。
- 监听器：这里有关闭和打开两个选项，用于在录音的时候实时监听来自话筒的音频信号，或者来自系统偏好设置的音频输出所指定的设备的信号。
- 增益：调整在录音的时候监听音频输入的音量，在录音的时候能听到自己的声音即可。默认的无穷小会将您的声音完全静音，以便您监听项目的音频。
  - 倒计时以录制：在录制开始之前显示一个倒计时计数器。
  - 从镜头创建试演：在项目中，将多个画外音录制整理为一个试演片段。
  - 录制时使项目静音：在录制画外音的时候，停用项目音频的输出。
- 事件：选择存放画外音的目的位置。
- 角色：为录音片段分配一个音频角色。

4 在“输入”下拉菜单中选择现有的可用音频源。
对任何音频源来说，最重要的是选择输入格式，尤其是大多数源设备都具有单声道或者立体声的选项。这也决定了录制通道的配置：单声道输入=单声道片段，或者立体声输入=立体声片段。

5 取消勾选“录制时使项目静音”复选框，保持其他两项处在被选择的状态。

6 选择事件“Primary Media”，将“角色”设置为“对白-1”。

7 在“名称”文本框中输入“Vignette Tag”，按Enter键。
现在就做好录音之前的设置工作了。

8 在“录制画外画”窗口的左上角单击红色的“开始录音”按钮。

这时，在检视器中会出现倒计时数字，在耳机中会听到“哔哔”声。

9 当倒计时结束的时候，对着话筒说：“Visit H 5 productions dot com for more information（如需更多信息，请访问H 5 productions.com）”。

10 单击“停止录音”按钮，结束本次录音。

录音片段以一个试演片段的形式出现在时间线上，播放头则位于该片段的开头。您可以单击“播放”按钮，听一下这次录音，也可以重新录制。

11 再次单击“开始录音”按钮，重新录制画外音，单击“停止录音”按钮。

现在，您有了两个录音，可以通过试演片段的功能选择最好的一个。单击片段上的聚光灯图标即可调用不同的录音片段。

▶ **混合多个片段**

试演片段会将多个片段视为一个整体，但有时候，您需要针对其中某个片段进行剪辑上的调试。此时，您可以使用“片段”>“将片段项分开”命令，独立观看和操作每个片段。例如，在整条画外音中，您可以在开头使用第三次的试演片段，在中间部分使用第一次的试演片段，而剩下的则使用第二次的试演片段。

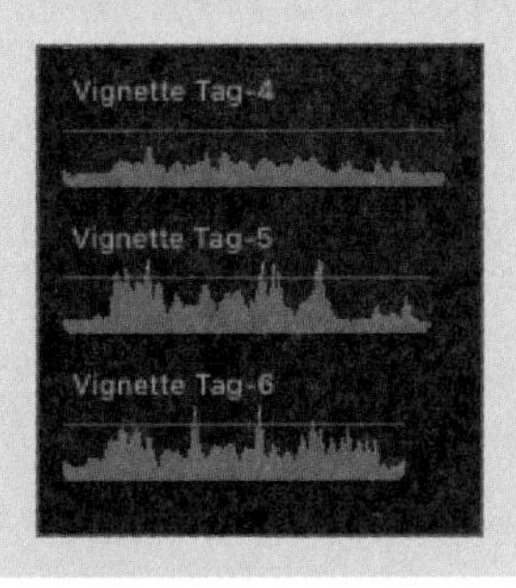

参考7.6
修复图像

剪辑师的目标之一是使剪辑的所有片段都具有正确的白平衡，但这个目标在现实中总是难以实现。正因为这个原因，Final Cut Pro中的色彩校正工具有了用武之地。在实际生活中，有许多不同的拍摄现场，从最简单的GoPro和iPhone拍摄的高清片段，到DSLR、ARRI和RED拍摄的素材都不可能具有一致的色调。素材来源的多样性与最终影片颜色的一致性的矛盾要求剪辑师必须掌握色彩校正功能的使用方法。

那么，最常见的需要进行色彩校正的情况是什么呢？在拍摄当日，已经对摄像机进行了正确的白平衡设置，随着时间的推移，光线色温逐渐发生了变化。当日晚些时候拍摄的片段会出现偏色的问题。使用色彩校正工具中的平衡颜色就是最适合修复这类问题的方法。

自动白平衡会消除图像中被侦测到的所有偏色，显示颜色正常的图像。Final Cut Pro力图实现一种非常干净的图像，其中最黑的黑色与最亮的白色都不具有任何偏色的问题。平衡颜色也会尝试优化图像的对比度。在导入片段的时候，软件可以自动分析一个或者多个片段的颜色平衡，您也可以选择稍后再做这个工作，比如在剪辑的时候或者最终成片之前。在下面的练习中，您不仅会学习如何使用自动平衡功能，也会研究如何手动调整图像的色彩，以深入地了解色彩校正的各种效果。

7.6–A 色彩校正的效果

Final Cut Pro包括4个色彩校正的效果：颜色板、色轮、颜色曲线和色相/饱和度曲线。您可以通过手动设置色彩修正来调整画面色彩，每个效果都有其独特的优势。当然，您无须按照这个顺序来使用这些效果。某些时候，一个片段可能只需要使用一个颜色板即可消除来自荧光灯的偏色；相对地，另外一个片段的画面上有混合照明环境所造成的局部的荧光灯的偏色，也许需要使用两个颜色曲线才能解决这个问题。

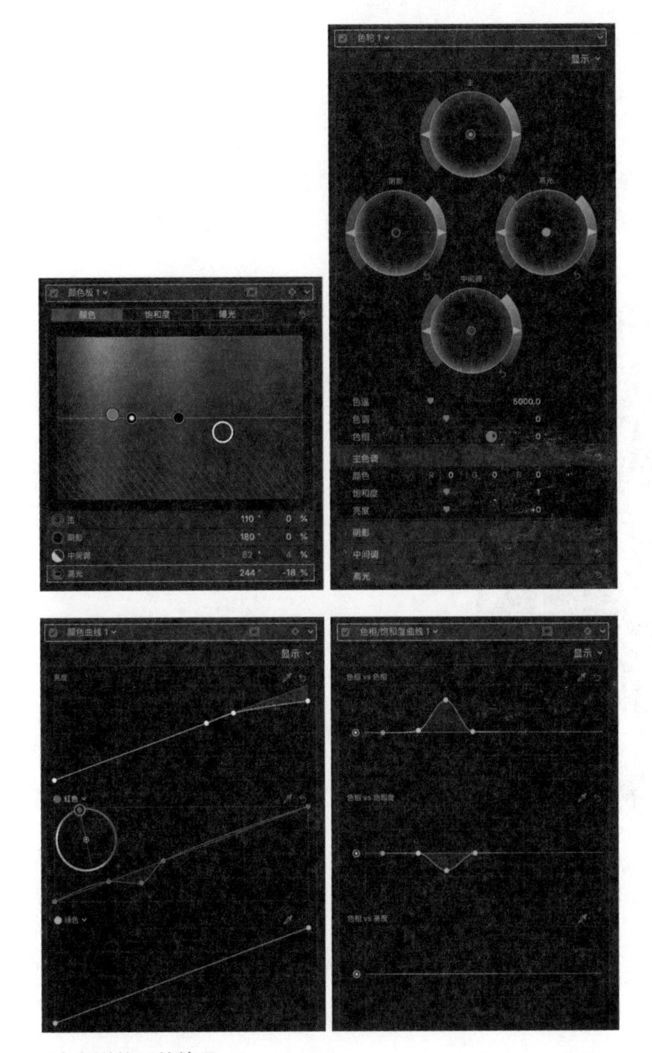

4个色彩校正的效果。

除了修复色彩平衡和曝光的问题，您还可以通过色彩校正为整个或者部分画面创造独特的外观风格。色彩校正效果包含了内建的色彩和形状遮罩，通过它们可以限制调整参数在图像上的适用范围，其原理与之前练习中用模糊效果处理局部画面的方法是一样的。虽然这些效果都来自效果浏览器，但是这些效果之间以及添加在视频检查器中的其他效果之间的堆叠顺序，实际上会影响最终画面的呈现。

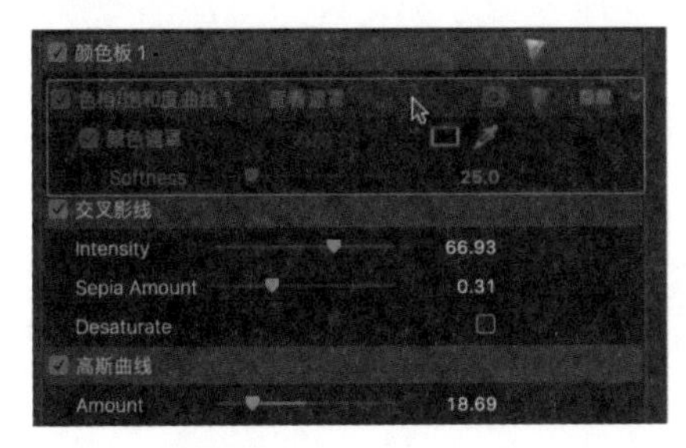

调整效果的顺序。

本节会综合地探索4种色彩校正效果中的3种。您将学习使用颜色板控制亮度和色度的基本方法并尝试另一个色彩效果，比较不同的参数对画面的作用。在这里，色彩理论是没有任何变化的，只是调色工具会变得更加精确，从而使功能更加强大。

7.6–B 视频观测仪

在深入学习色彩校正之前，您应该了解，在工作中，眼睛看到的和大脑中反映的并不是客观的颜色。除非经过调色师的专业训练，否则，您经常会做出一些不必要的调整。作为主观感觉（以及错误感觉）的补充，Final Cut Pro提供了视频观测仪，便于在调整颜色的时候为您显示客观的颜色数值。

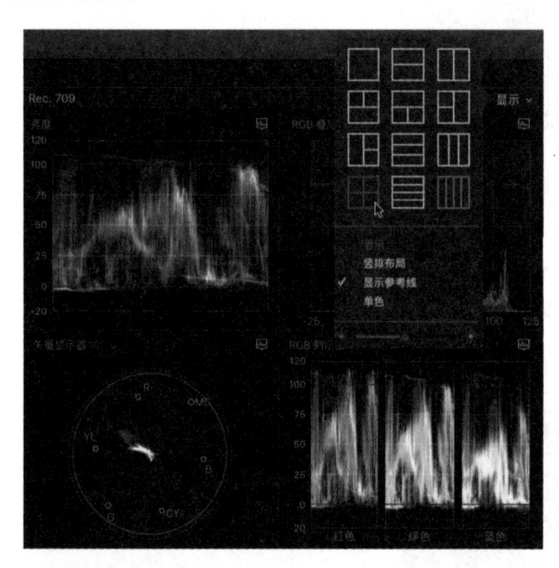

视频观测仪有多种显示布局。

视频观测仪会测量图像中所有像素的亮度和色度数值。当您在制作电视广播节目时，观测仪还可以作为验证广播合规性的辅助工具。

练习7.6.1
探索控制亮度的色彩校正工具

在学习色彩校正的过程中，您将创建一个新的项目，使用颜色板、色轮和颜色曲线这3个效果中的亮度控制功能，并通过视频观测仪来理解色彩校正效果对片段画面进行的改变。

1 在事件Primary Media中创建一个新项目，设置“项目名称”为“Color Correct”，其他选项按下图设置。

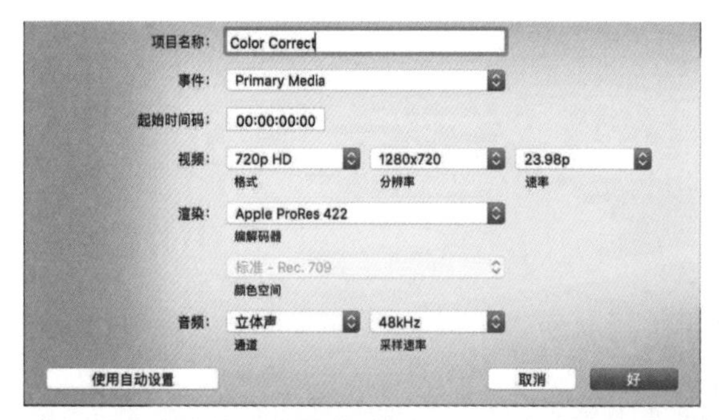

这个项目中的第一个剪辑素材是一个发生器。由于某些发生器与分辨率和帧速率是无关的，因此，Final Cut Pro需要您手动定义项目的帧尺寸和帧速率。如果您没有进行设置，那么在第一次剪辑这样的发生器的时候，Final Cut Pro会弹出提示，要求您完成相关的设置。

2 在发生器浏览器中，找到灰度等级和渐变这两个发生器。

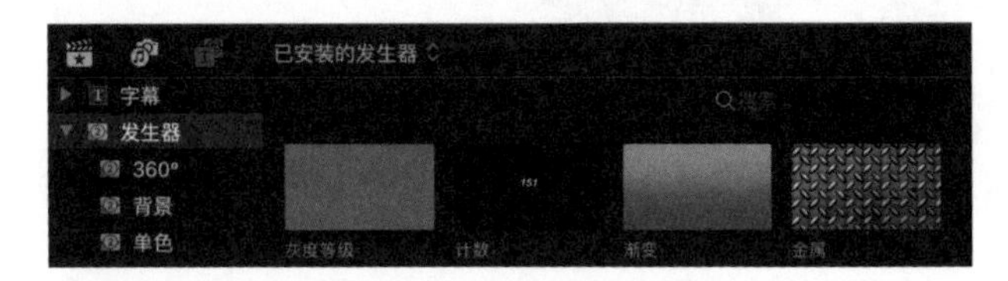

注意 ▶ 在全部发生器中，它们是第9个和第11个。

3 利用追加剪辑的方法，在项目中放置两个灰度等级发生器，接着放置一个渐变发生器。

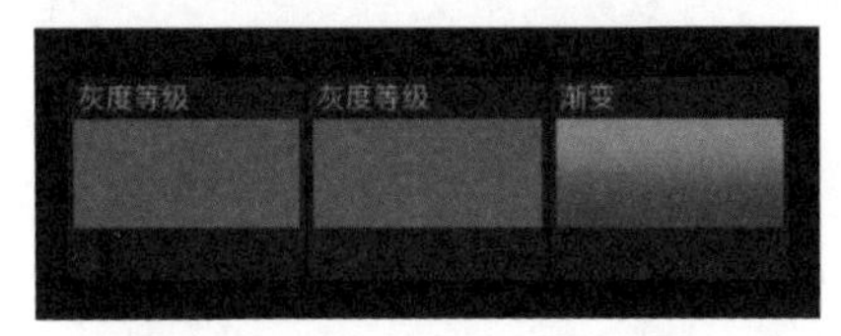

在放好这3个发生器之后，将第二个灰度等级发生器设置为白色，将最后一个渐变发生器设置为灰度渐变。

4 在项目中，选择第二个灰度等级发生器，在发生器检查器中，将“Level of（三原色比例）”设定为100%。

对于渐变中颜色的调整，既可以直接调整颜色设置，又可以通过一个效果进行调整。

5 在效果浏览器中，将黑白效果应用到渐变发生器上。

注意 ▶ 在时间线中，渐变发生器片段的缩略图不会更新，因此看上去不是灰度渐变的。您可以扫视该片段，以便检查其效果。

在项目中还需要另外一个片段。接下来添加一个需要色彩校正的直升机片段。

6 在事件Primary Media中找到片段DN_9287，将其追加到项目中。

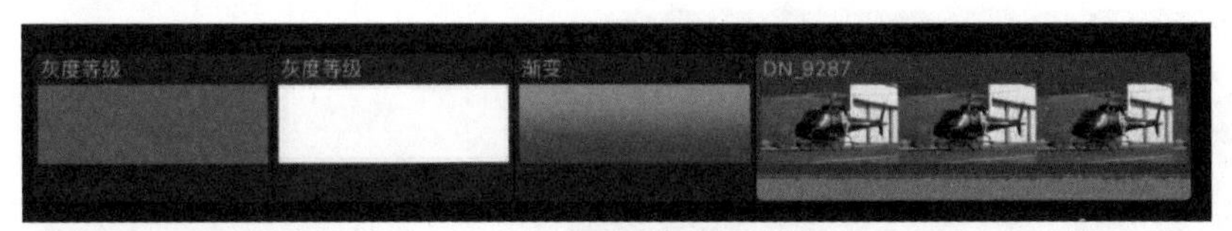

7 在事件Primary Media中，找到在本练习开始时创建的项目Color Correct。在浏览器中右击该项目，在弹出的菜单中选择“将项目复制为快照”命令。

这样，在浏览器中就会出现一个该项目的复制品。

8 单击项目快照的名字，将其重命名为“Color Correct MASTER”。

9 将当前项目Color Correct重命名为“Color Board”，表示您将在这个项目中使用颜色板的效果。

在您完成某个色彩校正效果的练习之后，返回带有MASTER字样的项目快照，重新开始整个项目，以便进行下一个效果的练习。为了便于操作色彩校正工具，下面先对软件界面进行设置，包括视频观测仪。目前，我们可以直接调用一个现成的工作区布局。

10 在菜单栏中选择“窗口”>“工作区”>“颜色和效果”命令。

现在的软件界面具有适合色彩校正工作的布局，接下来了解视频观测仪中的亮度和色度信息。

7.6.1–A 观察片段的亮度信息

一般来说，视频中的很多色彩问题是通过调整对比度来解决的，因为人类的眼睛对对比度非常敏感。

对比度是用每个像素的亮度或照度水平来衡量的。亮度信息与颜色或色度信息是分开的。随着练习的进行，您会更容易理解这些术语。

1 在项目Color Board中，将播放头放在第一个灰度等级发生器上。

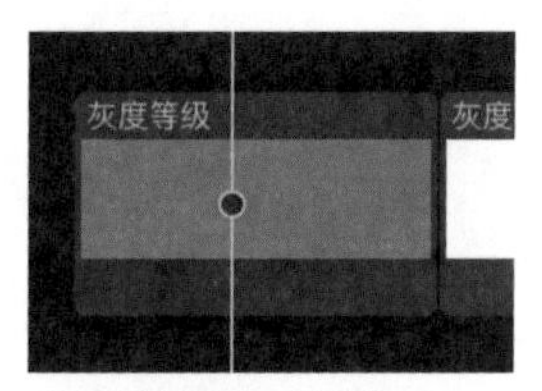

在4种视频观测仪中，只有3种是使用波形来表达数据信息的。它们分别是亮度波形、RGB叠放和RGB列示图，而且对于第一个灰度等级片段来说，这3种观测仪都显示片段画面中像素的亮度低于50%。让我们跳转到下一个片段，看看观测仪是怎么显示的。

2 在时间线上按↓键，将播放头停靠在第二个灰度等级片段的开头。接着，观察视频观测仪中的变化。

3个视频观测仪中的波形都达到了100%。

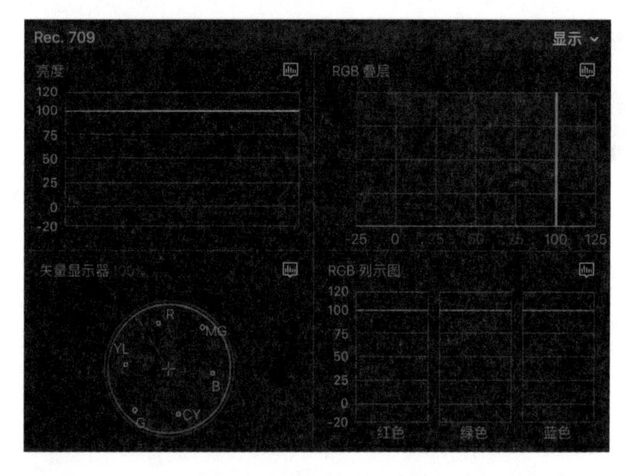

注意 ▶ 如果没看清楚观测仪中的不同，那么可以先按↑键，再按↓键，这样在两个灰度等级片段之间来回切换，对比起来比较容易发现不同。

与前一个灰度等级片段相同，矢量观测仪上没有显示任何色度信息。在彩色视频中，每个像素都有3个色度通道：红、绿、蓝。虽然在第一个和第二个片段中显示了色度数值，但是这三个颜色通道的亮度是相等的。

3 请注意，在“RGB列示图”区域中，红色、绿色、蓝色的标识位于该视频观测仪的下方。

视频中的每个像素在这3个通道中的亮度都是一样的。由于视频是一种加色法的色彩空间。在本练习中，3个通道的数值相加就得到了白色的像素。

下面，让我们再看一下矢量观测仪的显示。

4 在时间线上按↓键，将播放头停靠在片段DN_9287上。

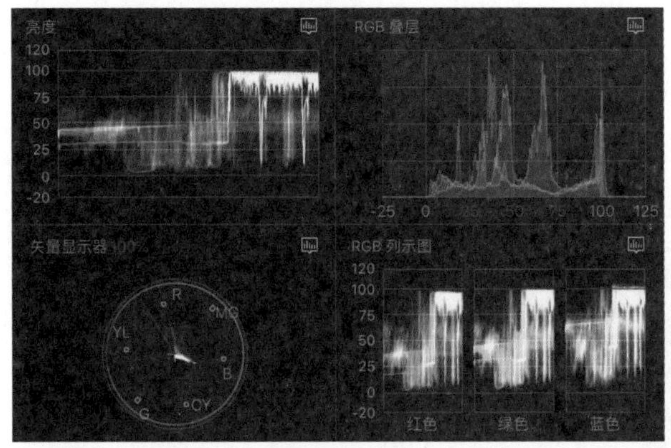

该片段上具有很明显的色度信息。在矢量观测仪上也有显示，显示图像中色相与饱和度的数值。将图像转变为灰度图像，再看看观测仪会有什么变化。

5 在效果浏览器中，将黑白效果应用于片段DN_9287。

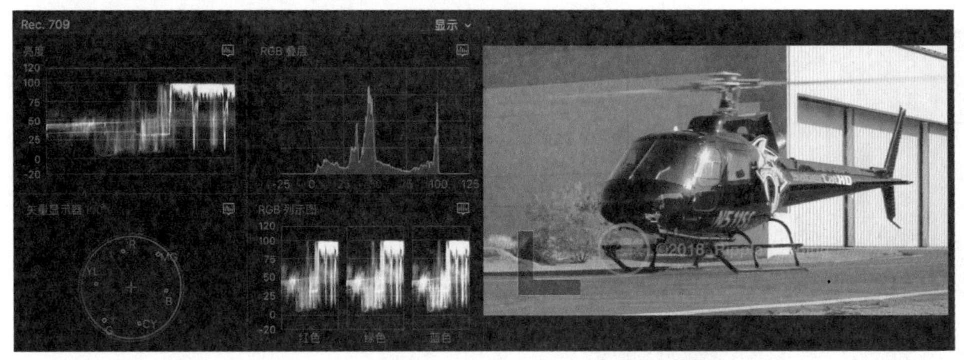

该效果消除了图像中的色度，矢量观测仪反映出了这种色彩上的损失。

接下来，您将使用颜色板效果调整这些片段的亮度通道。

7.6.1-B 使用颜色板效果调整全局亮度

颜色板效果可以控制片段的亮度和色度，其中有3组设定：曝光、颜色和饱和度。下面利用曝光这组设定来调整亮度和对比度。

1 在项目Color Board中，选择所有片段。

2 在效果浏览器中，双击“颜色板”效果按钮。
这样，该效果会同时应用到所有被选择的片段上。

注意▶ 在默认情况下，颜色板效果为默认的视频效果，按快捷键Option+E即可添加该效果。

3 取消时间线上所有片段的选择，将播放头停靠在第一个灰度等级片段上。

4 在视频检查器中，找到“颜色板1”效果。

与您之前使用过的效果类似，颜色板也有以下功能。

- 还原、启用或者禁用。
- 改变与其他效果的上下关系，有可能会得到不同的画面效果。
- 通过颜色遮罩或者形状遮罩可以限制效果在图像上应用的范围。

与其他类型的效果相比，色彩校正的效果拥有它们自己的颜色检查器。

5 在“颜色板”按钮的右侧，或者检查器的上方，单击“颜色检查器”按钮。

在检查器上方排列了3个选项，对应的选项卡中都有相应的控制界面。我们先从调整曝光开始。

6 选择“曝光”选项，观看亮度控制界面。

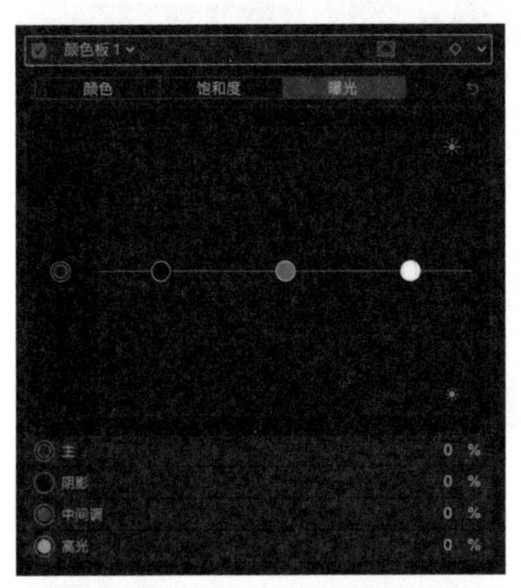

左侧的主滑块将影响整个图像的亮度。

7 将主滑块拖到最上方，同时观察检视器和视频观测仪中的显示结果。

当主滑块位于最大值的时候，灰度等级片段的画面是全白的。在视频观测仪中测量到的亮度数值超过了100，这样的亮度值被称为“超白”。

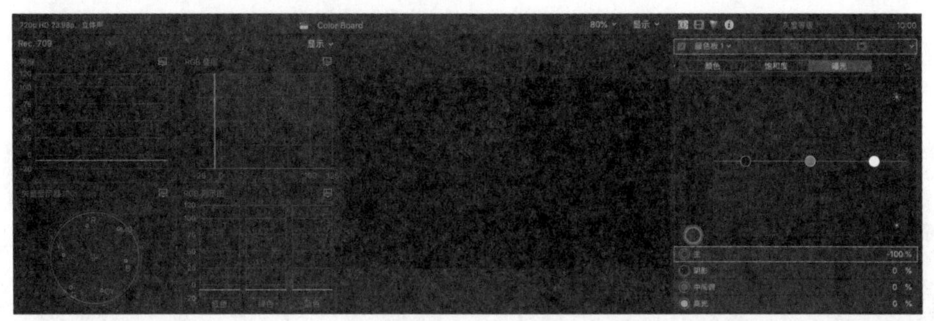

当主滑块位于最小值的时候会产生黑色画面，在视频观测仪中测量到的亮度数值低于零，这样的亮度值被称为“超黑”。

这两个极端情况都超出了广播电视的播出规范。非广播电视类型的摄像机会捕获这些超白或者超黑的信号，但这样的拍摄素材是被广播电视的播出规范所禁用的。为了制作和导出适合广播电视的内容，您可以添加另外一个效果，强制视频信号符合广播电视的播出规范。

8 在效果浏览器中，将广播安全效果应用到第一个灰度等级片段上，将主滑块拖到最大值，同时观察视频观测仪中的变化。

此时，亮度被限定在0～100。注意，这并不是一种理想的色彩校正的方法，因为亮度完全失去了应有的层次，但是广播安全的效果使这个片段的亮度符合了广播电视的播出规范。让我们继续看看它在直升机片段上的效果。

9 将播放头停靠在片段DN_9287上，将广播安全效果应用到该片段上。

10 将曝光主滑块向上拖动一些。

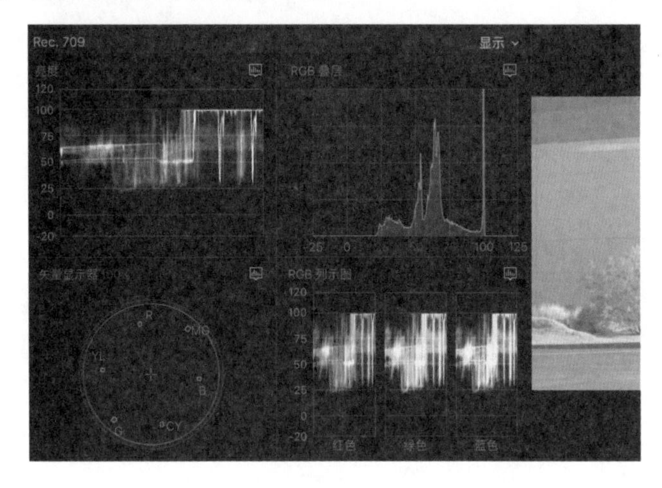

此时，由于曝光过度，机库门上的高光细节迅速消失了。

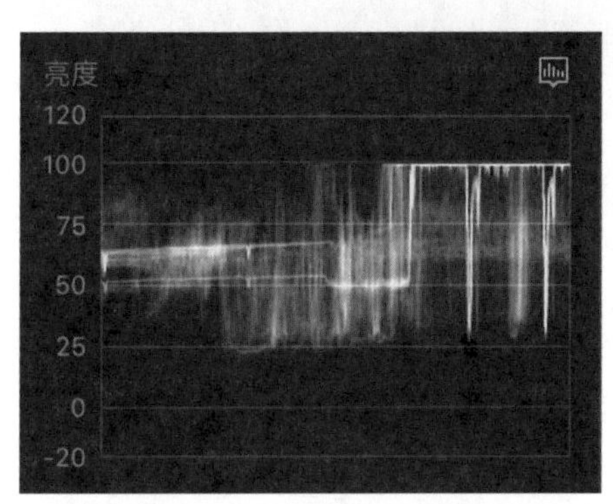

看到的画面效果在亮度的测量值上得到了验证，因为亮度数值在100以上的波形都被切掉了（削波）。所有亮度数值高于100的波形都被压缩在了100的刻度线上，原有的高光细节实际上在图像中是被删除了的。同理，如果将主滑块向下拖到底，阴影细节也会出现这样的情况。

在曝光控制界面中，通过主滑块调整整个图像的亮度显然不是唯一的功能。接下来，您将深入探索其他几个曝光控制功能。

7.6.1–C 使用颜色板效果调整灰度

我们已经知道主滑块控制了图像中所有像素的亮度值。在“曝光”选项卡中也包含了根据每个像素的亮度值而调整其亮度的控件。

像素灰度的亮度控件

控件	0–100	0–70	30–70	30–100
主	X			
阴影		X		
中间调			X	
高光				X

所有控件的灰度值都与其他控件的灰度值重叠，有利于平滑地混合整个图像（除非设置了极端的调整）。这种广泛的覆盖也意味着，在调整一个控件之后，可能需要您再调整另外一个控件来消除图像不同部分的灰度变化。接下来使用第三个渐变片段来探索这些亮度控件。

1 将播放头停靠在渐变片段上。

该片段的亮度数值范围集中在50附近。

2 拖动主滑块，在视频观测仪中观察亮度数值的变化。

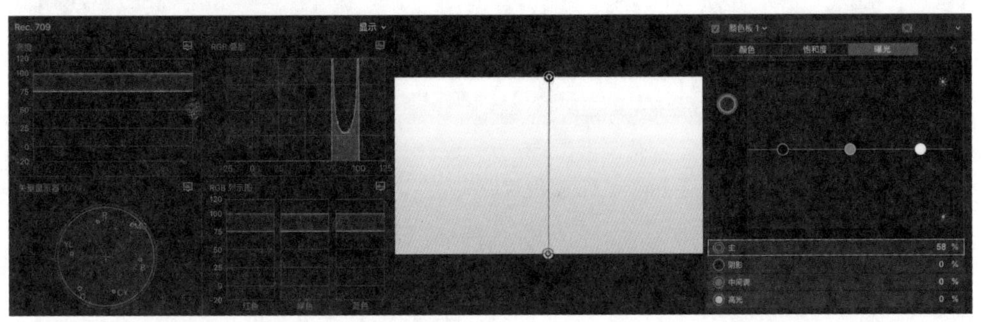

可以发现，亮度数值的范围并没有扩大或者缩小，因为所有像素的亮度都是一起变化的。可以按Delete键，还原这个控件的设置。

3 确认选择的是主滑块，按Delete键，将控件设置为0%。

3个灰度等级控件允许单独增加（或者减少）某个渐变范围内的像素，以调整图像的对比度。

4 向上拖动高光控件，直至视频观测仪中亮度波形的最大值接近100。

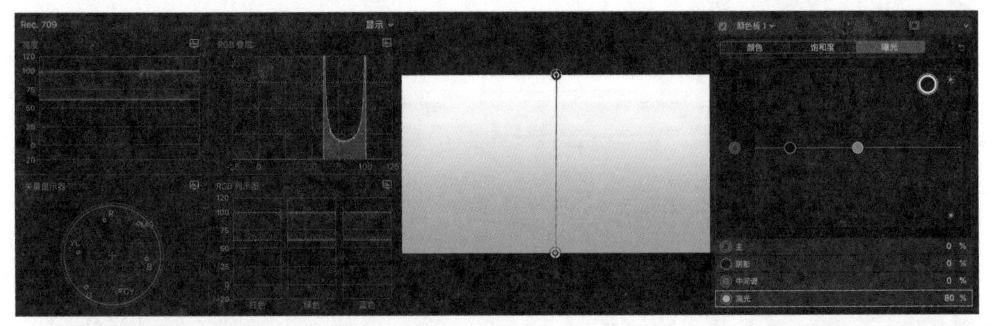

虽然整个图像的波形都向100的方向进行了移动，但同时可以发现，波形覆盖的范围变大了。在您调整阴影控件的时候，会更加明显。

5 向下拖动阴影控件到最小值。

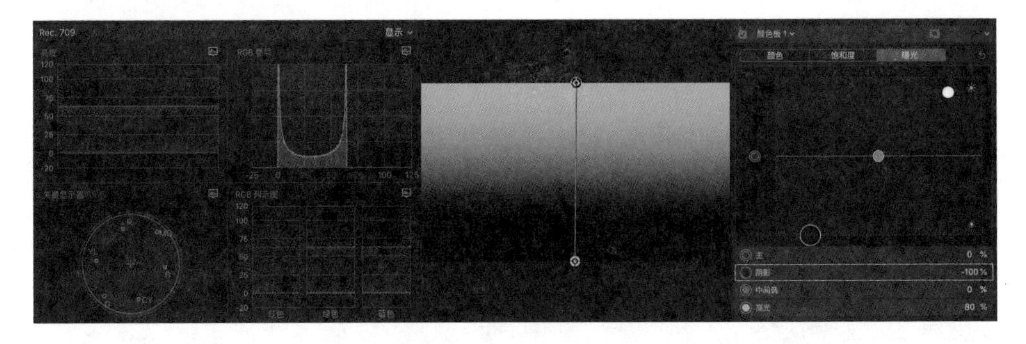

随着亮度范围的扩大，图像的对比度也得到了提高。由于控件覆盖了灰度数值的一个比较宽的范围，所以在把阴影控件拖到最小值的同时也影响了其他比较明亮的像素，而且图像在高光区域内也没有了最亮的像素。

6 将高光控件拖到最大值。

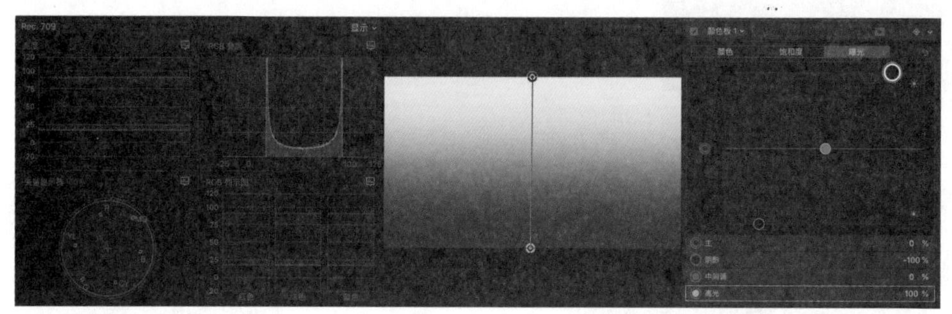

至此，在当前效果中，您已经将渐变图像的对比度扩展到了最大值。让我们跳转到直升机片段中，看看它的对比度能被提高到了什么程度。

7 将播放头停靠在DN_9287之上。在“曝光”选项卡中拖动主滑块，按Delete键。
这个操作会将主滑块设置为0。通过亮度波形可以发现，直升机机身上的黑色喷涂并不是纯黑色的，因为波形目前还没有低到0。如果调整阴影滑块，那么应该会有所改观。

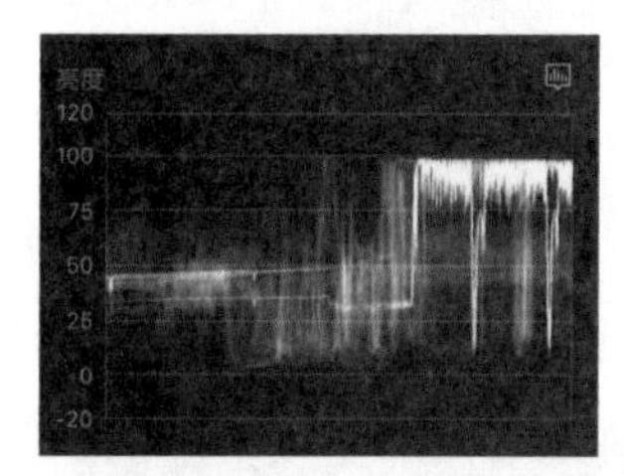

8 将阴影控件向下拖动，直到亮度波形为0。

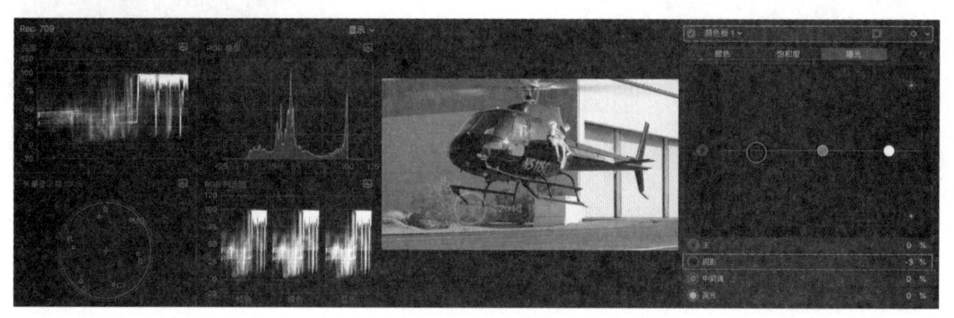

9 继续将阴影控件向下拖动，直到直升机的暗部出现了明显的损失，比如铆钉和机身的反光细节已经看不到了。

目前，阴影控件与之前添加的广播安全效果结合在一起令阴影部分的像素被挤压在亮度0之外。我们需要将阴影的细节重新找回来。

10 将阴影控件向上拖动，直到视频观测仪中位置最低的波形位于0的上方。

在完成这些调整后，您已经提高了直升机片段的对比度，调整了片段的亮度通道，使用颜色板效果调整了图像的曝光和对比度。现在，在调整曝光的同时，让我们看看下一个色彩校正的效果：色轮效果。

7.6.1-D 使用色轮效果调整灰度

接下来要讲解的色彩校正效果是色轮，由于在本练习中只调整亮度数值，所以其画面效果与之前使用颜色板效果是基本一样的。练习的目的是比较色轮效果的控件和功能，以便在日后进行色彩校正的时候，能够迅速识别这些效果的相似之处，以及各自的不同之处。在开始之前，让我们先为项目创建一个快照。

1 在颜色和效果的工作区中，单击检查器上方的“显示浏览器”按钮，显示浏览器。

2 在浏览器中，按Control键并单击项目“Color Correct MASTER”，选择“将项目复制为快照”命令。

3 将新项目命名为“Color Wheels”，在时间线上打开该项目。

注意 ▶ *您可以再次隐藏浏览器，为检视器和视频观测仪留出屏幕空间。*

在上一个练习中，颜色板效果同时应用到了4个片段上。对于色轮也可以进行这样的操作，但还有另外一个方法。在颜色检查器中，您可以直接将任意一个色彩校正效果应用到片段上。

4 在项目Color Wheels中，按住Option键并选择第三个片段——渐变片段，在选择该片段的同时，将播放头停靠在该片段上。

5 在检查器中选择“颜色”选项。

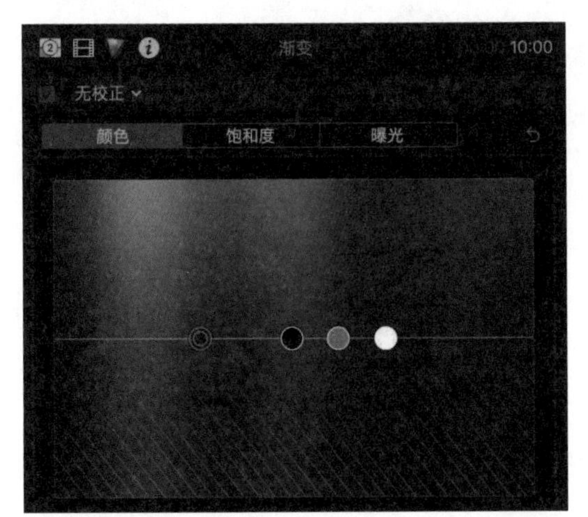

此时，您可能会觉得已经在片段上添加了颜色板效果，但并非如此。仔细观察，检查器上方显示的是“无校正”。您需要在下拉菜单中选择“色轮效果”命令，才能真正地将该效果应用到片段上。

6 在颜色检查器的下拉菜单中选择“+色轮”命令。

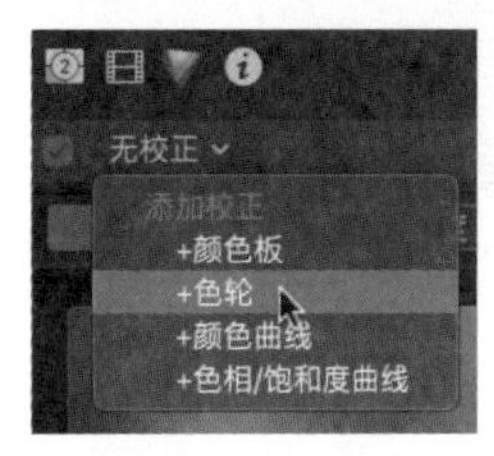

7 在色轮1下面出现了4个色轮，它们分别代表色轮影响的片段的灰度范围：主、阴影、中间调和高光。

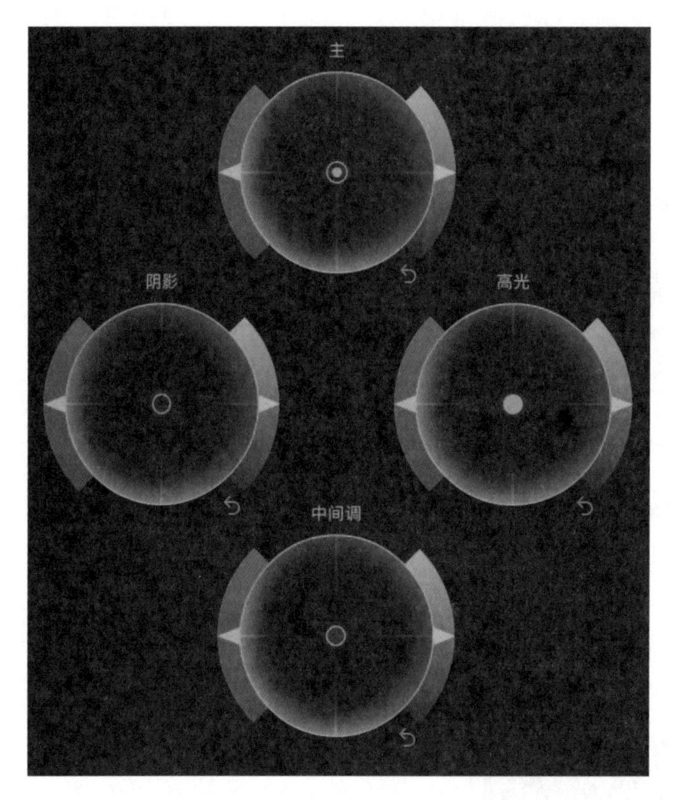

注意 ▶ *双击检查器的标题栏可以扩展检查器的高度。（标题栏上的名称是渐变的。）*

在本练习中，您将会调整图像的亮度。每个色轮右侧的亮度控件是用于调整亮度数值的。与您之前拖动颜色板中的曝光滑块一样，通过色轮中的4个亮度控件可以实现同样的效果。

注意 ▶ *此时并没有添加广播安全效果，所以您能够看到全部亮度范围中受到的影响。*

8 在颜色检查器中，将主色轮的亮度控件拖到最上方，同时注意检视器和视频观测仪中的变化。

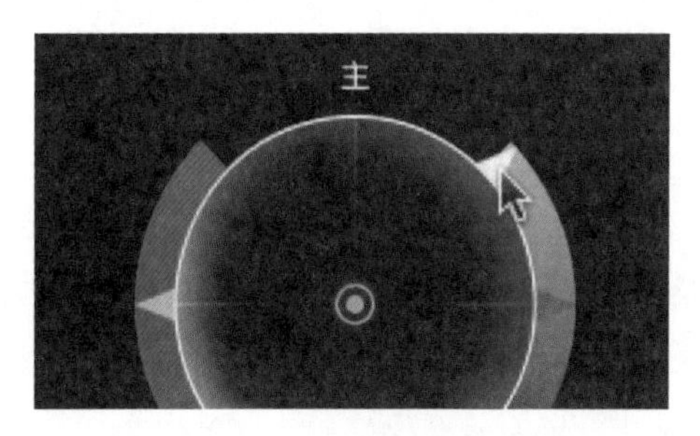

正如您预料的，其效果与在颜色板中拖动主滑块的一样，色轮中的主亮度控件可以提高或者降低整个图像的亮度，同时保证亮度范围不发生变化。

9 单击主色轮中的“还原”按钮。

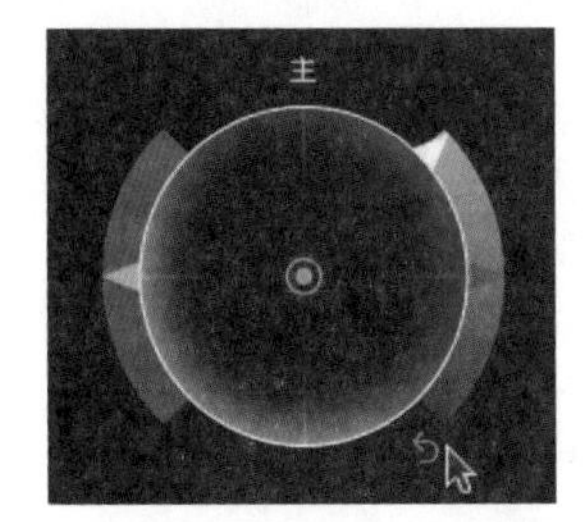

10 在颜色检查器中，将高光色轮的亮度控件向上拖动，将阴影色轮的亮度控件向下拖动，直到渐变片段的亮度范围为0～100。

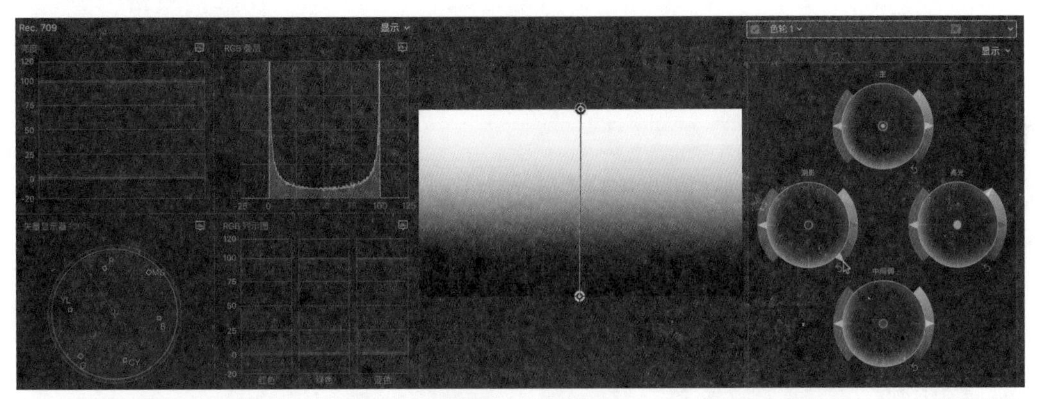

如果两个色轮的控件都拖到了极限，那么调整可能就过头了。一旦亮度数值超出了广播安全的0～100的范围就会显示警告信息，这里有另外一个色彩校正的工具可以使用。

11 在检视器的“范围检查”菜单中选择“亮度”命令。

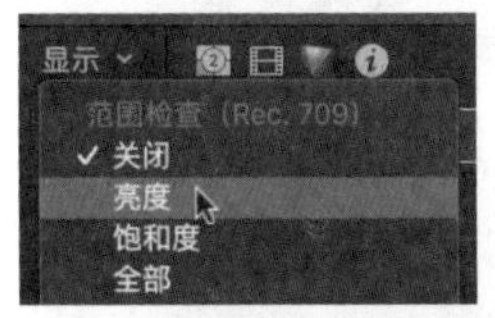

如果过度地调整亮度控件，那么检视器的渐变图像上就会出现斑马纹。这些斑马纹代表了在波形观测仪上的超出了0～100的广播安全范围的像素。

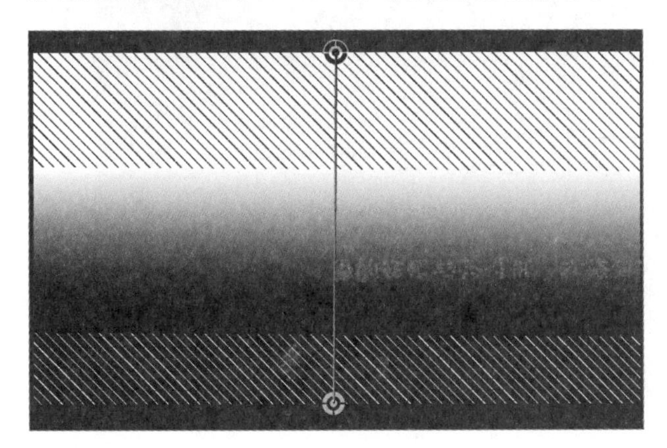

12 继续调整亮度控件，直到屏幕上刚好看不到斑马纹。

13 在检视器的“范围检查”菜单中选择“关闭”命令。

现在您已经熟悉了色轮效果的亮度控件的功能，接下来您将了解基于曲线的控件。

7.6.1–E 使用颜色曲线效果调整灰度

颜色曲线的界面看似简单，但不要轻视它们。为了精确控制这些曲线，需要注重细节的把握。在色彩校正领域中，除了亮度，还有另一半的色度的内容您还没有接触到，但不要被它们所吓倒。在本练习中，您将学习颜色曲线效果的控制方法。

1 如果之前隐藏了浏览器，那么在检查器上方单击“显示浏览器”按钮。

2 在浏览器中，右击项目“Color Correct MASTER”，在弹出的菜单中选择“将项目复制为快照”命令。

更改项目名称为“Color Curves”，并在时间线上打开该项目。

注意 ▶ 您可以再次隐藏浏览器，为检视器和视频观测仪留出空间。

现在，您将为渐变片段添加颜色曲线效果，探索它强大的功能。

4 按住Option键，单击选择渐变片段，同时将播放头停靠在该片段之上。

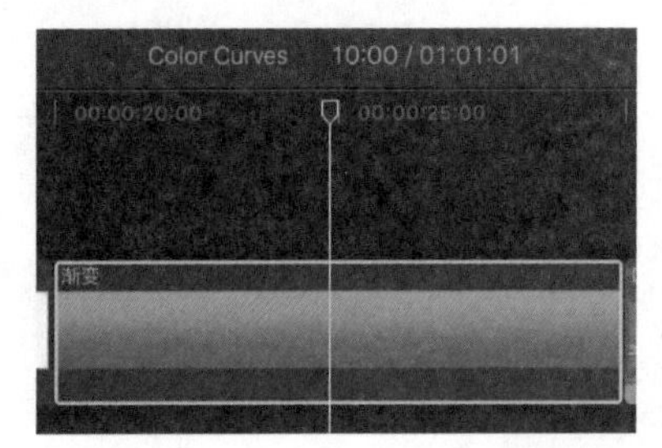

5 在颜色检查器的下拉菜单中选择“+颜色曲线”命令。注意，最上方曲线的名称为“亮度”。

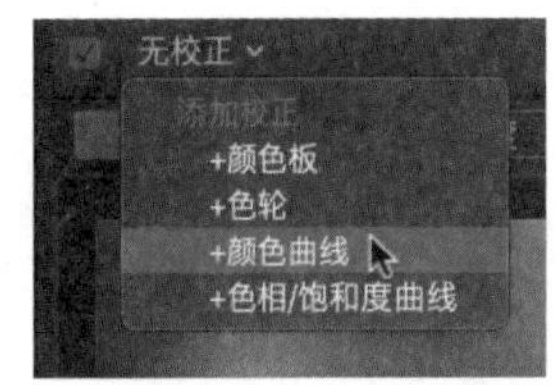

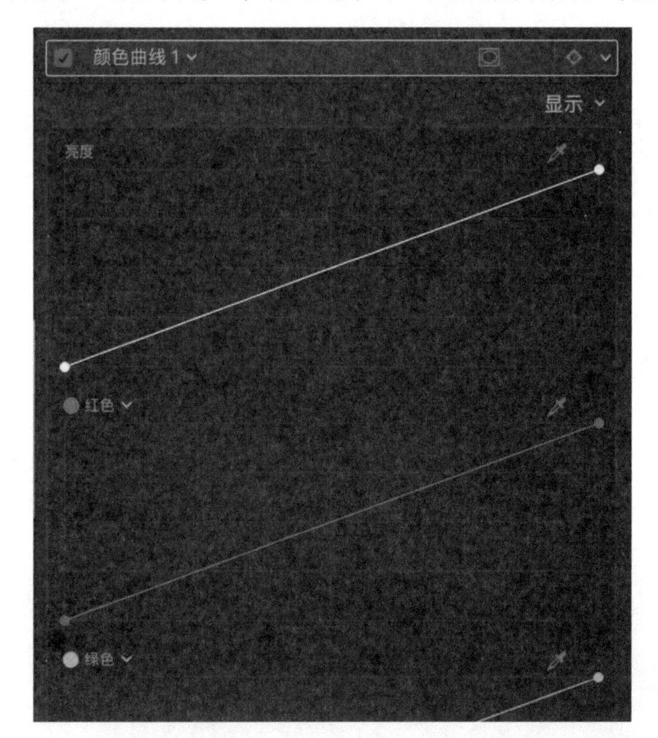

颜色曲线界面与颜色板和色轮的界面很不一样。实际上，颜色曲线效果能够更加精确地控制亮度。在垂直方向上，也就是*Y*轴，亮度曲线的数值相当于颜色板的曝光主滑块的垂直数值，也相当于色轮的亮度控件，向上拖动是提高数值，向下拖动是降低数值。而颜色曲线的水平方向，也就是*X*轴，则展现了其强大的功能与精确控制的魅力。灰度数值不会受到固定的阴影、中间调和高光范围的限制。而且，您还可以使用吸管指定一个亮度值，并调整以其为中心的一个范围内的亮度数值。

6 在亮度曲线中单击“吸管”图标。

此时，光标变成吸管的形状，您可以在检视器中单击某个像素，吸取该像素的亮度值。

7 在激活亮度曲线的吸管后，将吸管移动到检视器上，在上三分之一左右的位置上单击一下。

这时，在亮度曲线上会出现一个控制点，伴随这个点的还有一条垂直参考线。垂直参考线落在*X*轴上的位置就代表了该控制点当前被测量到的亮度值。

与一个音频关键帧类似，通过调整一个控制点的位置可以调整其对应的某个参数数值（时间、位置、亮度等）。在亮度曲线上，一个控制点的功能就是将该点的亮度值（*X*轴）调整为新的亮度值（*Y*轴）。

8 在亮度曲线中，沿着垂直参考线，向上拖动吸管，创建控制点。

渐变的全部范围都变亮了一些。对比音频关键帧，一个单独的控制点的作用范围以它自己为中心，延续到下一个控制点，或者从曲线的开始点到结束点。在本练习中，拖动一个控制点实际上会影响整个曲线。

9 按快捷键Command+Z，撤销对亮度的调整，恢复曲线为之前的直线。

10 在垂直参考线两侧的亮度曲线上各单击一下，新增两个控制点。

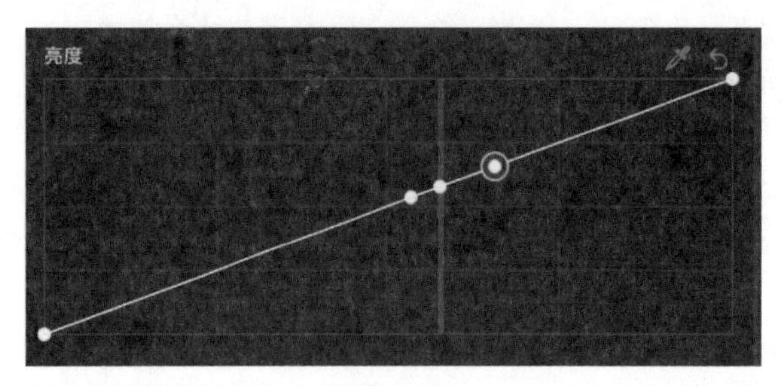

11 将中间的控制点向上拖动一些。

在渐变中出现了一条更明亮的线条。曲线上的控制点可以让您准确地锁定希望改变的亮度值。接下来用同样的方法处理片段DN_9287。

12 在项目Color Curves中，按住Option键，选择片段“DN_9287”。

画面中的机库门显得过于明亮，可以先使用颜色板调整对比度，再使用颜色曲线将机库门压暗。

13 在项目中选择片段“DN_9287”，先为其添加颜色板效果，再添加颜色曲线效果。

14 在颜色检查器中，在下拉菜单中选择“+颜色板”命令。

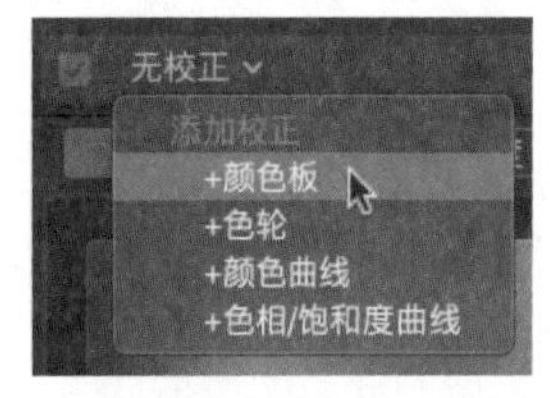

15 在颜色检查器中，参考波形观测仪，调整曝光控件，令画面亮度范围在0～100。

现在，您需要将机库门的正面和门头的颜色压暗一些，同时保持门侧面的颜色不变。通过调整颜色曲线效果中的亮度曲线，配合使用吸管，确保亮度范围，就可以轻松地完成这个任务。

16 在颜色检查器的下拉菜单中选择“+颜色曲线”命令。

您可以使用亮度曲线的吸管来获得机库门和门头的亮度数值，而无须没有头绪地猜测。

17 在亮度曲线中，选择“吸管”命令。

18 一边关注亮度曲线的情况，一边在检视器的机库门和门头的区域中拖动吸管。

在拖动的时候，亮度曲线上的垂直参考线也会相应地移动位置。机库门和门头的亮度在70～100之间（位于亮度曲线右侧1/4的范围内），同时，如果吸管位于门框的侧面，则由于它们位于阴影中，其亮度显然不在上述范围内。因此，您将在控制线75%灰度的位置上创建一个控制点，借此来调整机库门和门头的亮度。

19 在亮度曲线中，在*X*轴75%的附近单击两次，接着将100%处的控制点向下拖动，使它的垂直高度与左边两个控制点几乎齐平。

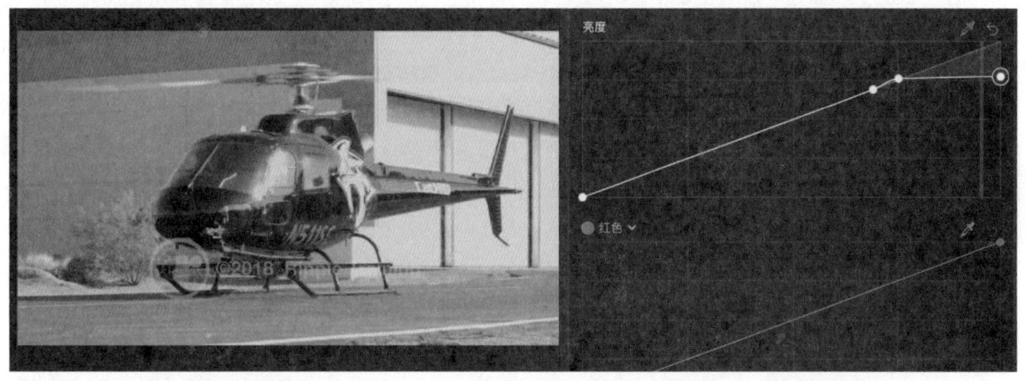

现在看上去，这个控制点有些靠下了。在调整效果的时候，记得要让画面显得自然一些。

20 将最右边的控制点再往回拖动大概一半的高度。

21 在颜色检查器中，勾选“颜色曲线 1”复选框，比较调色前后的效果。

与颜色板和色轮所调整的比较宽泛的范围相比，亮度曲线能够调整很小一段范围内的像素。

练习7.6.2
探索控制色度的色彩校正工具

色度由两个因素决定：色相和饱和度，在颜色板效果中有单独的选项卡用于调整这两个因素，在色轮效果中也有单独的控件。接下来先从调整饱和度开始讲解，以便您能逐渐熟悉颜色板的控件布局。您需要先为项目Color Correct MASTER创建一个新的快照。

1 如果在上一个练习中隐藏了浏览器，那么在检查器上方单击“显示浏览器”按钮。

2 在浏览器中，右击项目“Color Correct MASTER”，在弹出的菜单中选择“将项目复制为快照”命令。

3 将新项目重命名为“Chroma”，并在时间线上打开该项目。

注意▶ *您可以再次隐藏浏览器界面，为检视器和视频观测仪留出空间。*

现在，您需要为前3个片段添加一个着色效果。

4 选择第一个灰度等级片段，按住Shift键并单击渐变片段，在效果浏览器中双击“着色”效果按钮，将该效果应用到被选择的3个片段上。

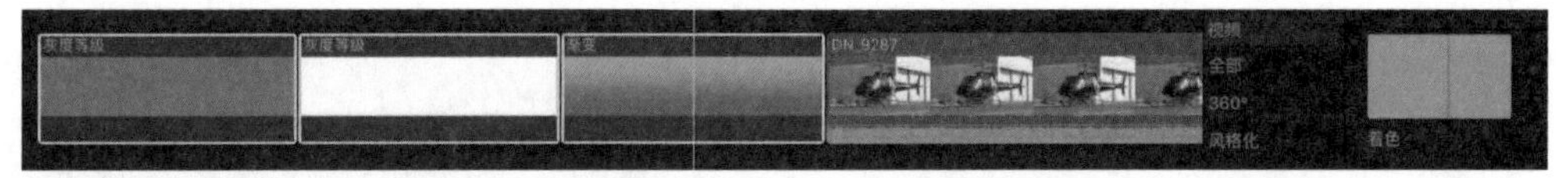

在准备好片段后，接着调整视频观测仪的布局。当处理色度的时候，需要突出矢量显示器和RGB列示图。

5 在视频观测仪的下拉菜单中选择“2列布局”命令。

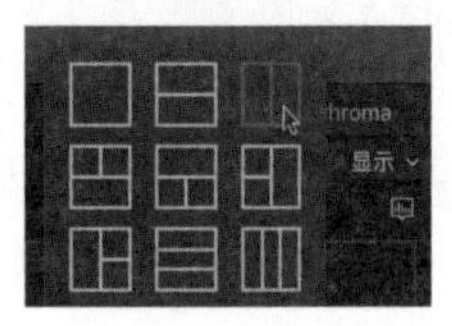

6 在右上角单击“观测仪”按钮，并在其下拉菜单中选择“矢量显示器”命令，在右列的下拉菜单中选择“RGB列示图”命令。

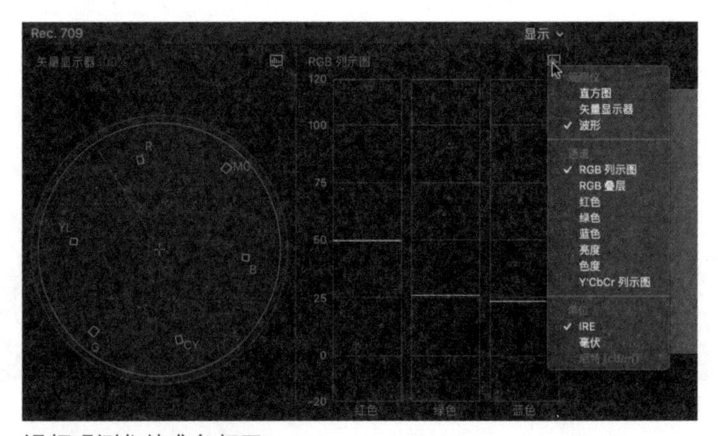

视频观测仪就准备好了。

7.6.2–A 使用颜色板效果降低偏色的饱和度

着色效果令灰度等级的画面出现了红色的偏色，可以使用色彩校正效果来移除这种偏色。接下来使用颜色板效果降低偏色的饱和度。

1 将播放头停靠在第一个灰度等级的片段上，为其应用颜色板效果。

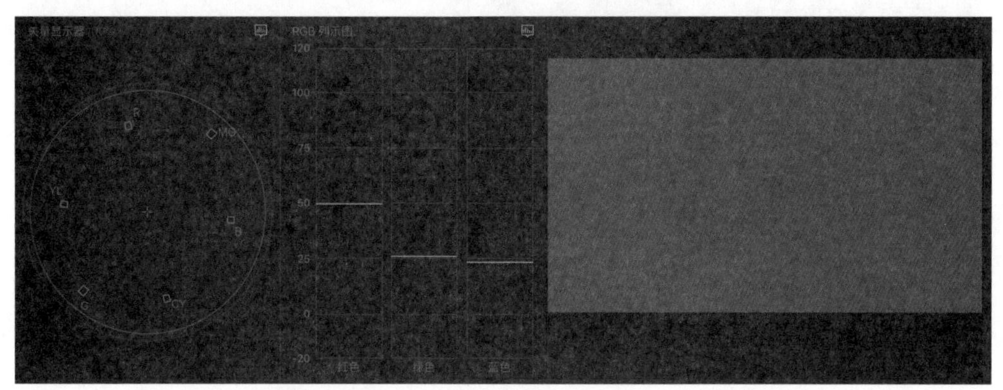

在矢量显示器中可以看出画面偏红，从观测仪中央向红色（R）方向看去，有一个微弱的轨迹点。在RGB列示图中，您可以看到红色通道的亮度明显是高于绿色和蓝色通道的。

使用“饱和度”选项卡中的主滑块可以轻松地将画面恢复为黑白图像。

2 在颜色检查器中，确认勾选“颜色板 1”，选择“饱和度”选项，将主滑块拖到最下方。

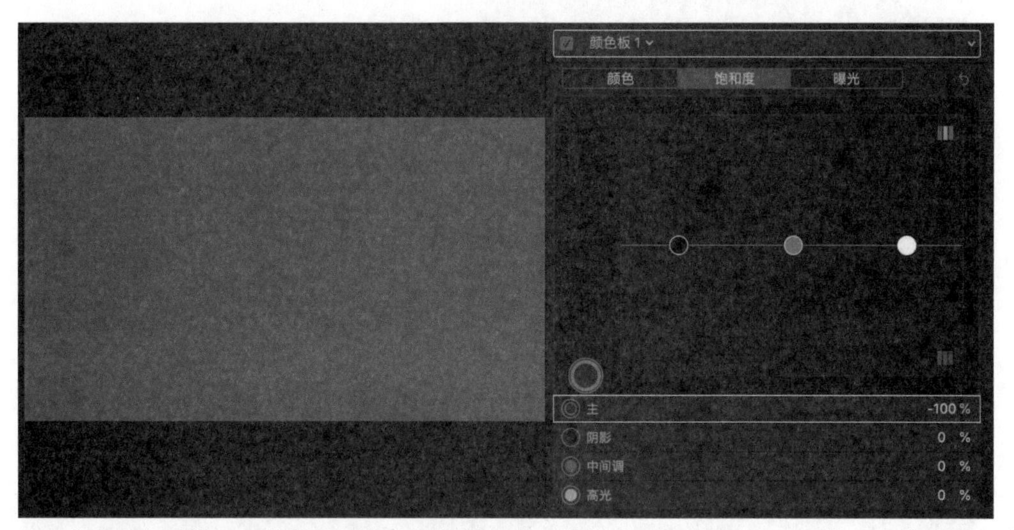

如果您的目的是将画面从偏红调整为纯粹的黑白，这样做是没问题的。但是，在视频检查器中还有一个细节要注意。

3 回到视频检查器中，观看效果的上下顺序。

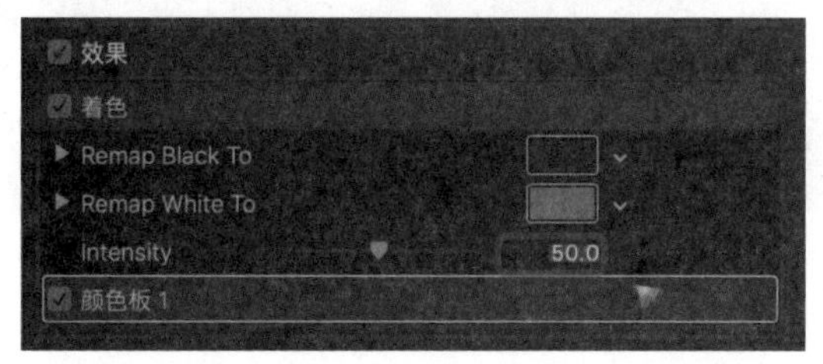

这些效果的执行顺序是从上至下的。“着色”效果先创建偏色的画面，“颜色板 1”效果再降

低图像的饱和度。如果改变这两个效果的顺序，就是把“颜色板 1”效果放在“着色”效果的上面，会发生什么呢?

4 在“效果”选区中，拖动某个效果，以改变它们的顺序，令“颜色板1”位于“着色”的上面。

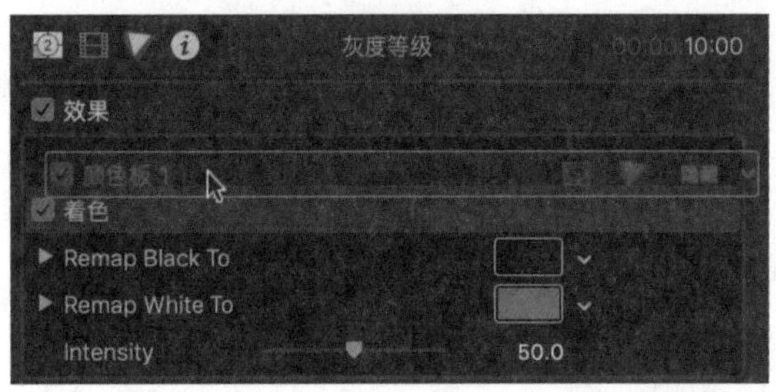

软件会先执行色彩校正的效果，再执行“着色”效果，所以最终就得不到降低饱和度的画面了。在继续了解灰度等级的降低饱和度控件之前，您需要移除这个效果。

5 在视频检查器中，在“颜色板 1”下拉菜单中选择“还原参数”命令。再次调整两个效果的顺序，令“着色”效果位于“颜色板 1”效果的下方。

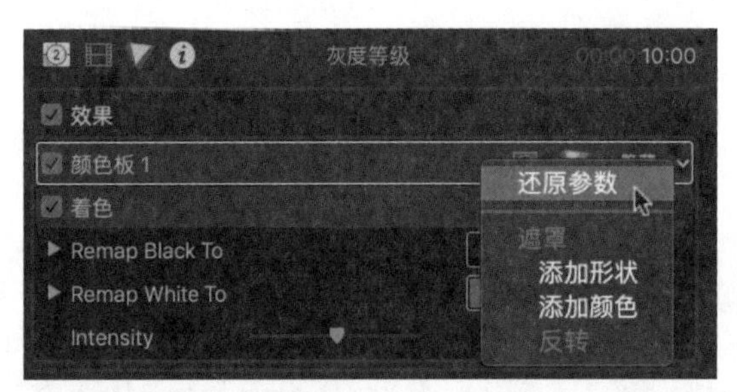

由于彩色电视已经普及几十年了，所以，仅仅依靠降低整个图像的饱和度来解决偏色问题，并非最佳方案。

在下面的练习中，将使用其他方法来消除偏色。但为了完成本练习，您还需要继续了解在阴影、中间调和高光范围内去除饱和度的功能。

6 按住Option键，单击渐变片段，添加一个颜色板效果。

相信您已经熟悉了饱和度中主滑块的作用，下面来看看其他3个灰度范围的控件。

7 在“颜色板 1”效果的“饱和度”选项卡中，随意拖动3个灰度等级控件，提高或者降低它们的饱和度，试验各种组合，同时注意观察检视器和视频观测仪中图像的变化。

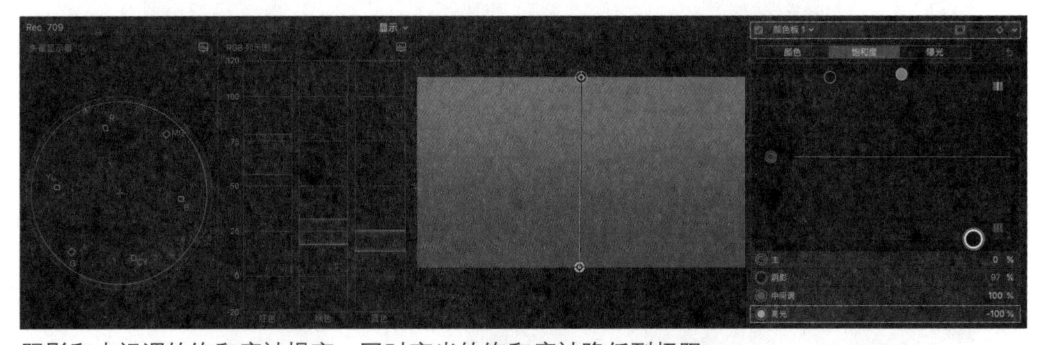

阴影和中间调的饱和度被提高，同时高光的饱和度被降低到极限。

通过上面的调整可知，阴影的饱和度控制影响了图像的暗部，中间调几乎影响了整个图像，而高光则改变了图像中较亮的部分。

8 在观察矢量显示器的同时，继续调整饱和度的灰度等级控件。
矢量显示器表达的是图像中颜色的饱和度，或者说是色相的强弱。在提高阴影区域饱和度的时候，矢量显示器的轨迹会向蓝色和青色的外围区域扩展，这就表示在图像的阴影部分会明显地感知到彩色信息。在降低饱和度的时候，矢量显示器的轨迹会向中央点蜷缩，呈现出某个色相逐渐消失的效果，也就是说该色相范围的像素趋于黑色、灰色和白色。下面使用颜色板来调整色度的色相。

▶ 色轮上的饱和度控件

在上一个练习中，您已经使用色轮完成了降低饱和度的操作。下图表示了两种效果的不同控件的对应关系。

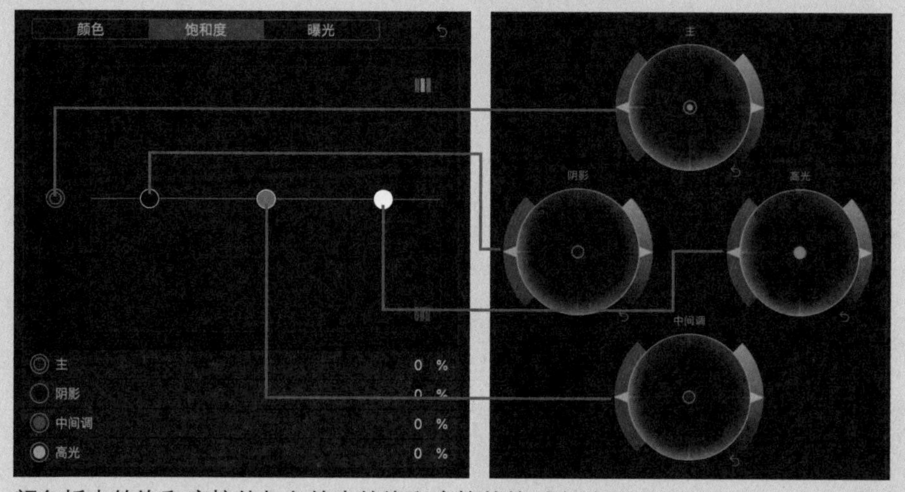

颜色板中的饱和度控件与色轮中的饱和度控件的对应关系。

7.6.2-B 使用颜色板效果校正偏色

通常，如果摄像机没有针对拍摄环境正确设置白平衡，那么需要进行这样的校正工作。这样的问题被称为偏色，一般会出现在图像的高光和阴影区域内。在加色法色彩理论中，增加偏色的补色会抑制这种偏色。接下来先在灰度等级片段上制造一个偏色，再使用颜色板效果移除这个偏色。您将继续在项目Chroma中进行操作。

1 在项目Chroma中，按住Option键并选择第一个灰度等级片段。

2 在视频检查器中，令“着色”效果位于“颜色板 1”效果的上方。

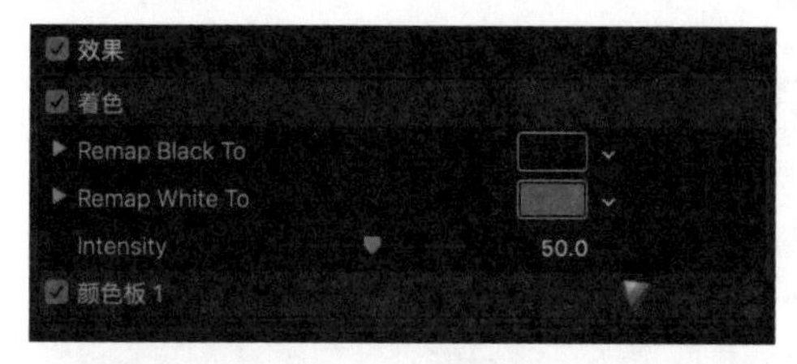

3 在视频检查器中，在下拉菜单中选择“还原参数”命令，还原颜色板的参数。

4 在颜色检查器中，确认勾选“颜色板 1”，选择“颜色”选项。

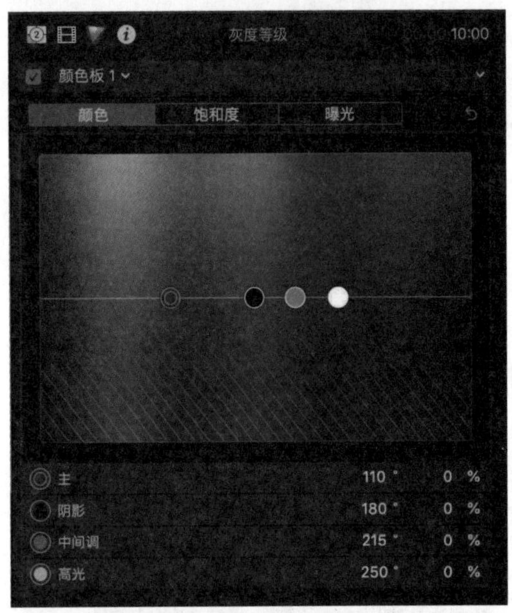

与其他选项卡相同，在颜色板的“颜色”选项卡中同样具有4个控件。这些控件不仅能够上下移动位置，还能够从任意方向移动到颜色板的任意位置上。

6 注意，矢量显示器上的轨迹是偏红的。

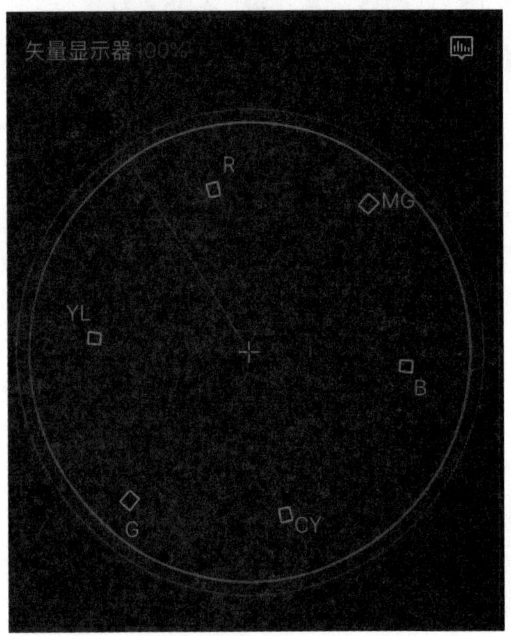

由于在整个图像上都出现了同样的偏色，因此，只需拖动主颜色滑块即可消除偏色，令画面恢复为原来的灰色。在颜色板中，以下两种操作方法的任意一种均可实现这个效果。

首先在矢量显示器中确认色相范围，然后进行以下任意操作。

- 向色相的负值方向拖动控件。
- 向色相补色的正值方向拖动控件。

由于矢量显示器表明了画面偏红，因此您可以将主颜色控件向青色的正值方向拖动，或者向红色的负值方向拖动。

7 使用以上方法之一拖动主颜色滑块，直到矢量显示器中的轨迹移到显示器的中央。

下面，在直升机片段上试试亮度和色度组合的调整方法。

▶ 色轮的颜色控制

对于上一个练习中的操作，使用色轮效果也是可以轻松完成的。以下是颜色板控件与色轮控件的对应关系。

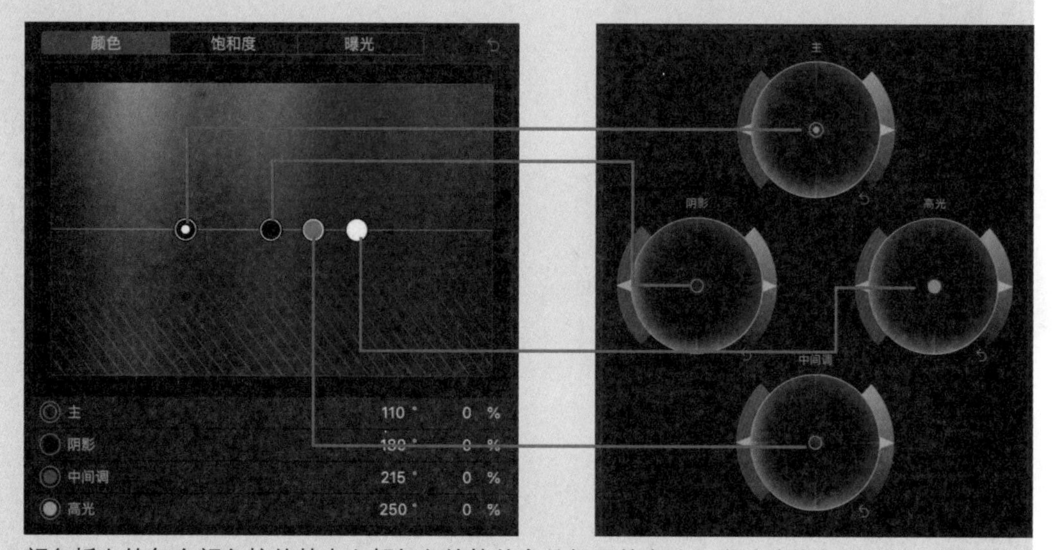

颜色板上的每个颜色控件基本上都与色轮控件有着相同的名称。在消除偏色的时候，将对应的色轮控件向补色方向拖动即可。对比上一个练习，主色轮的颜色控件就相当于颜色板的主颜色控件，将主颜色控件向青色拖动就可以消除红色的偏色了。

7.6.2–C 使用多个效果进行色彩校正

在本练习中，您将同时使用亮度和色度的工具，并发现有很多种方法都能够得到曝光正确、对比度合理、白平衡准确的图像。在第一次尝试这种方法时，请完成以下操作：先还原色彩校正的效果，再使用不同的方法完成同样的调色。

1 将视频观测仪布局设置为四方格。

您将从扩展画面的对比度开始，同时保证其位于广播安全的0～100的范围内。

2 按住Option键，选择片段“DN_9287”，调整曝光，令片段中最暗的部分的亮度波形接近0。这时，既可以使用颜色板设置，又可以使用色轮设置。

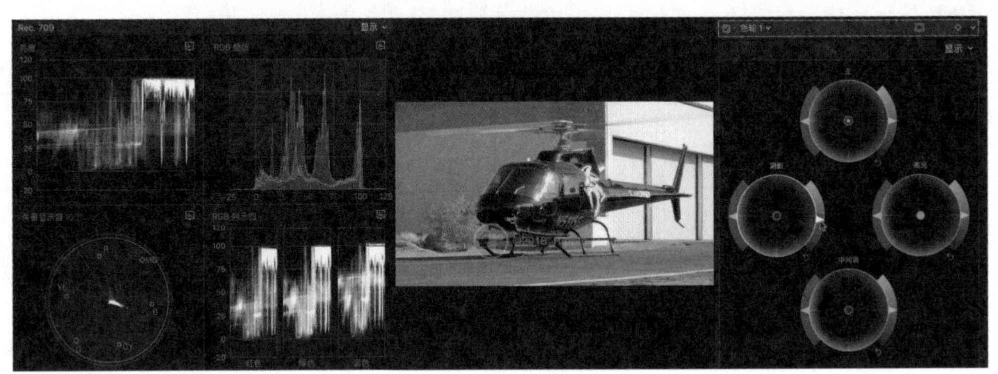

在此图像中有多种明确的颜色，因此单独依靠矢量显示器来调色就需要比较多的经验。这时，可以借助RGB列示图分析色彩信息。

3 在RGB列示图中比较3个颜色通道的情况。

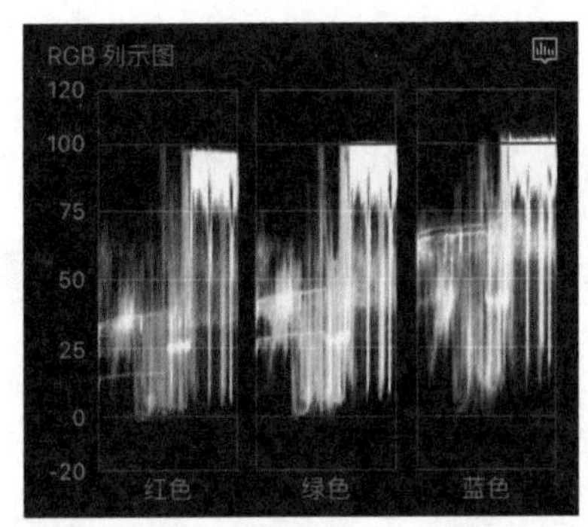

蓝色通道的波形高于0，这表示图像最暗的区域是偏蓝的。观察检视器中的画面，可以看到直升机的黑色部分是偏蓝的。画面显示与视频观测仪的显示是完全一致的。为了消除阴影部分中过多的蓝色，您可以调整色轮效果中的阴影控件。

4 将阴影控件向黄色的方向拖动，以消除直升机黑色部分的蓝色偏色。小心不要出现明显的黄色。

5 拖动中间调和高光控件进行更细微的调整。由于各个灰度等级控件所控制的范围是有重叠的，因此调整某个控件也许会影响别处的色调。在某些情况下，您可能还需要增加某种色调，而不是一味地减少。通常，在调整某个控件之后，还要调整另外一个控件。

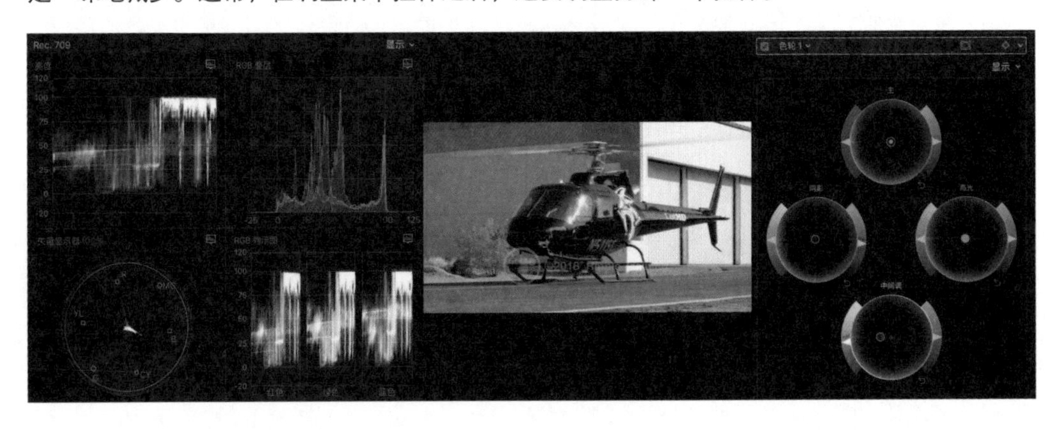

注意▶ 在专业领域中，调色是一门精致的艺术，需要正确校准的工作环境（中性色的墙壁和灯光）、专门配置的硬件（显示器、色彩配置文件和外接监视器），还需要受过训练的眼睛。如果您的工作流程中缺少这些因素，那么调色结果可能会与这里介绍的有所不同。

▶ 色相/饱和度曲线

在Final Cut Pro中，色相/饱和度曲线是一种高级的色彩校正效果。

实际上，您已经学习了相应工具的使用方法（吸管用于定义您希望调整的位置，在曲线上可以增加控制点并调整控制点的数值）。正确调整这些曲线的关键是要理解每条曲线所涉及的控制项目。例如，色相/饱和度曲线可以理解为“对于符合吸管所选择的色相的像素，调整它们的饱和度”。吸管所选择的色相在曲线中会带有一条垂直参考线，并伴有由控制点所决定的一个范围。上下拖动中央的控制点可以调整符合该色相的像素的饱和度。

7.6.2–D 使用自动白平衡

在平衡颜色功能中有自动和白平衡两个设置。在白平衡设置中，您可以使用吸管指定某个应该成为白色（或者中性灰）的像素。

1 如果需要，按住Option键，选择片段“DN_9287”，并令播放头停靠在该片段上。

为了使用平衡颜色效果处理原始图像，您需要禁用之前的一些调整。

2 在视频检查器中，取消勾选所有当前被应用到片段DN_9287上的效果。

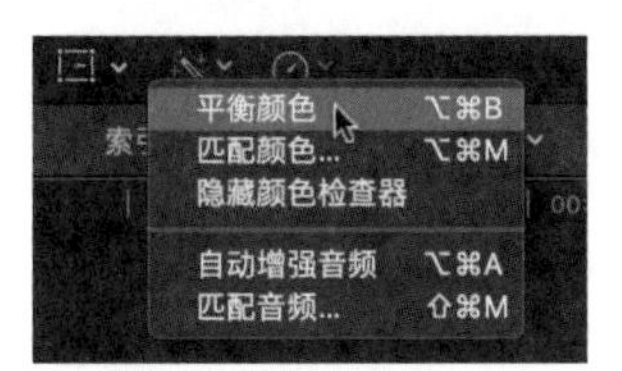

在平衡颜色自动对片段进行白平衡处理的时候，请注意图像中的变化。

如果您希望手动定义平衡颜色所使用的参考点，那么可以在视频检查器中进行。

3 在视频检查器的“平衡颜色”选区中，将“方法”设置为“白平衡”。

此时在选项右边会出现一个吸管，检视器中也会出现提示：如果要设定白平衡，那么请在应为纯白色的区域上单击一下，或者按住鼠标，在应为纯白色的区域范围内拖动光标。您不应该选择过度曝光的区域。在本练习中，直升机机身上的Saber Cat标志是比较合适的参考区域。

4 确认激活了平衡颜色中的吸管，在检视器中，单击“Saber Cat”标志。

5 单击标志上的不同位置，直到您觉得白平衡已经合适。

6 单击平衡颜色中的吸管，禁用当前的选择。

将被选择的像素作为参考的白平衡点。如果需要还可以继续添加其他色彩校正效果。

色彩校正是一门艺术，您可能有很多方法来达到某种画面效果。不同颜色的不同比例的混合可能会达到类似的效果。您应该大胆地进行调色的试验。而且，您可以单击“还原”按钮，重新来过。先尝试以某种调整控件的方式还原，再尝试组合不同的控件或者调整曲线。可以经过试验、还原、再试验、再还原来达到所要求的效果。

在本课中，相信您已经有了很多的收获。先添加和自定了一个下三分之一字幕和3D字幕；接着进行了音效设计的练习，创建并细化影片的混音；最后，学习了Final Cut Pro中色彩校正工具的基础知识。在下一课中，您将共享与发布您的作品。

课程回顾

1. 在项目中双击一个字幕会发生什么？
2. 在检视器中，如果希望退出当前的字符输入状态，可以按哪个按键？
3. 在使用选择工具来创建音频关键帧的时候，应该按住哪个按键？
4. 在时间线上将视频和音频分开修剪并不会导致失去同步的方法是什么？
5. 禁止音频扫视的方法是什么？
6. 如何将片段的音频通道从立体声转变为双通道？
7. 参考下图中时间线的界面，部分音频片段是静音的，如何听到并操控所有的音频片段呢？

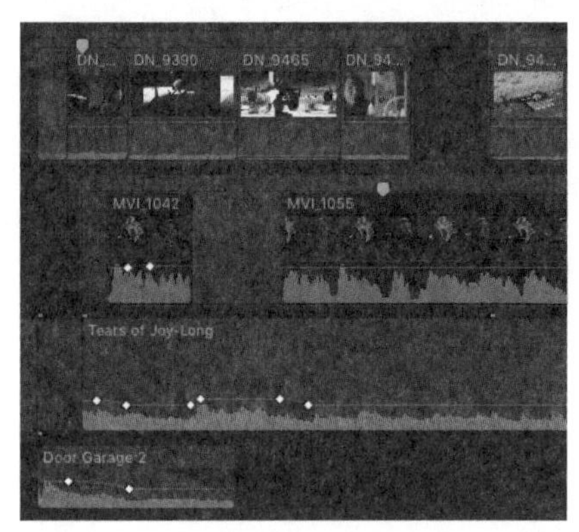

8. 使用什么工具能同时在音频片段上建立4个关键帧呢？
9. 哪个视频观测仪、波形或者矢量显示器可以测量整个图像的亮度？
10. 在检视器中，高光部分有一些偏蓝，如何消除这种偏色？
11. 哪个色彩校正效果可以在不使用遮罩的情况下，在一个范围内调整灰度等级的亮度？颜色板、色轮，还是颜色曲线？

答案

1. 该字幕片段会被选择，播放头会对准字幕能够显示在画面上的那一帧，文本中的第一行字符会被选中，以便直接输入新的字符。

2. 按Esc键。
3. 按住Option键。
4. 选择“展开音频/视频”命令。
5. 在工具栏中单击“关闭音频浏览”按钮。
6. 选择该片段，在音频检查器中调整颜色配置部分的参数。
7. 在时间线索引中查看角色被禁用的情况。
8. 范围选择工具。
9. 波形观测仪。
10. 在颜色方格中，将高光控件向上拖到黄色区域，或者向下拖到蓝色区域。
11. 颜色曲线。

第8课
共享项目

学习目标

- 导出媒体文件
- 将媒体文件发布到在线服务器上
- 通过捆绑包为多种发布平台创建一组文件
- 理解XML工作流程
- 整合 Compressor导出选项

在Final Cut Pro的前两个工作阶段——导入和剪辑完成之后，我们进入了最后一个阶段——共享。所有的剪辑工作都必须被导出为某种形式的文件才能被观众所观赏，无论是某个朋友，还是几百个剧场观众，或者是成千上万的网友。只有影片在屏幕上播放后，这个影片才能被评价为艺术作品。

在第4课中，您导出了一个兼容iOS设备的文件，它可以在各种流行的操作系统和网络平台上播放。在本课中，您将尝试多个不同的导出选项，体验用于批量导出的转码软件Compressor，了解在与第三方软件协作时需要使用的数据交换格式。

参考8.1
创建用于观赏的文件

在Final Cut Pro中共享文件的操作，也可以被称为导出文件。如果是将媒体文件发布为一个很常见的格式文件，那么其过程就会非常简单。目的位置是根据发布影片的平台命名的一种预置参数。例如，如果需要将影片在YouTube上发布，那么可以选择名称为“YouTube”的目的位置。如果需要将影片导出为一系列JPEG或者PNG图像文件，那么可以选择名称为图像序列的目的位置。

共享目的位置的一个例子。

无论您选择了什么平台，都可以通过兼容性按钮检查到底哪些设备能够播放这个影片文件。

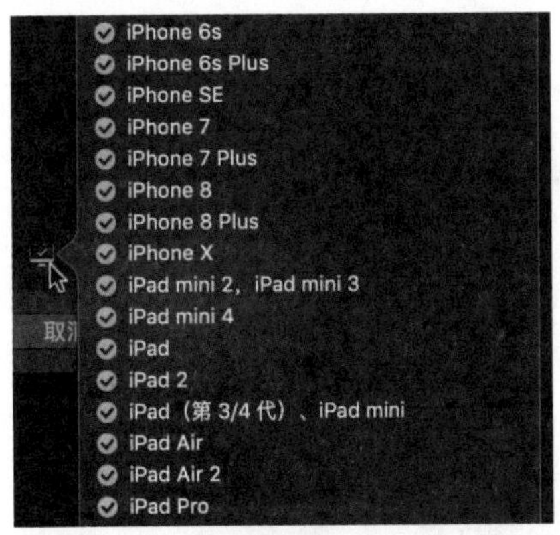

如果现有的目的位置还不能满足需求，那么您可以在集成的Compressor中创建定制的目的位置。

在本课中，您将学习直接发布影片到网络服务器的方法，以及如何创建高质量的原版影片文件。

练习8.1.1
共享到网络服务器上

Final Cut Pro已经包含了若干个在线视频服务器的目的位置，包括Facebook、土豆、Vimeo、优酷和YouTube。每个视频服务都需要您先在Final Cut Pro中输入对应的用户账户信息，然后就可以自动转码、添加元数据和上传到服务器了。因为所有的目的位置都具有非常类似的参数项目，所以在本练习中，只选择其中一个目的位置：将您的影片发布到Vimeo上。

1 在项目Lifted Vignette中，按快捷键Command+Shift+A，取消对所有项目的选择，并清空所有标记出来的选择范围。

在进行后续操作之前，务必要执行这个命令。无论有任何范围被选择，Final Cut Pro都只会共享这个范围内的影片，而不是整个时间线上的影片。

2 在工具栏中单击“共享”按钮。

这时会弹出目的位置列表。

注意 ▶ 在目的位置列表中的名称要么是“共享项目”，表示您将共享一个项目；要么是“共享片段所选部分”，表示您将共享一个选择范围内的影片。

3 在目的位置列表中选择“Vimeo”选项。

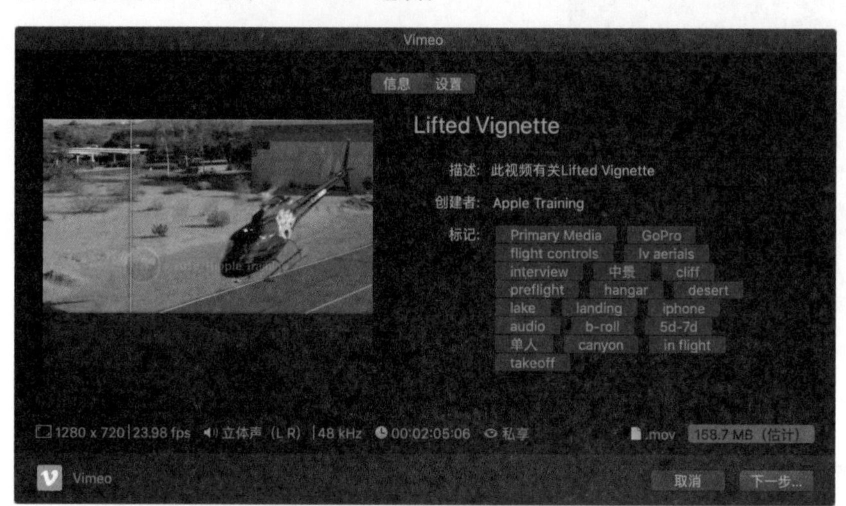

在“共享”窗口中有4个主要元素：支持扫视的预览区域，通过它可以查看导出的内容；“信息”窗格；“设置”窗格；显示导出文件设置大致信息的文件检查器。

在“信息”窗格中显示了将会嵌入文件中的元数据。如果可能，这些元数据会被植入到Vimeo文件的相应部分中。

4 在共享项目Lifted Vignette之前，先设定如下元数据信息。

- 标题：Lifted Vignette
- 描述：A helicopter pilot and cinematographer describes his passion for sharing aerial cinematography.
- 创建者：[您的名字]
- 标记：aerial cinematography，helicopters，aviation

注意 ▶ *每个标记之间使用逗号进行分隔。*

5 在输入元数据信息后，选择“设置”选项，在这里可以修改导出的参数。

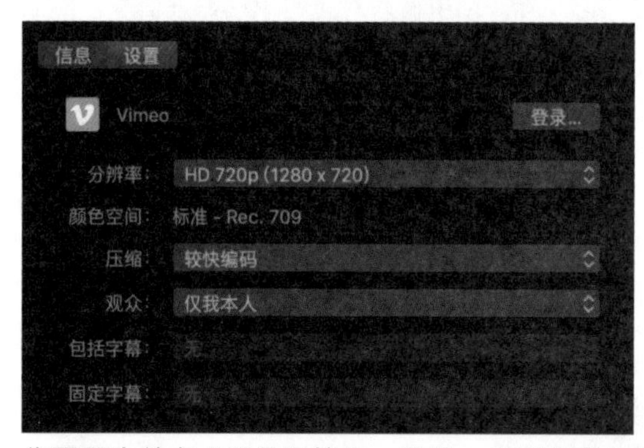

您需要先单击“登录”按钮，使用一个用户账户登录Viemo。

注意 ▶ *基于安全的考虑，请勿在公共电脑上输入您的个人登录信息。*

6 输入账户登录信息。

预先设定好的参数符合大多数上传的要求，当然，您也可以根据需要进行调整。此外，在每次上传之前，您都应该在窗口下方查看即将导出的文件的摘要。

7 如果不希望上传当前项目，则单击“取消”按钮。如果确定要上传，则单击“下一步”按钮。

注意 ▶ 在上传的时候会弹出对话框，显示相应的在线视频服务平台的服务条款，如果希望继续，则单击“发布”按钮。

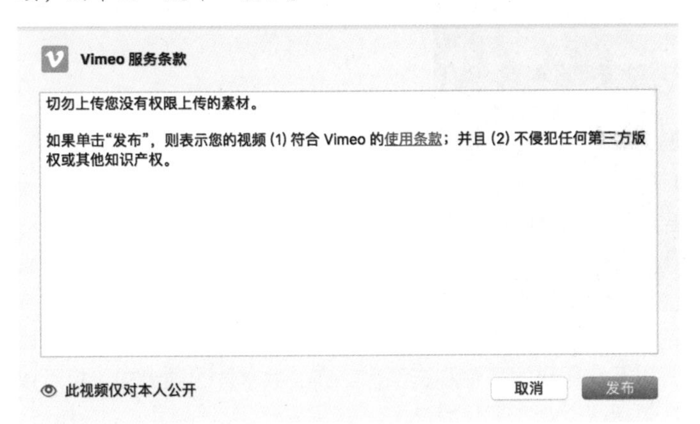

在共享的过程中，后台任务的按钮会亮起来，表示正在进行运算。单击该按钮将打开“后台任务”窗口，可以看到更详细的信息。

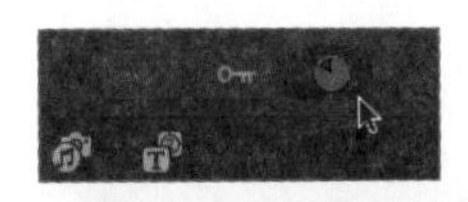

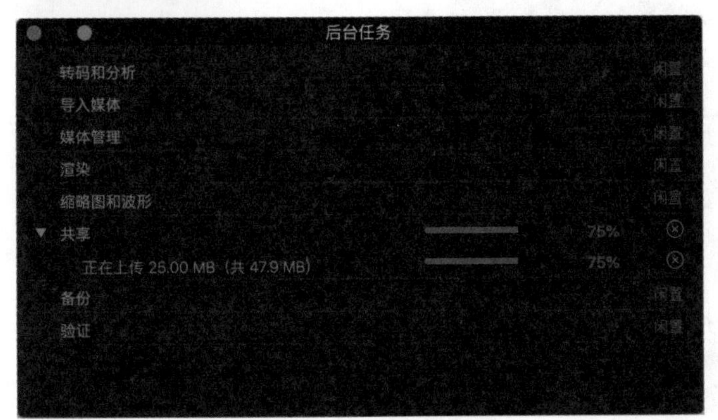

在完成共享之后（文件已经上传到目的位置上），在屏幕上会出现一个通知。单击提示框中的“访问”按钮可以直接跳转到在线视频网页。

此外，还有一个方法可以查看这个在线视频，并检查它是什么时候发布的、发布在什么地方。在浏览器中选择项目，使用快捷键可以快速查看它的共享信息。

8 确认激活了时间线，并显示了该项目，在菜单栏中选择“文件”>“在浏览器中显示项目”命令，或者按快捷键Option+Shift+F。

在浏览器中会展开包含了该项目的事件，选择该项目。在检查器中会显示被选择项目的信息。

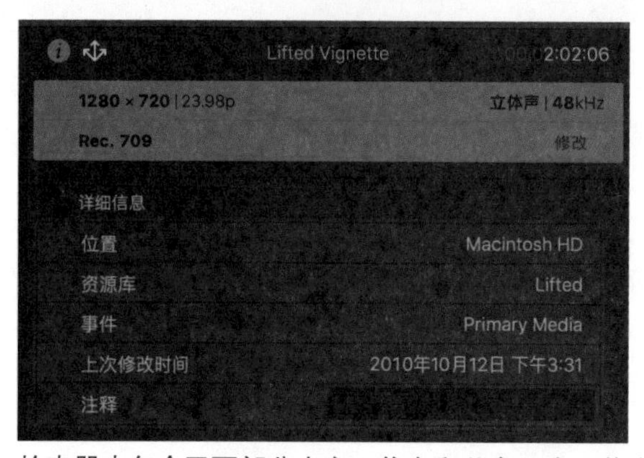

检查器中包含了两部分内容：信息和共享。在“信息”选项卡中显示了项目的元数据，比如创建项目的时间、项目的位置，以及它所属的事件和资源库。在“共享”选项卡中，您可以编辑其中已经包含的属性信息，还包括一个共享影片的日志。

9 选择“共享”选项，打开“共享”选项卡。

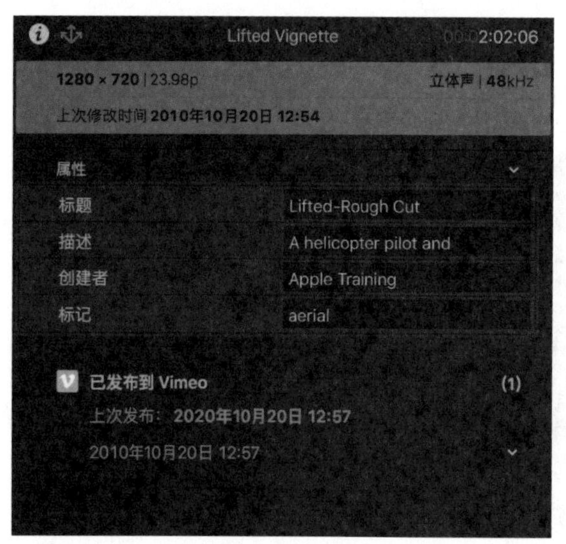

在检查器中，在已经完成项目发布后，属性信息下方会显示一个它已经发布的信息。单击其右侧的三角图标可以看到更多选项。

在线发布视频的方法的确非常简单。如果您希望在某个特殊的网站上共享视频，但是该网站并没有被包含在Final Cut Pro的目的位置中，假设该网站支持H.264（AVCHD）的格式，那么您可以选择Apple 720p或者1080p的目的位置，在导出影片文件后再单独上传。

练习8.1.2
通过捆绑包发布文件

如果您需要将影片共享给某个企业客户，且该客户需要在多种不同的在线视频服务中发布影片，那么可以将多个目的位置添加到一个捆绑包中。在此之后，通过这一个捆绑包即可发布多个文件。

1 在Final Cut Pro菜单中选择“偏好设置”命令。

2 在“偏好设置”窗口中打开“目的位置”窗格。

您可以从创建的目的位置开始操作。这需要您单独从“目的位置”列表中拖动不同的目的位置选项，选择每个目的位置，并分别调整它们的参数。

您也可以重新排列目的位置的前后顺序或对其重新命名。在目的位置都被设置完成后，就可以创建该捆绑包了。

3 将捆绑包拖到左侧的列表中，您可以自由选择它在列表中的上下顺序。

4 在“目的位置”列表中，将需要的预置项目拖到捆绑包中。

5 单击捆绑包左边的三角图标，展开其内容。

由于您可能会创建多个捆绑包，因此，给每个捆绑包起一个特殊的名字将有助于日后的管理。

6 单击捆绑包的名称，输入“Social Sites for Lifted”。

7 关闭“偏好设置”窗口。

下面选择捆绑包“Social Sites for Lifted”，看看在“共享”窗口中可用的选项。

8 确认激活了时间线窗格，在“目的位置”列表中选择捆绑包“Social Sites for Lifted”。

“共享”窗口中的情况与之前的基本一致，唯一的区别是在第一个在线视频网站名称的左边有显示为左右箭头的导航按钮。

9 单击“右箭头”按钮，逐个检查不同的在线视频网站的信息。在这里可以验证影片的描述信息、标签和不同目的网站的隐私与分类设置。

10 单击“取消”按钮。

如您所见，在Final Cut Pro中可以剪辑一个项目，并通过共享命令定制目的位置，轻松地将影片发布到多个不同网站上。

练习8.1.3
共享母版文件

在制作了用于发布的影片文件之后，或者在此之前，您就应该针对项目制作一个母版文件。它是项目经过剪辑后的最终版本，是一个高质量的影片文件，可以用于备份和存档。虽然母版文件不适合共享给不同的人观看，但是可以将它快速地转码为其他格式的影片文件。目前，H.264是一种非常适合在互联网上传播的编码。无论您需要哪种格式，只要Compressor支持该格式，就可以轻松地将母版文件直接发送给Compressor进行转码，而且不需要启动Final Cut Pro。

1 确保项目Lifted Vignette是打开的，按快捷键Command+Shift+A，清除对任何片段或范围的选择。

2 在工具栏中单击“共享”按钮。

3 在“目的位置”列表中选择“母版文件”选项。

注意▶ 如果之前将母版文件放到了一个捆绑包中，那么在菜单栏中选择“Final Cut Pro”>“偏好设置”命令，再次打开目的位置窗口。按住Control键并单击（或者右击）边栏，在快捷菜单中选择“恢复默认目的位置”命令。

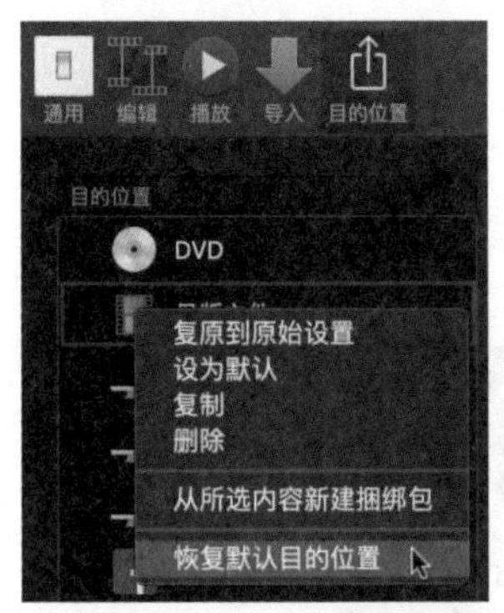

在“共享”窗口中包含了“信息”和“设置”选项卡，窗口下方还显示了影片的摘要信息。

4 设定如下元数据信息。

- 标题：Lifted Vignette
- 描述：A helicopter pilot and cinematographer describes his passion for sharing aerial cinematography.
- 创建者：[您的名字]
- 标记：aerial cinematography，helicopters，aviation

5 在输入完元数据信息后，选择“设置”选项，检查文件发布的选项。

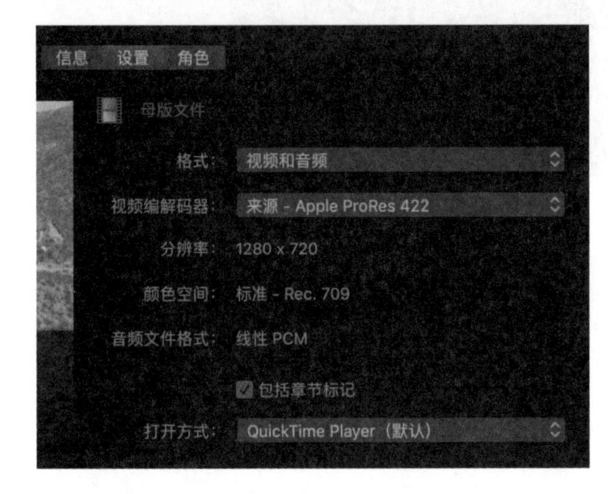

在默认情况下，高质量的影片文件的编码是Apple ProRes 422。同时，Apple ProRes 422也是默认的渲染格式，它比多数高清编码的质量高一些。因此，建议您保留视频编解码器中的“来源-Apple ProRes 422”选项。如果您需要一个压缩程度很低的编码，那么可以使用Apple ProRes 422（HQ）、Apple ProRes 4444或者Apple ProRes 4444 XQ编码。但是您要知道，这样编码的模板文件会非常大。

在与第三方的音频专家协同工作的时候，他们可能会要求您导出音频符干——一组元素的子混音，比如采访片段或者B-roll片段的自然环境音。使用角色功能可以快速地完成这样的任务。

6 选择“角色”命令。

在导出音频符干的时候，一般可以使用多轨道QuickTime影片或者单独的文件。这两个选项的作用是一样的，区别是音频是否会被嵌入到QuickTime文件中。

7 在“角色为”菜单中选择“多轨道QuickTime影片”命令。

这时会显示所有的角色和子角色。

您可以插入或删除轨道、角色或子角色，以改变包含在QuickTime文件中的音频符干的数量。

8 单击“通道”右侧的按钮，弹出菜单。

每个音频角色都可以被设置为单声道、立体声或者环绕声。

9 在“角色为”菜单中选择“QuickTime影片”命令，还原为默认的格式。

10 确认母版设置与上面第5步的图片一致，单击“下一步”按钮。

11 在“存储为”文本框中输入“Lifted Vignette”，按快捷键Command+D，将桌面指定为存储位置，单击“存储”按钮。

在共享完成后，影片文件会在QuickTime Player中直接打开，这是根据在“共享”窗口中对打开方式的设置完成的。现在，您就拥有了一个大的高质量影片文件了。

参考8.2
创建一个交换格式文件

Final Cut Pro可以通过XML（可扩展标记语言）文件与一些第三方软件交换数据。XML令其他软件可以读/写Final Cut Pro中事件或项目的数据。这些数据包括事件中有哪些片段、哪些片段被剪辑在了项目中，以及它们的元数据。可以读/写Final Cut Pro的XML文件的第三方软件包括Blackmagic Design公司的DaVinci Resolve、Intelligent Assistance的多款软件，以及Marquis Broadcast的X2Pro。如果需要，请访问苹果官网的Final Cut Pro页面以获得有关第三方软件和硬件的兼容列表。

注意 ▶ 在与第三方软件配合使用XML文件的时候，请检查每个第三方软件的具体需求，以及对XML格式的要求。

▶ 导出一个事件、项目或者资源库的 XML文件：选择该事件、项目或者资源库 ，在菜单中选择“文件”>“导出XML”命令。

▶ 在导出的时候可以设定XML文件中元数据的种类以及XML版本。

导入一个XML文件：在菜单中选择“文件”>“导入”>“XML”命令。在导入的时候必须指定一个接收数据的资源库。

参考8.3
利用Compressor

如果在Compressor中自定义了一个设置，那么在项目转码的时候可以通过两种方法利用该预置。

练习8.3.1
将Compressor设置添加为共享的目的位置

在Final Cut Pro中可以访问一个自定义的Compressor设置。与其他共享的命令相同，在导出运算开始后，它会在后台进行。您可以继续进行对该项目或者其他项目的剪辑工作。

1 在Final Cut Pro菜单中选择“偏好设置”命令，进入“目的位置”窗格。

2 将Compressor设置拖到“目的位置”列表中。

这时会弹出一个对话框，列出了Compressor的预置和自定义项。

3 选择您自定义的设置，单击“好”按钮。

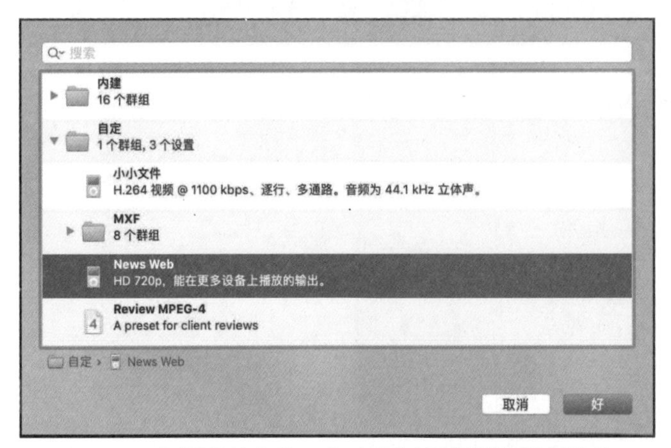

Compressor会保留其名称，您也可以根据需要进行修改。

练习8.3.2
使用“发送到Compressor”命令

如果希望利用Compressor的分布式运算的优势，那么可以选择“发送到Compressor”命令。

1 打开要共享的项目，在菜单栏中选择“文件”>“发送到Compressor”命令。

此时会启动Compressor，并在批处理中心自动添加一个新任务。

2 单击“显示设置与位置”按钮，显示设置的选项。

3 将希望使用的某个或者若干个设置拖到这个任务中。

您可以指定导出文件的位置和文件名。

4 按住Control键并单击“位置”图标，在弹出的菜单中选择一个新的位置，比如“桌面”。
5 双击文件名，将文件名重命名为“Archive– Lifted Vignette”。

6 单击“开始批处理”按钮进行导出。

Compressor软件界面会切换到“任务”窗格，在这里可以查看导出运算的进程。

注意 ▶ *单击剩余时间的标题栏可以显示预期的运算时间。*

7 在导出完成后，关闭Compressor。
在使用共享命令中的目的位置的时候，并不是利用Compressor进行运算处理的。但是，如果您希望自定义目的位置的参数，并利用分布式运算的优势，那么需要通过App Store获得Compressor软件。
恭喜您！通过一系列操作，您已经完成了项目最终的剪辑和发布。在本课中，您已经感受到了Final Cut Pro在后期制作工作流程中的灵活性。借助磁性时间线的便利性，您可以尽情地尝试各种不同的剪辑操作；通过试演功能，可以尝试不同的镜头组合。Final Cut Pro消除了大量的技术壁垒，令剪辑师可以在熟悉界面后迅速地进入创作状态。
如果您不是一个每日需要剪辑影片的爱好者，那么最好每个月都拍摄和剪辑一个小故事。即使使用iPhone拍摄宠物玩耍的小影片，也可以对其进行剪辑，令其更加艺术化。随着您越来越熟悉Final Cut Pro，您讲述故事的能力也会越来越强。

课程回顾

1. 单击“共享”窗口中的哪个按钮会显示针对当前导出设置的兼容设备列表？
2. 在共享到网络服务器的时候，哪个窗口显示了关于上传过程的详细信息？
3. 在哪里可以找到项目共享的历史记录？
4. 哪个目的位置的预置可以将影片一次性发布到多个平台上？
5. 哪个母版文件的设置参数可以从一个QuickTime影片中导出音频符干？
6. 哪种文件格式适用于与其他第三方软件交换数据？
7. 使用Compressor自定义设置的两种方法是什么？
8. 使用哪种方法可以利用Compressor分布式运算的优势？

答案

1. “共享”窗口中的“兼容性”按钮。

2. 在Dashboard中单击“后台任务”按钮，查看上传进程的详细信息。
3. 在浏览器中选择项目，查看共享检查器。
4. 捆绑包。
5. 参数为“多轨道QuickTime影片”。
6. 选择“文件” > “导出XML”命令导出为XML文件。
7. 在“目的位置”列表中，打开Compressor的设置对话框；选择“文件” > “发送到Compressor”命令。
8. 选择“文件” > “发送到Compressor”命令。

第9课
管理资源库

资源库用于管理、存储、共享和归档一个或多个事件与项目。在第1课到第8课中，您创建了一个新的资源库，并通过引用外接媒体或者复制到内部媒体中的方式，将文件导入到了资源库的事件中。在Final Cut Pro中，每当开始一个新的剪辑任务的时候都会进行这个操作。在本课中，您将学习在资源库中管理媒体的方法。

学习目标

- 外接媒体和被管理的媒体的区别
- 按照外接或者管理的模式导入媒体
- 在不同资源库之间移动和复制片段
- 将媒体文件整合到同一个位置上

参考9.1
存储导入的媒体

剪辑师应该专注于创意，但是几十年来，剪辑工作流程要求剪辑师务必熟悉片段的名称，创建一套精确的、具有描述性的层级结构文件来容纳这些片段。或者，严格按照剪辑软件对文件结构的固定要求进行剪辑。在Final Cut Pro中，引用外接媒体的管理方式可以令剪辑师按照自己的喜好保留原来的文件位置，同时使用更高级的管理方法对文件进行管理，这是任何其他软件中都没有的新功能。

实际上，不同的剪辑师有不同的工作习惯，但大多数剪辑师会在媒体管理上显得有些茫然，有些剪辑师甚至会不知所措。他们通常采用的方法是简单地将源媒体文件放在桌面文件夹中，很少会事先修改文件名称。Final Cut Pro提供了一种内部媒体的模式，可以更有效地改善剪辑师的习惯，而且不会令剪辑师觉得烦琐。下面介绍这种模式的具体内容。

在资源库中包含了复制到内部的媒体（左侧两个）和引用自外部的媒体（右侧两个）。

在Final Cut Pro中，资源库中包含源片段。库中的这些片段可以包含引用媒体和内部媒体，对源媒体文件的不同管理方式会令其产生空资源库（不包含源媒体文件），或者自包含媒体的资源库

（包含所有源媒体文件），也可能是两者相结合。

资源库内部的源媒体文件。

自包含媒体的资源库包含所有源媒体文件，无论有多少个事件和项目。但是，如果将所有的源媒体文件都存储在一个资源库中，那么这个资源库可能需要非常大的存储空间。

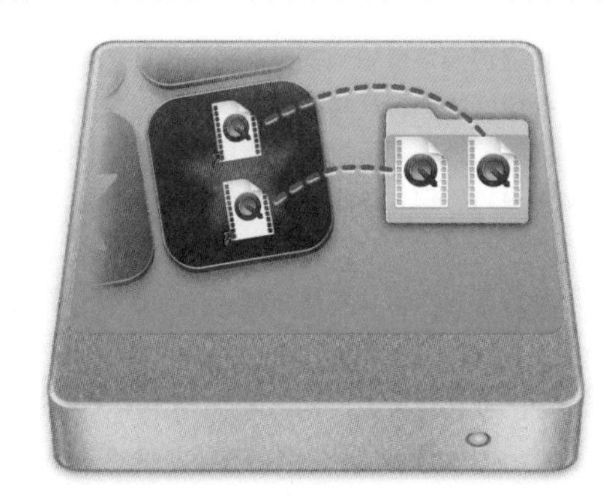

外接的源媒体文件。

如果资源库中包含引用的源媒体文件，那么在该资源库中，源媒体文件会以替身文件的形式存在，它们会引用存储在原始位置上的源媒体文件。相对于源媒体文件来说，替身文件非常小，甚至可以认为这样的资源库是空的。

被管理媒体是指资源库的事件中包含了所有的源媒体文件，这些文件就位于资源库的内部，它们有可能占用大量的硬盘空间。

在Final Cut Pro中引用外接媒体有着很高的媒体存储效率。在这种模式下，资源库内部文件会更小，可以迅速、方便地转交给同事。源媒体文件可以存储在一个能够被多个用户同时访问的中央存储空间中。这样就可以利用一个服务器存储单独一套的媒体文件，便于对文件的管理，也提高了存储效率。除此之外，其他软件如Motion或者Logic Pro X也可以很方便地访问这些文件。因此，后期合成专家和音频专家能够无缝地加入工作团队中。

设置导入选项为“让文件保留在原位”，会形成引用外部的源媒体文件。

被管理媒体适合独立剪辑师，或者更喜欢让Final Cut Pro管理媒体的剪辑师。每个导入的源媒体文件都会被复制到资源库中，这可能会在同一个磁盘宗卷上出现两个完全相同的数据文件，但是只要硬盘空间足够，这也不是个大问题。

选中“复制到资源库”单选按钮，创建内部的源媒体文件。

注意 ▶ 从技术上讲，一个资源库是一个打包的文件。您只能在Final Cut Pro中对资源库的内容进行调整和修改，而不应该在访达中进行。

到目前为止，我们针对内部媒体和外部媒体进行了一些讨论，即相对于资源库文件，源媒体文件到底是存储在哪里的。有关存储位置，这里还有一个思考的角度，那就是文件是如何到达那个位置的。在前面的课程中，您已经听到过这些术语：管理的和引用的。由于您已经体验过Final Cut Pro X中的媒体管理，因此可以将存储方式分为管理于内部或引用于外部。管理于内部是用于GoPro片段的媒体管理方法。您可以要求 Final Cut Pro 将源媒体文件复制到资源库 Lifted 中。对于其他导入的源媒体文件，您可以要求 Final Cut Pro 将文件留在原地，即引用资源库外部的源媒体文件。

资源库属性检查器，以及您在导入选项中的设置，都决定了导入媒体的物理存储位置。

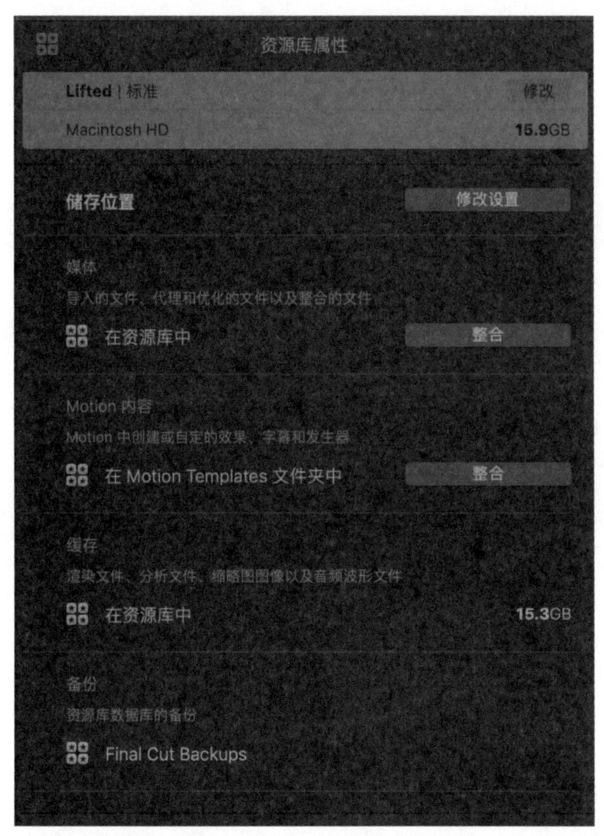

资源库属性检查器中的“修改设置”按钮可以用于控制存储位置，指定一个资源库用于存放内部管理的媒体，或者选择一个文件夹用于存放外部引用的媒体。

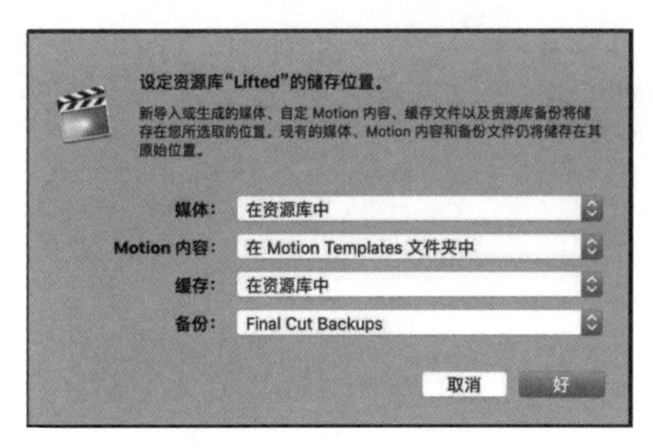

对于导入的媒体和生成的媒体（渲染、缩略图和波形），都可以指定内部管理的或者外部引用的存储位置。

在有关存储位置的设置中，您可以为复制的文件设定一个外部的位置。如果在“媒体”下拉菜单中，将“在资源库中”选项更改为某个文件夹，那么以后导入Final Cut Pro的源媒体文件都会复制到这个新位置。在这里修改之后，在媒体导入的“文件”选区中就会看到刚刚指定的文件位置。

下表总结了媒体的存储位置、基于媒体存储位置可用的导入选项，以及导入片段的媒体状态。

资源库管理

资源库属性检查器　　+ 导入选项　　= 媒体状态

在资源库属性检查器的默认设置下，导入选项决定了源媒体文件是内部管理的，还是外部引用的。在检查器中改变媒体的存储位置后，可以让复制的媒体变成外部引用的。接下来介绍这3种管理方法的操作。

练习9.1.1
按外部引用导入现有文件

引用外接媒体的导入方式就是让文件保留在原位，与之对应的是“复制到‘Media Storage’”选项。让文件保留在原位，源媒体文件不会被移动或者复制，在接收导入文件的资源库中会创建一系列替身文件，这些文件会指向原始文件。

如果需要将现有的源媒体文件在一个协同工作的环境中共享，那么要选择让文件保留在原位。即使网络环境不是非常完美，您也可以使用这个模式。

注意▶ 在选择让文件保留在原位，只导入它们的替身的时候，您应该已经对源媒体文件进行了必要的整理，因为任何对它们的移动、重命名或者删除，都会在Final Cut Pro中造成媒体离线的问题。如果您计划重新整理这些外接的源媒体文件，那么需要返回Final Cut Pro中执行对应的操作，以便Final Cut Pro能够顺利地适应您在该软件之外执行的一些文件整理的操作。请参考本课中“重新链接文件”部分的讲解。

1 选择“文件”>“新建”>“资源库”命令。

2 在对话框出现后，将资源库名称设置为“External vs Managed”，作为练习，可以将存储位置设为“桌面”。

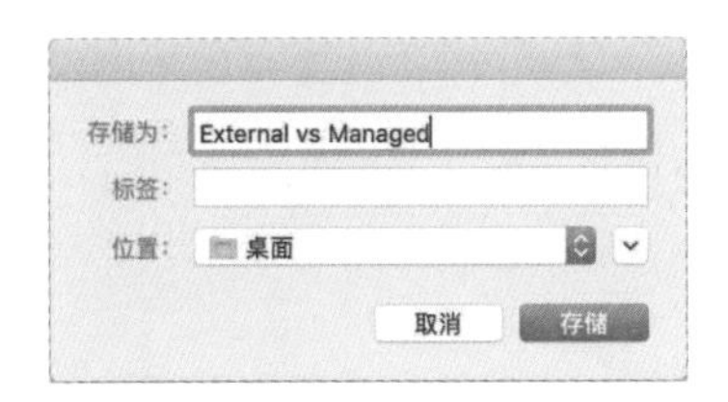

注意▶ 在实际工作中，您可以选择任何可以访问的位置进行存储。比如，具有读/写权限的HFS+和SMB3的宗卷。但是，资源库不应该位于那些被基于云的文件同步应用程序控制的位置上，此规则也适用于将“桌面”和“文稿”文件夹存储在iCloud云盘中的场景。

3 在资源库边栏中，将默认事件重命名为“Event 1”。

针对当前的事件，您将导入两段航拍的片段，并将它们的源文件保留在原位。

4 按快捷键Command+I，打开“媒体导入”窗口。

5 在“媒体导入”窗口中找到文件夹“FCPX Media/LV2/LV Aerials”，选择片段“Aerials_11_03a”和片段“Aerials_11_04a”。

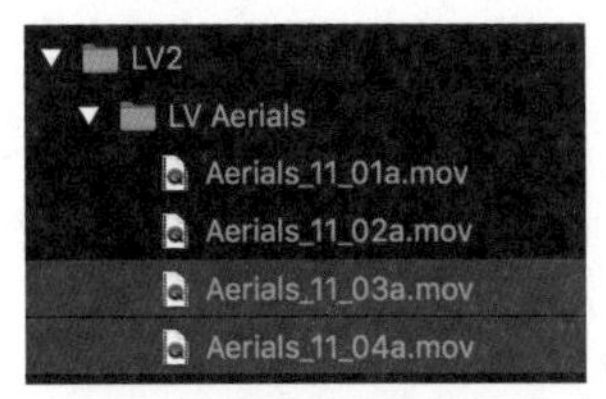

6 在导入选项中，确认在“添加到现有事件”中选择了事件“Event 1”。

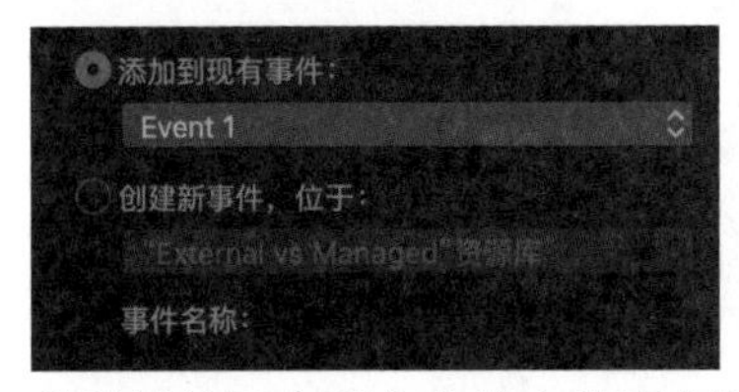

片段被放置在哪个事件中并不会影响源媒体文件的管理方式，为了让片段能够被剪辑，每个片段都必须被放置在某个事件中。但是，真实的源媒体文件并不一定要存放在事件的资源库中。在引用外接媒体的时候，会在资源库中创建对应源媒体文件的替身文件。在当前这个菜单中选择事件时，只指定了这些片段会出现在资源库边栏的哪个事件中，其物理位置则受控于导入选项中对文件部分的设置，以及对资源库属性检查器的设置。

如果选择让文件保留在原位，就不会移动源媒体文件或者复制源媒体文件，只会建立一个参考用的替身文件。

7 选中“让文件保留在原位”单选按钮，取消对其他转码、关键词和分析的选项的设置，单击“导入”按钮。

现在这两个航拍片段出现在了事件Event 1中。从表面上看，无法识别该片段是否为引用外接媒体的管理状态。继续导入几个在资源库内部管理的片段，比较它们存储位置的区别。

▶ 重新链接文件

如果您打开一个资源库，界面上显示出来的不是片段的缩略图，而是红色背景的缩略图，并标识了警告文字“丢失文件”，这就表示这些片段变成了离线状态，Final Cut Pro无法找到对应这些片段的源媒体文件。最坏的情况是源媒体文件被删除了，如果不重新导入一模一样的源媒体文件，离线状态就不会改变。稍微好一些的情况是源媒体文件被移动了，此时，您可以将离线的片段与对应的源媒体文件重新链接起来，解决离线的问题。

1 在资源库的事件中选择离线片段。

2 选择“文件”>“重新链接文件”命令。

3 选中“全部”单选按钮，重新链接所有文件；或者选中“缺失的”单选按钮，仅重新链接缺少的文件。

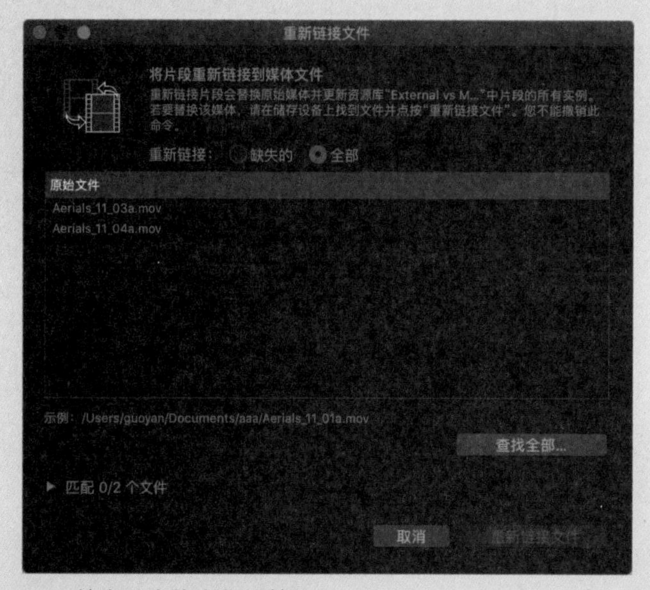

4 单击“查找全部”按钮。

5 找到包含片段源媒体文件的文件夹，选择该文件夹，选择“文件”>“重新链接文件”命令。

6 在“重新链接文件”窗口中，单击“重新链接文件”按钮。

练习9.1.2
导入内部管理的片段

对于那些不希望花费时间思考管理方法的剪辑师，将源媒体文件直接内置于Final Cut Pro的管理方法中会节省很多精力。在导入选项中选择将文件复制到某个资源库，这样源媒体文件就会直接复制到资源库中，所有的文件管理工作也都可以直接在Final Cut Pro中进行操作了。

1 按快捷键Command+I，打开媒体导入窗口。

2 在文件夹“LV Aerials”中选择片段“Aerials_13_01b”和片段“Aerials_13_02a”。

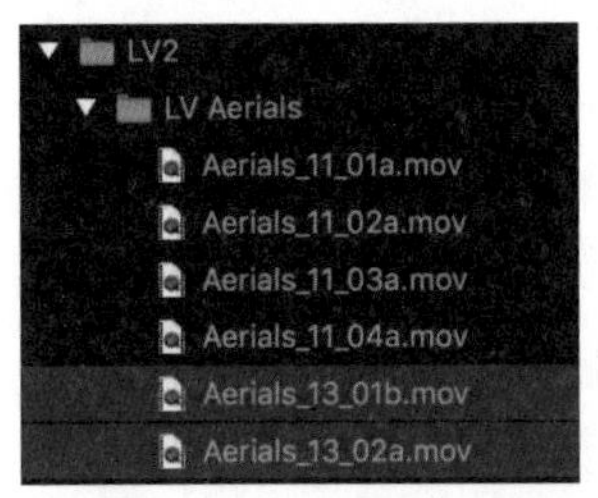

在本练习中，按照内部管理方式处理这两个片段，在导入选项中为它们创建一个新的事件。

3 选中“创建新事件，位于”单选按钮，在弹出的菜单中选择“‘External vs Managed’资源库”命令。

4 在“事件名称”文本框中输入“Event 2”。

5 在“文件”选区中，选中“复制到资源库”单选按钮。单击“导入所选项”按钮。

这样，新导入的片段就会成为内部被管理的媒体。这个设置取决于在资源库属性检查器中媒体的存储位置。

当前资源库中既包含了引用外接的媒体，又包含了被管理的媒体。下面通过信息检查器来查看它们的区别。

6 选择资源库“External vs Managed”，在浏览器中显示它所包含的所有片段。

7 在浏览器中，选择片段“Aerials_11_03a”。

8 在选择片段后，在信息检查器下方找到文件信息的部分。

在文件信息中显示了被选择片段所属的事件。在本练习中，片段Aerials_11_03a是存储在事件 Event 1 中的。可以看到，“位置”显示了存放“FCPX Media”文件夹的磁盘宗卷。如果“FCP X Media”文件夹位于您的桌面上，那么这里会显示当前启动的磁盘宗卷的名称。

9 在浏览器中选择片段“Aerials_13_01b”。

在信息检查器中显示了该文件是位于资源库External vs Managed中的。这也印证了该文件是被管理的源媒体文件，是被存放在资源库中的。

在导入时设置的选项为导入的片段带来了独有的特征。虽然这些被选定的状态也可以稍后被更改，但是如果在第一次导入的时候就了解它们的区别，有目的地进行选择，显然可以令您的工作流程更加顺畅。

▶ 从访达中拖动以进行导入

将源媒体文件直接从存放的文件夹中拖到Final Cut Pro资源库边栏的某个事件中，也可以完成导入工作。在拖动的时候，通过光标的形状可以判断出导入操作是“让文件保留在原位”还是“复制到资源库”。

- 带有弯钩形状的光标表示文件是作为引用的媒体导入的（让文件保留在原位）。

- 带有加号圆球形状的光标表示文件是作为被管理的媒体复制到了资源库中，或者将被作为引用媒体复制到在资源库属性中指定的外部存储位置上。

如果没有看到这些形状的光标，则尝试在拖动的时候按住Option键、Command键，或者按快捷键Command+Option。

▶ 防止重复

资源库的数据库会通过多种方式高效地管理源媒体文件，其中一种特性就是不会复制重复的源媒体文件。比如，源媒体文件SMF1已经位于资源库X的事件A中，如果重新导入SMF1至事件A或者事件B中，则不会重复复制该源媒体文件。在事件A和事件B中的片段SMF1都会指向同一个源媒体文件。

练习9.1.3
按外部引用进行复制

这种混合的媒体管理方法是前面提到的两种媒体存储方法的结合。您要导入的源媒体文件将被复制到资源库外（外部引用）。这种媒体管理方法可以让您轻松地在协作网络环境中共享源媒体文件，只需一个导入步骤就可以将源媒体文件从摄像机存储卡或其他宗卷中复制到共享位置中。您需要先在资源库属性检查器中更改媒体储存位置。

1 在资源库边栏中选择资源库“External vs Managed”。

2 在资源库属性检查器中单击“修改设置”按钮。

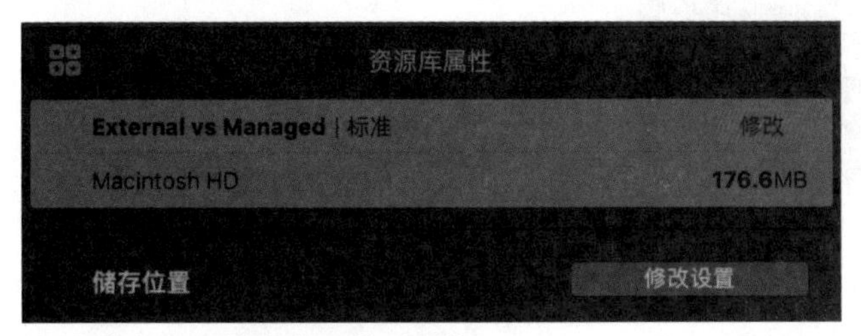

软件弹出设置储存位置的对话框。

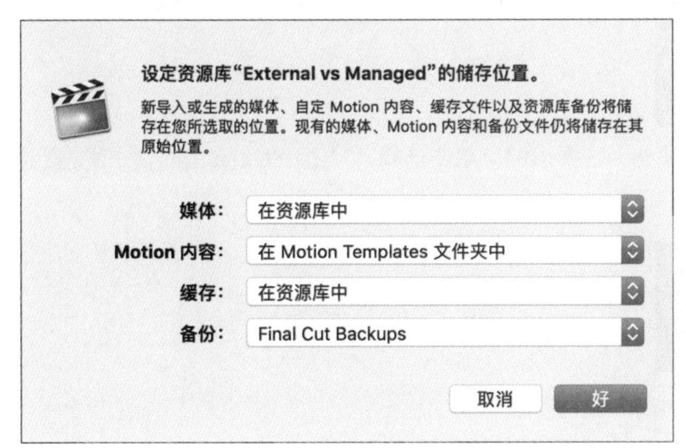

在这里您可以指定导入和转码的源媒体文件是存储在资源库内，还是存储在资源库外的某个位置上。如果您自定义了Motion模板，那么可以指定将其存储在默认位置上，或者存储在资源库内。此外，您还可以将渲染、分析、缩略图和波形等缓存文件指定到资源库外的存储位置上，也可以修改备份的默认存储位置。注意，这个备份指的并不是源媒体文件，而是资源库元数据的备份。

3 在“媒体”下拉菜单中选择“选取”命令。

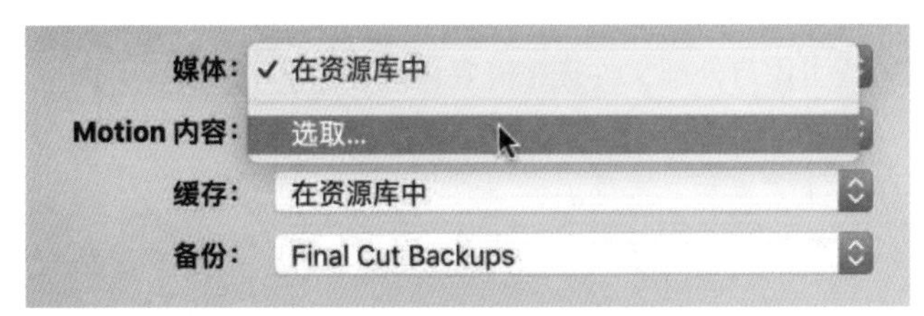

4 在“访达”窗口中找到“桌面”文件夹，创建一个新的文件夹，名称为“Externally Copied”，选择这个文件夹，单击“修改设置”按钮。

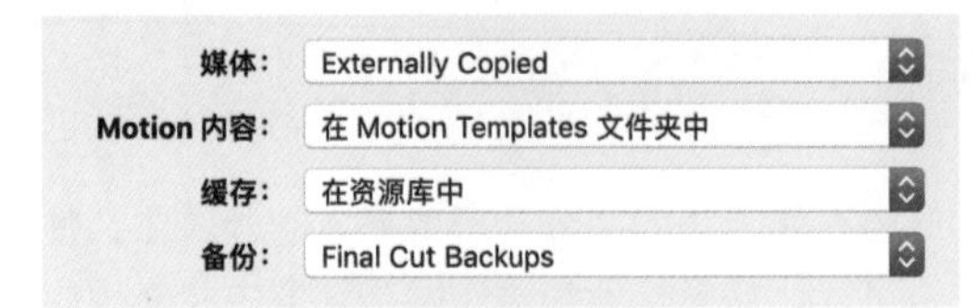

5 单击“好”按钮，关闭对话框。

资源库属性检查器中的媒体储存位置显示为“Externally Copied”文件夹。接下来导入两个新的片段，并将其存储在这个外部的文件夹中。

6 按快捷键Command+I，打开“媒体导入”窗口。

7 在文件夹“LV Aerials”中选择片段“Aerials_11_01a”和片段“Aerials_11_02a”。

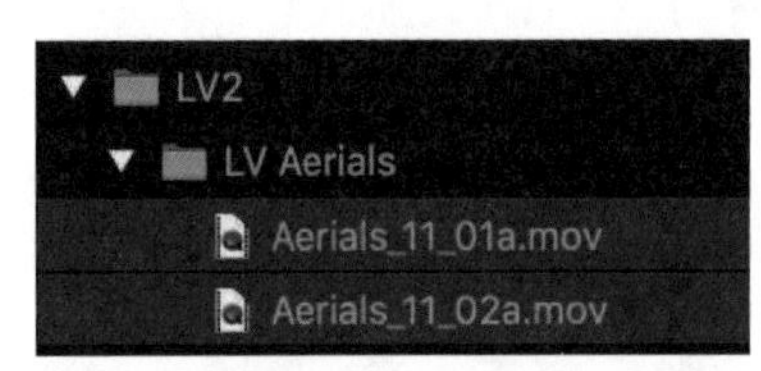

8 选中“创建新事件，位于”单选按钮，在弹出的菜单中选择“‘External vs Managed’资源库”命令。

9 在“事件名称”文本框中输入“Event 3”。

10 在“文件”选区中，选中“复制到‘Externally Copied’”单选按钮。

相比之前的“复制到资源库”选项，当前这个设置的描述正好反映出您在资源库属性检查器中刚刚做过的修改。

11 单击“导入所选项”按钮。

在完成导入后，让我们来看一下这些引用自外部文件夹中的媒体文件。

12 在程序坞中单击“访达”图标。

13 在新打开的“访达”窗口的边栏中选择“桌面”选项。

14 展开文件夹“Externally Copied”，显示两个航拍片段文件。

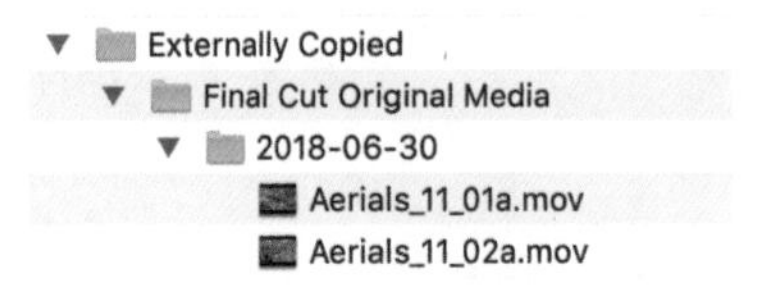

这种混合的文件管理方式的实质是，将源媒体文件复制到一个指定的媒体存储位置中，该文件同时被视为外部媒体文件。如果这个存储位置是一个高速的、共享的网络位置，就能够允许多个用户同时访问源媒体文件，而且不会影响彼此的工作流程。

15 在程序坞中单击“Final Cut Pro”图标，返回软件。

练习9.1.4
在资源库内部移动和复制片段

假设有这样一种情景，您希望在多个事件中使用同一个片段，或者在导入源媒体文件的时候选择了不希望使用的事件。为了修正这个错误，您可以在资源库边栏中将该片段从所属事件中拖到同一资源库的另外一个事件中。在这里，片段是整个处理方法中的关键对象，您在不同的资源库之间处理素材片段的时候，对应地，Final Cut Pro也会在不同的资源库之间处理源媒体素材（无论是内部的还是外部的）。

注意 ▶ *最好在Final Cut Pro的资源库中执行媒体的管理工作，而不是在“访达”窗口中。*

1 为了验证Final Cut Pro是否复制了源媒体文件，选择资源库“External vs Managed”，在资源库属性检查器中找到被使用的存储空间的部分。

请注意，在当前宗卷中的原始媒体文件一共有396.3 MB，表示目前已经导入资源库中的所有文件的大小。接下来移动和复制片段，看看有什么变化。

2 在Event 2中找到片段Aerials_13_01b，在信息检查器的文件信息中验证它是被管理的媒体。

这个文件是内部管理的原始媒体文件。在“位置”选区中显示了它被导入哪个资源库。

3 将片段Aerials_13_01b从Event 2中拖到Event 1中。

请注意，光标仍然是一个箭头的形状，而不是圆圈中带个加号的形状。这表示当前操作只是移动这个片段，这也是在同一资源库的不同事件之间拖动片段的默认行为。

4 在Event 1中选择片段“Aerials_13_01b”。

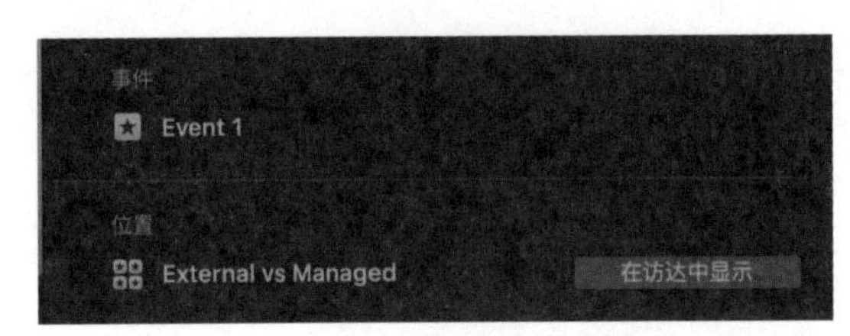

信息检查器中显示了该文件存储在哪个资源库中，以及它是作为一个内部源媒体文件而存在的。如果是一个外部文件，那么位置信息会显示存放了其引用媒体的宗卷名称。

5 在资源库边栏中选择资源库“External vs Managed”，接着，观看资源库属性中有关存储的信息。

如您所料，一次移动操作并不会带来源媒体文件的复制。如果您希望在两个事件中都有这个片段呢?

6 按住Option键，将片段Aerials_13_01b从Event 1拖到Event 2中。当带有加号标志的光标位于目标事件上的时候，松开鼠标键。

Option键会指示Final Cut Pro对该片段进行复制处理。接下来检查所有源媒体文件的大小。

7 选择资源库“External vs Managed”，注意在浏览器中有两个Aerials_13_01b。

源媒体文件占用的全部存储容量并没有变化。Final Cut Pro为复制的片段创建了一个硬链接，这个硬链接会指向被引用的原始片段的源媒体文件。这样，在同一资源库中复制媒体就不会浪费任何存储空间了。但是，如果源媒体文件被复制到资源库之外呢?

8 在Event 1中选择片段“Aerials_11_04a”，验证它是存储在资源库外部的。在存储位置上应该显示的是一个宗卷的名字，而不是资源库的名字。

9 按住Option键，将片段Aerials_11_04a拖到Event 2中。

我们已经知道，按住Option键并拖动片段会强行复制该片段，令其同时出现在两个事件中。请猜想一下结果是什么。

10 检查资源库的存储空间。

存储空间没有改变。再强调一下，Final Cut Pro只是创建了一个硬链接，这样既避免了复制源媒体文件，又节省了存储空间。

在同一资源库中复制片段之后，在资源库数据库中只保留一份该片段的源媒体文件。在同一资源库的任何事件中，该片段的任何样本都会指向这个原始的源媒体文件。无论是内部管理的，还是外部引用的，Final Cut Pro都会尽量避免复制源媒体文件。

▶ **在不同资源库之间使用片段**

您不仅可以在同一资源库的不同事件之间拖动片段，也可以在不同的资源库之间拖动片段。如果您创建的是一个当作视频库来使用的资源库，那么会经常添加和复制片段。每当在资源库之间移动或者复制片段的时候，您需要记住如下媒体管理的规则。

- 所有内部管理的源媒体文件都会被复制或者移动到目标资源库的媒体存储位置上。这个位置可能在目标资源库的内部，或者某个外部引用上。
- 外部引用源媒体文件会保留在原位。软件会弹出一个对话框，提示您这些管理规则。

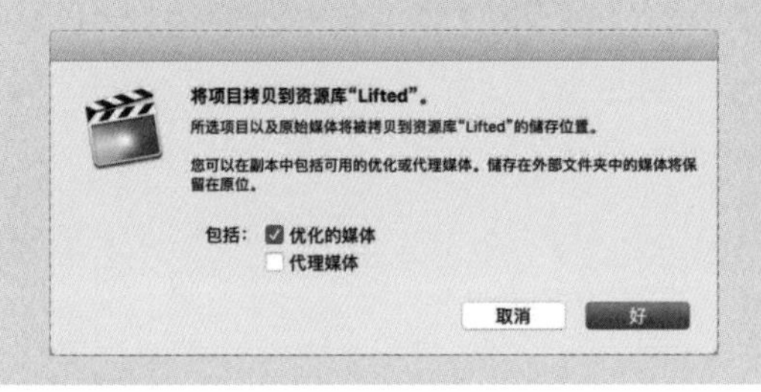

练习9.1.5
制作便携的资源库

如果剪辑师使用MacBook Pro、雷电或USB 3接口的硬盘，就等于拥有了一套移动的、轻量化的剪辑系统。在本练习中，假定您在办公室有一台Mac Pro，这台电脑被用于日常剪辑。但是针对客户的一个项目，您必须在客户现场完成影片的剪辑。针对这种情况，Final Cut Pro具有一种内置的简易方法，能够复制资源库，并随身携带以进行剪辑。

注意▶ *在本练习中，您会将一个事件复制到新资源库中。除此之外，也可以将项目和所有源媒体文件复制到一个新的或者现有的资源库中，还可以在桌面上将资源库复制到一个新的位置上，并执行本练习后面的操作。*

1 在资源库边栏中选择资源库“External vs Managed”。

这个资源库是要用于移动剪辑的。您希望保持Mac Pro系统的数据不变，只能将资源库中的一小部分内容复制到移动硬盘上。接下来创建一个资源库，并指定该资源库作为媒体存储的位置。

2 选择“文件”>“新建”>“资源库”命令。在储存对话框中输入“On the Go”。选择桌面作为存储的位置，单击“存储”按钮。

在资源库边栏中会出现这个新建的资源库，它是空的，只包含一个空的事件。您应该删除事件的默认名称。下面开始复制事件，但要先设定媒体存储的位置。

3 保持对资源库“On the Go”的选择，单击“修改设置”按钮，将“媒体”设置为“在资源库中”。

4 在资源库边栏中选择事件“Event 1”和“Event 2”，选择“文件”>“将事件复制到资源库”>“On the Go”命令。

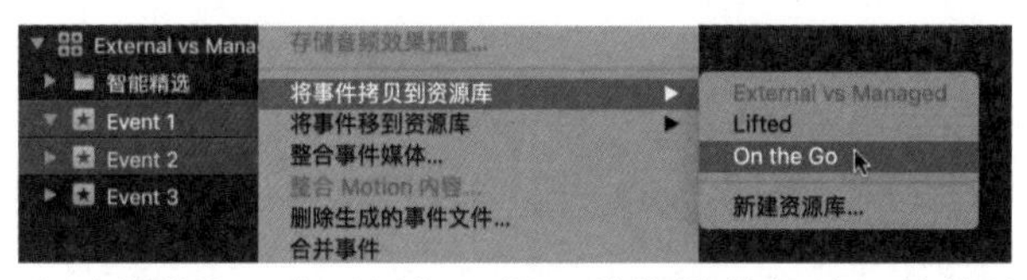

这时会弹出一个对话框，提示外接媒体仍然是外接的，被管理的媒体将会被复制。由于您需要在客户现场本地化地使用所有数据，所以应该将所有源媒体文件都复制到资源库On the Go中。

注意 ▶ 请注意，您选择的应该是两个事件，而不是资源库。

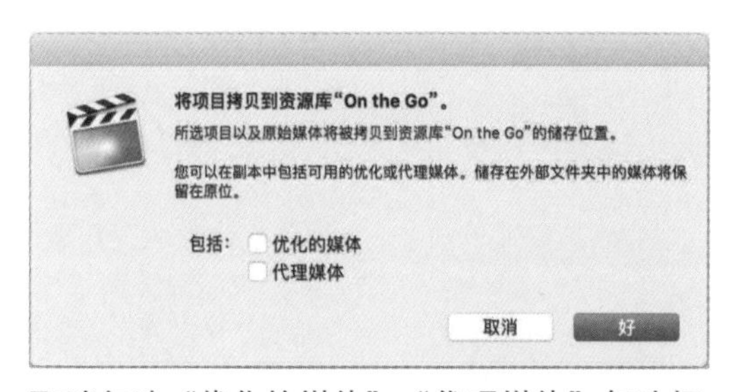

5 取消勾选“优化的媒体”“代理媒体”复选框，单击“好”按钮。
“后台任务”窗口会显示进程的处理情况，但是它会非常快地结束。接下来验证操作的结果。

6 在资源库边栏中找到资源库On the Go，先选择其中的事件“Event 2”，再选择片段“Aerials_11_04a”。

7 在信息检查器的文件信息部分中可以发现，片段储存位置是一个宗卷的名字。

8 选择不同的片段，分别检查它们的管理状态。
一些文件的信息显示出它们位于不同的存储位置。为了进行现场剪辑，您需要将所有的数据都打包在一起，所以，必须将所有需要的源媒体文件都复制到您指定的存储位置上。

9 在选择了资源库“On the Go”后，在菜单栏中选择“文件”>“整合资源库媒体”命令。
在弹出的对话框中，您可以选择是否勾选“优化的媒体”“代理媒体”复选框。但是请注意，这个对话框与之前的对话框有所不同。注意最后一句话，它表示软件将会复制外部媒体。

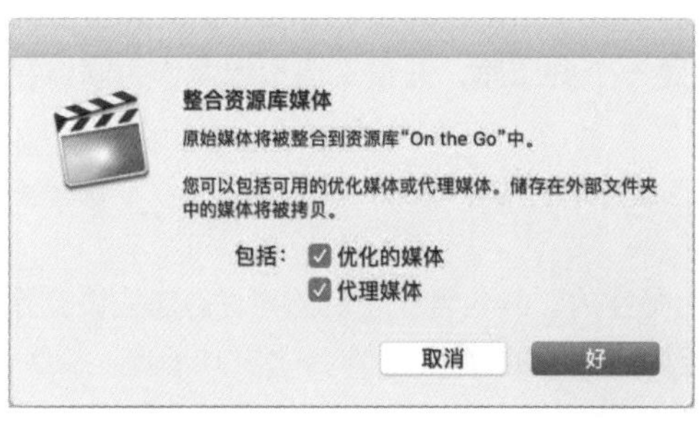

10 单击“好”按钮。

11 在后台工作完成后，分别在资源库On the Go的每个事件中至少选择一个片段，并在信息检查器中查看该片段的信息。

现在，所有片段都位于资源库On the Go中了，而且与您办公室的Mac Pro是无关的。在资源库边栏中，可以关闭这个资源库了。

12 按住Control键并单击（或者右击）资源库“On the Go”，在弹出的菜单中选择“关闭资源库On the Go”命令。

通过整合媒体，您的源媒体文件都会被打包到同一个存储位置上。资源库本身或者某个外部文件夹将会被视为存储位置。Final Cut Pro的这个特性便于打包一个完整的项目，避免浪费很多时间去寻找四处放置的源媒体文件。

注意 ▶ 打开一个现有的资源库的方法是：在菜单栏中选择“文件”>“打开资源库”命令，选择最近打开过的资源库，或者选择“其他”命令，找到没有在列表中显示出来的资源库。

▶ 归档资源库

归档资源库的操作与创建一个便携的资源库基本类似。归档就相当于为使项目可以“随身携带”而做的准备工作——在复制完成后进行事件的整合。如果操作不当，那么归档的资源库可能会丢失一些重要的源媒体文件，导致项目无法正常播放。此外，某些数据是不需要被归档的，比如渲染文件、代理和优化媒体文件。这些数据文件可以预先删除掉，以节省硬盘存储空间。以下是一些在归档的时候需要注意的问题。

1 确保选择将要归档的资源库，选择“文件”>“删除生成的资源库文件 ”命令。

2 勾选3个删除的复选框，并选中“全部”单选按钮，删除所有渲染文件。

3 如果已经保留了原始的源媒体文件，或者它们的摄像机归档文件，就不需要归档优化或者代理的源媒体文件了。

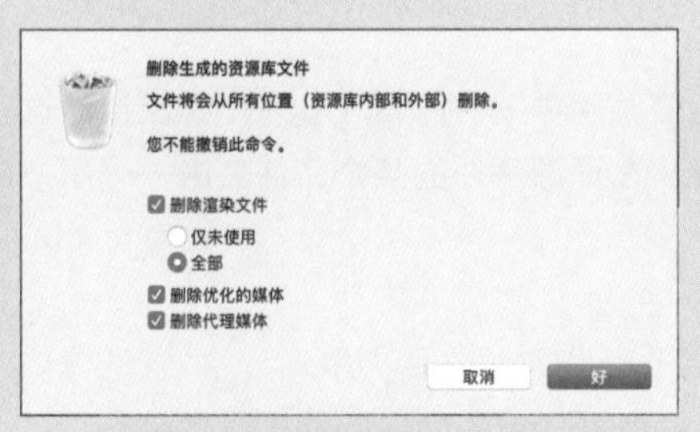

- ▶ 您可以将归档资源库设定为一个内部管理媒体的资源库，以便将最终归档的项目都整合到一个资源库文件中。
- ▶ 在资源库边栏中删除不必要的事件。在退出软件后，您可以使用“访达”窗口删除已经完成归档的资源库。如果需要，也可以将资源库移动到另外一个存储位置上（外部媒体文件夹，当它允许被访问的时候）。
- ▶ 通过退出和重新启动Final Cut Pro，可以清除一些Final Cut Pro内部的临时文件。
- ▶ 在“访达”窗口中，将摄像机归档文件与归档的资源库文件放置在一起。
- ▶ 在“访达”窗口中，通过复制“Movies > Motion Templates”文件夹，您可以手动地管理自定效果、转场、主题和发生器。

▶ **其他资源库的功能**

Final Cut Pro的优秀资源库结构令媒体管理功能变得异常强大而简易。以下是一些有关资源库和事件的特性。

- 每隔15min会自动备份一次资源库的元数据（如果资源库文件被更新）。如果需要恢复某个资源库，则在资源库边栏中选择该资源库，在菜单栏中选择“文件”>“打开资源库”>“从备份”命令。在弹出的对话框中可以根据日期和时间从一次备份中进行恢复。
- 除了可以通过拖动的方式移动和复制事件，也可以使用菜单命令将事件复制到资源库中，或将事件移动到资源库中。
- 使用菜单命令可以将多个不同的事件合并为一个事件。
- 如果原始的源媒体文件被删除了，假设存放该文件的摄像机存储卡还没有被重新擦写，那么可以重新导入该文件，或者从摄像机归档文件中导入。在事件中选择离线的片段，在菜单栏上选择“文件”>“导入”>“从摄像机/归档重新导入”命令。

课程回顾

1. 请描述被管理的媒体与外接媒体的定义和区别。
2. 外接媒体是如何被引用到资源库中的?
3. 如何指定使用外接媒体的管理方式?
4. 如何找到下图所示的文件信息?

5. 在归档资源库或者创建可携带的资源库的时候，有哪些操作是需要完成的?

答案

1. 被管理的媒体是指将源媒体文件存放在一个指定的资源库中——Final Cut Pro会保持对这些文件的追踪和管理，外接媒体则是指将源媒体文件存放在资源库外的某个文件夹中——用户自己负责对文件的追踪和管理。
2. 将外接媒体作为资源库中的一个替身文件。
3. 选择让文件保留在原位，或者将文件复制到“Copy to”指定的文件夹中。
4. 在资源库边栏中选择一个片段，在信息检查器中可以找到对应的文件信息。
5. 整个资源库为被管理的资源库，删除渲染、优化和代理的媒体。

第10课
改善工作流程

学习目标

- ▶ 手动设置新项目的格式
- ▶ 双系统录制的同步
- ▶ 颜色抠像
- ▶ 多机位工作流程
- ▶ 探索360° 的世界
- ▶ 创建CC字幕

无论剪辑师在处理什么样的项目，导入、剪辑和共享都是在整个工作流程中必不可少的3个阶段。在将源媒体文件导入Final Cut Pro进行剪辑后，导出最终影片。根据项目和客户的不同，在这3个阶段中可能会有一些不同的工作方式，被称为子工作流程。在某些大规模的影片制作中，3个主要的阶段可能会被分配给包含多个工作人员的制作团队，而另一些影片则很可能由一位剪辑师完成所有的工作。

本课中讲述的子工作流程提供了一些额外的信息，方便您改善和优化自己的工作流程。虽然某些特殊的技术可能永远不会运用在您的工作中，但是这里的练习能够让您熟悉这些知识，以便扩展使用在自己的工作流程中。

子工作流程10.1
手动设置新项目的参数

每个项目都需要定义它的帧尺寸（分辨率）和帧速率。在创建新项目的时候，可以通过以下两种方法进行设定。

- ▶ 自动设置：在剪辑进入第一个阶段的时候进行配置，这也是默认的选择。
- ▶ 手动设置：在“项目设置”窗口中单击“使用自定设置”按钮。

自动设置适用于大多数项目和剪辑工作。在进行手动设置的时候，通常要考虑以下因素。

- 发布影片的分辨率和帧速率与现有的源媒体文件的不同。
- 在第一个阶段的剪辑中使用的非常规分辨率的片段。
- 在第一个阶段的剪辑中使用的非视频的片段，比如音频片段或者静态图像。

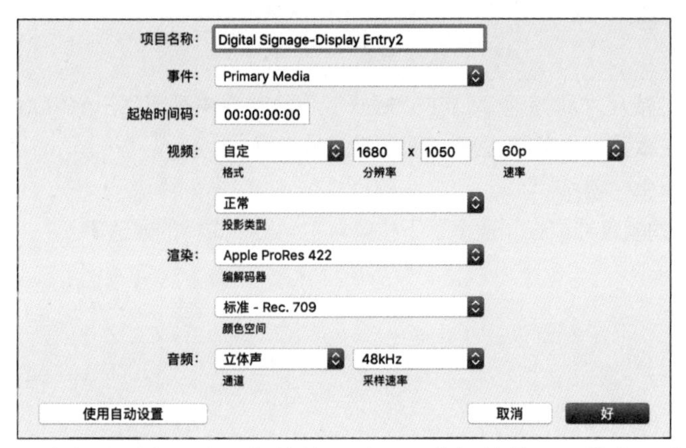

非常规分辨率是指视频的帧尺寸不是常规数值。通常在一些比较前卫的场地、环境或者空间中会使用特殊的视频分辨率。用于商业展示和广告播放，为了吸引更多的注意力，视频可能会被要求以某些特殊尺寸和比例的横幅来播放，也可能是垂直方向的条幅。很多博物馆和展会也会寻求使用非常规分辨率以一种创造性的方式来播放视频内容。

注意 ▶ *在任何时候都可以更改项目的分辨率，但是帧速率是在一开始就固定下来的。*

在这个子工作流程的练习中，您将手动进行项目的设置。先创建一个新项目，在练习完毕时删除即可。

1 在资源库边栏中，按Control键并单击（或者右击）资源库“Lifted”，在弹出的菜单中选择“新建项目”命令。

在“新建项目”对话框中输入项目名称，并进行自定设置。

2 输入“Custom Project”作为项目的名称。在“事件”下拉菜单中选择“Primary Media”选项，单击“使用自定设置”按钮。

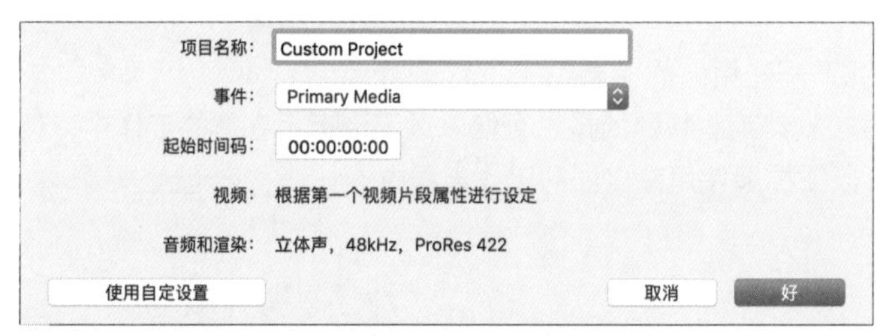

这时，对话框会展开，以显示自定设置的内容。在这里要手动配置所有参数。

在“视频”选区中，您可以设定帧尺寸和帧速率。在“格式”下拉菜单中列出了Final Cut Pro支持的原生分辨率和帧速率。在本练习中将要设置一种不常见的参数。

3 在“格式”下拉菜单中选择“自定”选项。

在“分辨率”数值框中输入自定的帧尺寸。在“速率”下拉菜单中列出了支持的帧速率。

4 针对当前练习，设定以下数值。

- 格式：自定。
- 分辨率：1080 x 1920。
- 速率：29.97p。

下面查看音频和渲染属性的参数。

5 展开“音频”部分的“通道”下拉菜单，这里有两个选项：“立体声”和“环绕声”。
这个音频参数决定了项目所使用的音频通道的数量：两个通道的立体声，或者6个通道的环绕声。

6 将“音频”部分的“通道”设定为“环绕声”。

7 展开“音频”部分的“采样频率”下拉菜单。
Final Cut Pro支持多种音频采样频率。采样频率是指每秒测量和录制多少次音频信号。常见的视频后期工作中的采样频率是默认的48kHz，它表示每秒会采样48000次。采样频率越高，数据的准确度也就越高。

8 保持音频采样频率为48kHz的设定，展开“渲染”中的“编解码器”下拉菜单。
在之前的课程中，每当添加转场、效果和字幕的时候，在时间线上都会出现一段渲染横条。

渲染横条表示软件需要生成一个媒体文件，用于加速对应时间范围内的执行效率。因为在不渲染的时候，项目也能够播放，所以，很可能您从来没有注意过这个事情。当软件进行渲染的时候，它会根据这个渲染编解码器属性设定的编码生成渲染文件。当影片中使用了高清视频、静态图像和图形的时候，默认的Apple ProRes 422是一种非常合适的编码格式。该编码在生成尽可能小的文件的前提下带来了近乎无损的视频质量。

注意 ▶ 由于Apple ProRes 422的质量比大多数高清编码都高，所以，您可以认为Apple ProRes 422就是一种最好的选择。当然，如果您需要一种更高质量的编码，那么可以考虑使用Apple ProRes 422 HQ、Apple ProRes 4444和Apple ProRes 4444 XQ 格式。但需要注意，这几种格式会生成非常大的文件。

9 确认编解码器属性设定为Apple ProRes 422，单击“好”按钮。
新的项目创建好了，在时间线上打开该项目。确保在浏览器中选择了该项目，在检查器中查看项目属性。您可以核对项目设定的信息为：1080 x 1920，29.97 p，环绕声。

这个项目所剪辑的视频和图形将在一个数字广告牌上播放，播放设备是HDTV，竖向放置，其音频是环绕立体声。

子工作流程10.2
双系统录制的同步

在拍摄电影的时候，通常会使用独立的系统分别录制视频和音频。随着小型化、低价格的单反摄像机（可录制视频）的普及，双系统录制也越来越常见了。分别在不同设备上录制视频和音频为剪辑师带来了新的工作内容，也就是在剪辑的时候需要将它们组合为一个片段。在本练习中将会讲解Final Cut Pro的操作方法，让我们先导入一些媒体文件。

1 在文件夹“FCP X Media”中找到LV3，将文件夹Extras导入之前建立的新事件Lifted中，并将文件夹作为关键词精选。

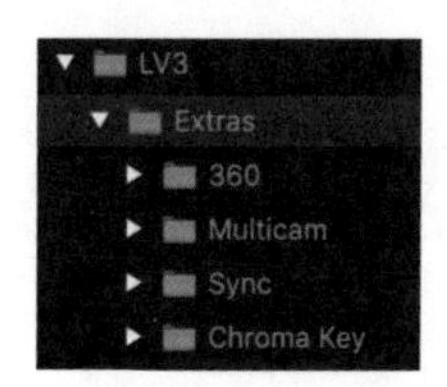

选择“Extras”进行导入。

选择将导入文件夹作为关键词精选。

文件夹“Extras”中包含了本练习所需要的素材。其中，精选Sync中包含了有关Mitch采访的一个视频片段和一个音频片段。在视频片段中的音频效果不是很好，下面使用单独的音频片段作为Mitch采访讲话的音频。

2 在关键词精选Sync中选择这两个片段。

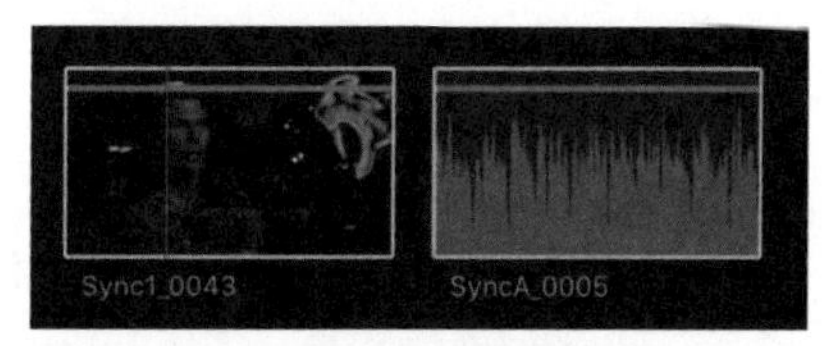

3 按Control键并单击被选择的片段，在弹出的菜单中选择“同步片段”命令。

在弹出的对话框中，设置选项类似于项目设置对话框。您可以使用自动设置，或者选择手动设置。

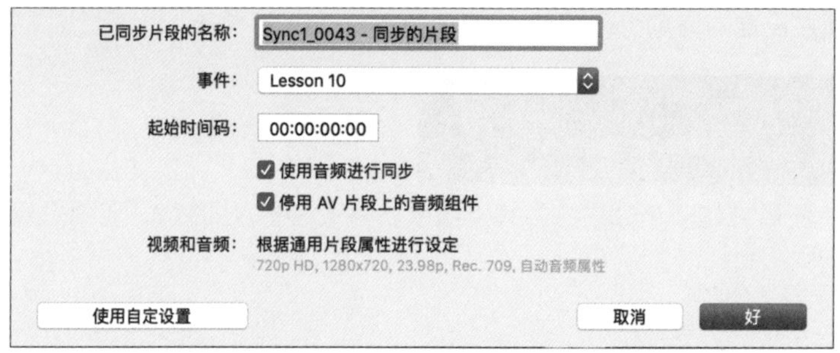

这里有两个特殊的选项。第一个选项是指使用音频数据作为同步片段的参考信息。一般来说，如果被选择片段具有时间码，则软件会首先通过对齐时间码来同步片段。如果没有时间码，则软件会尝试使用被选择片段的创建时间。而无论是否具有时间码和创建时间的元数据信息，如果选择了这个音频选项，那么片段的同步就是通过音频信息来计算的。第二个选项的意思是停用摄像机的音频，利用独立的音频文件作为同步之后的片段的音频。

4 选择这两个音频选项，使用默认的名称，单击“好”按钮。

Final Cut Pro生成了一个新的片段，片段名称就是刚才在对话框中设置的名称。返回事件Lesson 10，新的片段已经处于被选择状态了。

子工作流程10.3
颜色抠像

近年来，LCD和LED显示屏幕出现在了各种电视新闻上。此前，气象学家站在一面绿色或者蓝色的墙的前面进行天气预报。这种墙被称为色度墙，剪辑师能够使用一个视频片段或者动画替换这面墙的颜色，并将人物放在前景中，实现一种视觉上的合成。除了天气预报和影片的特殊效果，这种处理方法还常用于采访节目，也就是将受访者的背景替换为某种视觉特效或者另外一个环境。随着便携色度屏幕的出现，之前只能在摄影棚中完成的拍摄已经可以在任何地点完成了。在本练习中，您将使用抠像器处理一个视频片段，将受访者放在另一个背景图形上。您也可以使用遮罩移除不希望出现在画面中的元素。

1 在资源库边栏的事件Lesson 10中，找到关键词精选Chroma Key。
在这里可以找到片段MVI_0013。该片段是一小段被采访者站在色度墙前讲话的镜头。接下来创建一个项目，并将这个前景片段放在主要故事情节上。

2 在事件Lesson 10中创建一个新的项目，名称为“Green Screen”，项目设置使用自动选项。

3 在浏览器中选择片段“MVI_0013”，按E键，将其追加到主要故事情节上。

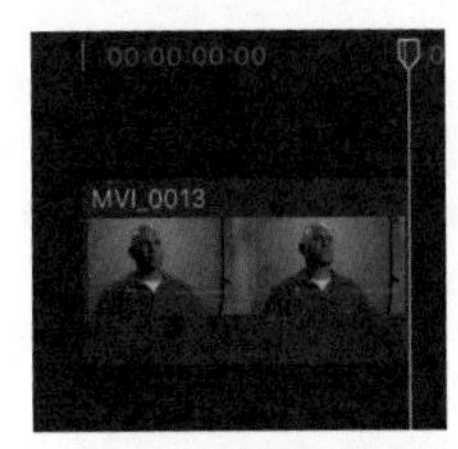

接着将抠像器效果添加到片段上。

4 在效果浏览器中选择“抠像”选项，找到抠像器。

5 在时间线上选择前景片段，扫视抠像器的效果，预览画面的变化。

在抠像器的缩略图和检视器中都可以看到抠像器被应用在所选片段上的效果，这与之前任何一个普通效果的预览方式都是一致的。在画面中，绿色的背景消失了。

6 双击“抠像器”效果，将其添加到被选择的前景片段上。

此时，绿色的背景被一个alpha通道代替。该通道目前看上去是黑色的，因为在前景片段下没有任何其他视频片段，所以它呈现为黑色。稍后处理这个问题。

7 在发生器浏览器中，选择一个背景，比如“次品”。

接下来您可能会考虑如何将背景片段连接到主要故事情节上。如果按Q键执行一个连接编辑，那么背景片段会叠加在前景片段的上方。因此，您可以将前景片段拖到主要故事情节上，主要故事情节仍然位于原始位置，代之以一个空隙片段，改变前景和背景片段的上下叠放顺序。另外，您也可以直接将背景片段连接到前景片段的下方。

8 将次品片段拖到主要故事情节的下方，对准前景片段的开始点，松开鼠标键。

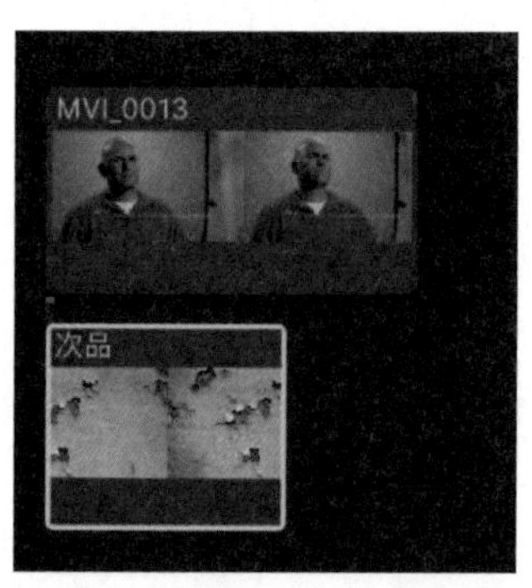

这样，背景片段就出现在被采访者的背后了。当前，抠像器效果使用了一整套预设的参数，自动去除了绿色屏幕。接下来从画面上移除更多没必要出现的元素。

▶ **有关发生器**

在Final Cut Pro中，发生器参数的调整方法与效果有一些类似，因为只有将发生器添加到项目中，您才能访问发生器的参数。比如“次品”这个发生器，现有的纹理并非唯一可用的参数。将“次品”发生器添加到项目中，您可以先选择该片段，再改变“次品”检查器中的可用参数，以便应用不同的纹理/颜色。

10.3–A 遮罩物体

由于合成画幅、光照条件或者场地的限制，在抠像后的片段中仍然可能会存在一些并不想保留在画面中的元素。最简单的方式就是使用裁剪工具或者一个遮罩效果将它们挡住。您已经学习过裁剪工具和效果内建的形状遮罩了。第三种方法是使用“绘制遮罩”效果，在绿屏片段上手绘一个遮罩的形状。

1 在时间线上选择前景片段，将播放头对准该片段，这样可以在检视器上随时看到画面效果。

2 在效果浏览器中选择“遮罩”选项，双击“绘制遮罩”效果。

3 将光标放到检视器中，查看屏幕上出现的提示。

现在，屏幕上的光标代表的是添加控制点的工具。在绘制出一个形状后，在其内部的画面是可见的，而在其外部的画面是被隐藏的。

4 单击检视器，保留被采访者，移除四周一些不必要的设备的图像。

5 单击第一个控制点，完成遮罩形状的绘制。

除遮罩外，您也可以使用变换和裁剪工具，限定需要保留的前景内容。

10.3–B 手动选择样本颜色

在某些时候，由于场地、时间和设备的限制，令您无法得到一个完美的单色的背景屏幕。此时，您需要手动调整抠像器中的参数，确定需要去除的颜色。在本练习中，让我们尝试一下手动指定样本颜色。

1 在时间线上选择前景片段，并将播放头对准该片段。在视频检查器中找到抠像器效果设置区域。

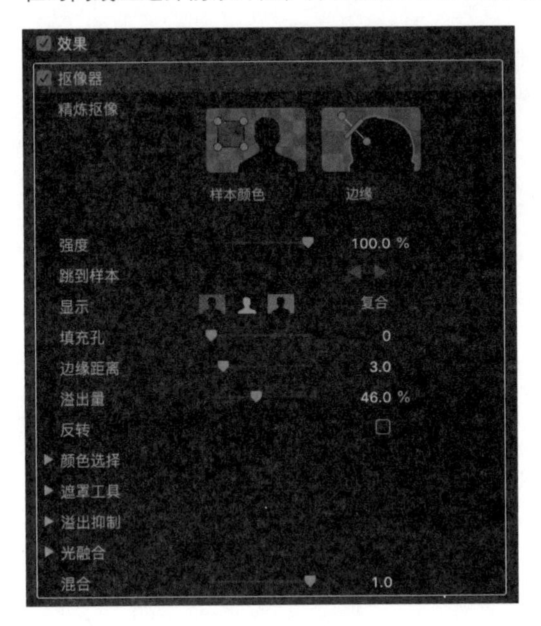

2 在抠像器的参数中，将强度滑块拖到0%。

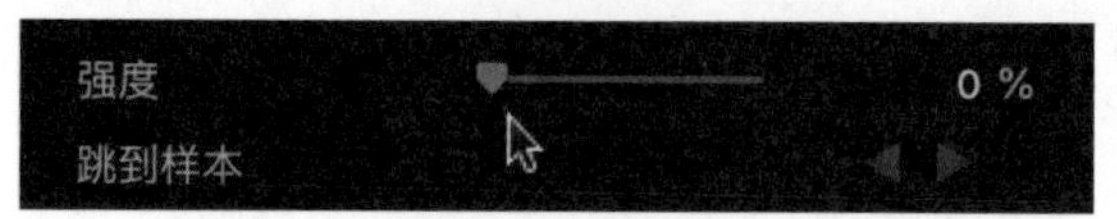

这样，抠像器就切换到了手动模式，绿屏重新出现在画面上。下面指定前景片段中哪些颜色是需要被替换的。

3 在视频检查器中找到“精炼抠像”中的“样本颜色”按钮。使用这个小工具拖出一个矩形框，矩形框中包含的颜色是需要被替换的。

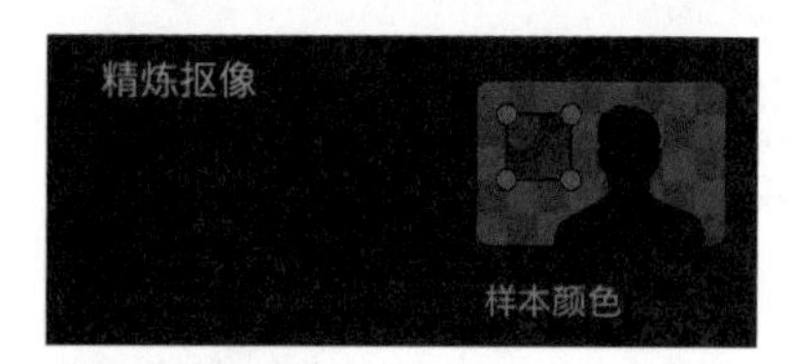

4 单击“样本颜色”按钮，将光标移动到检视器上。

此时光标变成了一个十字外加一个矩形框的形状。

接下来使用这个工具指定画面中绿色的区域。

5 在绿色的区域中拖出一个矩形框。要小心一些，不要触碰被采访者。

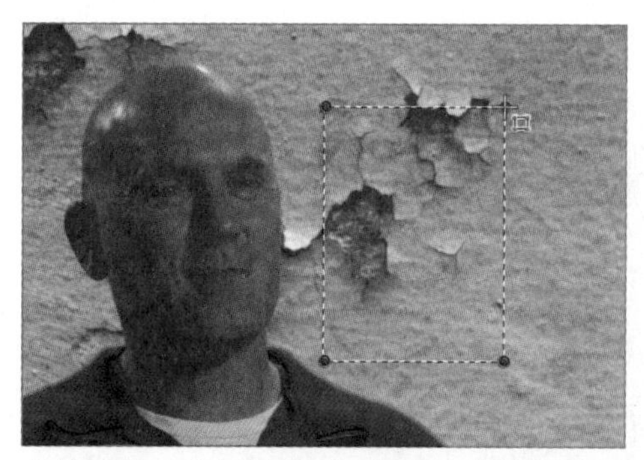

当拖动出一个矩形框时，绿色立刻就消失了。

注意 ▶ 使用样本颜色工具可以选择多个颜色。

6 松开鼠标键，返回视频检查器，再次单击“样本颜色”按钮。在检视器的画面中选择任何剩余的绿色区域。

随着不断地拖出新的矩形，剩余的绿色区域都从画面上消失了。仅仅通过几次简单的操作，被采访者就站在了一个全新的背景前。

注意▶ 抠像器中还有很多可以精细调整画面效果的参数。请参考Final Cut Pro的用户手册，以获得更多信息。

子工作流程10.4 剪辑多机位片段

如果影片是通过多台摄像机同时进行拍摄的，那么您可以利用多机位剪辑的功能高效地剪辑来自各个拍摄角度的镜头。剪辑师就像坐在直播间中，可以同时看到多台摄像机的实时画面。在Final Cut Pro中，最多可以同时观看16个角度的镜头并同步64个不同的角度。一般来说，一块普通硬盘可以支持4个角度视频的同时播放。如果借助高带宽的磁盘系统，通过雷电接口连接电脑，Final Cut Pro可以轻松地同时播放多个高清或4K以上的视频画面。

10.4–A 设定多机位片段

与其他Final Cut Pro的工作流程相同，对于多机位剪辑，您需要先从多台摄像机（或者存储设备）上导入并整理源媒体文件。在本练习中，您将使用一组从多个角度同时拍摄的采访片段。在前面的练习中，您已经导入了这些片段，因此可以直接从整理素材开始。

1 在事件Lesson 10中选择关键词精选“Multicam”。

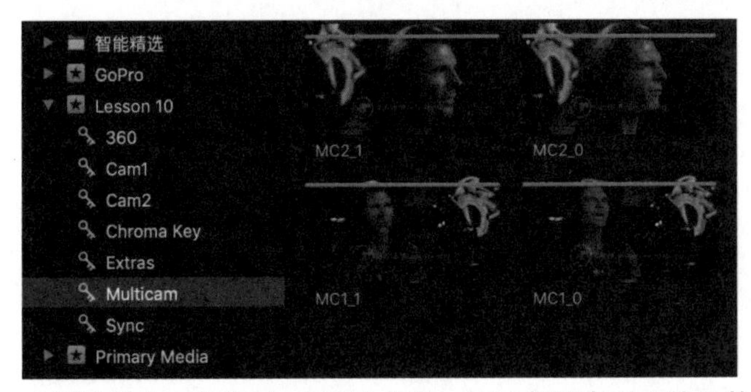

在浏览器中已经有了4个采访片段，而且都具有对应的元数据。为了更容易地创建一个多机位片段，接下来再为其添加一些元数据。

2 在浏览器中选择片段“MC1_0”和片段“MC1_1”。

3 在信息检查器的元数据视图菜单中选择“通用”选项。

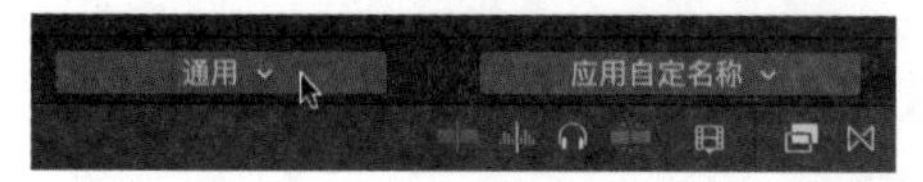

通用视图会显示更多的有关这些片段的元数据。在本练习中，由于您没有直接从摄像机中导入这些媒体，所以片段缺少摄像机名称等元数据。在创建多机位片段之前，您需要为片段补充这个元数据，因为Final Cut Pro会依据这个元数据的片段自动分配对应的机位。您还需要增加一个摄像机角度（机位），告诉Final Cut Pro多机位的显示顺序是Angle 1和Angle 2。

4 对于来源于1号摄像机的两个片段MC1_0和MC1_1，输入以下元数据。

- 摄像机角度：1。
- 摄像机名称：MC1。

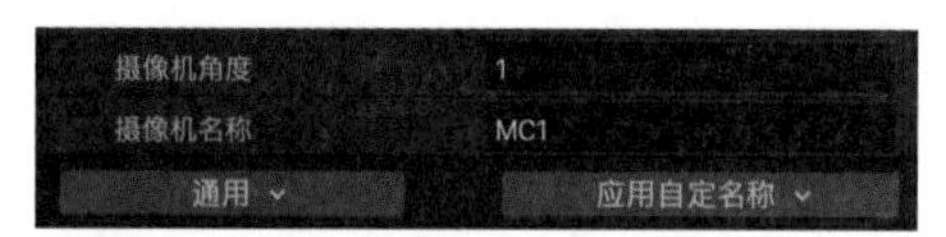

接着，为片段MC2分配机位和名称元数据。

5 在浏览器中，选择片段“MC2_0”和片段“MC2_1”，输入以下元数据。

- 摄像机角度：2。
- 摄像机名称：MC2。

现在为这4个片段都准备好了元数据，下面创建多机位片段。

6 在浏览器中选择关键词精选Multicam中的所有片段，按住Control键并单击任何一个被选择的片段，在弹出的菜单中选择“新建多机位片段”命令。

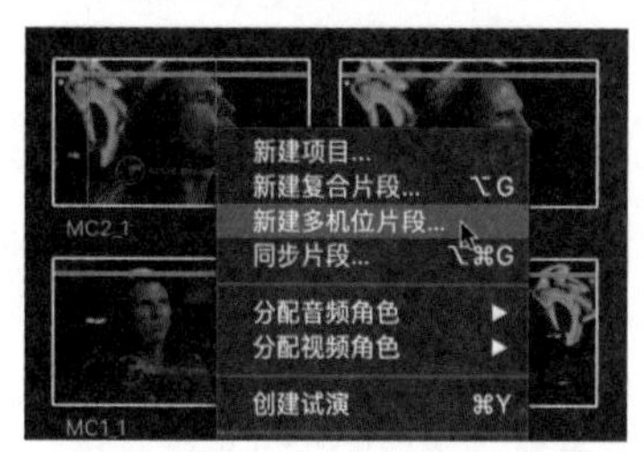

这时弹出来的“多机位”对话框与“新建项目”对话框非常类似。

7 输入“MC Interview”作为多机位片段名称，确认勾选了“使用音频进行同步”复选框。

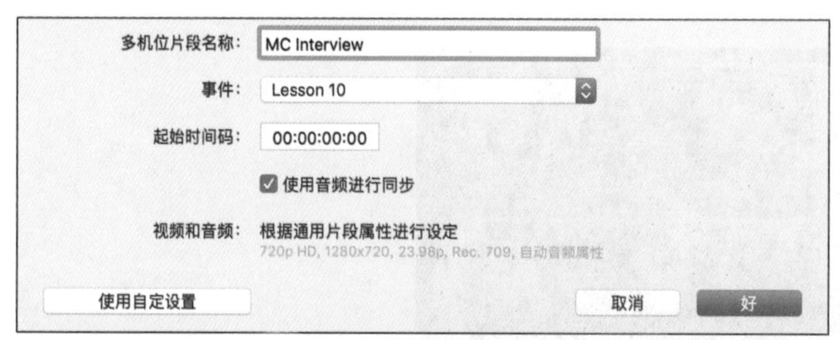

在本练习中需要使用自动设置。如果片段的元数据信息非常少，那么剪辑师需要选择自定设置，设定不同的方法，以帮助Final Cut Pro判断哪个片段应该归属于哪个角度，同一个角度中不同片段的先后次序，以及如何进行不同角度的同步。下面先使用自动设置的方法创建多机位片段。

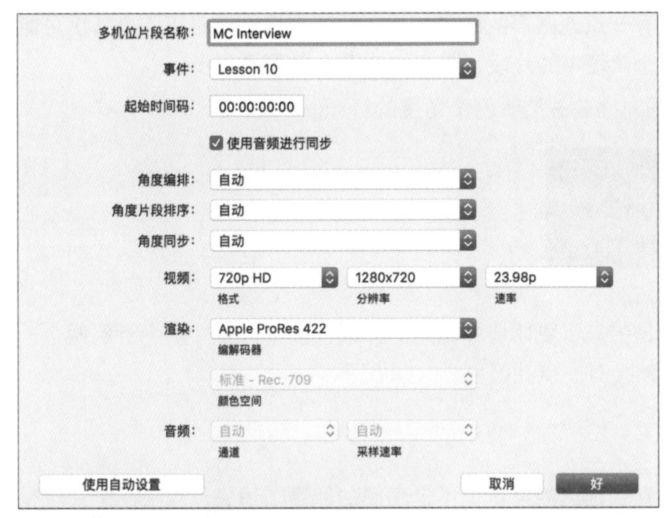

8 在对话框中确认使用了自动设置，并勾选了“使用音频进行同步”复选框，单击“好”按钮。

在当前事件中出现了新的多机位片段，其缩略图上显示了4个小方块的图标。在角度编辑器中打开这个多机位片段，检查Final Cut Pro自动进行同步的效果。

9 在浏览器中双击该多机位片段。

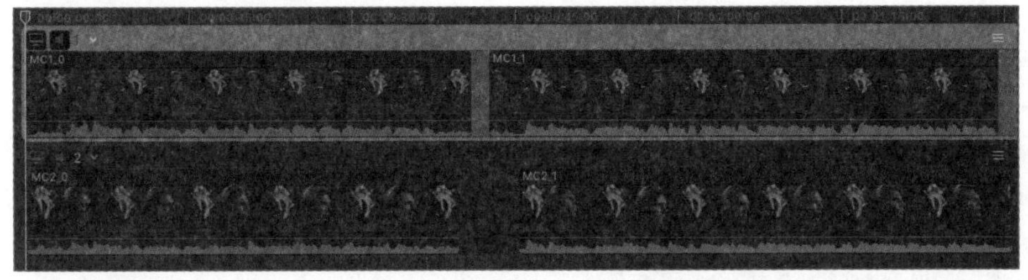

现在时间线上显示的是角度编辑器。最左侧的是“监看视频”按钮，它决定了在播放的时候，哪个角度是可见和可听的。

10 单击两个角度上的“小喇叭”图标，开始播放。

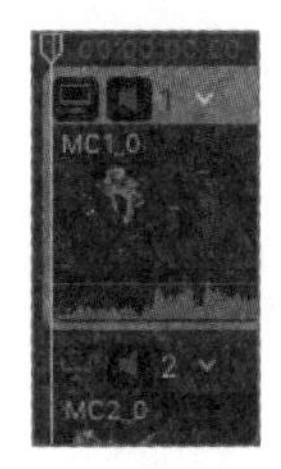

在观看所选的视频角度的时候，可以同时听到两个角度上的音频。

11 单击每个角度上的“监看视频”按钮，切换画面内容。

您可能会注意到，第二个角度有一点儿回声的问题。根据回声程度判断，第二个角度可能有一帧的错位。您可以稍微移动一个角度中的片段，再次检查两个角度的同步。

12 选择角度2中的第一个片段，同时播放并监听两个角度的音频。

13 按句号键，令片段向右移动一帧。

此时检查回声是否消除了，或是带来了更明显的回声。如果片段不同步，则会听到两个一模一样的声音几乎同时发出，但仍然会有一点儿区别。

14 再次按句号键，将片段向右移动一帧。

现在片段完全不同步了。

15 按逗号键，令片段向左移动，直到延迟的声音（不是房间的回声）消失。现在两个片段是同步的，不需要再调整了。

在多机位片段中包含了两个不同摄像机拍摄的素材。在进行采访问答的时候，摄像机被按下了开始/停止按钮，逐段录制了原始的片段。在录制中按下暂停按钮会导致片段之间的暂停。下面将这个多机位片段追加剪辑到一个新项目中，编辑不同角度的镜头切换。

> ▶ **设定摄像机日期和时间**
>
> 即使在拍摄的时候，开始/停止按钮的触发时间也是不同的，多片段同步也能够同步多个角度的片段。当片段的音频比较弱的时候，默认的音频同步会进一步访问时间码信息或者日期/时间标记。多片段同步可以按照内容创建的日期/时间标记将静态图像同步到视频角度上。

10.4–B 编辑多机位片段

在Final Cut Pro中剪辑多机位片段的乐趣在于能够一边播放一边切换镜头，待播放完毕，剪辑也就完成了。下面使用角度检视器来进行操作。

1 在资源库边栏中，按住Control键并选择关键词精选“Multicam”，在弹出的菜单中选择“新建项目”命令。

2 将新项目命名为“Multicam Edit”，使用默认的自动设置，单击“好”按钮。

3 将MC Interview追加剪辑到项目中，将播放头放在项目的开头。

在进行实际剪辑之前，还有一些准备工作。您需要打开角度检视器，以便能够同时看到多个角度中的画面。在设置菜单中，最多可以令检视器同时显示16个角度的画面（这还要取决于磁盘存储是否能支持高速播放如此多的视频流）。

4 在检视器的“显示”菜单中选择“角度”命令，打开角度检视器。

5 单击检查器上方的按钮，隐藏浏览器，为角度检视器腾出更多的空间。

在默认情况下，角度检视器会随着您单击某个角度的画面而实现剪切和切换。剪切的位置与播放头的位置是相同的。剪切和切换对视频和音频是同时生效的。剪辑的操作非常快速而且简易，但也可能会发生错误。接下来讲解如何修正这样的错误。

6 将时间线上的播放头放在多机位片段的前面1/3处。

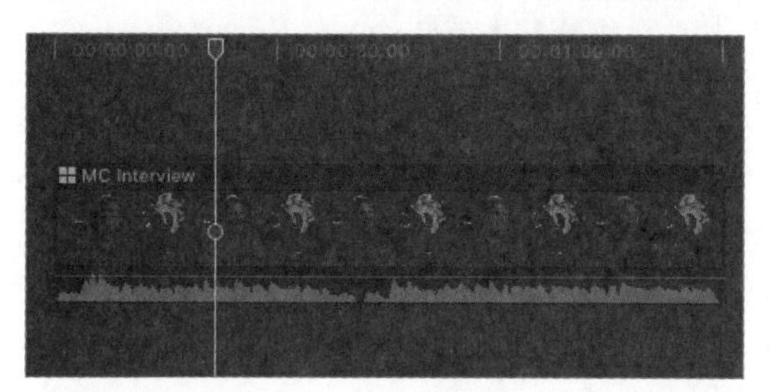

在角度检视器中，一个角度的视频边框是黄色的，这表示该角度是活跃的，其视频可见、音频可听。

7 在角度检视器中，将光标放在另一个角度的画面上，注意，此时光标变成了刀片形状的切割工具。

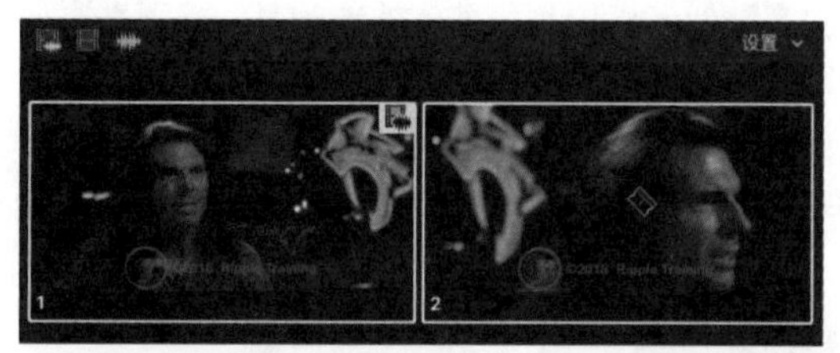

此时如果在光标位置上单击，切割工具会将时间线上的多机位片段分割出一个新的部分，并将活跃的视频和音频切换到单击的这个角度上。

8 在角度检视器中，在看到刀片形状的光标后单击，并同时观看角度检视器和时间线上的变化。

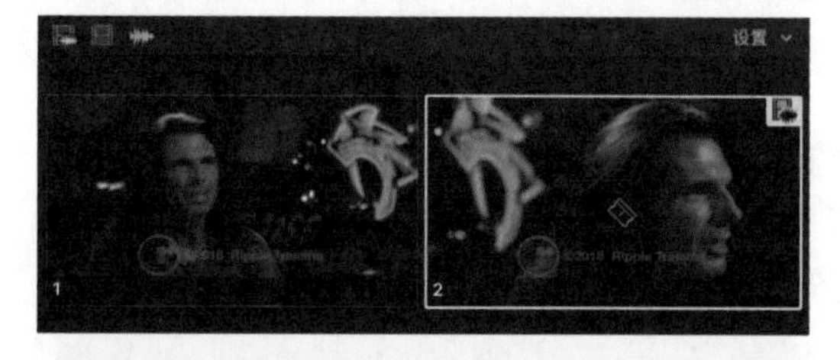

这样就将片段切成了两部分，并切换到了另一个角度上。角度检视器上的黄色边框表示该角度变成了活跃的，其视频可见、音频可听。这个操作有两层含义。

- 不按住任何快捷键并直接单击会在播放头位置完成一次剪切，并切换到另一个角度上。
- 黄色的边框表示剪切对视频和音频都生效。

9 当前剪辑只是一次使用角度检视器进行编辑的示范，按快捷键Command+Z，撤销操作，将播放头重新放到时间线的开头。

在多机位片段中，Camera 1 的音频录制质量很不错， Camera 2 的则不太好。因此，剪辑这个多机位片段最好的方法就是只切换两个角度的视频画面，同时保持 Camera 1 中的音频部分。在角度检视器中进行设置后，就可以进行仅对视频的剪辑了。

10 在角度检视器中单击角度 “Camera 1 ” 。

此时，在该角度画面四周会出现一个黄色边框，表示该角度是活跃的。

11 在角度检视器中，单击“启用仅视频切换”按钮。接着单击角度“Camera 2 ” 。

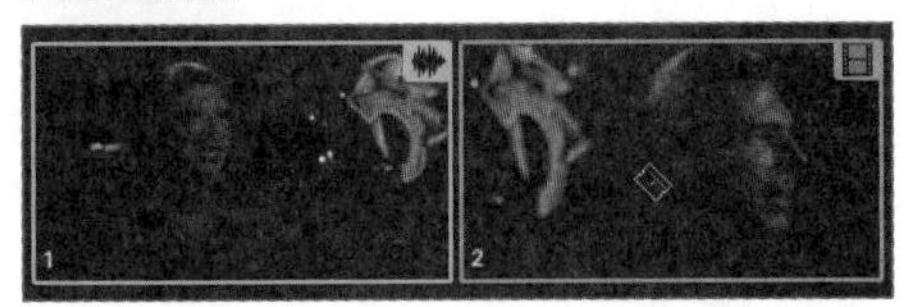

此时，角度 “Camera 1 ” 的边框变成了绿色的，表示当前活跃的是该角度的音频部分，而角度 “Camera 2 ” 的边框是蓝色的，表示当前活跃的是该角度的视频部分。

“Camera 1”的音频是始终保持不变的。

12 按快捷键Command+Z，撤销这次操作。

经过两个简单的练习，您已经做好进行一次完整的多机位片段剪辑的准备了。接下来，您可在希望切换的地方单击鼠标，实现视频画面的切换。角度检视器、检视器和多片段会自动对您的操作做出反应。在停止播放后，时间线上片段的缩略图会自动更新，以显示最后的剪辑效果。

13 将播放头放在时间线的开头，开始播放。在角度检视器中，随着播放的进行逐个单击每个希望切换的角度。

14 如果做错了，那么停止播放，按快捷键Command+Z，撤销最近的一次切换。重新放置播放头的位置，播放并进行剪切。

多机位剪辑的功能非常像在直播间现场切换来自多个摄像机的实况画面，其操作非常简易。同时观看多个角度的视频画面会令剪辑师更易于判断剪切的时机。不同的是，在Final Cut Pro中，您可以撤销任何一次操作，修正之前的错误编辑。

10.4–C 修饰多机位片段的剪辑

实时地播放并剪辑来自多角度的画面是一种非常快速的方法。但是，在仓促之间操作错几次也是比较常见的。例如，切换错了角度，或者某个画面切换的时机不那么完美。无论这些错误是严重，还是非常微小，软件都提供了修复它们的方法。

1 在多机位片段中找到切换画面的编辑点（以垂直的虚线表示），该编辑点是可以前后移动的。

2 将光标放在编辑点上，光标形状变成了卷动修剪工具的形状。在您操作的时候，Final Cut Pro 会自动保持不同角度的片段之间的同步。

注意▶ 如果您需要执行其他的修剪功能，那么请在工具栏菜单中选择修剪工具。

3 将编辑点向左边拖动10帧。

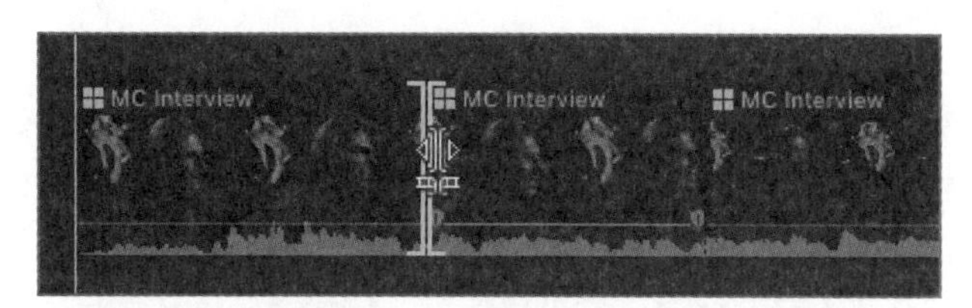

如果您不小心进行了一次错误的画面切换，无论是同一个角度的，还是切换到另外一个角度的，都可以删除这次切换。

4 使用选择工具，选择编辑点，按Delete键。

按Delete键之前。

按Delete键之后。

在该切换被删除后，左侧角度的内容会向右延展到下一个编辑点，这被称为直通编辑点。

注意▶ 通常，直通编辑涉及的编辑点左右两侧是同一来源的素材。从多机位的角度来看，单一角度上编辑点左右两侧正是一个摄像机拍摄的同一个片段。

▶ 切换角度

如果多机位片段中包含两个以上的角度，在切换到错误的角度并希望修正这个错误的时候，您可以执行一次切换修改的操作，即不进行剪切与切换操作。与Final Cut Pro中的很多操作类似，如果您按下Option键，就有可能执行一个与不按Option键类别相同，但功能略有区别的操作。

首先将播放头放在时间线上多机位片段的某部分上，按住Option键，将光标放在角度检视器的另外一个角度上，光标的形状会从切割工具变为手工具。此时在光标所在的位置上单击一下，即可将新角度画面替换到时间线上当前的多机位片段中。

子工作流程10.5
处理360° 视频

在 Final Cut Pro 中使用 360° 视频剪辑，为讲故事带来了新的维度。与多机位制作一样，使用360° 源媒体文件可以让您从多个视角来讲述一个故事。然而，作为剪辑师，您必须注意，在多机位剪辑中，剪辑师决定了观众的视角，而在360° 视频剪辑中，交互式视频播放器和 VR 头显会将观众置于剪辑师的位置。剪辑师可以使用音频或视觉提示来吸引观众观看某一个特定的方向，但在一个纯粹的360° 视频制作中，将由观众最终决定其视觉注意力集中在哪里。

10.5–A 导入360° 视频片段

许多360° 源媒体文件必须由摄像机或摄像机专用软件进行预处理，以便在导入前将源媒体文件拼接成一个与Final Cut Pro兼容的文件。Final Cut Pro兼容等距柱状投影格式的360° 视频剪辑，它类似于以二维（2D）矩形的形式来描绘世界地图。

在对360° 源媒体文件进行必要的拼接和格式化后，就可以像导入任何源媒体文件一样导入360° 源媒体文件了。在导入后，您还需要查看一些元数据。

1 在事件Lesson 10中找到关键词精选360，选择其中的视频片段。

2 在被选择片段的信息检查器中，确认“360° 投影模式”为“等距柱状投影”，“立体模式”为“单视场”。

尽管您可以将投影模式设置为其他模式，但是在Final Cut Pro中只能剪辑一个等距柱状投影格式的360° 视频片段。另外，单视场或者立体视场的片段都可以在项目中进行剪辑。下面先创建一个项目。

3 确认资源库边栏中仍然选择的是关键词精选“360”，在浏览器中，右击该360° 片段，在弹出的菜单中选择“新建项目”命令。

“项目设置”对话框展现的是自定设置，您需要确认和设置这里的一些选项。

4 按照下图配置对话框中的选项，单击“好”按钮。

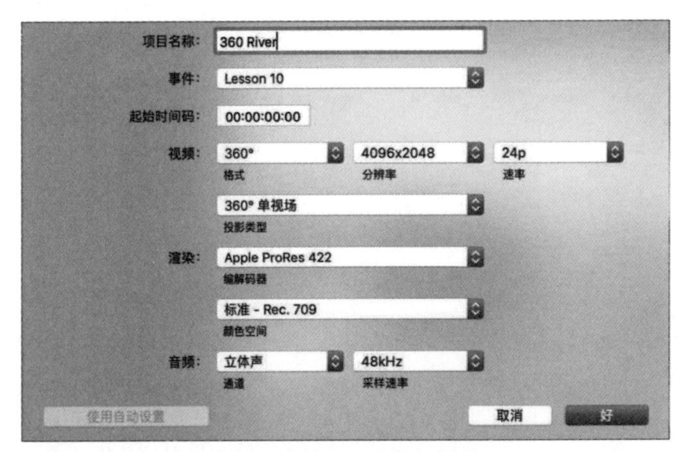

现在可以将360° 视频片段放到主要故事情节上了。

10.5-B 预览360° 视频片段，重定方位

根据所用的摄像机设置和拼接软件，您可能希望建立一个特定的视角，用于在剪辑开始时向观众展示。在建立新的默认视角之前，您必须调整片段的方向。但是，如果不能预览片段，就不能判断并选取视角。因此，软件有一个特殊的360° 检视器，便于您在剪辑之前预览片段。

1 在检视器的“显示”菜单中选择“360° 检视器”选项。

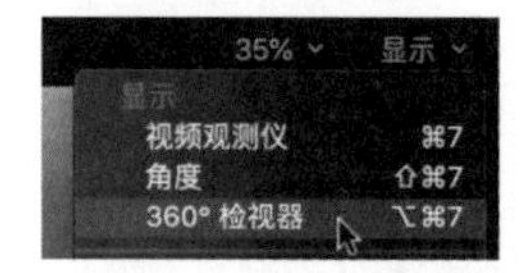

360° 检视器会出现在普通检视器的左边，它是一种交互式的检视器，允许您控制观看的视角。

2 在360° 检视器中拖动图像，浏览各个角度的视频画面。您可以左右拖动，观看左右两侧的画面（偏摆），或者上下拖动，观看上方或下方的画面（俯仰）。

注意 ▶ *横滚画面的快捷键是Control+Option+Command+[（左方括号）和Control+Option+Command+]（右方括号），偏摆和俯仰画面的快捷键是将括号键替换为箭头键。*

在播放片段之前，先还原360° 检视器的角度。

3 在360° 检视器的“设置”菜单中选择“还原角度”选项。

4 在还原检视器后，按空格键，播放片段。在360° 检视器中不断拖动光标，环顾画面，熟悉各个角度的内容。

请记住，360° 检视器可以预览片段，但是不能替换为它的输出。如果您希望将相反方向的视角作为片段的开始画面，那么必须在检视器中完成这个设置，或者使用检视器中的重定方位工具。

5 在360° 检视器的“设置”菜单中选择“还原角度”选项。在检视器的“显示”菜单中，取消对“360° 检视器”选项的选择，关闭该检视器。

6 确认在项目中选择了360° 视频片段，在检视器左下角的菜单中启用重定方位工具。

7 使用重定方位工具，在检视器中拖动图像画面。

您可能会注意到，在这里上下拖动画面将会横滚调整画面，相比之下，在360° 检视器中是俯仰调整画面。如果显示为一条水平参考线，那么将更有助于您在360° 的环绕空间中的操作。

8 在检视器的“显示”菜单中选择“显示水平”选项。

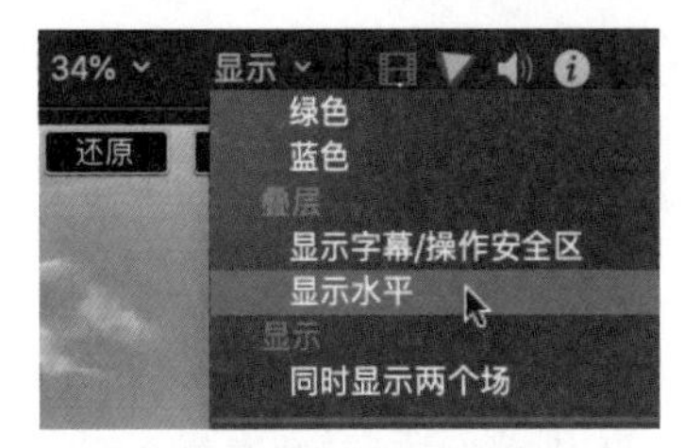

9 在检视器中再次使用重定方位工具，设定默认的方向，同时参考水平线调整横滚的角度。

10 在检视器的“显示”菜单中取消对“显示水平”选项的选择。接着在检视器中单击“完成”按钮，停用重定方位工具。

至此，您在这个360° 项目中放入了一个360° 视频片段，通过设定元数据告诉了Final Cut Pro应该如何解码该片段。您也设定了一个观众观看影片的初始视角。接下来使用一个专属于360° 视频片段的效果。

10.5–C 修补360° 视频片段

360° 视频制作的一个主要挑战是隐藏画面上的漏洞，令观众看不到拍摄器材（和拍摄人员）。但是，用于安装摄像机的三脚架或者自拍杆是必需的器材。在360° 视频的几种特殊效果中，有一种修补工具，它可以简单地将图像中“没问题”的区域复制到有“漏洞”的区域上，比如拍到了三脚架的画面。在本练习中，您将使用这个效果来隐藏画面中的三脚架。

1 确保在项目中仍然选择了360° 视频片段，在效果浏览器中找到“360° 修补”效果。双击该效果，将其应用到360° 视频片段上。

通过检查器可以启用“360° 修补”的屏幕控件。

2 勾选“Setup Mode（设置模式）”复选框，启用屏幕控件。

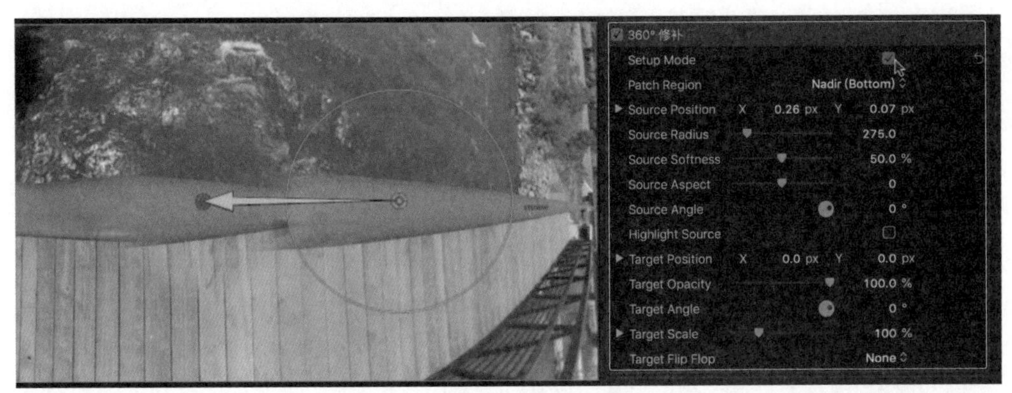

检视器中出现了两个区域：红色目标区域覆盖的图像底部，其中包括三脚架；绿色区域将被用于粘贴目标区域的图像，以便隐藏三脚架。 为了完成这个任务，需要使用屏幕控件和调整检查器的参数。

3 利用桥上的源区域，使用屏幕控件和检查器参数，将其填补到目标区域上。尝试尽量多地遮挡住三脚架，并与目标区域的画面混合得更自然一些。您可以参考以下截图，但您自己的设置可以不与之完全一样。

注意▶ 作为一种效果，360° 修补可以被多次添加到片段上。但是，每次只能勾选一个效果的“Setup Mode”复选框。

> **▶ 共享360° 项目**
>
> Final Cut Pro会自动将360° 的相关属性嵌入您的共享项目。当上传在线共享目标位置时，系统一旦识别了360° 元数据，就会将您的文件标记为360° 视频。

子工作流程10.6 创建CC字幕

有些面向行业、政府或特定交付平台的项目可能会将隐藏式字幕（CC字幕）作为交付规范之一。使用Final Cut Pro，您可以生成符合CEA-608（EIA-608）或iTunes Timed Text标准的字幕。您也可以直接在项目中创建字幕，将其作为源媒体文件导入项目，或从CEA-608嵌入的源媒体文件中提取字幕。 字幕的编辑、时间安排及排列都在时间轴和字幕检查器中进行（验证指示符会向您警告所选标准的任何格式问题）。在同一个主项目中，考虑到适用于多种规范的需求，您可以将字幕导出为单独的文件或将其嵌入项目媒体文件。

10.6-A 创建字幕片段

在这个子工作流程中，您将按照XML格式导入项目Lifted Vignette的一个版本。在这个XML文件中已经包含了大多数字幕。但是，您还需要添加一些附加的字幕并验证和确认某些细节，以便顺利地导出项目。

1. 在资源库边栏中选择事件“Primary Media”。
2. 选择“文件”>“导入”>“XML”命令。
3. 在“访达”窗口中找到文件夹“FCP X Media”，打开并查看文件夹“LV3 > Captions”中的内容。
4. 选择文件“Captions.fcpxml”，单击“导入”按钮。
   在导入该文件后，在事件Primary Media中会出现一个新建的项目Captions。
5. 双击项目“Captions”，在时间线上打开它。

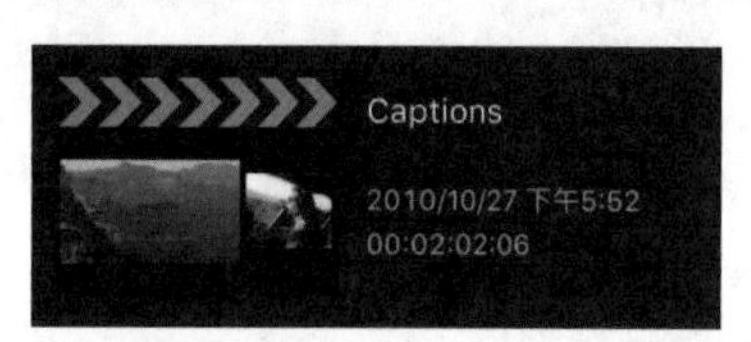

时间线上打开的项目正是您曾经剪辑过的Lifted Vignette，但这次，在更高处的轨道上有一些新的片段。

这些新的字幕片段是连接的文本片段，它们与音频内容是同步的。这些字幕与您在第7课中创建的字幕是不同的，它被作为画面中的可见元素，在任何时候，只要播放影片，您就能看到。而这里的字幕被称为隐藏式字幕（CC字幕），在播放影片的时候，观众可以自己控制是否显示这些字幕。

在项目中制作字幕的时候，您可以将它们分配给字幕角色的语言子角色。Final Cut Pro 支持两种字幕角色，分别代表了两种标准：CEA-608 和 iTT。

▶ 如何选择字幕角色？

CEA-608 (EIA-608) 和 iTunes Timed Text （iTunes时序文本）这些字幕角色是字幕交付的行业标准。每个标准都提供了略有不同的格式、字符和布局选项。您应该根据目标平台的传输规范和目标受众的情况决定使用哪一个字幕角色。对于 iTunes Store 以外的一般网络交付，请使用 CEA-608 角色。

这个项目的大部分字幕都已经放置好了，但您需要为Mitch最后的对白片段的结尾制作一个字幕。此外，您必须修复两个已经标识为红色的字幕的错误。

6 在项目Captions中，将播放头停靠在片段DN_9424的开头，在此处有一个从00:01:48:10开始的字幕。

您已经将播放头停靠在Mitch最后一段话的开头了。接下来创建一个字幕片段，并将它与片段MVI_1046连接起来。

7 添加字幕片段的方法是，先选择时间线上的片段“MVI_1046”，再在菜单栏中选择“编辑”>“字幕”>“添加字幕”命令，或者按快捷键Option+C。

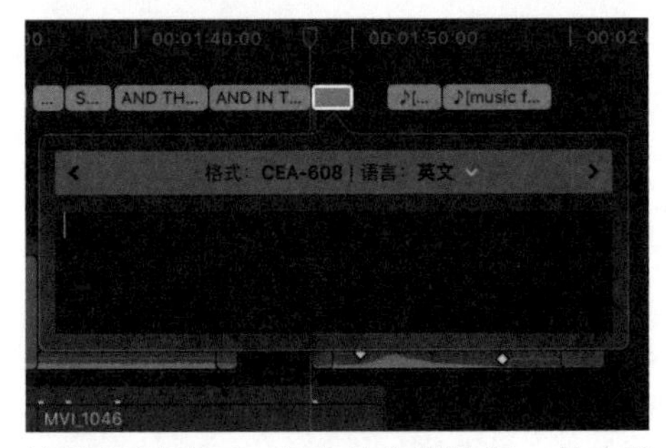

这样就创建了一个空的字幕片段。检查器会自动切换为字幕检查器。同时，字幕编辑器也是打开的，允许直接输入字符。

8 在字幕编辑器中输入“LOOK WHAT I SAW TODAY AND LOOK WHAT ADVENTURE I WENT

ON.”，暂时不要按Enter键或者Esc键。

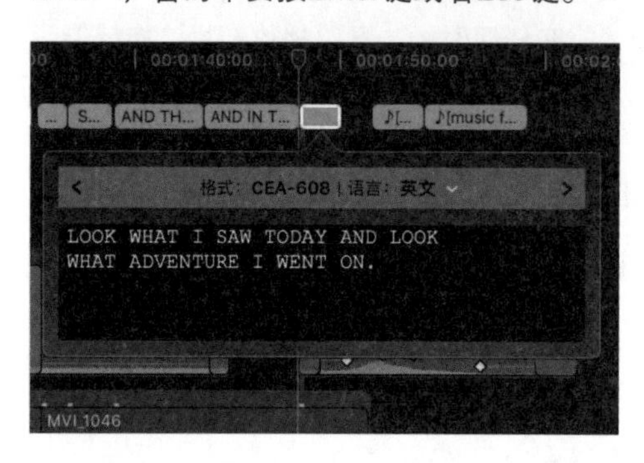

注意 ▶ 如果关闭了字幕编辑器，那么双击字幕片段即可再次打开它。

在字幕编辑器中，您可能需要将输入的字幕文本与相关的音频内容进行比较。在这里，不能像往常一样使用J、K、L和空格键等快捷键。如果想要在这里使用这些播放影片的快捷键，那么您需要结合使用Control键。

9 在时间线上，按快捷键Control+L播放，按快捷键Control+K暂停播放。

在使用这样的快捷键后，即可一边在字幕编辑器中修改字幕，一边控制播放进度。

注意 ▶ 在打开字幕编辑器的时候，按快捷键Command+←或者快捷键Command+→，则会打开上一个或者下一个字幕，并保持字幕编辑器的打开状态。

10 按Esc键，关闭字幕编辑器，或者单击字幕编辑器之外的地方。

10.6–B 修改字幕片段

现在，您已经创建好了字幕片段。就像剪辑其他片段一样，您可以改变它们所处的时间点和持续时间。接下来，您将探索一些专用于修改字幕的功能，从修剪字幕开始。

1 在项目Captions中，将播放头停在00:01:51:10的位置，在这里有Mitch的最后一段讲话。

Mitch讲话的最后一段字幕应该是在这里结束的，这样字幕与音频内容的时间就是同步的。

2 选择字幕的结束编辑点。

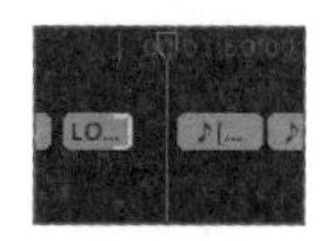

注意 ▶ 如果需要，可以按快捷键Command+=（等号）适当地放大时间线。

3 按快捷键Shift+X，将被选择的结束点延展到播放头所在的位置。

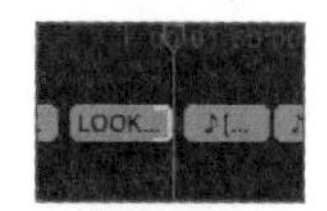

这个操作令字幕的末尾延长到了播放头的位置。

当您创建字幕的时候，首先选择片段“MVI_1046”，然后创建该字幕片段，这样就直接将字幕链接到了采访对话的片段上，而不会链接到主要故事情节的音乐上。这为字幕与采访对话片段建立了直接联系，与项目中其他视频连接片段的状态就有所不同。如果在随后的项目剪辑中，产生了采访片段的位移，比如稍稍延后一些，那么与采访片段链接在一起的字幕也一定会随之移动。让我们来验证一下这个效果，并使用之前学习过的快捷键来更改字幕的连接点。

4 在项目Captions中选择片段“MVI_1046”，按句号键，将该片段向后移动一帧。

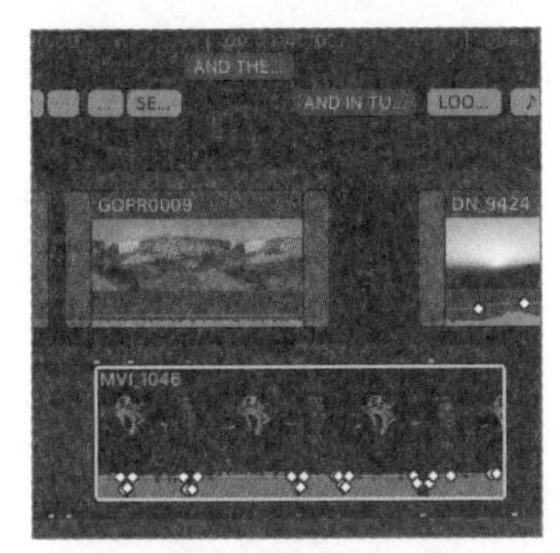

此时，字幕片段变为红色，表示这里出现了错误。

5 如果需要，打开检查器，选择第二个变为红色的字幕。

在检查器的验证部分中显示字幕出现了重叠错误。与其他字幕片段不同，产生这个错误的原因是，第二个红色的字幕是链接在主要故事情节上的，而不是链接在采访对话上的。修复这个问题的方法很简单，先撤销刚才移动采访片段的操作，再改变字幕片段的连接点，然后重新移动采访片段。

6 按快捷键Command+Z，令采访片段恢复到之前的位置，这样就消除了字幕的重叠错误。

7 选择以AND IN TURN开头的字幕，在按快捷键Command+Option的时候，选择片段“MVI_1046”。

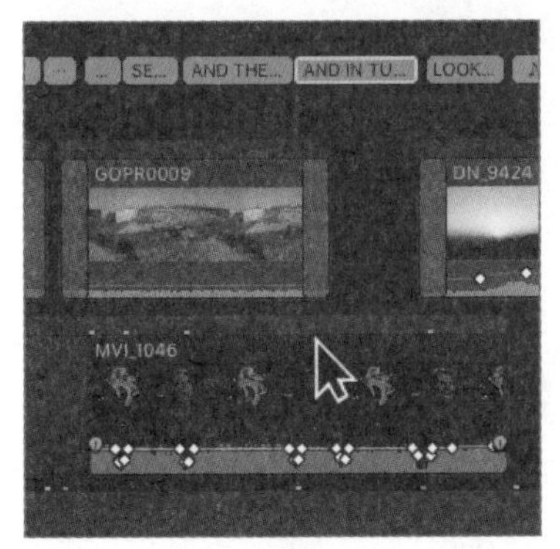

现在，连接点从音乐片段上移动到了采访片段上。接着，稍微移动几帧采访片段，链接的字幕片段就不会再出现重叠错误了。

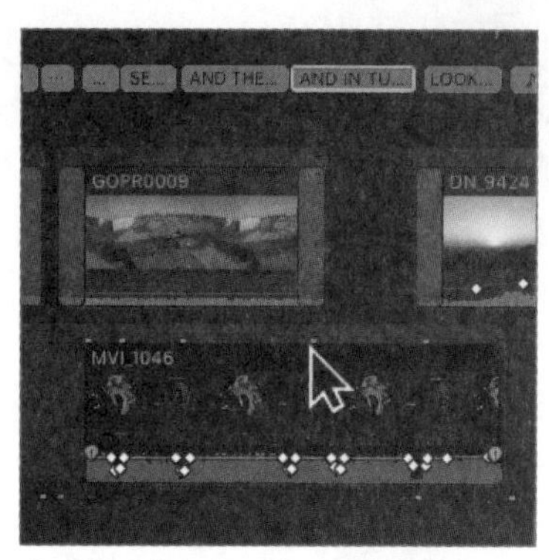

在项目的开头还有个重叠错误，也是需要修复的。这次，您将命令Final Cut Pro修复它。

8 在项目Captions中，按快捷键Shift+Z，令时间线适合整个项目。

在项目的开头，也有两个字幕片段变成了红色，原因是它们两个叠放在一起了。

9 选择这两个叠放的字幕，在任一字幕上右击，在弹出的菜单中选择“解决重叠”命令。

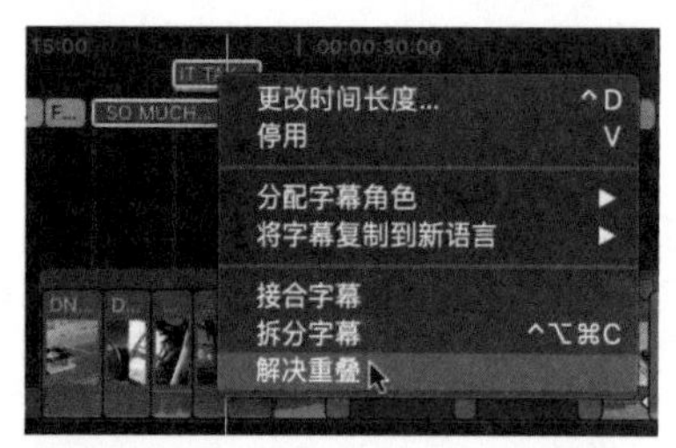

字幕颜色恢复正常，不再重叠了。

注意▶ 如果字幕IT TAKES仍然是红色的，那么有可能是（在软件界面上）该字幕离左边的字幕太近了。那么，选择该字幕，按句号键，将其向右移动一点儿。

10 在时间线上找到最后一部分的红色字幕，按住Option键并单击该字幕，将播放头停靠在它上面。

可以看到，这里的字幕非常多。在CEA-608标准下，一个字幕中最多有4行文字，每行最多有32个字符（包括不可见的控制字符）。有一个方法可以快速补救这种情况，而不用重新输入文字。

11 右击红色字幕，在弹出的菜单中选择“拆分字幕”命令。

字幕被拆分为7个单行的字幕。但是它们跑到了画面中央，而且时间点也不对。您需要通过几个步骤来解决这个问题。从最后两个字幕开始，将它们两个连接为一个字幕。

12 选择“KNOW”和“CAPTURE”这两个字幕，右击任何一个字幕，在弹出的菜单中选择“接合字幕”命令。

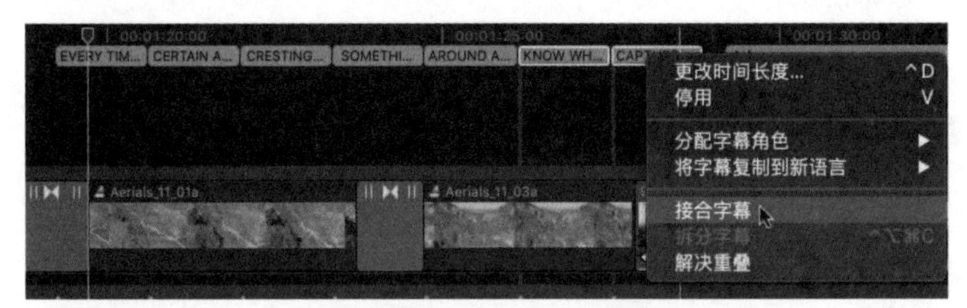

13 继续用这两个字幕接合前面的4个字幕，只留下第一个EVERY字幕。

在接合字幕后，字幕会自动移动到画面的下方。最后，您需要手动调整EVERY字幕的位置。

14 选择字幕“EVERY”，在字幕检查器的布局栏中，单击图标，令字幕移到底部。

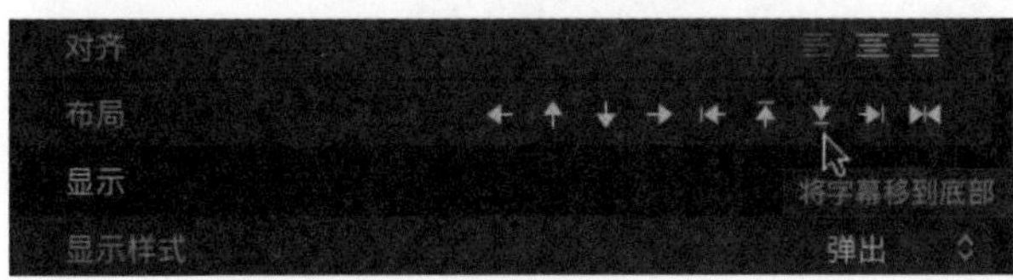

至此，还需要修复字幕的时间点。第一个和第二个字幕的切换是合适的，需要调整的是第二个和第三个字幕。字幕片段都是首尾相接地排列在同一行上的，因此，您可以使用修剪工具调整它们的编辑点。

15 按T键，切换到修剪工具，单击CERTAIN和SOMETHING之间的编辑点。

16 播放项目，在Mitch说“SOMETHING”之前停下，这里应该是第三个字幕开始的位置。

17 确保仍然选择第二个和第三个字幕之间的编辑点，按快捷键Shift+X，将编辑点移动到播放头所在位置。

接下来，您还需要调整最后两个字幕的切换位置。

18 按↓键，将播放头移动到最后两个字幕之间。

19 按\（反斜杠）键，选择播放头所在位置的编辑点。

20 使用键盘上的J键、K键、L键播放项目。在Mitch说“NEVER”之后，说“KNOW”之前，按快捷键Shift+X。

注意 ▶ 如果您使用鼠标移动播放头，那么有可能会丢掉对编辑点的选择，导致上一步无法操作。

现在字幕没有重叠等问题了，可以准备导出了。另外，您检查过它们的拼写吗？再花点儿时间检查一下视频中字幕的准确性和位置。

▶ 包含特殊字符

CEA-608标准仅支持有限数量的特殊字符，而iTT支持更多的非罗马字符。被支持的特殊字符位于字幕检查器的参数菜单中。

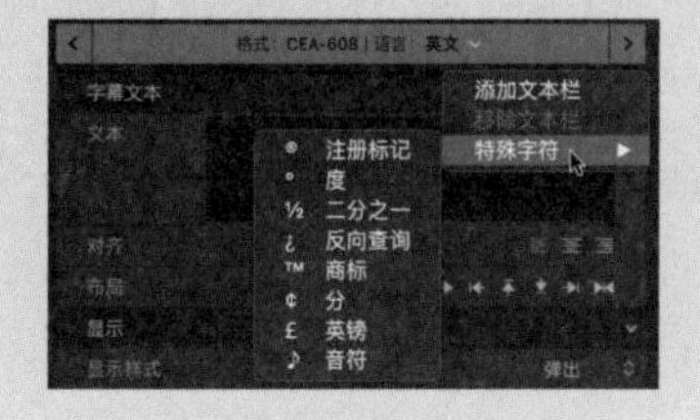

10.6-C 共享嵌入的和隐藏的字幕

在导出文件时，字幕会作为一个单独的文件嵌入共享媒体文件。在本练习中，您需要选择“相对”选项。项目所需的方法是由项目的交付规格决定的。

1 在项目中确保没有任何选择范围，也没有启用选择工具，在“共享”下拉菜单中选择目的地址为“Apple 设备 720p”。

2 在“共享”窗口中选择“角色”选项。

在视频轨道列表的右侧有一个字幕菜单。如果该菜单被设置为在共享项目时处于活跃状态的语言子角色，那么在导出的时候您可以选择不同的子角色，或者不嵌入字幕。

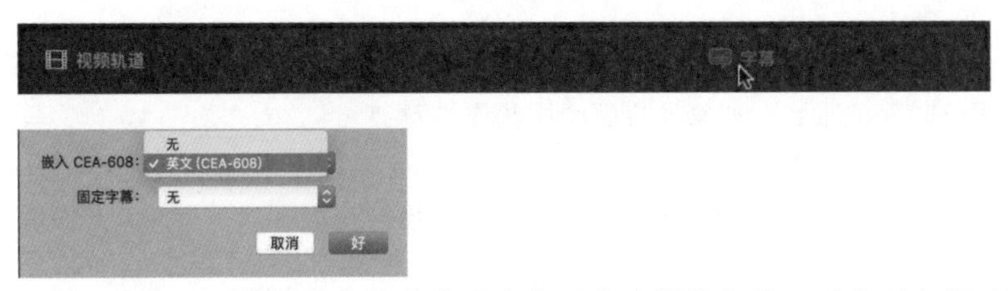

此外，您还可以选择将每个字幕子角色导出为单独文件。时序则有相对和绝对两种选择，相对值引用的起始时间码是00:00:00:00，与项目的起始时间码无关。绝对值会根据项目的起始时间码设置标题的起始时间。

3 在“字幕”选区中，勾选“将每个CEA-608语言导出为单独文件”复选框，在“时序”菜单中选择“相对”选项。

您已经完成了有关CC字幕导出的设置。返回“设置”选项卡，更改目标文件的处理方式。

4 选择“设置”选项。
5 在添加到播放列表的菜单中选择“什么都不做”选项。

6 单击“下一步”按钮。
7 您可以按照自己的意愿调整文件的名称，选择存储文件的位置（比如“桌面”），单击“存储”按钮。
8 在共享成功的通知出现后，单击“显示”按钮。
在打开的“访达”窗口中会有两个文件，一个是“.m4v”文件，另一个是“.scc”的“Scenarist caption（编剧字幕）”文件。

注意▶ *如果通知并没有出现，那么单击程序坞上的“访达”图标以打开“访达”窗口，找到您在第7步中指定的文件夹。*

9 在“访达”窗口中双击这个“.m4v”文件。
10 在QuickTime播放器中播放影片，单击“字幕”图标，选择在之前的剪辑中为字幕分配的语言子角色。

在使用CEA-608字幕的时候，对于不同的平台，您可以使用Compressor将字幕嵌入其他媒体

文件。当然，您也可以使用 Compressor 和一个单独的 iTT 文件（Final Cut Pro 可以创建这个文件）来为 iTunes 音乐商店包的分发准备对应的媒体文件。

课程回顾

1. 为了剪辑非原生视频分辨率的项目，必须选择哪个视频属性?
2. Final Cut Pro中默认的渲染格式是什么?
3. 如果视频片段和音乐片段分别是不同设备录制的，使用哪个命令可以创建一个复合片段并进行同步?
4. 片段的叠放关系是如何影响画面合成效果的?
5. 在抠像器效果中，哪个参数用于停止自动抠像，以便开始手动控制?
6. 在双击一个多机位片段后，会在什么界面上打开它?
7. 在显示菜单中，哪个命令能够显示多机位片段的各个角度画面?
8. 3个活跃角度的颜色分别是什么含义?
9. Final Cut Pro支持哪种360° 视频的投影模式?
10. 提交iTunes Music Store Package的时候需要哪种字幕格式?

答案

1. 项目格式必须通过自定设置。
2. Apple ProRes 422。
3. “同步片段”命令。
4. 在时间线上，前景片段需要被放置在背景片段的上方。
5. 将强度滑块拖到0%。
6. 角度编辑器。
7. 选择“显示角度”命令，显示角度检视器。
8. 黄色表示视频和音频都是活跃的；蓝色表示视频是活跃的；绿色表示音频是活跃的。
9. 等距柱状投影。
10. iTT。

附录A 键盘快捷键

在Final Cut Pro中有超过300个命令，在本附录的表格中将着重介绍最常用的一些命令的快捷键。您也可以自己创建常用的Final Cut Pro键盘快捷键列表。

分配键盘快捷键

在Final Cut Pro中，您可以通过命令编辑器创建和修改键盘快捷键。

1 选择“Final Cut Pro”>“命令”>“自定”命令，打开命令编辑器。

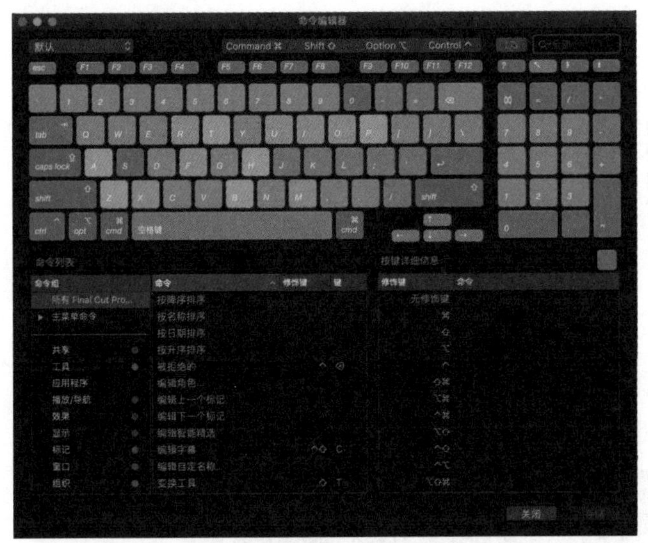

命令编辑器中包含一个虚拟键盘、搜索栏，以及所有可用命令的列表。这3个界面结合起来可以方便用户整理命令和键盘快捷键。

注意 ▶ *在分配一个新的键盘快捷键之前，您必须复制当前的命令集。如果忘记这个操作，在存储的时候，Final Cut Pro也会提醒您。*

2 在“命令集”下拉菜单中选择“复制”命令。

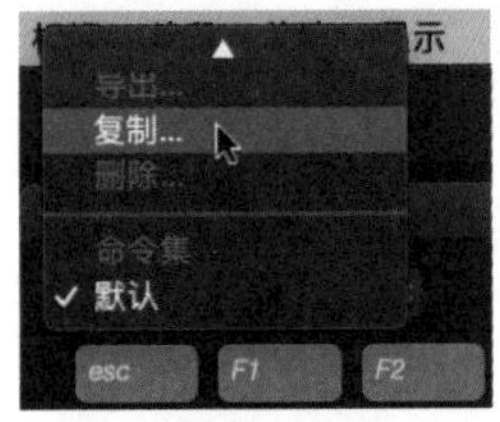

3 为新的命令集起一个名字，单击“好”按钮。

A-1 使用键盘

在虚拟键盘上单击一个按键，在右下方的列表中就会出现这个按键所有已经被分配的命令。您可以参考这里的信息，结合其他两个界面，为命令分配快捷键。

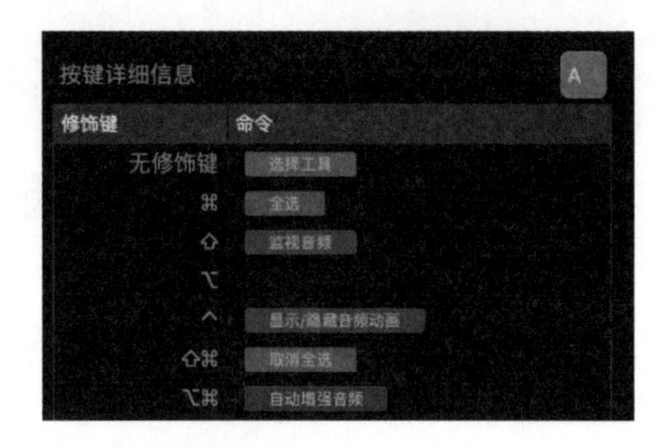

A-2 使用搜索栏

您可以在搜索栏中按照名称和描述搜索命令。例如，在“搜索”栏中输入“切割”，这不只会找到切割命令，也会找到切割工具，该工具可以按照您的命令切断一个片段。

搜索栏。

在命令列表中显示搜索结果。

A-3 使用命令列表

Final Cut Pro的完美主义用户会非常喜欢命令列表的功能，它可以显示软件中每一个命令的名称和解释，而且也非常适合学习新的命令。

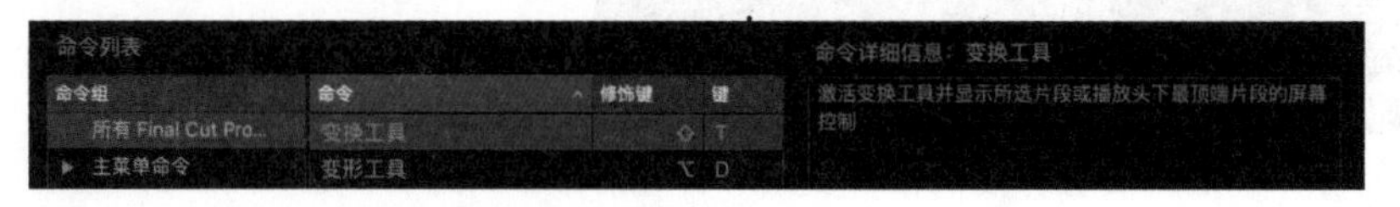

选择一个命令，在右边可以看到有关它的描述。

回顾默认的命令集

下表是默认键盘快捷键的部分信息。

通用

命令	快捷键	描述
全选	Command+A	选择活跃的窗口、区域或者容器中的所有对象
取消全选	Command+Shift+A	取消选择活跃的窗口、区域或者容器中的所有对象
撤销	Command+Z	撤销最近一次编辑
重做	Command+Shift+Z	重做上一次编辑

复制/粘贴/移除

命令	快捷键	描述
复制	Command+C	将被选择对象复制到 macOS 的剪贴板中
粘贴	Command+V	粘贴macOS剪贴板中的内容
粘贴属性	Shift+ Command+V	将选定的属性及其设置粘贴到所选部分中
移除属性	Command+Shift+X	将选定的属性从所选部分中移除

工具条

命令	快捷键	描述
选择工具	A	选择一个片段
修剪工具	T	波纹修剪，卷动修剪，滑动修剪，滑移
位置工具	P	调整片段的位置，或者在时间线上移动片段而不会影响其他内容
范围选择工具	R	定义一个或者多个片段的范围
切割工具	B	将片段切割为两部分

界面

命令	快捷键	描述
缩放至窗口大小	Shift+Z	浏览器：每个片段按照一个缩略图显示
		检视器：在检视器中显示全部画面内容
		时间线：显示项目的全部内容
放大	Command+=	浏览器：在连续画面视图中显示更多的缩略图
		时间线：在时间线上放大时间标尺
缩小	Command+ –	浏览器：在连续画面视图中显示更少的缩略图
		时间线：在时间线上缩小时间标尺
浏览器	Command+1	激活浏览器
时间线	Command+2	激活时间线
检视器	Command+4	显示/隐藏针对被选对象的详细信息
媒体导入	Command+I	打开“媒体导入”窗口
时间线索引	Command+Shift+2	显示/隐藏时间线索引
显示/隐藏音频指示器	Command+Shift+8	显示/隐藏音频指示器

命令	快捷键	描述
增大波形	Control+Option+↑	增大时间线片段的波形
减小波形	Control+Option+↓	减小时间线片段的波形
工作区：默认	Command+0	按默认工作区调整软件布局
工作区：颜色与效果	Control+Shift+2	针对颜色和效果调整编辑设置软件布局
隐藏	Command+H	隐藏该应用程序

导航

命令	快捷键	描述
播放	空格键	按一次播放，再按一次停止播放
正面播放	L	正向播放，可以多倍速播放
暂停	K	暂停播放
倒退播放	J	反向播放，可以多倍速播放
播放所选部分	/	从所选范围的开始点播放，在所选范围的结束点停止
跳转到范围开头	Shift+I	将播放头放置在所选范围的开头
跳转到范围结尾	Shift+O	将播放头放置在所选范围的结尾
跳转到上一帧	←	将播放头移到上一帧
跳转到下一帧	→	将播放头移到下一帧
向上	↑	转至上一项（在浏览器中）
		上一个编辑点（在时间线中）
向下	↓	转至下一项（在浏览器中）
		下一个编辑点（在时间线中）
跳转到开头	Home 键	将播放头移到时间线的开头或浏览器中的第一个片段
浏览	S	激活或者停用扫视播放头
音频浏览	Shift+S	激活或者停用音频扫视
放置播放头	Control+P	将播放头按照在显示中输入的时间码或者时间数值进行放置

片段元数据

命令	快捷键	描述
设定范围开头	I	按照扫视播放头或者播放头位置设定范围开始点
设定范围结尾	O	按照扫视播放头或者播放头位置设定范围结束点
设定附加开头	Command+Shift+I	在一个片段内设定一个附加范围的开始点
设定附加结尾	Command+Shift+O	在一个片段内设定一个附加范围的结束点
设定片段范围	X	按片段时间长度设定选择的范围
清除所选范围	Option+X	清除一个或者多个选择范围
显示/隐藏扫视片段信息	Control+Y	在浏览器中扫视时显示或隐藏片段信息
个人收藏	F	将选择对象标记为个人收藏
取消评级	U	移除所选范围的评级
拒绝	Delete	将所选范围设定为“被拒绝”的评级
删除	Command+Delete	将所选片段或事件移除到废纸篓中
		在精选功能中删除该精选，即从所有相关片段中删除关键词

音频

命令	快捷键	描述
展开音频组件	Control+Option+S	显示一个片段中活跃的单独音频通道
创建音频关键帧	Option+单击	在使用选择工具的时候，在音量控制横条上创建一个音频关键帧
调高音量 1dB	Control+ =	将时间线上被选择对象的音量提高1 dB
调低音量 1dB	Control+ –	将时间线上被选择对象的音量降低1 dB
调整音量（相对）	Control+L	使用相同的 dB 值来调整所有所选片段的音频音量
调整音量（绝对）	Control+Option+L	将所有所选片段的音频音量调整为特定的 dB 值
独奏	Option+S	令所有没有被选择的音频对象在播放的时候静音

修剪

命令	快捷键	描述
修剪开头	Option+[	将片段的开始点修剪到扫视播放头或者播放头的位置
修剪结尾	Option+]	将片段的结束点修剪到扫视播放头或者播放头的位置
修剪到所选部分	Option+\	将片段的开始点和结束点修剪到标记的选择范围内
时间长度	Control+D	时间码区域中显示被选择片段的时间长度，可以对其进行修改
切割	Command+B	切割主要故事情节上的片段，或者某个被选择的片段
延长编辑	Shift+X	将被选择的边缘移动到扫视播放头或者播放头的位置
向左移动	逗号	将所选编辑点向左移动 1 帧
		将所选片段向左移动 1 帧
向右移动	句号	将所选编辑点向右移动 1 帧
		将所选片段向右移动 1 帧

编辑

命令	快捷键	描述
追加片段	E	将被选择片段添加到主要故事情节或者所选故事情节的结尾
插入片段	W	将所选片段插入主要故事情节所选范围，或者按照扫视播放头/播放头的位置插入
连接片段	Q	将所选片段连接到主要故事情节上
覆盖片段	D	按照所选片段的时间长度覆盖主要故事情节中的内容
反向时序连接	Shift+Q	执行一次三点编辑，将时间线和浏览器中的结束点作为编辑的开始点。按照时间线标记的范围从后向前填充连接片段的内容
吸附	N	启用/禁用时间线上的吸附功能

命令	快捷键	描述
选择下方片段	Command+↓	在时间线中，选择扫视播放头或播放头下方的片段
从故事情节中复制	Command+ Option+↑	执行一次举出编辑，将被选择片段垂直地从故事情节中移出，留下一个空隙片段
创建故事情节	Command+G	将所选连接片段放入一个故事情节中
创建复合片段	Option+G	浏览器：创建一个空的时间线容器
		时间线：将所选对象嵌入一个复合片段中
展开音频/视频	Control+S	将片段内部的音频显示为一个单独的组件，以便针对视频或者音频独立调整开始点和结束点
在浏览器中显示	Shift+F	在浏览器中显示当前时间线上被选择的对象
在浏览器中显示项目	Option+Shift+F	在浏览器中显示当前时间线上的项目
将项目复制为快照	Command+ Shift+D	将被选择的或者活跃的项目复制为一个快照
设定标记	M	在扫视播放头或播放头的位置上添加标记
启用/禁用片段	V	启用/禁用片段的可见性（可听性）

重新定时

命令	快捷键	描述
重新定时	Command+R	在时间线的被选择对象上显示重新定时编辑器
保留	Shift+H	针对播放头所在位置的画面创建静止分段
切割速度	Shift+B	在播放头的位置上创建一个速度分段

空隙

命令	快捷键	描述
替换为空隙	Shift+Delete	使用空隙片段替换所选时间线片段
插入空隙片段	Option+W	在扫视播放头或者播放头的位置上插入一个3s的空隙片段

连接

命令	快捷键	描述
覆盖连接	`（重音符）	临时覆盖所选范围的连接片段

命令	快捷键	描述
移动连接点	Command+Option+单击	在连接片段上单击，移动相对于主要故事情节上片段的连接位置

转场和效果

命令	快捷键	描述
添加默认转场	Command+T	将默认转场添加到被选择的编辑点或者片段上
添加默认视频效果	Option+E	将默认视频效果添加到所选范围中
添加默认音频效果	Command+Option+E	将默认音频效果添加到所选范围中

附录B
编辑原生格式

本附录中的表格列出了Final Cut Pro的原生编辑格式。原生编辑格式不需要转换为另外一种编码。Final Cut Pro结合macOS与苹果电脑的处理能力，用于应对当今各种流行的视频格式的数据，可以说是绰绰有余。无论您使用的是MacBook Pro，还是iMac Pro，这三者结合都能够处理超高清、6K甚至更高分辨率的格式。

原生视频格式

本表中罗列了标清、高清和超过1K的视频格式。除了上述格式的原生封装器，Final Cut Pro支持的封装器还包括.mov、.mts、.m2ts、.mxf和.mp4。

DV, DVCAM, DVCPRO/50/HD, HDV
H.264, MTS(AVCHD), AVCHD, AVCCAM, NXCAMAVC-Ultra/Intra/LongG, XAVC S/L, XDCAM EX/HD/HD422, XF MPEG-2, XF-AVC
iFrame, Apple Intermediate
H.265, HEVC
Apple ProRes 4444 XQ, 4444, RAW HQ, 422 HQ, 422, LT, Proxy, Log C, RAW
REDCODE RAW (R3D)
无压缩 10-bit 和 8-bit 4:2:2

原生的静态图像格式

本表中罗列了Final Cut Pro支持的原生静态图像格式，比如照片和图形。

BMP
GIF
JPEG
PNG
PSD（静态的和分层的）
RAW
TGA
TIFF
HEIF

原生的音频格式

本表中罗列了Final Cut Pro的原生音频格式。

AAC
AIFF
BWF
CAF
MP4
WAV

附录C
检查点

剪辑是一门创造性的艺术。当您继续使用Final Cut Pro进行剪辑和本书中的练习时，您也会探索自己的创造力，并挑战自己，学习更多应用程序的工具和功能。在此过程中，您的剪辑选择可能与作者的选择有所不同。检查点可以让您与作者的剪辑同步。

重新链接Checkpoints资源库

Checkpoints资源库是一个管理和引用媒体的混合资源库。其中，GoPro片段以及机库门音效都是内部管理的媒体，而其余的片段则是外部引用那些您放在“FCP X Media”文件夹中的源媒体文件。由于此资源库没有链接该文件夹，因此外部引用的片段会在 Final Cut Pro 的 Checkpoints 资源库中出现脱机或缺失。您可以将这些片段重新链接到您的“FCP X Media”文件夹上，并将它们恢复为在线状态。

注意▶ *如果您的Checkpoints资源库中的片段并没有离线，那么请跳过下面的步骤，直接阅读“使用Checkpoints资源库”的部分。*

1. 在“访达”窗口中找到Checkpoints资源库的文件，双击该文件，使用Final Cut Pro打开这个资源库。
2. 在Final Cut Pro的资源库边栏中选择资源库“Checkpoints”。选择“文件”>“重新链接文件”命令。
3. 选中“重新链接”右侧的“缺失的”单选按钮。

4. 单击“查找全部”按钮。
5. 找到包含所用片段的源媒体文件的文件夹“FCP X Media”。选择该文件夹，单击“选取”按钮。
6. 在“重新链接文件”窗口中，选择重新链接的文件。

使用Checkpoints资源库

Checkpoints资源库中包含了项目Lifted Vignette在不同阶段上的剪辑。这些阶段在书中都有注明，如下所示。

> ▶ **检查点 4.2.2**
>
> 有关检查点的更多信息，请参考附录C。
>
> 检查点标题上的数字序号与资源库中项目的名称是对应的。

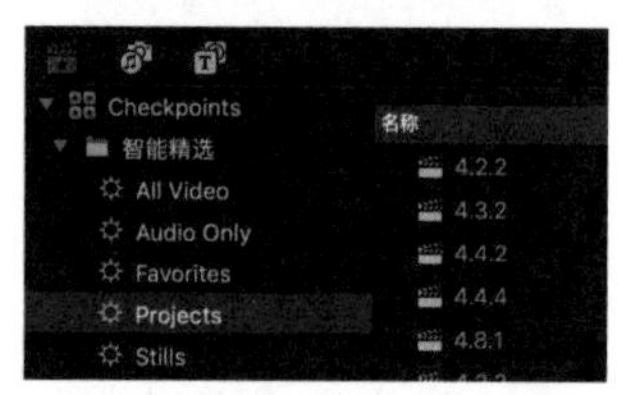

具有某个数字序号的项目代表了项目Lifted Vignette在本书中不同阶段的剪辑进度。您可以将作者的项目 Checkpoint 与您自己的项目 Lifted Vignette 进行比较。比较之后，返回您的项目，继续进行本书的剪辑工作。如有必要，您可以将 Checkpoints 资源库中的项目 Checkpoints 拖到您的事件 Lifted Primary Media 中，继续进行本书的练习。

读 者 服 务

读者在阅读本书的过程中如果遇到问题，可以关注“有艺”公众号，通过公众号中的“读者反馈”功能与我们取得联系。此外，通过关注“有艺”公众号，您还可以获取艺术教程、艺术素材、新书资讯、书单推荐、优惠活动等相关信息。

扫一扫关注“有艺”

资源下载方法：关注“有艺”公众号，在“有艺学堂”的“资源下载”中获取下载链接，如果遇到无法下载的情况，可以通过以下三种方式与我们取得联系：

1. 关注“有艺”公众号，通过“读者反馈”功能提交相关信息；
2. 请发邮件至 art@phei.com.cn，邮件标题命名方式：资源下载 + 书名；
3. 读者服务热线：（010）88254161~88254167 转 1897。

投稿、团购合作：请发邮件至 art@phei.com.cn。